新形态计算机专业系列规划教材

计算机网络技术基础

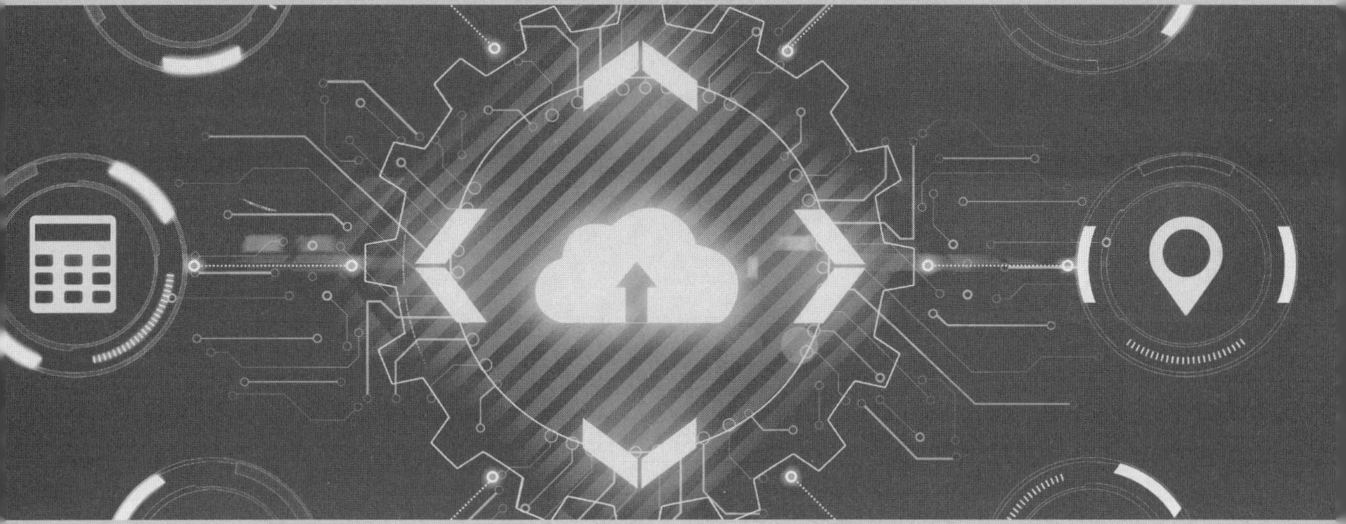

◎ 主　编 陈晓凌　魏　滢
◎ 副主编 曾党泉　吴天宝　张晓燕
蔡兆晖　艾教春

大连理工大学出版社
Dalian University of Technology Press

图书在版编目(CIP)数据

计算机网络技术基础 / 陈晓凌，魏滢主编. -- 大连 ：
大连理工大学出版社，2024. 8.（2024. 8 重印）-- ISBN 978-7-5685-5037-6

Ⅰ. TP393

中国国家版本馆 CIP 数据核字第 2024AT3656 号

计算机网络技术基础

JISUANJI WANGLUO JISHU JICHU

大连理工大学出版社出版

地址:大连市软件园路 80 号　邮政编码:116023

发行:0411-84708842　邮购:0411-84708943　传真:0411-84701466

E-mail:dutp@dutp.cn　URL:https://www.dutp.cn

辽宁新华印务有限公司印刷　　大连理工大学出版社发行

幅面尺寸:185mm×260mm　印张:16.75　字数:408 千字

2024 年 8 月第 1 版　　2024 年 8 月第 2 次印刷

责任编辑:孙兴乐　　责任校对:齐　欣

封面设计:方　茜

ISBN 978-7-5685-5037-6　　定　价:47.80 元

前言

PREFACE

随着计算机、微电子和通信技术的迅速发展和相互渗透，计算机网络已成为当今热门的学科之一。近年来，互联网技术更是发展迅猛。21世纪，计算机网络必将改变人们的生活、学习、工作乃至思维方式，并对政治、经济、科学、文化乃至整个社会产生较大的影响，各个国家的经济建设、社会发展、国家安全乃至政府的高效运转都将越来越依赖于计算机网络。

本教材遵循优化结构、精选内容、突出重点和提高质量的原则，层次清晰、内容丰富、图文并茂，并结合编者多年从事计算机网络教学和科研的心得体会，以及计算机网络技术的新发展，在内容组织上，注重原理与实例并举，并力求反映网络技术的进展，具有很强的系统性和实用性；在写作方法上，尽量做到深入浅出、通俗易懂、简洁明了，使其更加适合教学。

本教材主要面向应用型人才的培养与使用，侧重学生知识的基础性、系统性和应用性，因此，加强了基本概念的阐述和基本方法的讲解，突出了知识体系的完整性，并以技术为主线，重视技术的实现和综合应用。编写团队均具有多年教学经验，以及多年行业工作经验，在编写过程中遵循教学规律，面向企业实际应用，同时注重训练和培养学生分析问题和解决问题的能力，注重学生在信息安全领域知识框架的构建。

本教材按照ISO/OSI参考模型的层次结构，并采用自底向上的方法讨论计算机网络，同时按照TCP/IP协议详细讨论了各种网络协议和网络应用，以及网络安全方面的内容。

本教材每章后面都附有本章小结和习题，可供教师和学生参考。全书共分为7章：第1章（概述）介绍了计算机网络的分类、拓扑结构和体系结构等；第2章（物理层）介绍了物理层的概念、数据通信基础知识，以及多路复用和数据交换技术等；第3章（数据链路层）介绍了数据链路层协议和数据链路层交换设备、虚拟局域网技术等；第 4 章（网络层）介绍了网络层提供的服务、逻辑寻址 IPv4 地址和 IPv6 地址、划分子网和构造超网等；第 5 章（传输层）介绍了进程到进程的通信、UDP 协议和 TCP 协议；第 6 章（应用层）主要讨论各种应用层协议，如域名系统（DNS）、文件传送协议（FTP）、动态主机配置协议（DHCP）、远程登录协议（Telnet）等；第 7 章（网络安全）介绍了网络安全方面的基础知识，主要讨论了密码学、对称加密算法、数字签名、网络基础设施安全、电子邮件安全性等安全技术。本教材的教学参考学时为 48～64 学时，建议后续配有相关的实践教学。

本教材响应党的二十大精神，推进教育数字化，建设全民终身学习的学习型社会、学习型大国，及时丰富和更新了数字化微课资源，以二维码形式融合纸质教材，使得教材更具及时性、内容的丰富性和环境的可交互性等特征，使读者学习时更轻松、更有趣味，促进了碎片化学习，提高了学习效果和效率。

本教材由厦门大学嘉庚学院陈晓凌、魏滢任主编；厦门大学嘉庚学院曾党泉、吴天宝、张晓燕、蔡兆晖，广州科技职业大学艾教春任副主编；集美大学诚毅学院唐基宏、周喜、黄沁芳参与了编写。具体分工如下：第 7 章由陈晓凌编写，第 2 章由蔡兆晖、黄沁芳编写，第 3 章、第 4 章由张晓燕、魏滢和曾党泉编写，第 5 章由魏滢、唐基宏编写，第 6 章由吴天宝编写，第 1 章由陈晓凌、周喜编写。由曾党泉拟定编写内容和大纲，艾教春对书稿提出了一些修改意见，陈晓凌负责全书整理和审稿。

在编写本教材的过程中，编者参考、引用和改编了国内外出版物中的相关资料及网络资源，在此表示深深的谢意！相关著作权人看到本教材后，请与出版社联系，出版社将按照相关法律的规定支付稿酬。

限于水平，书中仍有疏漏和不妥之处，敬请专家和读者批评指正，以使教材日臻完善。

编　者

2024 年 8 月

所有意见和建议请发往：dutpbk@163.com

欢迎访问高教数字化服务平台：https://www.dutp.cn/hep/

联系电话：0411-84708445　84708462

CONTENTS

目录

第1章　概　述 1

1.1　计算机网络概述 …… 1

1.2　互联网的组成 …… 7

1.3　计算机网络分类 …… 9

1.4　计算机网络的拓扑结构 …… 12

1.5　计算机网络的体系结构 …… 15

本章小结 …… 26

习　题 …… 27

第2章　物理层 30

2.1　物理层概述 …… 30

2.2　数据通信基础知识 …… 31

2.3　传输介质 …… 37

2.4　多路复用技术 …… 44

2.5　数据交换技术 …… 50

2.6　宽带接入技术 …… 54

本章小结 …… 58

习　题 …… 59

第3章　数据链路层 60

3.1　数据链路层的基本功能 …… 60

3.2　差错检测和纠正 …… 65

3.3　窗口协议 …… 70

3.4　点对点协议 …… 73

3.5　使用广播信道的数据链路层 …… 77

3.6　以太网 …… 85

3.7　以太网的发展 …… 89

3.8　数据链路层交换 …… 93

3.9　虚拟局域网 …… 99

本章小结 …… 101

习　题 …… 101

第4章　网络层 103

4.1　网络层提供的服务 …… 103

4.2　逻辑寻址 IPv4 地址 …… 105

4.3　逻辑寻址 IPv6 地址 …… 112

4.4　划分子网和构造超网 …… 122

4.5　路由选择协议 …… 126

4.6　IP 多播 …… 130

4.7　虚拟专用网和网络地址转换 … 132

4.8　移动 IP …… 134

本章小结 134
习　题 135

第5章　传输层 137

5.1　进程到进程的通信 137
5.2　UDP协议 142
5.3　TCP协议 146
本章小结 157
习　题 158

第6章　应用层 159

6.1　域名系统(DNS) 160
6.2　文件传送协议(FTP) 169
6.3　动态主机配置协议(DHCP) 171
6.4　远程登录协议(Telnet) 174
6.5　电子邮件(E-mail) 175
6.6　万维网(WWW)和超文本传输协议(HTTP) 182
6.7　简单网络管理协议(SNMP) 204
6.8　云计算 208
本章小结 213
习　题 214

第7章　网络安全 216

7.1　网络安全问题概述 217
7.2　密码学 223
7.3　对称加密算法 224
7.4　非对称加密算法 229
7.5　数字签名 231
7.6　网络基础设施安全 236
7.7　电子邮件安全性 249
7.8　HTTP和Web服务的安全性 251
7.9　社会工程学入侵及防护 253
本章小结 257
习　题 258

参考文献 261

第1章 概　述

本章首先对计算机网络进行概述，包括计算机网络的定义和发展历史。其次介绍了互联网的组成、计算机网络的分类和拓扑结构。最后介绍了计算机网络的体系结构，这部分包含的内容比较抽象，需要与后续章节结合起来，才能更好地掌握计算机网络的概念。

本章的主要内容：

1. 计算机网络和互联网的定义。
2. 互联网的组成。
3. 计算机网络的分类。
4. 计算机网络的拓扑结构。
5. 计算机网络的体系结构。

1.1 计算机网络概述

1.1.1 计算机网络定义

什么是计算机网络？目前比较普遍的计算机网络的定义：把若干台地理位置不同且具有独立功能的计算机，通过通信线路和通信设备相互连接起来，以实现数据传输和资源共享的一种计算机系统。定义中的计算机除了传统的计算机外，还包含手机等智能设备，传输的数据包含语音、视频等文件，未来包含的范围将更广。

自 20 世纪 60 年代 ARPAnet 产生以来，计算机网络一直在持续不断地发展，在这短短几十年的时间里，计算机网络的各种技术飞速发展，普及率迅速上升。早期的几兆连接速率在这几十年的时间里已达到以吉兆为单位的连接速率，增大了数千倍。随着计算网络的不断发展，内涵也在不断发生变化。

目前认为，“计算机网络”由若干节点和连接这些节点的链路组成。节点可以是计算机、集线器、交换机、路由器等，如图 1-1 所示。其中的计算机也可以是具有通话、照相、摄像、电视、导航等综合多种功能的智能手机。

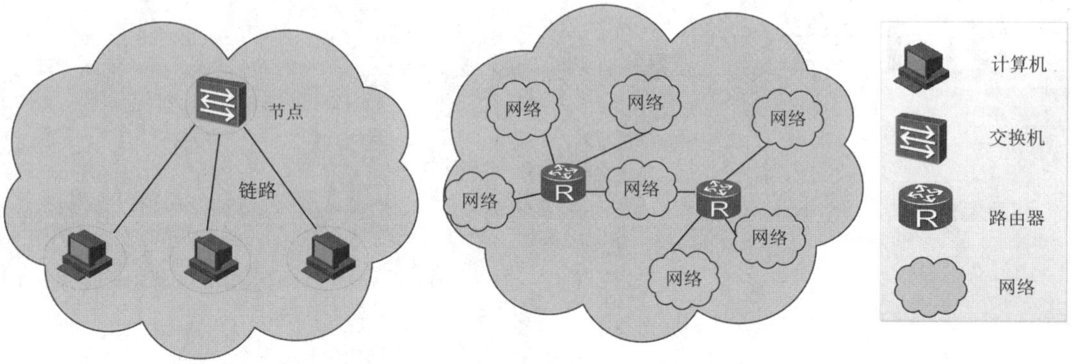

(a)简单的计算机网络　(b)互联网

图 1-1　计算机网络

通过图 1-1 可以看出，多个计算机通过链路连接到一个交换机，构成一个简单的计算机网络；而多个计算机网络可以通过路由器连接在一起，构成一个覆盖范围更大的计算机网络，这种网络也称为互联网。目前覆盖面积最大的网络为 Internet，它是一个世界范围的计算机网络，由众多网络连接而成，是全球最大的、开放的特定互联网，称为因特网或互联网。

上述所讲的“连接”并不仅仅是把计算机等设备在物理上相连，如果只是这样做，并不能实现设备间的信息交换，还需要在计算机等设备上安装相应的软件系统支持，才可以实现节点间的资源共享、相互访问。资源共享的目的是让网络中的任何用户都可以访问所有的程序、设备、数据，这些资源与用户的物理位置无关。

资源共享包含多个方面，可以是硬件资源共享、软件资源共享，也可以是数据资源共享。硬件资源共享例如打印机共享，同一个办公室的所有工作人员共用一台打印机。软件资源共享例如我们平常根据需要，从网上下载各种软件进行安装。数据资源共享例如数据库资源共享，允许网络上的用户远程访问同一大型数据库服务器，调用其中相关的数据信息。

1.1.2　计算机网络的发展历史

计算机网络发展至今，历经几代变革，内涵发生了翻天覆地的变化，在本小节中，我们会对计算机网络的产生和发展中，比较有代表性的几个阶段进行介绍。

1. 第一阶段：面向终端的计算机网络

1946 年，世界上第一台数字计算机诞生，是单用户批处理系统，批处理系统字面上的理解就是一批一批地处理任务，当时计算机的工作方式是使用同一个程序对输入数据进行计算，并输出计算结果。第一台计算机的操作系统和计算能力有限，计算方式笨拙，用户首先把输入信息制作成卡片，再通过读卡机将卡片的信息录制到一盘磁带上，之后将磁带插入专门负责计算的计算机中进行计算，将得到结果的磁带拿到读卡机中打印结果，整个过程非常耗时。

在 20 世纪 50 年代，计算机价格昂贵，不可能为操作人员每人配备一台计算机，为了节省成本，催生了图 1-2 所示的分时系统，使得多个用户能够同时使用一台计算机中的计算资源。在分时系统中，每个用户分配到由一个键盘和显示器（早期是电传打字机）等外设组成的终端,终端不具备独立工作的能力,需要通过控制线路与计算机主机相连,完成相应的操作。这个简单的分时系统就是计算机网络的基本原型。

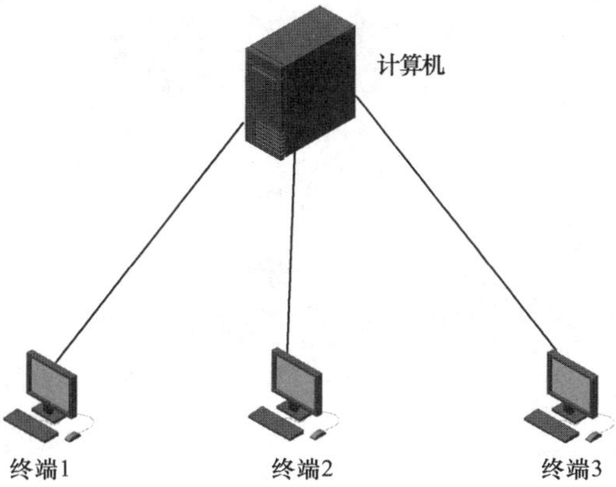

图 1-2 分时系统

这一阶段的计算机网络是面向终端,数据集中式处理,计算机主机负荷重,系统可靠性低,一旦计算机主机瘫痪,将导致整个计算机网络瘫痪。这个阶段系统通信的双方是计算机和终端,并没有实现计算机与计算机之间的通信。从某种意义上说,这不能算真正的计算机网络,真正的计算机网络应该从下面要介绍的第二阶段的计算机网络开始算起。

2. 第二阶段:分组交换式的计算机网络

第一阶段计算机网路中的计算机主机负荷重,系统可靠性低,为了提高网络的可靠性和可用性,专家们开始研究多台计算机互联的方法。1962 年,美国麻省理工学院(MIT)的一名研究生 Leonard Kleinrock 首次提出有关"分组交换"的技术,他使用排队论证明了分组交换网的优越性。1964 年,保罗·巴兰(Paul Baran)通过兰德公司发布多项报告,提出分组交换的应用,即在军用网络上传输安全语音。1962—1965 年,美国国防部高级研究计划局(Advanced Research Projects Agency,ARPA)和英国的国家物理实验室(NPL)也在研究分组交换技术。1969 年,产生了世界上第一个基于分组技术的计算机分组交换系统 ARPAnet,这就是今天的计算机网络的鼻祖。

ARPAnet 是由美国国防部创建的,开始只是连接了美国加州大学洛杉矶分校、斯坦福研究所、美国加州大学圣巴巴拉分校和犹他大学 4 个节点的计算机。到 1972 年,ARPAnet 建成了 15 个节点,之后规模不断扩大。到 20 世纪 70 年代末,节点超过 60 个,大约 200 台主机与 ARPAnet 相连,把美国东部和西部的很多大学和研究机构连接在一起。

ARPAnet 没有采用计算机直接相连进行通信,每一台计算机都需要通过接口信息处理器(Interface Message Processor,IMP)连接到 ARPAnet,各个站点之间的 IMP 相互连接,每台计算机将消息发送给与之相连的 IMP,再由该 IMP 转发到与目的计算机相连的 IMP 进行转发,如图 1-3 所示。当 IMP 之间的线路出现故障,IMP 可以通过其他路径将消息转发到目的设备。

ARPAnet 的成功运行标志着计算机网络的概念发生了根本性的改变,在计算机网络中这种能够独立运行各种程序的计算机被称为主机,主机提供资源共享,构成"资源子网"。而 IMP 和连接它们之间的通信线路一起构成了"通信子网","通信子网"负责主机之间的通信。第二阶段的多主机计算机网络,使得主机不会像第一阶段计算机网络中的主机那样负荷过重,不会因单个主机故障而导致整个网络瘫痪,计算机网络的整体性能大大提高。

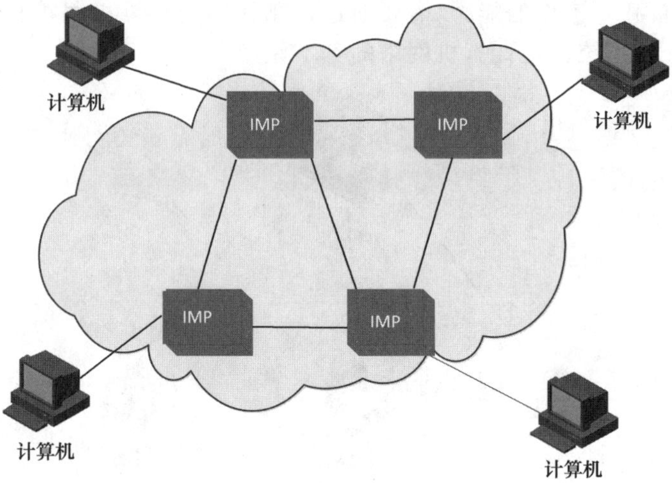

图 1-3 最初的 ARPAnet 连接

3. 第三阶段:面向标准化的计算机网络

尽管第二阶段的计算机网络对通信子网和资源子网进行分层,但仍存在很多弊端,不同公司都推出了自己的网络体系结构和协议标准,使用同一个公司生产的各种设备可以互联成网,不同公司的设备难以连成网,也不能实现全球范围内的计算机互联。

针对这个情况,为了让全球不同网络体系的用户能够互相交换信息,1977 年国际标准化组织 ISO 专门成立机构来研究这个问题,希望提出一个能使全球范围内的计算机都能互联成网的标准框架,即开放系统互联参考模型(OSI/RM),简称 OSI。如果全球的计算机网络全部遵循这个标准,就可以实现全球的计算机互联和交换数据,OSI 的诞生标志着第三阶段计算机网络的诞生。然而,虽然 1983 年公布了 OSI 标准,但基于 TCP/IP 的计算机网络已经抢先在全球大范围成功运行,而且当时也没有找到厂家来生产符合 OSI 标准的商业产品,最终 OSI 标准在市场化方面失败了。如今覆盖全球的、规模最大的互联网并未使用 OSI 标准,而是基于 TCP/IP,可以说,TCP/IP 是事实上的国际标准。

OSI 失败的原因主要有以下几个方面:一是 OSI 标准的制定周期过长,使得按该标准生产的设备不能及时投入市场;二是制定 OSI 标准的成员以专家、学者为主,在完成 OSI 标准后缺乏商业驱动力;三是早期的互联网的投资者不会放弃在 TCP/IP 上的巨大投资;四是 OSI 协议实现起来过于复杂,运行效率低;五是 OSI 模型层次划分不太合理,有些功能在多层次中重复出现。

虽然 OSI 是一个理论上的网络通信模型,在市场化方面事与愿违,但不能否认 OSI 做出的贡献,它提出的计算机网络的概念和技术至今广为使用。在它的推动下,计算机网络体系结构的标准化工作不断发展,后来的 TCP/IP 协议规范也是在 OSI 的基础上改进而来的。

4. 第四阶段:面向全球互联的计算机网络

第三代计算机网络中 OSI、TCP/IP 系统架构的诞生,大大促进了互联网发展,进入第四阶段全球互联的计算机网络时代。

20 世纪 70 年代末,由美国国防部创建的 ARPAnet,虽然连接了大量主机,但要想连接到 ARPAnet,需要美国国防部的授权,一些研究机构无法根据自己的需求连接到 ARPAnet。于是,1980 年美国国家科学基金会(NSF)投资创建了计算机科学网络(CSNET),让那些无法享受资源共享的研究机构加入。之后,1985 年,NSF 通过骨干网连接更多站点，构建出一个三层计算机网络，即国家科学基金网(NSFNET)，如图 1-4 所示。

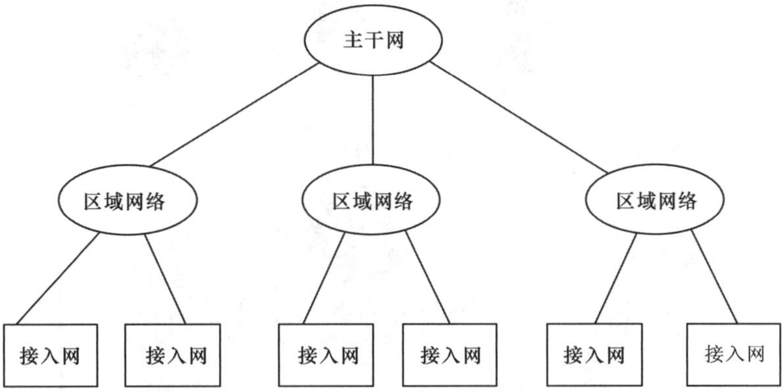

图 1-4 最早的 NSFNET

NSFNET 以 TCP/IP 协议作为网络互联协议，是一个三级计算机网络，分为主干网、区域网络和接入网(校园网或企业网)。主干网由 NSF 投资的 5 家研究机构和高校的超级计算机中心，以及美国国家大气研究中心构成。主干网连接了多个区域性科研教学机构，每个区域性科研教学机构构成了一个区域网络；每个区域网络又连接了诸多高校、科研机构、图书馆、实验室等。这个网络覆盖了全美国主要的科学研究所和大学，是当今互联网主干网的最重要组成部分。

随着 NSFNET 大获成功，NSF 和美国的一些政府机构意识到，互联网未来必将扩大使用范围，不应该仅用于科技研究和教育领域。至此，NSFNET 进入商业化，世界上的许多公司纷纷加入互联网，整个网络上的通信量迅速增加，NSF 无法依靠自己的投资来支撑网络的发展。于是 1991 年美国政府决定将互联网的主干网交给私人公司运营，开始对接入互联网的单位收费。从此，网上电子邮件、文件下载、信息传输和网上浏览工具等被广泛使用，互联网以惊人的速度快速发展，一直到今天。

5. 第五阶段：下一代计算机网络

目前已进入下一代计算机网络阶段，我们能看到的是电信网络和有线电视网络都逐渐融入计算机网络，计算机网络也能够向用户提供电话、视频通信及传送视频节目的服务，实现“三网融合”。下一代的计算机网络会是一个能够提供包括语音、数据、视频和多媒体业务的基于分组技术的综合开放的网络架构；是基于同一协议的网络；可以包含所有新一代网络技术，是互联网、移动通信网络、固定电话通信网络的融合，是 IP 网络和光网络的融合，是一个高度融合的网络；是业务驱动，业务与呼叫控制分离，呼叫与承载分离的网络。

从功能上看，下一代网络从上往下由业务层、控制层、媒体传输层和接入层组成，如图 1-5 所示。其中，业务层主要为网络提供各种应用和服务，提供面向客户的综合智能业务；控制层负责完成各种呼叫控制和相应业务处理信息的传送；媒体传输层负责将用户端送来的信息转换成能够在网上传递的格式并将信息选送至目的地，如将语音信号分割成 IP 包；接入层负责将用户连接至网络，包括各种接入手段和接入节点。

下一代的计算机网络最终会是什么样，谁也说不准，未来计算机网络必将持续深度融合到经济社会各个领域中。

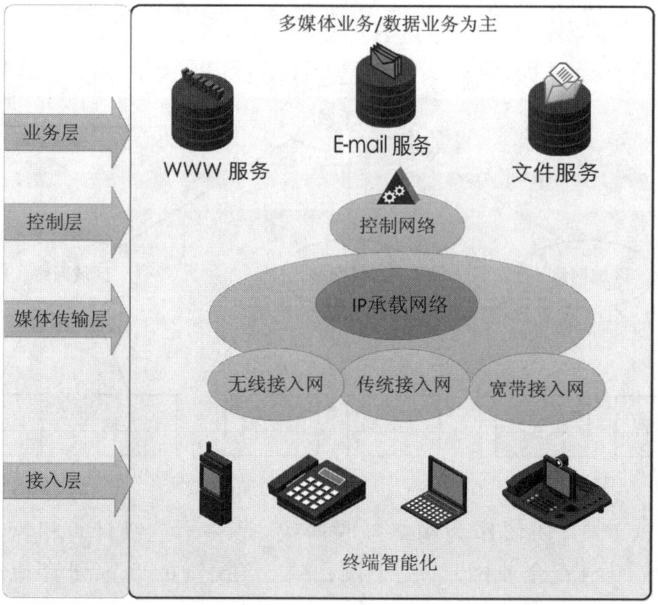

图 1-5 下一代计算机网络

1.1.3 互联网的标准化

互联网的标准化工作对互联网的发展起着关键的作用。世界上有许多的网络生产商和供应商，如果缺乏国际标准，技术的发展就会变得混乱不堪，会出现多种技术体制并存但互不兼容的情况，用户将无所适从，摆脱这一局面的唯一方法就是大家都遵守国际标准。制定全球化的国际标准，协调和平衡国家间、企业间的利益，对于互联网行业的健康、持久、稳定、快速发展，显得尤为重要。从国际标准化组织(ISO)制定开放系统互联参考模型(OSI/RM)可以看出，标准制定的时机很重要。过早制定标准，由于相应技术还不成熟，导致技术陈旧限制了产品的技术水平，之后只能重新修订标准，造成浪费。过晚制定标准，导致产品采用技术并不统一，互不兼容，产品难以推广。

全球性的互联网有它自己的标准化机制，所有的互联网标准都以征求修正意见书(Request For Comments，RFC)的形式在互联网上发表。RFC 是以编号排定的一系列文件，包含了关于互联网几乎所有重要的文字资料。通常，当某家机构或团体有对某种标准的设想，或开发出一套标准，想征求外界的建议时，就会放一份 RFC 在互联网上，任何感兴趣的人都可以从互联网上免费下载，并随时发邮件对该文档提出自己的意见和建议。大部分的网络标准制定都是以 RFC 的形式开始，再经过大量的论证和修改，最后由主要的标准化组织指定。

互联网有关协议的开发是由 Internet 体系结构委员会(Internet Architecture Board，IAB)负责管理，它属于国际互联网协会(Internet Society，ISOC)。ISOC 的职责是制定互联网相关标准及推广应用。IAB 又有以下两个附属机构：

1. 国际互联网工程任务组(Internet Engineering Task Force，IETF)

IETF 大量的技术性工作均由其内部的各种工作组(Working Group，WG)承担和完成。工作组依据各项不同类别的研究课题而组建，负责标准的具体制定。IETF 的运作由互联网工程指导委员会(Intergrated Electronic Service Guide，IESG)管理，IESG 负责接收工作组的报告,进行审查,并提出指导性的意见。IETF 的任务是研究某一特定的短期和中期的工程问题,负责互联网相关技术标准的研发和制定。

2. 互联网研究任务组(Internet Research Task Force,IRTF)

IRTF 有很多长期的小型研究小组,分别针对不同的研究题目进行讨论和研究。IRTF 由 IRTF 主席与互联网研究指导小组(Internet Research Steering Group,IRSG)协商管理。IRTF 主席由 IAB 指定。IRSG 成员包括 IRTF 主席、各研究小组的主席和一些其他的可能来自研究团体的个人;研究小组的主席是各小组的一部分。IRSG 其余占大多数的成员由 IRTF 主席与其他 IRSG 成员协商选择,并由 IAB 批准通过。IRTF 的任务是对一些长期的互联网问题进行理论研究,包括互联网协议、应用、架构和技术等相关领域。

所有的 RFC 文档都可以从互联网上免费下载,但并非所有的 RFC 中收录的文件都是互联网标准,大部分 RFC 并没有被采用或只是在某个局部领域被使用,互联网标准的制定需要漫长的过程。一个 RFC 文件在成为正式标准前需要经历三个阶段:

(1)互联网草案

(2)建议标准

(3)互联网标准

在互联网上,任何用户都可以针对互联网的某领域问题提出解决方案或规范,提交给 IETF 作为互联网草案。该草案被放在美国、欧洲和亚太地区的相关站点上,经过世界多国自愿参加的 IETF 成员的讨论、测试和审查,最后,由 IESG 确定该草案能否成为互联网的标准。如果一个互联网草案在相关站点上存在 6 个月后仍未被 IESG 建议作为标准发布,则它将从相关站点上删除。

一个互联网草案如果被 IESG 确定为互联网的正式工作文件,就会被提交给 IAB,并形成具有顺序编号的 RFC 文档,由国际互联网协会(The Internet Society,ISOC)通过互联网向全世界发布。每一个互联网标准文件批准通过后,都会获得一个独立于 RFC 的永久编号,即 STD 编号,只有被分配 STD 编号的 RFC 文档才能在网络上发布。如有需要,用户可复制或打印这些文档,也可在遍布全世界的数个联机资料数据库中获得所需的 RFC 文档。

几乎所有的互联网标准都收录在 RFC 文档中,所以 RFC 文档数量大,如需查找,可利用索引文档"RFC INDEX"进行检索,该文档中含有已颁布的所有 RFC 文档的标题、发表时间和类别,以及与此 RFC 文档相关联的新、旧 RFC 文档。

1.2 互联网的组成

互联网是一个世界范围的计算机网络,根据它的工作方式,我们可以将互联网分成两大部分,如图 1-6 所示。

(1)网络边缘部分:连接在互联网上的所有主机。网络边缘部分利用网络核心部分提供的服务,使众多主机之间能够相互通信和共享资源。

(2)网络核心部分:由路由器将大量网络连接在一起,为网络边缘部分中的主机提供连通性,使网络边缘部分中的任一主机都能够与其他主机通信。

计算机网络系统组成

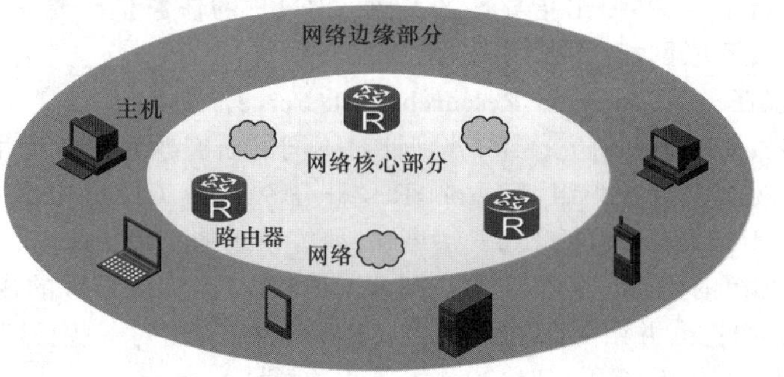

图 1-6　互联网的组成

1.2.1　网络边缘部分

互联网将全世界数以亿计的计算设备接在一起，通常把位于网络边缘部分的计算机和其他设备，称为端系统（End System）或主机（Host）。互联网的端系统包含桌面计算机、服务器和移动计算机等。桌面计算机主要指传统的个人计算机，服务器有电子邮件服务器、Web 服务器及文件服务器等，移动计算机有平板电脑、智能手机和便携机等。现在，越来越多的非传统设备被作为端系统连入互联网。

连入互联网的主机之间能够相互通信，根据通信方式，主机又被分为两大类：客户（Client）和服务器（Server）。请求服务一方为客户；响应请求，提供服务的一方为服务器。如果某主机既请求服务，也向其他主机提供服务，那么这台主机既是客户也是服务器。客户非正式等同于智能手机和桌面计算机等；服务器非正式等同于功能更强大的机器，比如用于存储和发布网页、提供视频服务的机器等。目前，大部分提供视频、网页、电子邮件和搜索等服务的服务器都属于大型数据中心。如，Google 公司有很多数据中心，大多数据中心拥有 10 万台以上的服务器。

1.2.2　网络核心部分

网络核心部分通过路由器把许多网络连接起来，路由器利用分组交换技术转发数据，为网络边缘部分的主机提供连通和交换服务。为了解路由器的工作方式，下面先介绍分组交换基本概念。

分组交换（Packet Switching）指在通信过程中，通信双方以分组为单位，通过存储转发技术实现数据交互的通信方式。通常我们把通信的整块数据称为报文（Message）。在从源端向目的端发送报文之前，源端先把报文划分成一个个更小的等长数据段，并在每个数据段前面加上必要的控制信息作为数据段的首部，每个带有首部的数据段就构成了一个分组（Packet），也称为“包”。首部的控制信息含有诸如发送者和接收者的地址信息等内容，指明了该分组发送的地址，当分组到达转发设备时，该分组将被暂时存储下来，之后转发设备根据每个分组的地址信息，将它们转发到目的地。分组的传输彼此独立，互不影响，可按照不同的传输路径到达目的地再重新组合还原成原始报文。

位于网络核心部分的路由器负责转发分组，即进行分组交换。当路由器从一个接口收到一个分组时，会将收到的分组先放入缓存，再查找路由转发表，根据首部中的目的地址，将该分组从适当的接口转发出去，交给下一个路由器处理，直到最终把分组转发到目的主机为止。大部分路由器通过动态路由协议（如 OSPF）自动建立路由表，当网络拓扑发生变化时，路由转发表会自动更新，以方便路由器为经过的每一个分组选择一条最佳的传输路径。

下面举例介绍网络核心部分路由器实现分组交换的工作过程，假设将路由器所连接的一个个网络简化成一条条链路，路由器成为网络核心部分的节点，如图1-7所示。

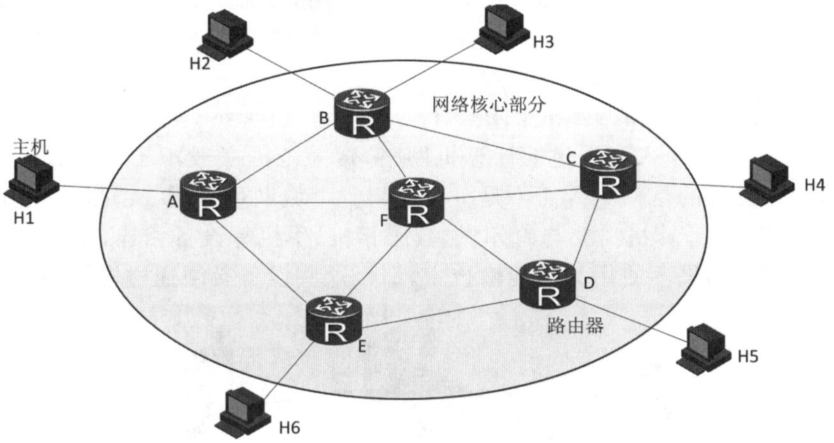

图1-7 网络核心部分分组交换

假设图1-7中的主机H1要向主机H4发送数据。主机H1先将数据划分为分组，再将各个分组发给与主机H1相连的路由器A。这时，通信双方仅占用链路H1—A。路由器A把收到的分组暂时放入缓存存储，然后查找自己的路由表，通过A—B链路将分组传送到路由器B，此时，该分组仅占用链路A—B，其他通信链路并未被该分组占用。路由器B继续按照上述方式把分组转发到路由器C，最终，路由器C直接把分组转发给主机H4。

在主机H1将数据发给路由器A使用链路H1—A时，其他的通信链路并不受影响（比如B—C、A—E），而且即使在H1—A的链路上，也只是分组正在此链路上传送时才被占用，在空闲时间，H1—A仍可以被其他主机使用发送分组。

当路由器A收到主机H1发送过来的分组时，可以选择A—B—C—H4，也可以选择A—F—C—H4，或其他的传输路径。路径选择取决于路由选择协议，它能够找出最合适的路径来进行分组转发。比如，现在链路A—B出现故障或通信量很大时，它就会把分组交给路由器F，然后再经过路由器C到达主机H4。这就是分组交换的一个优点，为每个分组独立选择最合适的路由进行转发。

通过上述工作方式，网络核心部分的路由器实现分组转发。这样，位于网络边缘部分的主机通过相对低速的链路接入网络核心部分，网络核心部分的路由器一般使用高速链路相连并转发数据，实现网络边缘部分任一主机与其他主机进行通信。

1.3 计算机网络分类

基于计算机网络自身的特点，根据不同的分类原则，可以得到不同类型的计算机网络。下面介绍几种常见的计算机网络划分方式。

1.3.1 按覆盖范围分类

根据计算机网络连接覆盖的地理范围，可将计算机网络分成个域网、局域网、城域网、广域网、互联网五种类型。个域网是指围绕一个人的网络，除个域网外，其他都是范围较大的网络，进一步划分为局域网、城域网、广域网，其覆盖范围越来越大，最后，全球网络连接在一起，形成了互联网。

1. 个域网(Personal Area Network，PAN)

个域网是指围绕某个人而搭建的计算机网络，覆盖范围一般小于 10 m，可视为一种特殊类型的局域网，支持的是一个人而不是一个小组。个域网可以用线缆搭建，也可以用无线搭建。如图 1-8 所示，计算机需要与打印机、数码相机、手机等设备相连，用户可以使用无线网络连接这些设备，如果不使用无线传输技术，那么这些设备必须通过电缆连接到计算机。

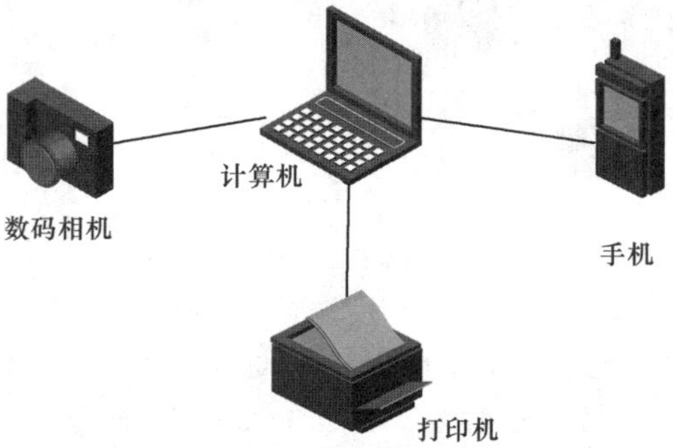

图 1-8 个域网

2. 局域网(Local Area Network，LAN)

局域网是将各种计算机或者工作站通过高速通信线路互联所形成的计算机网络，覆盖范围局限在一个较小的区域内，如 1 km 左右，一般在一座建筑物内或附近，比如家庭、办公室或工厂。

局域网是一种私有网络，不会为网络以外人员提供服务，是个人或单位自建的，所以网络结构相对简单，只需满足自身的网络应用需求即可，分布范围较小，布线也相对简单，易于实现。目前最常见的局域网有有线局域网、无线局域网(WLAN)，如图 1-9 所示。

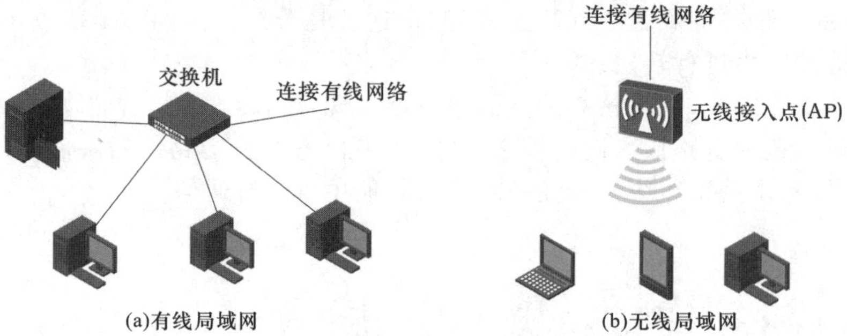

图 1-9 有线局域网和无线局域网

有线局域网使用不同的传输技术，传输介质有铜线或光纤。由于网络结构简单，网络连接带宽较高，较少发生错误，速率较快。目前有线局域网的速率在 100 Mbit/s 到 10 Gbit/s。由于通过电线或者光纤发送信号比通过空气发送信号更容易，所以有线局域网在性能方面高于无线局域网。

无线局域网，俗称 Wi-Fi，能为用户提供无处不在的网络，人们通过个人计算机、手机、平板电脑等智能终端，能随时随地连入网络，速率在 11 Mbit/s 到几百 Mbit/s，目前非常受欢迎。由于人们对网络速度及方便使用性的期望越来越大，于是与电脑及移动设备结合紧密的 Wi-Fi、蓝牙等技术越来越受到人们的追捧。与此同时，在相应配套产品大量面世之后，构建无线网络所需要的成本下降了，一时间，无线网络已经成为我们生活的主流。

3. 城域网(Metropolitan Area Network，MAN)

城域网通常是跨越几个街区甚至一个城市的大规模计算机网络，覆盖范围一般在 5～50 km。它可能是由一个单一的网络构成，比如有线电视网络，也可能是使用高容量的骨干网技术(光纤链路)来互联多个局域网而形成的一个更大规模的网络，如图 1-10 所示。城域网可以为一个或多个组织所拥有，大多是为公众提供公共服务。城域网是局域网的延伸，目前的城域网大都采用以太网技术，因此也经常被并入局域网范围进行讨论。

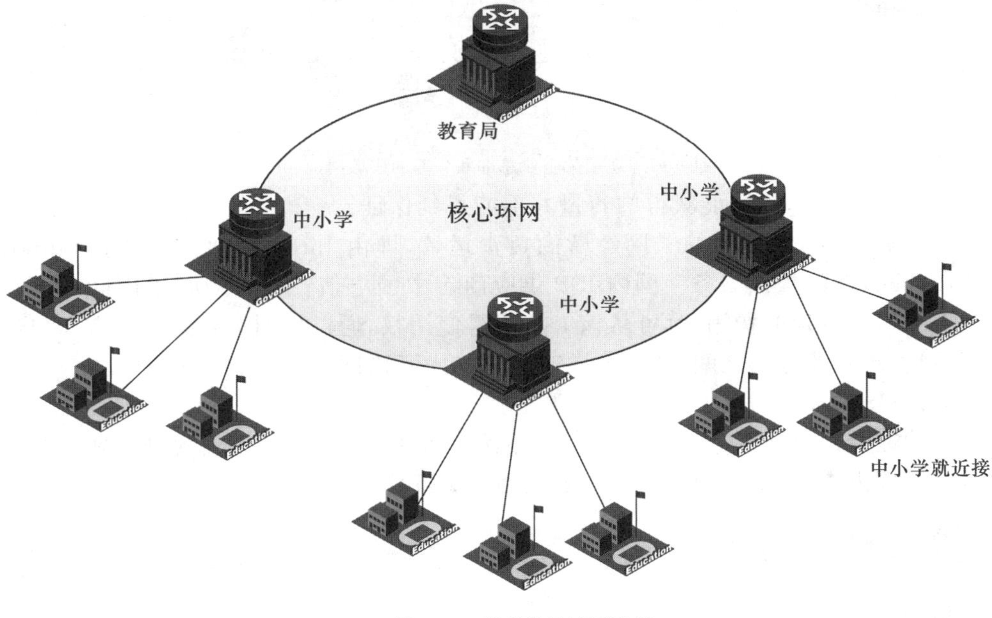

图 1-10 某教育城域网示例

4. 广域网(Wide Area NetWork，WAN)

广域网也称远程网，一般通过高速链路将不同地区的局域网或城域网连接起来。通常跨接很大的物理范围，所覆盖的范围从几十千米到几千千米，能连接多个地区、城市和国家，提供远距离通信，形成国际性的远程网络，是互联网的核心部分，但并不是互联网。

下面通过一个在不同城市有分部的企业介绍广域网。例如，一家大型企业的总部位于北京，而分部遍布全国，如图 1-11 所示。每个分部都有供用户操作的计算机，可运行各种应用程序，称为主机(Host)，连接这些主机的其他部分称为通信子网(Communication Sub-net)，简称子网。子网负责长距离地把信息从源主机发送到目的主机，由路由器和通信线路组成。广域网子网的功能等同于互联网核心部分的功能，但广域网并不是互联网，下面以子网为例进行描述。

子网实现方式主要有两种：

第一种方式，企业不租赁专用的传送线路。各分部直接连接到 Internet，使用 Internet 资源作为子网直接进行通信。这种方式增加新分部入网比较容易，但不能对

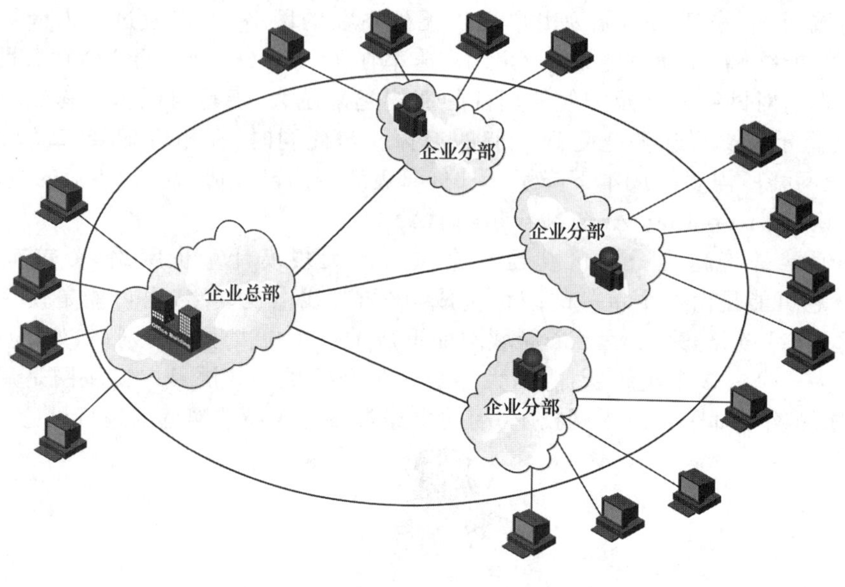

图 1-11 连接某企业总部和分部的广域网

Internet 资源进行控制，线路能获得的容量并不能得到保证。

第二种方式，子网由专门的子网经营商负责运营，即由 Internet 服务提供商（Internet Service Provider，ISP）提供服务。国内 ISP 供应商有中国电信、中国移动、中国联通等。企业只要向 ISP 缴纳规定的费用，就可从该 ISP 获得使用权，通过子网运营商把所有客户连接起来，不仅可实现企业分部之间的通信，同时也可连入互联网。

5. 互联网（Internet）

全世界存在着众多网络，为了实现让不同网络中的用户相互通信，需要把这些网络连接起来。全球范围内所有的网络相连，组成的网络称为互联网（Internet）。

1.3.2 按网络的使用用途分类

1. 公用网（Public Network）

公用网也称为公众网，指为公众提供公共网络服务的网络，属于国家基础设施。公用网一般由国家的电信公司出资建造，由国家政府电信部门负责管理和控制，所有愿意按电信公司规定缴纳费用的个人、单位或部门都可以使用这种网络。

2. 专用网（Private Network）

专用网专用于一些保密性要求比较高的部门网络，是由一个政府部门或一个公司为满足本单位的特殊业务需求而建造的网络，仅供本单位使用，不向本单位以外的人提供服务。比如，银行、军队、铁路、民航等系统均有系统内部的专用网。一般较大范围内的专用网需要租用电信部分的传输线路。

1.4 计算机网络的拓扑结构

计算机网络的拓扑结构是利用拓扑学中研究与大小和形状无关的点、线关系的方法，把计算机网络中的计算机、服务器和通信设备等网络单元抽象成"点",把网络中的光纤、双绞线等传输介质抽象成"线",把计算机网络看成用点和线组成的几何图形。

计算机网络的拓扑结构有总线型拓扑结构、环型拓扑结构、星型拓扑结构、树型拓扑结构、网状拓扑结构和混合型拓扑结构等。网络的拓扑结构对整个计算机网络的设计、费用、可靠性、灵活性等有重要的影响。

1. 总线型拓扑结构

总线型拓扑结构如图 1-12 所示,指网络中所有设备连接到一条高速公用总线上。任何一个节点发送的信号,都沿着该总线传播,并能被其他节点接收。由于多个节点共享一条公用总线,为避免冲突,需要采用介质访问控制方法来分配信道,以保证在某一时刻,只允许一个节点发送信息。目前常用的介质访问控制方法有载波侦听多路访问(CSMA/CD)和令牌传递。

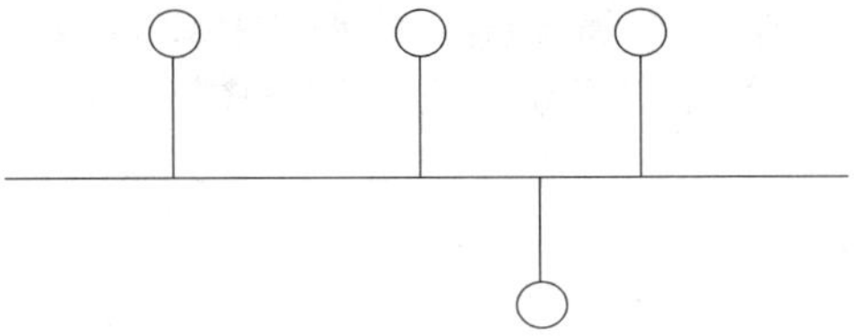

图 1-12 总线型拓扑结构

总线型拓扑结构简单,网络布线比较容易,增加或减少节点比较方便,网络扩展容易。但总线的传输距离有限,速率较低,难以实现大规模的扩展。而且总线型拓扑网络一旦出现故障,故障检测并不容易,需要在网络中各站点计算机上分别检测。因此,目前纯粹使用总线型拓扑结构的网络已基本不再使用。

2. 环型拓扑结构

环型拓扑结构如图 1-13 所示,所有节点形成一个闭合的环。环型拓扑结构主要应用于令牌环网,在令牌环网中只有一个令牌,令牌沿着环路循环。只有获得"令牌"的站点才有权发送数据,数据发送完成后,该站点立即释放令牌给其他站点使用。

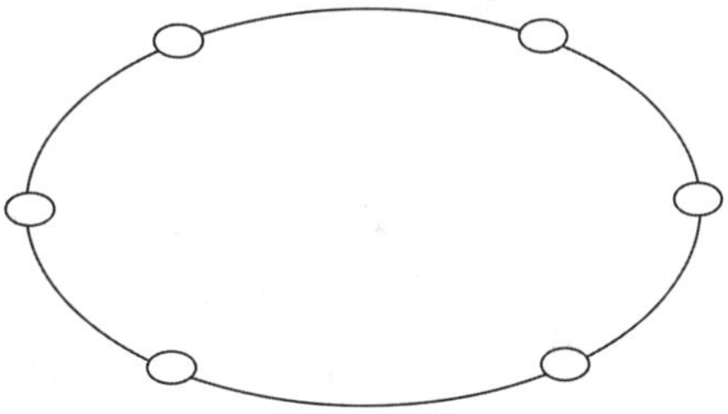

图 1-13 环型拓扑结构

在环型拓扑结构网络中,数据沿着一个特定的方向流动,网络路径选择和网络组建简单,且工作站少,投资成本低。但环型拓扑网络可连接用户数有限,网络扩展性能差。由于采用环型拓扑结构,故障点排除困难,同时一旦某个站点出现故障,将导致整个网络瘫痪。环型拓扑结构的网络还存在传输速度慢、传输效率低等问题,基本不被使用。

3. 星型拓扑结构

星型拓扑结构如图 1-14 所示,由一个中央节点和通过点到点通信链路连到中央节点的各个站点组成。各个站点之间不能直接通信,站点间的通信需要经过中央节点。中央节点执行集中式通信控制策略,因此中央节点比较复杂,各个节点只需要满足链路的简单通信要求即可,通信处理负担比较小。交换机就是星型拓

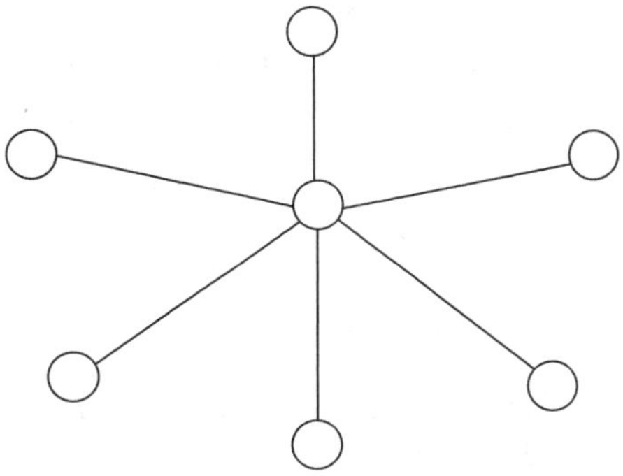

图 1-14 星型拓扑结构

扑结构单元的典型实例。

在星型拓扑结构网络中，节点扩展方便，只需要从交换机等集中设备的空余端口拉一条电缆与要加入的节点相连即可；网络传输数据快，整个网络以星型方式连接，所采用的传输介质如双绞线或光纤，传输速率比较高，上行通道不共享，节点之间在数据传输上相互影响小。网络维护容易，除中央节点外，各个节点相对独立，一个节点出现故障不会影响到其他节点的连接，可通过中央节点对连接线路逐一隔离进行故障检测和定位。但星型拓扑结构中央核心交换机工作负荷重，存在瓶颈问题，一旦发生故障，全网受影响。

总的说来，星型拓扑结构相对简单，采用廉价的双绞线进行布线，节点数不受限制，扩展和维护容易，是一种经济、实用的网络拓扑结构，目前广泛应用于有线局域网中。

4. 树型拓扑结构

树型拓扑结构如图 1-15 所示，可看成是总线型拓扑结构或星型拓扑结构的扩展，形状像一棵倒置的树，顶端是树根，树根以下带分支，每个分支还有子分支。

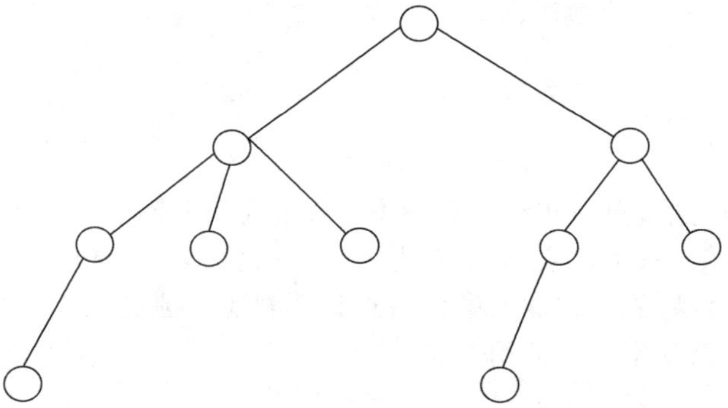

图 1-15 树型拓扑结构

树型拓扑结构易于扩展，可以延伸出很多分支和子分支，新节点和新分支都容易加入网络。故障隔离比较容易，如果某分支的节点或线路发生故障，很容易将故障分支与整个系统隔离开。但树型拓扑结构对“根”设备(核心层)的依赖性太大，如果“根”发生故障，则全网不能正常工作。“根”的负荷重，需要配备性能更强的交换机或路由设备。但这些不足可以通过配置冗余链路和选择高性能设备来弥补。目前中小型以太局域网(如位于同一层楼的局域网)主要采用树型拓扑结构。

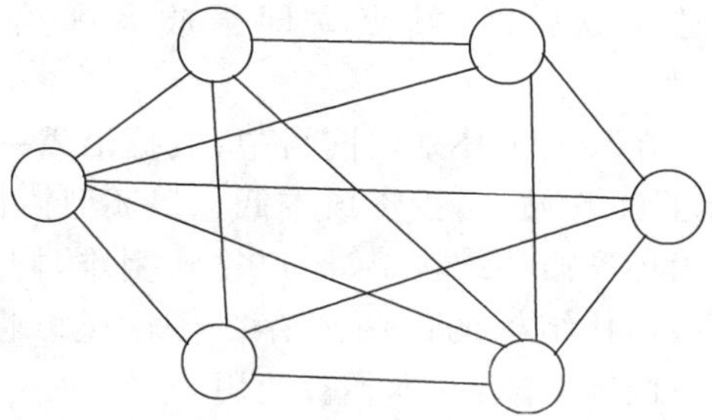

图 1-16 网状拓扑结构

5. 网状拓扑结构

网状拓扑结构如图 1-16 所示，各节点通过传输线互相连接，每一个节点至少与其他两个节点相连。网状拓扑结构分为全网状结构和半网状结构两种，全网状拓扑结构指网络中每一个节点都与网络中的其他所有节点有连接，半网状拓扑结构指网络中并不是每一个节点都与网络中的其他所有节点有连接，可能只是部分节点互联。

网状拓扑结构可靠性比较高，各节点的连接存在冗余线路，某一连接线路出现问题都不会影响网络整体的连接。但网状结构太复杂，成本比较高，不易扩充、维护和管理。目前网状拓扑结构在局域网中比较少用，主要用于广域网中。

6. 混合型拓扑结构

混合型拓扑结构如图 1-17 所示，指将上面两种或多种拓扑结构混合起来，取它们的优点构成的拓扑结构。常见的有由总线型拓扑结构和星型拓扑结构结合在一起组成的网络。

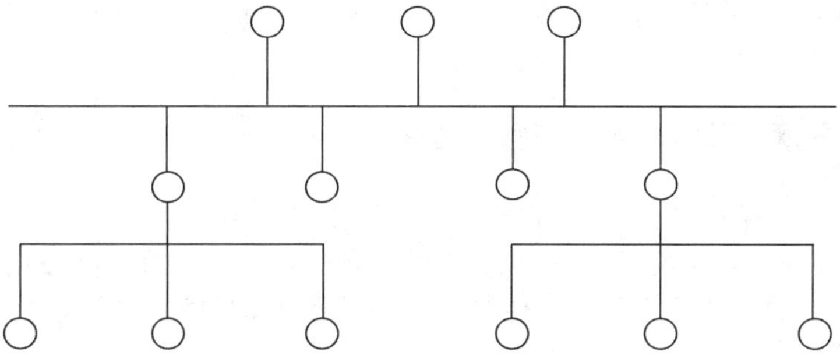

图 1-17 混合型拓扑结构

混合型拓扑结构易于扩展，可以通过加入新的网络设备扩展用户，或者在每个网络设备中留出一些备用的可插入新节点的接口。故障诊断和隔离也比较方便，一旦网络发生故障，只要诊断出哪个网络设备有故障，就可将该网络设备和全网隔离。但混合型拓扑结构建网成本比较高，需要选用智能网络设备来实现网络故障自动诊断和故障节点的隔离。目前混合型拓扑结构在一些智能化的信息大厦中的应用比较普遍。

1.5 计算机网络的体系结构

计算机网络的体系结构是一个分层次的模块式结构，为不同的计算机之间互联和互操作提供相应的规范和标准，将庞大复杂的问题分解成多个容易实现的较小问题。

1.5.1 计算机网络体系结构的形成

计算机网络是一个复杂的系统，是一些相互连接的、独立的计算机的集合。需要有独立功能的计算机、通信线路和通信设备，以及网络软件的支持，才可以实现数据通信和资源共享。而通信介质、设备的种类、操作系统、软件、硬件、应用环境和业务种类等各不相同，比如通信介质有无线、有线等，设备种类有主机、路由器、复用设备等，操作系统有 Windows、Linux 等，应用环境有固定、移动等，业务种类有分时、实时等。因此计算机网络需要解决很多复杂的技术问题才能实现网络互联，满足人们的需求。针对这个问题，采用“分而治之”的方法，把复杂的大系统分层处理，每层完成特定功能，各层协调共同实现计算机网络的整个系统。

1974 年，IBM 最早推出分层的系统网络体系结构（Systems Network Architecture，SNA）。这个层次化的网络结构具有统一规范，是根据 IBM 组网的需要而开发出来的，遵守规范的主机或设备，都能被接纳入网。之后其他一些公司也陆续推出自己公司的体系结构。这些分层的体系结构各不相同，一般只能属于本厂商多体系结构系统范围内的专有网络体系结构，或者本厂商系统范围内的开放网络体系结构。每个厂商都偏向于使用本厂商的专有技术、专有系统生产产品并组建网络，产品基本只能适应本厂商网络系统的互联、互通和互操作,容异性很差,难以适应不同厂商之间的网络互联,给网络应用与用户选择造成困扰。

为了使不同体系结构的网络能够互联,国际标准化组织 ISO 于 1983 年颁布开放系统互联参考模型 OSI/RM,简称 OSI。"开放"指只要遵循该标准,就可以让全世界位于不同地点的系统互相通信。"系统"则指现实系统中与互联有关的各个部分。然而,OSI 标准制定周期过长,最终,TCP/IP 成为事实上的国际标准。

1.5.2 计算机网络体系结构的层次结构

计算机网络体系结构是分层的,它把一个难以实现的复杂问题分解成若干个容易实现的小问题,每一层都建立在其下一层之上。不同的网络,层的个数、每层的名称、内容和功能不尽相同。每一层的目的是为其上一层提供相应的服务,而每一层都对上层屏蔽如何实现这些服务的细节。

下面举个例子来加深对网络体系结构中分层思想的理解。

如图 1-18 所示,假设有两个处于不同位置的用户(寄信人、收信人,对应于第 3 层中的对等实体)需要通过信件进行交流。寄信人将写好的信件交给快递员(对应于第 2 层中的对等实体),快递员将信件交给分拣员(对应于第 1 层中的对等实体),分拣员再按地址等分拣信件,分拣后的信件被运送到对方所在地后,分拣员依据收信人的地址等信息将信件分发给不同的快递员,快递员交给收信人就可以了。

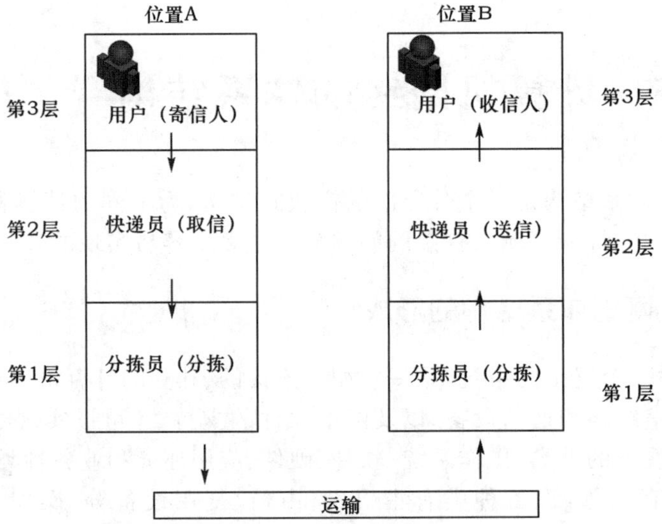

图 1-18 层次划分举例

寄信人要将写好的信件交给快递员,可以通过第 2 层与第 3 层之间的接口,比如电话联系快递员上门取信;快递员将信件交给分拣员,可以通过第 1 层与第 2 层之间的接口,如送到仓库配送中心。反之,信件到达对方所在地后,分拣员通过第 1 层与第 2 层之间的接口将信件交给快递员,快递员通过第 2 层与第 3 层之间的接口将信件交给收信人。

上述用户和用户之间的通信依赖于下层的服务,他们不需要关心信件传送的具体细节,寄信人仅需将写好的信件交给快递员,收信人仅需从快递员手中查收信件就可以。至于信件的内容,是第 3 层协议的内容,使用何种语言及如何记录寄信人想表达的信息,取决于用户之间的约定,和其他层无关。

从上述简单的例子可以看出,采用分层解决问题有很多好处。

1. 各层之间是独立的

每一层不用知道其下一层具体是如何实现的，仅需要知道其下一层是通过层间接口所提供的服务即可。如上述例子，寄信人只需关注信件内容本身及如何将信件交给快递员，而无须关注其下层快递员和分拣员的具体工作；同样，位于第 2 层的快递员也只需将寄信人的信件交给分拣员就行，而不必考虑分拣员如何工作。这样，每一层只实现一种相对独立的功能，因此，可以把一个难以处理的复杂的大问题，分解成多个比较容易处理的小问题，使整个问题的复杂度降低。

2. 灵活性好

当任何一层发生变化时(如技术方面的变化)，只要层间接口关系保持不变，则这层以上或以下的各层都不受影响。如上述例子中，位于第 2 层的快递员生病了，可以换另一名快递员接替他的工作，只要新的快递员能从寄信人处取信并交给分拣员即可，而不会影响其他层的工作。此外，还可以对某一层提供的服务进行修改，或不再需要某层提供的服务时，也可以将该层取消。

3. 结构可分割

每一层都可以采用最合适的技术来实现。如上述例子中，为了使信件更快到达对方手中，可选择速度最快的快递员和分拣员的组合来传输。

4. 易于实现和维护

分层结构可以让一个庞大又复杂的系统的实现和调试变得更加容易，因为整个系统被分解为多个相对独立的子系统来处理。在上述例子中，每层都可看成一个相对独立的子系统，一共有三个子系统。

5. 促进标准化

采用分层，使每一层的功能非常明确，对每一层所提供的服务有明确的说明，可以更好地促进标准化工作。在上述例子中，一旦明确了快递员和分拣员的具体职责，就可以更好地规范他们的日常工作。

1.5.3 计算机网络体系结构的基本概念

计算机网络体系结构的抽象概念比较多，下面对这些概念进行介绍。

1. 协议

在计算机网络中，包含多种计算机系统，软、硬件各不相同，要使得它们之间能够有条不紊地相互通信，通信双方必须事先就如何进行通信约定一种规则，这种规则称为协议。准确地说，这种为实现网络中的数据交换而建立的规则、标准或约定，称为网络协议(Network Protocol)，简称协议。

在利用网络协议进行计算机网络通信时，需要考虑三个问题：一是要实现的网络服务是什么，即做什么；二是要怎么实现这些网络服务，即怎么做；三是如何与对方协同工作，即做的次序。这三个方面对应了网络协议的三个要素如下：

(1)语义

语义即需要发出何种控制信息，完成何种动作及做出何种响应。语义用来解决“做什么”的问题，用于描述该协议具体用来完成什么功能。例如，日常工作或生活中所签协议的主题或标题，让人一看就能明白协议是用来做什么的。

(2)语法

语法用来规定通信时的信息格式,包含数据与控制信息的格式、编码及信号电平等。语法是用来解决“怎么做”的问题。例如,日常工作或生活中所签协议中规定的具体条款,通过这些条款确保达到最终目标。

(3)同步

同步即事件实现顺序的详细说明,是用来解决“做的次序”的问题,规定了通信双方的操作执行顺序,使通信双方有序地合作,协调完成数据传输任务。即当通过网络协议来实现某项网络服务时,通信双方必须保持一定的程序执行步骤,比如打电话一问一答的模式,如果一方请求,却得不到对方的应答,程序就会出现错误,导致通信失败。

2. 网络体系结构

网络体系结构(Network Architecture)是指层和协议的集合,是该计算机网络及其构件所应完成的功能的精确定义。至于用何种硬件或软件完成这些功能,就是遵循该网络体系结构的具体实现问题。可以说,网络体系结构是抽象的概念,而实现是具体的,是真正在运行的计算机硬件和软件。

3. 实体

网络体系结构中定义的实体,表示任何发送或接收信息的硬件(如网卡、智能 I/O 芯片)或软件进程。在网络中,每一层的具体功能由各层的实体完成,不同层的实体实现不同的功能。位于不同机器的同一层次的实体叫作对等实体。协议就是控制对等实体之间进行通信规则的集合。

4. 服务原语

服务原语是指当上一层(服务用户)使用下一层(服务提供者)所提供的服务时,需要与下一层交换的一些命令。在 OSI 中,服务原语规定了四种类型,即请求、指示、响应、确认。

5. 服务

服务表示下一层向其上一层通过层间接口提供的一组功能集合,其中,下一层是服务提供者,上一层是服务用户。至于这些功能如何实现,并不是服务考虑的范畴。

6. 服务访问点

服务访问点(Service Access Point,SAP)是网络体系结构中上、下层之间进行通信的接口,上层实体必须通过下层的服务访问点才能够获得下层的服务。即 SAP 就是相邻层实体之间的逻辑接口,类似于邮政信箱(通过该接口可以把邮件放入或取走),是一个抽象的概念。

7. 数据单元

数据单元是指网络中信息传送的单位,分为协议数据单元(Protocol Data Unit,PDU)、服务数据单元(Service Data Unit,SDU)和接口数据单元(Interface Data Urit,IDU)。

(1)协议数据单元:不同系统中,同一层对等实体为实现该层协议所交换的信息单位。

(2)服务数据单元:指上一层(服务用户)要求其下一层(服务提供者)传递的逻辑数据单元。

(3)接口数据单元:指在同一系统中,相邻的两层实体交互中,经过层间接口的信息单元。

以上就是计算机网络体系结构中的基本概念。下面通过图 1-19 来描述在计算机网络体系结构中任何相邻的两层之间的关系。其中,不同层的对等实体使用不同的协议进行通信,如第 k 层的两个“实体(k)”使用“协议(k)”进行通信,第 $k+1$ 层的两个“实体($k+1$)”使用“协议($k+1$)”进行通信。第 k 层向其上一层($k+1$)提供服务,第 k 层的实体相当于“服务提供者”。第 $k+1$ 层通过 SAP 获得其下层(k)提供的服务,这个服务包含了 k 层及以下所有层提供的所有服务,第 $k+1$ 层的实体相当于“服务用户”。

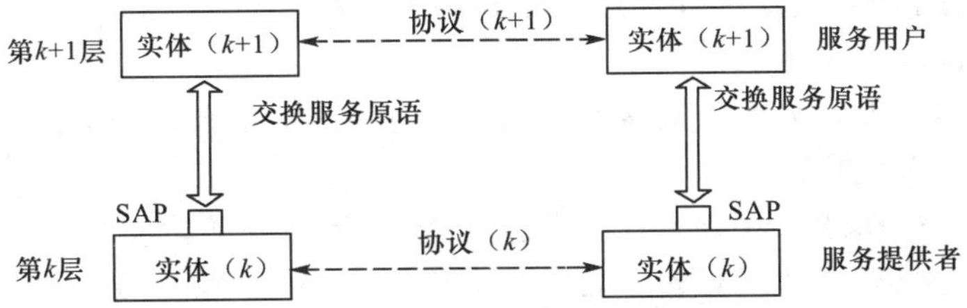

图 1-19　网络体系结构中相邻两层之间的关系

1.5.4 OSI 参考模型

上面介绍了计算机网络体系结构的分层思想和基本概念,下面介绍网络体系结构的一个重要实例——OSI 参考模型。

OSI 参考模型如图 1-20 所示,分为 7 层。下面将从高层开始,结合 ISO 组织为所有层制定的标准,依次讨论模型中的每一层。

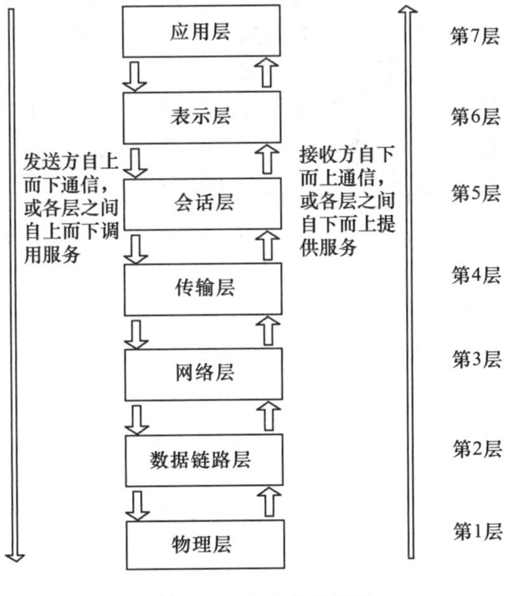

图 1-20　OSI 参考模型

OSI参考模型

1. 应用层(Application Layer)

应用层是 OSI 的最高层,直接面向用户。应用层的服务是为用户提供访问各种网络资源的接口,因此,应用层中包含了各类用户常用的协议,比如:文件传输访问和管理(File Transfer Access and Management,FTAM)、虚拟终端(Virtual Terminal,VT)、远程数据访问(Remote Data Access,RDA)等。目前在互联网中的应用层协议也有很多,比如简单邮件传送协议(Simple Mail Transfer Protocol,SMTP)等。

2. 表示层(Presentation Layer)

表示层的服务是使通信双方在信息的表达方式上是一致的,保证通信各方在应用层上发送的信息可以相互解读。因为不同的计算机可能有不同的数据描述方法,要实现不同的计算机之间的信息交换,需要进行数据转换,比如编码方式转换、数据加密与解密、数据压缩与终端类型的转换等。例如,一个中国人向一个英国人打招呼,说汉语“早上好”,需要翻译成英语“Good morning”,英国人才能理解该句的含义。

3. 会话层(Session Layer)

会话层的基本功能是为不同机器上的用户建立、引导和释放会话连接,保证会话数据可靠传送。提供的服务包括:

(1)会话控制,确认通信双方的身份,决定由谁来传递数据。

(2)令牌管理,只有令牌持有者才能执行某种操作。

(3)同步功能,当进行大量的数据传输时,可以设置一些断点,当网络出现故障时,可以从断点开始重传数据。

4. 传输层(Transport Layer)

传输层的基本功能是接收来自上一层的数据,如有必要,可把这些数据分割成较小的单元,再传递给网络层,并保证这些数据单元能够正确到达另一端。所有这些工作都必须高效率地完成,并使上面各层不受底层硬件技术变化的影响。

传输层最主要的服务类型是面向连接的可靠服务,该连接是一个完全无错的点到点信道(说明一下,真正完全无错不可能实现,只能说出错率低到可以忽略),此信道按照原始发送的顺序来传输数据。当然,也有其他类型的传输服务,比如,不保证传送顺序的独立报文传输服务、将报文广播给多个目标节点的多播服务等。

传输层是一个真正端到端的层,它将数据从源端携带到目的端。即源端机器上的一个程序利用报文头和控制信息,与目的端机器上的一个类似程序进行会话。而在其下的各层,协议基本不涉及最终的源端机器和目的端机器,源端机器和目的端机器之间可能被很多个路由器隔开,每个协议真正涉及的,可能是一台机器和它的直接邻居。

5. 网络层(Network Layer)

网络层的主要功能是为网络中的不同主机提供通信服务,其关键问题是如何将数据包从源端路由转发到目的设备。路由指网络中的各节点根据网络情况,按照某种方式,为要转发的分组提供一条最佳的路径,将其发往目的设备。路由可以通过管理员手动配置获得,也可以通过动态学习获得。

如果有太多的数据包同时出现在一个子网中,那么这些数据包可能相互阻碍,产生拥塞,因此,拥塞控制也是网络层的责任。同时,网络层提供的服务也包含服务质量,如延迟、传输时间、抖动等。

当一个数据包需要跨两个网络传输时,可能会产生很多问题。例如,这两个网络所使用的寻址方案不同;经过第一个网络的数据包太大,无法在第二个网络中传送;两个网络使用的协议不同等。网络层应负责解决这些问题,使异构网络能够相互连接。

6. 数据链路层(Data Link Layer)

数据链路层为网络层提供服务,解决两个相邻节点之间的通信问题。该层的主要任务是将一个原始的物理层传输设施转换成对网络层来说无差错的线路。为此,发送方将数据分帧,然后顺序地发送这些数据帧。在接收到的位流中,需要进行帧定界来区分一个帧的开始和结束。

数据链路层和大多数高层一样,存在一个问题,即如何避免一个慢速的接收方被一个快速的发送方用数据“淹没”,因此,往往需要一种流量调节机制,以便让发送方知道接收方何时可以接收更多的数据。

7. 物理层(Physical Layer)

物理层是 OSI 参考模型的最底层。它利用传输介质为数据链路层提供物理连接,在通信信道上传输原始比特。它必须确保当发送方发送了比特 1 时,接收方也应该是收到比特 1,而不是比特 0。因此物理层需要考虑用什么电子信号表示 1 和 0,一个比特需要持续多少时间,采用全双工还是半双工传输,网络连接器有多少帧及用途是什么等。总的来说,物理层关心的是链路的机械、电子、时序接口和物理层之下的物理传输介质等。

以上是 OSI 体系结构的七层模型简介,下面通过图 1-21 简单描述主机 A 的应用进程 A 向主机 B 的应用进程 B 传送数据的过程,为了方便,假设两台主机之间通过一台路由器连接起来。

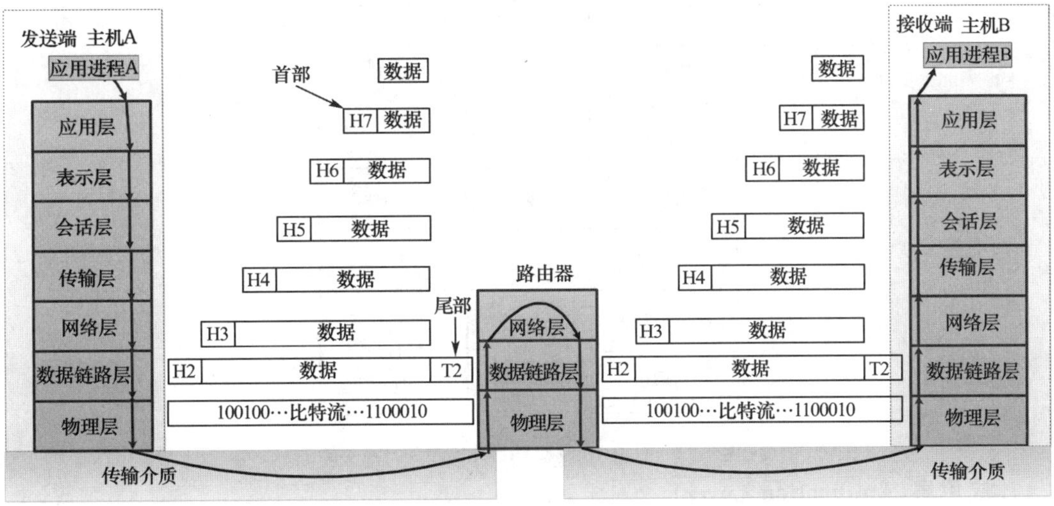

图 1-21　数据在各层之间的传递过程

发送端主机 A 的应用进程 A 先将数据交给本机的应用层(第 7 层),在应用层,数据被加上应用层的首部 H7,变成下一层的数据单元,并将这个数据单元递交给表示层(第 6 层)。表示层收到这个数据单元后,加上自己的首部 H6,然后将新的数据单元递交给会话层(第 5 层)。以此类推,会话层(第 5 层)、传输层(第 4 层)、网络层(第 3 层)和数据链路层(第 2 层)分别将上层递交过来的数据单元加上自己的首部,再将新的数据单元交给下一层。其中,数据链路层(第 2 层)除了给网络层(第 3 层)递交过来的数据加上首部之外,还要加上尾部,形成数据帧。而物理层(第 1 层)是比特流传送,所以不再给数据帧加首部。

当数据帧通过物理层的传输介质,以比特流的方式传送到路由器时,该路由器的物理层把它递交给数据链路层,数据链路层负责剥掉数据帧的首部和尾部,将该层剩下的数据单元交给网络层。之后,路由器根据该数据单元中的头部的目的地址,查找路由转发表,找出转发接口,然后网络层继续把该数据单元交给数据链路层,加上新的首部和尾部后,再交给物理层,之后在传输介质上,把每一个比特发送出去。

当这一串的比特离开路由器后,到达接收端主机 B 时,主机 B 的物理层把它交给数据链路层,数据链路层按照上面讲的方式将数据单元交给网络层后,传输层、会话层、表示层、应用层依次将首部剥掉,最终,原始数据被递交给主机 B 的应用程序 B。

虽然发送端的应用进程数据要经过上述方式才能送到接收端的应用进程,但这些复杂过程对用户而言,都被屏蔽了,对于应用进程 A,就好像直接把数据交给应用进程 B。同样地，不同系统的任何两个相同层次之间（如发送端的网络层和接收端的网络层），好像都直接把数据交给对方。这就是“对等层”之间的通信。

1.5.5 TCP/IP 模型

计算机网络体系结构的另一个重要实例是 TCP/IP 模型，计算机网络的 ARPAnet 和全球范围的 Internet 都是使用该模型。TCP/IP 模型比较简单，只有四层，即应用层、传输层、网际层和网络接口层。TCP/IP 模型与 OSI 模型的对应关系如图 1-22 所示。

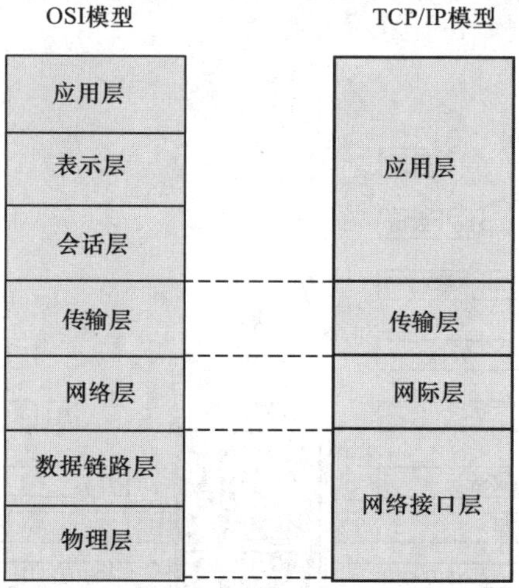

图 1-22 TCP/IP 模型与 OSI 模型的对应关系

1. 应用层（Application Layer）

TCP/IP 模型的应用层在功能上等同于 OSI 模型的应用层、表示层和会话层，提供面向用户的网络服务。应用层包含了所有的高层协议，常见的有用于远程文件传送的文件传输协议（File Transfer Protocol，FTP）、用于远程终端访问的远程登录协议（Telecommunication Network，Telnet）、用于获取万维网页面的超文本传送协议（Hyper Text Transfer Protocol，HTTP）、用于传递音频和视频等实时媒体的实时传输协议（Real-time Transport Protocol，RTP）和用于将主机名映射到它们网络地址的域名系统（Domain Name System，DNS）等。

2. 传输层（Transport Layer）

TCP/IP 模型的传输层在功能上与 OSI 模型的传输层相同。该层定义了两个重要的端到端传输协议，即传输控制协议（Transmission Control Protocol，TCP）和用户数据包协议（User Datagram Protocol，UDP）。

传输控制协议是一种面向连接的传输协议。其在数据传输之前会建立连接，并把数据分解成多个段进行传输，确保每个段都能到达目的地，对于没有收到或者有错误的段，都需要重传，之后在目的地再重新装配这些段，因此它是“可靠的”。

用户数据包协议是一种无连接的传输协议，其在数据传输之前不建立连接，对于发送的数据包不进行校验和确认，因此它是“不可靠”的。

3. 网际层（Internet Layer）

TCP/IP 模型的网际层在功能上与 OSI 模型的网络层类似，其目的是让数据实现从源地址到目的地址的正确转发（发送方和接收方可能在不同的网络上）。IP 协议和 ICMP 协议就是这一层中的协议。

互联网协议(Internet Protocol,IP)是网际层的核心协议,提供的是无连接的不可靠的传输服务,即不提供端到端或者节点到节点的确认,对数据没有差错控制,只使用报头的校验码,不提供重发和流量控制,如果出错可以通过 ICMP 报告。

互联网控制报文协议(Internet Control Message Protocol,ICMP)是一个辅助协议,用于在 IP 主机、路由器之间传递控制消息,控制消息包含网络通不通、主机是否可达、路由是否可用等。

4. 网络接口层(Network Interface Layer)

TCP/IP 模型的网络接口层在功能上与 OSI 模型的物理层和数据链路层的功能存在一定的重叠。该层负责将网际层的分组通过物理网络发送,或将从物理网络收到的数据帧,剥掉头尾后交给网际层。TCP/IP 标准并未定义具体的网络接口层协议,灵活性较高,可以适用于不同的物理网络,比如各种局域网、城域网、广域网或点对点链路等。网络接口层是 TCP/IP 与这些物理网络的接口,物理网络不同,对应的接口也不同。网络接口层使底层操作和底层物理网络无关,在 TCP/IP 看来,无论是哪种物理网络,在分组的传输过程中,都可以把这些物理网络看成两个相邻节点之间的一条物理链路。

以上是 TCP/IP 模型的简介,下面通过一个例子,来说明在使用 TCP/IP 模型的互联网中数据传输的工作方式。

在图 1-23 中,某企业有多个分部,现位于分部 1 的终端 A 要通过 FTP 协议向位于分部 2 的终端 C 发送数据。图中的终端为应用层设备,交换机工作在 TCP/IP 模型的网络接口层(相当于 OSI 模型的数据链路层),路由器工作在 TCP/IP 模型的网际层(相当于 OSI 模型的网络层),设备与设备之间通过以太网线路相互连接。由于工作在应用层的 FTP 协议要求传输层的 TCP 协议与对方建立可靠的连接,因此终端 A 会在传输层给数据封装 TCP 头部。

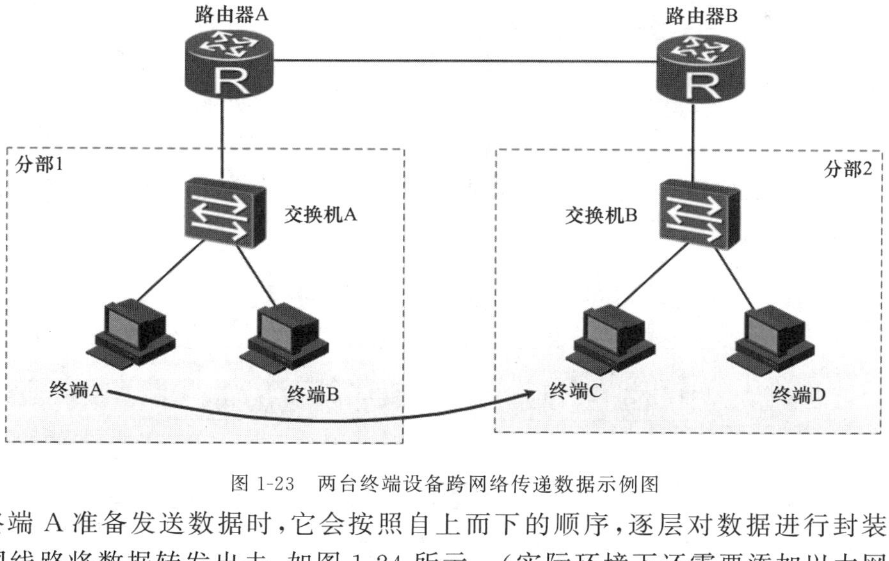

图 1-23 两台终端设备跨网络传递数据示例图

当终端 A 准备发送数据时,它会按照自上而下的顺序,逐层对数据进行封装,然后通过以太网线路将数据转发出去,如图 1-24 所示。(实际环境下还需要添加以太网尾部,此处省略)

当交换机 A 接收到终端 A 发送的数据后,查看该数据的以太网头部中的目的地址,发现该数据要发往路由器 A,交换机 A 就把该数据原封不动地向路由器 A 转发。路由器 A 收到数据之后,对该数据的以太网头部进行解封装,查看 IP 头部,根据 IP 头部中的目的地址查找路由表发现:要去往终端 C,需先把数据转发给路由器 B。于是,路由器 A 重新封装数据之后,通过与路由器 B 相连的线路将数据转发出去。路由器 A 工作过程如图 1-25 所示。

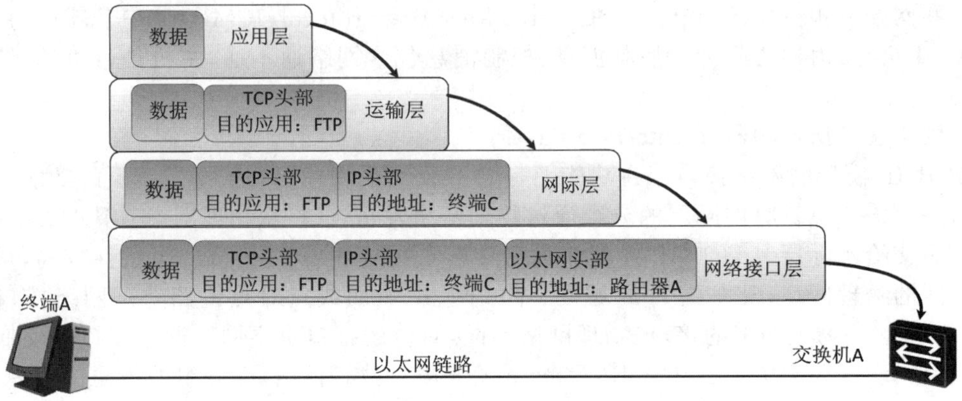

图 1-24 终端 A 的数据处理和转发操作

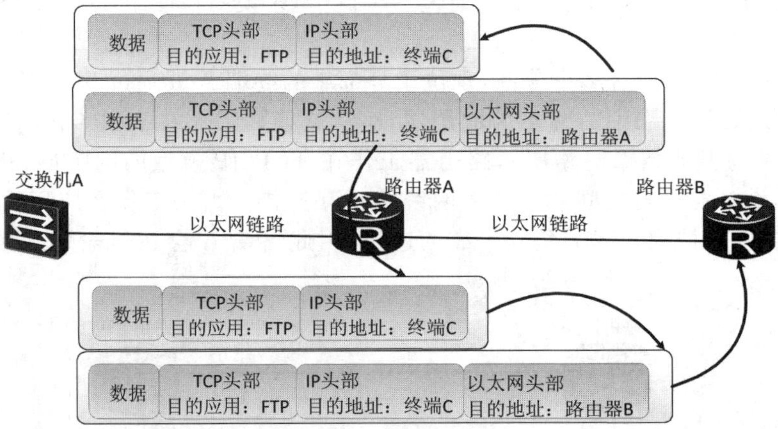

图 1-25 路由器 A 工作过程

路由器 B 收到数据之后,与路由器 A 进行类似的操作,然后把数据发给交换机 B。路由器 B 工作过程如图 1-26 所示。

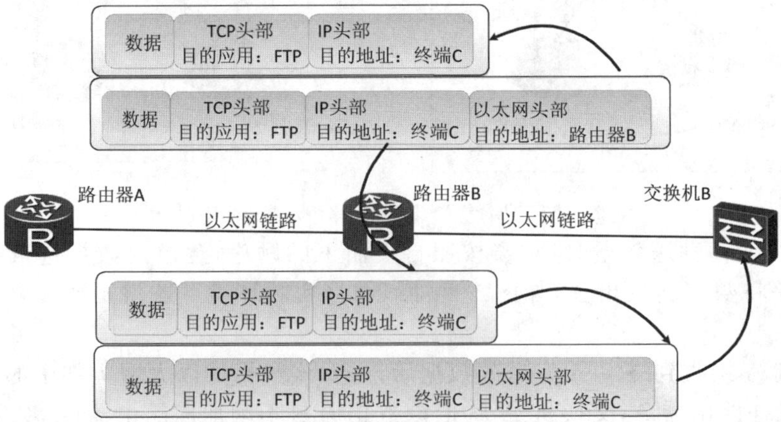

图 1-26 路由器 B 工作过程

交换机 B 收到数据之后，查看以太网头部中的目的硬件，发现数据要发往终端 C。于是交换机 B 把该数据从与终端 C 相连的线路原样转发出去。终端 C 收到数据后，按照自下而上的顺序，逐层对数据进行解封装，得到最初的原始数据，终端 C 工作过程如图 1-27 所示。

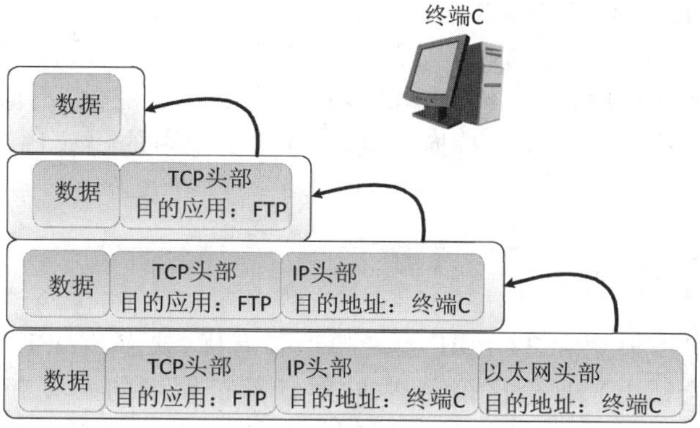

图 1-27 终端 C 工作过程

以上就是数据在终端 A 上开始接受封装，直至终端 C 上接受解封装所经历的流程，理解上述内容，对 TCP/IP 分层模型的学习会有所帮助。

1.5.6 OSI 参考模型与 TCP/IP 参考模型的比较

OSI 参考模型与 TCP/IP 参考模型还是有很多相同之处。这两个模型都以协议栈（不同协议形成的层次结构）为基础进行层次结构划分，协议栈中的协议彼此相互独立。同时，两个模型中各个层的功能还是相似的，通过图 1-22 可看出，TCP/IP 模型与 OSI 模型的各层对应关系。

除了上述相同之处，这两个模型还有很多不同的地方。

1. 建立标准的方式不同

OSI 参考模型在各层协议发明之前就产生了，这意味着 OSI 模型不会偏向任何特定的协议，该模型更具有通用性。但这种方式也意味着，OSI 模型是在设计者缺乏经验的情况下定下各层的服务，对各层协议并不了解。因此，使用 OSI 模型和现有协议来构建网络时，会出现搭建的网络无法满足服务规范的情况。同时，由于各层服务定义的过于复杂，导致针对 OSI 模型开发的协议难以实现或者实现效率过低，出现模型定义的服务难以准确匹配协议的情况。

TCP/IP 模型正好相反，先有协议，再设计模型，TCP/IP 模型只是针对已有的 TCP/IP 网络的协议做描述。因此，模型与协议高度吻合。但该模型只适合 TCP/IP 网络，并不适合其他协议栈。

2. 层数不同

OSI 模型有七层，而 TCP/IP 模型只有四层。它们都有应用层、传输层和网络（网际）层，但其他层并不相同。

3. 无连接和面向连接的通信领域不同

OSI 模型的网络层同时支持无连接和面向连接的通信，而 TCP/IP 模型的网际层只支持无连接的通信。OSI 模型的传输层只支持面向连接的通信，而 TCP/IP 模型的传输层同时支持无连接和面向连接的通信。

4. 协议的隐蔽性不同

OSI 模型最大的贡献之一，是明确区分了服务、接口和协议的概念。在 OSI 模型中，每一层都通过接口为上一层提供特定的服务，同时也通过接口接收下一层提供的服务，同一层设备之间的通信通过协议来定义标准。

而 TCP/IP 模型早期并没有明确区分这三个概念，虽然后期人们对它进行改良，令它更像 OSI，但 TCP/IP 模型只适合 TCP/IP 网络，如果技术发生变化，不像 OSI 模型那样没有偏向任一协议，就很容易被新协议所替换。因此 OSI 模型中的协议比 TCP/IP 模型中的协议隐蔽性更好。

1.5.7 本书使用的模型

综上所述，OSI 参考模型和 TCP/IP 参考模型各有优、缺点。OSI 模型的优势在于模型本身（去掉表示层和会话层），理论比较完整，它对计算机网络的发展有很好的指导意义，但它既复杂又不实用。TCP/IP 模型的优势在于协议，已被广泛使用多年，但它的参考模型比较薄弱，最下面的网络接口层也没有什么具体内容。因此本书在介绍计算机网络原理时，遵循网络界的主流观点，使用折中的方法，采用一种只有五层协议的体系结构作为本书的框架，该模型如图 1-28 所示。本书的后续章节顺序将以此模型为基础进行安排，通过这种方式，我们既保留了 OSI 参考模型的价值，又把关注的重点放在 TCP/IP 模型的实际使用的重要协议上。

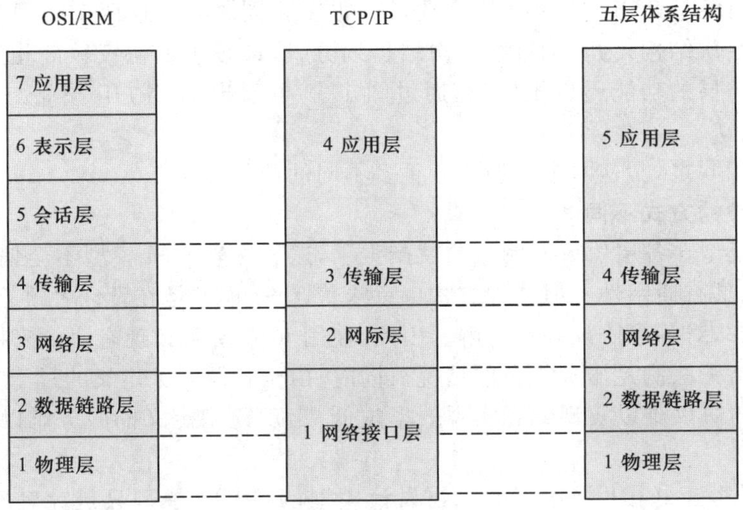

图 1-28 五层网络参考模型

本章小结

• 计算机网络的定义：把若干台地理位置不同且具有独立功能的计算机，通过通信线路和通信设备相互连接起来，以实现数据传输和资源共享的一种计算机系统。

• 计算机网络将多个计算机连接在一起；多个计算机网络连接在一起构成了互连网(internet)；全球众多计算机网络连接在一起，构成一个世界范围的计算机网络，就是以大写字母I开始的Internet,称为互联网或因特网。

• 互联网根据它的工作方式,分成网络边缘部分和网络核心部分。网络边缘部分包含连接在互联网上的所有主机,主机为用户进行信息处理,可运行各种应用程序。网络核心部分由路由器将大量网络连接在一起,路由器利用分组交换技术转发数据,为边缘部分的主机提供连通和交换服务。

• 根据通信方式,主机分为两大类:客户(Client)和服务器(Server)。请求服务一方为客户;响应请求,提供服务的一方为服务器。

• 根据计算机网络连接覆盖的地理范围,将计算机网络分成个域网、局域网、城域网、广域网、互联网五种类型。

• 根据按计算机网络的使用用途,将计算机网络分为公用网和专用网。

计算网络的拓扑结构有总线型拓扑结构、环型拓扑结构、星型拓扑结构、树型拓扑结构、网状拓扑结构和混合型拓扑结构等。

为实现网络中的数据交换而建立的规则、标准或约定,称为网络协议,简称为协议。

网络体系结构是指层和协议的集合,是该计算机网络及其构件所应完成功能的精确定义。

七层协议的网络体系结构OSI由应用层、表示层、会话层、传输层、网络层、数据链路层和物理层组成。

四层协议的网络体系结构TCP/IP由应用层、传输层、网际层和网络接口层组成。其中传输层定义了两个重要的端到端传输协议,即传输控制协议TCP和用户数据包协议UDP,网际层的核心协议是IP协议。

习 题

一、选择题

1. 随着电信和信息技术的发展,国际上出现了所谓"三网融合"的趋势,下列不属于三网之一的是(   )。

A. 传统电信网　　B. 计算机网(主要指互联网)
C. 有线电视网　　D. 卫星通信网

2. Internet是由(   )发展而来的。

A. 局域网　　B. ARPAnet　　C. 标准网　　D. WAN

3. 一般来说,用户上网要通过互联网服务提供商,其英文缩写为(   )。

A. IDC　　B. ICP　　C. ASP　　D. ISP

4. 下列有关计算机网络叙述错误的是(   )。

A. 利用Internet可以使用远程的超级计算中心的计算机资源
B. 计算机网络是在通信协议控制下实现的计算机互联
C. 建立计算机网络的最主要目的是实现资源共享
D. 以接入的计算机多少可以将网络划分为广域网、城域网和局域网

5. 在计算机网络中,一般局域网的数据传输速率要比广域网的数据传输速率(   )。

A. 高　　B. 低　　C. 相同　　D. 不确定

6. 一座大楼内的一个计算机网络系统,属于(   )。

A. PAN　　B. LAN　　C. MAN　　D. WAN

7. 下面不是计算机网络按地理范围分类的类型？（　　）

A. 局域网　　B. 无线网　　C. 广域网　　D. 城域网

8. 若网络形状是由站点和连接站点的链路组成的一个闭合环，则称这种拓扑结构为（　　）。

A. 星型拓扑结构　　B. 总线型拓扑结构　　C. 环型拓扑结构　　D. 树型拓扑结构

9. 当数据由计算机 A 传送至计算机 B 时，不参与数据封装工作的是（　　）。

A. 物理层　　B. 数据链路层　　C. 应用层　　D. 网络层

10. 计算机网络中，分层和协议的集合称为计算机网络的（　　）。目前应用最广泛的是（　　）。

A. 组成结构　　B. 参考模型　　C. 体系结构　　D. 基本功能

E. SNA　　F. MAP/TOP　　G. TCP/IP　　H. X. 25

I. ISO/RM

11. 网络协议是计算机网络互相通信的（　　）间交换信息时必须遵守的规则或约定的集合。

A. 相邻层实体　　B. 对等层实体

C. 同一层实体　　D. 不同层实体

12. 在 OSI 参考模型中，第 N 层和其上的 $N+1$ 层的关系是（　　）。

A. N 层为 $N+1$ 层提供服务

B. $N+1$ 层将为从 N 层接收的信息增加一个头

C. N 层利用 $N+1$ 层提供的服务

D. N 层对 $N+1$ 层没有任何作用

13. OSI/RM 参考模型的七层协议中，低三层是（　　）。

A. 会话层、总线层、网络层　　B. 表示层、传输层、物理层

C. 逻辑层、发送层、接收层　　D. 物理层、数据链路层、网络层

14. 在 OSI 参考模型中，每一层中的活动元素称为（　　）。它可以是软件，也可以是硬件。

A. 实体　　B. 服务访问点　　C. 接口　　D. 系统

15. 完成路径选择功能是在 OSI 参考模型的（　　）。

A. 物理层　　B. 数据链路层　　C. 网络层　　D. 传输层

16. 在 OSI 参考模型中，完成整个网络系统内连接工作，为上一层提供整个网络范围内两个终端用户之间数据传输通路工作的是（　　）。

A. 物理层　　B. 数据链路层　　C. 网络层　　D. 传输层

17. 在 OSI 参考模型中，为实现有效、可靠的数据传输，必须对传输操作进行严格的控制和管理，完成这项工作的层次是（　　）。

A. 物理层　　B. 数据链路层　　C. 网络层　　D. 传输层

18. TCP/IP 层的网络接口层对应 OSI 的（　　）。

A. 物理层　　B. 链路层　　C. 网络层　　D. 物理层和链路层

19. TCP/IP 体系结构的上三层是指（　　）。

A. 应用层、表示层、会话层　　B. 应用层、传输层、网际层

C. 应用层、网际层、网络接口层　　D. 物理层、数据链路层、传输层

20. 在 Internet 通信中，采用的协议是(　　)。

A. OSI　　B. TCP/IP　　C. IPX/SPX　　D. NetBIOS/NetBEI

二、简答题

1. 计算机网络的定义是什么？
2. 小写字母开头的 internet 和大写字母开头的 Internet 有何区别？
3. 计算机网络的发展经历了哪几个阶段？
4. 互联网的两大组成部分是什么？它们的工作方式各有什么特点？
5. 简述互联网标准制定的几个阶段。
6. 计算机网络都有哪些类别？分别有哪些特点？
7. 计算机网络的拓扑结构有哪些？分别有哪些特点？
8. 网络协议的三个要素是什么？各有什么含义？
9. OSI/RM 设置了哪些层次？各层的主要功能是什么？
10. TCP/IP 设置了哪些层次？各层的主要功能是什么？

第2章 物理层

本章对物理层的概念、作用以及规程进行简要的概述。然后介绍数据通信的基础知识，以及各种传输介质的特点，接着介绍几种常用的信道复用技术以及数据交换技术，最后介绍几种常用的宽带接入技术。

本章的主要内容：

1. 物理层概述。
2. 各种传输介质的特点。
3. 几种常用的多路复用技术。
4. 三种数据交换技术的原理与对比。
5. 几种常用的宽带接入技术。

2.1 物理层概述

物理层(Physical Layer)是计算机网络OSI模型中最低的一层，其任务就是为数据链路层提供数据传输的物理连接。在为上层提供服务时，物理层需要尽可能屏蔽掉各种硬件设备、传输媒体和通信手段的差异，使得数据链路层感觉不到这些差异，只需考虑完成本层的协议和服务。除此以外，物理层还应该实现物理连接的建立、维持和释放。建立物理连接的数据通路可以是一个物理媒体，也可以是多个物理媒体连接而成。一次完整的数据传输包括了建立物理连接、传输数据时维护物理连接、结束数据传输时终止物理连接。物理层要形成适合数据传输需要的实体，为数据传送服务，一是要保证数据能在其上正确通过，二是要提供足够的带宽[带宽是指每秒钟能通过的比特(bit)数]，以减少信道上的拥塞。传输数据的方式能满足点到点、一点到多点、串行或并行、半双工或全双工、同步或异步传输的需要。总而言之，物理层的主要功能是提供物理链路和数据传输。

物理层规定了与传输媒体的接口有关的一些特性，即机械特性、电气特性、功能特性和规程特性,目的是确保比特流能在传输媒体上准确传输。

(1)机械特性:指明接口所用接线器的形状和尺寸、引线数目和排列、固定和锁定装置等。

(2)电气特性:指明在接口电缆的各条线上出现的电压范围。

(3)功能特性:指明某条线上出现的某一电平的电压表示含义。

(4)规程特性:指明对于不同功能的各种可能事件的出现顺序。

物理层的传输媒体也称为传输介质,是数据传输系统中发送端和接收端之间的物理通路,包括双绞线、同轴电缆、光纤、无线信道等,具体内容将在2.3节"传输介质"中详细介绍。

物理层的互联设备是指DTE(Data Terminal Equipment)和DCE(Data Communication Equipment)间的互联设备,例如中继器、集线器等。这里的DTE即数据终端设备,是指具有一定数据处理和收发功能的数据输入/输出设备,如计算机、终端等。而DCE是指数据通信设备或电路连接设备,作用是在DTE和传输线路之间提供信号转换和编码功能,并负责建立、保持和释放连接,如调制解调器、自动呼叫应答设备、编码解码器等。

物理层的协议又常称为物理层规程,它的种类非常多,因为物理连接的方式有点对点、多点连接或广播连接等,而且传输介质的种类也非常多。

2.2 数据通信基础知识

2.2.1 数据通信系统的基本结构

图2-1给出了一个简单的例子来说明数据通信系统的基本结构,也就是两台计算机连接电话线,再通过电话通信网络实现数据通信。从图中可以看出,一个数据通信系统可以划分为三部分:源系统、传输系统和目的系统。

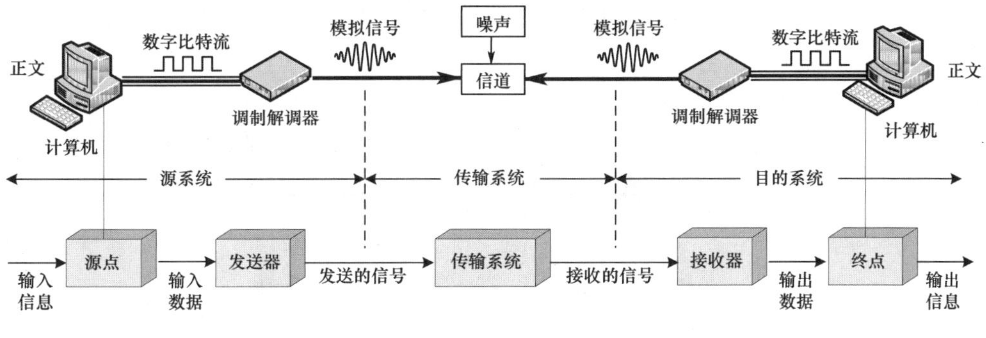

图2-1 数据通信系统的基本结构

源系统或称为发送端、发送方,一般包含两个部分。

(1)源点:又称为源站或信源。源点设备产生通信网络要传输的数据,例如从键盘输入文字到计算机,产生数字比特流。

(2)发送器:源点生成的数字比特流要通过发送器编码后才能在传输系统中进行传输。例如调制解调器将计算机输出的数字比特流进行调制,将其转换成模拟信号,从而能够在电话线上传输。

目的系统或称为接收端、接收方，一般包含两个部分。

(1)接收器：接收传输系统传送过来的信号，并把它转换为目的设备能够处理的信息。例如调制解调器把来自传输线路上的模拟信号进行解调，将其转换成数字比特流。

(2)终点：又称为目的站或信宿。终点设备接收来自接收器传送来的数字比特流，并把它输出来，例如输出到计算机屏幕。

传输系统介于源系统和目的系统之间，它可以是简单的物理通信线路，例如双绞线或光纤等，也可以是网络设备，例如交换机、集中器等，还可以是复杂的网络系统。

2.2.2 数据通信的一些基本概念

1. 数据

通信的目的是交换信息，而数据是信息的载体，信息是数据中包含的意义。数据涉及信息的表示形式，是通信双方交换的具体内容。数据可以分为模拟数据和数字数据。

模拟数据是指在某个区间产生的连续值，是随时间连续变化的函数，例如，声音、光强、温度、压力。

数字数据是在时间和幅度值上都是离散的物理量。在计算机系统使用二进制数即“0”和“1”来表示数据，处理的就是数字数据。

2. 信号

信号是数据在传输过程中的表现形式，比如用电信号的电平高低、光脉冲信号的有无表示所传输的数据。数据在发送前需要转换成某种信号，而这些信号在传输媒体中都是以电磁波的形式传输。信号又分为模拟信号和数字信号。

模拟信号是表示模拟数据的信号，在时间上和幅度取值上都是连续的，如图 2-2(a)所示。实际生产、生活中的各种物理量，如摄像机拍摄的图像、录音机录下的声音等都是模拟信号，所使用的电话线上传送的也是模拟信号。

数字信号是表示数字数据的信号，在时间上是离散的、不连续的，幅度上是经过量化的，如图 2-2(b)所示。例如可用恒定的正电压表示二进制数 1，用恒定的负电压表示二进制数 0。用户的计算机到调制解调器之间传送的就是数字信号。

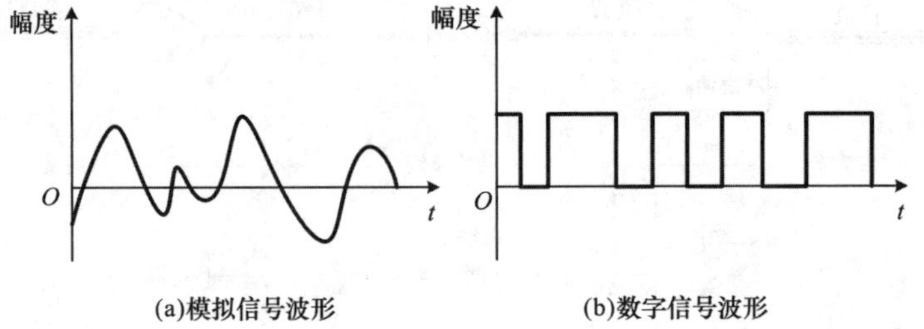

图 2-2 模拟信号与数字信号

3. 码元

在数字通信中常常用时间间隔相同的符号来表示一个数字，时间间隔内的信号称为(二进制)码元。在使用二进制编码的数字信号中只有两种码元，一种代表 0 状态，另一种代表 1 状态。

4. 信道

信道是传输信号的通道，信号是在信道上传输的。信道一般是用来表示某一方向传输信息的媒体。信道和电路并不能等同，一条通信电路往往包含一条发送信道和一条接收信道。传输模拟信号的信道称为模拟信道，而传输数字信号的信道则称为数字信道。

5. 通信方式

从通信双方信息交互的方式来看，分为三种基本方式：

(1)单工通信：指信号只能单方向传输的工作方式，例如，无线电广播或有线电视。单工通信信道是单向的，也就是数据信号仅从一端传送到另一端，即信息流是单方向的。

单工、半双工和全双工通信

(2)半双工通信：可以实现双向的通信，但不能在两个方向上同时进行，必须轮流交替地进行。也就是说，通信双方都可以发送信息或接收信息，但不能同时发送信息或接收信息，当一方发送时，另一方只能接收。同一时刻里，信息只能有一个传输方向。例如，步话机通信、对讲机等就是这种通信方式。因此，也可以将半双工通信理解为一种切换方向的单工通信。

(3)全双工通信：通信的双方可以同时发送和接收信息。在这种通信方式下，通信双方需设置发送器和接收器，从而能控制数据同时在两个方向上传送。这种方式需要两条信道(一个方向各一条)。理论上，全双工通信可以提高网络效率，但实际上仍需要其他相关设备配合才行。例如，平时打电话就是这种通信方式，说话的同时也能够听到对方的声音。目前的网卡一般都支持全双工通信。

2.2.3 数字调制

基带信号是指信源(信息源，也称发送终端)发出的没有经过调制(进行频谱搬移和变换)的原始电信号，其特点是频率较低，信号频谱从零频附近开始，具有低通形式，比如我们说话的声波就是基带信号。在传输距离较近时，基带信号的衰减不大，计算机内部并行总线上的信号全部都是基带信号。

基带信号包含比较多的低频成分或直流成分，无法直接通过天线耦合出无线电波在空中传输，这时就需要对基带信号进行调制。调制分为两类：载波和编码。

(1)载波：对基带信号的振幅、频率和相位进行改变，转换出来的是模拟信号，只能在模拟信道上传输。

(2)编码：对基带信号的波形进行变换，使其能与信道特性相适应，变换后的信号仍然是基带信号。实际上是把数字信号转换为另一种形式的数字信号。

1. 基本的载波调制方式

基本的载波调制方式有三种，若基带信号是模拟信号则各称为调幅、调频、调相，如图2-3所示。如果基带信号是数字信号则各称为幅度键控、频移键控、相移键控。

(1)调幅(AM)或者频移键控(ASK)：使载波的振幅按照所需传送的基带数字信号的变化规律而变化。例如，0或1分别对应于无载波或有载波输出。

(2)调频(FM)或者频移键控(FSK)：使载波的瞬时频率按照所需传送的基带数字信号的变化规律而变化。例如，0或1分别对应于频率 f_1 或 f_2。

(3)调相(PM)或者相移键控(PSK)：使载波相位按照所需传送的基带数字信号的变化规律而变化。例如，0或1分别对应于相位0°或180°。

为了达到更高的信息传输效率。现今的通信技术采用更加多元的幅度相位混合信号调制机制。例如，正交振幅调制(Quadrature Amplitude Modulation，QAM)。

2. 常见的编码方式

数字信号的常用编码方式如图2-4所示。

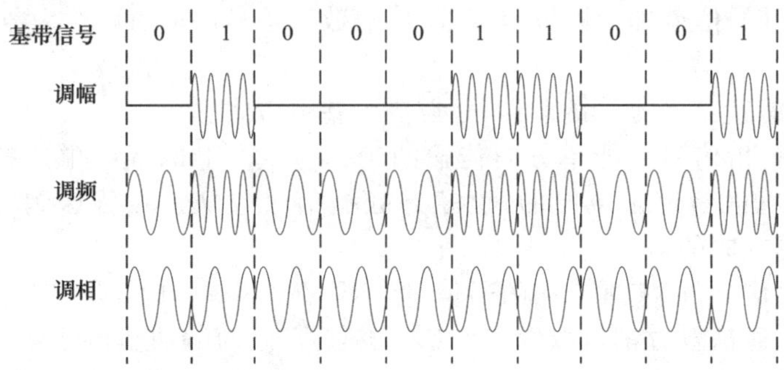

图 2-3 基本的三种载波调制方式

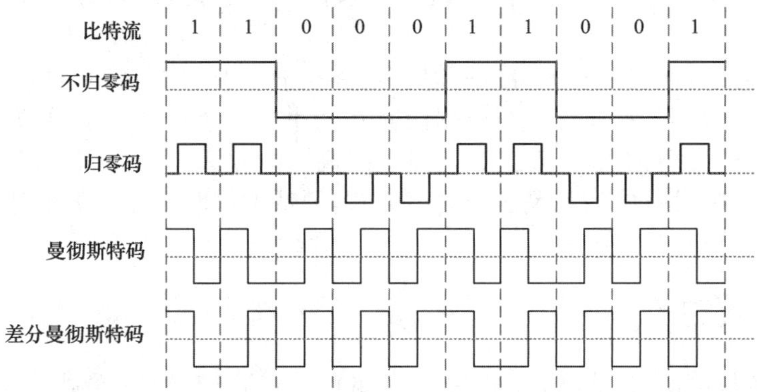

图 2-4 数字信号的常用编码方式

曼彻斯特码

差分曼彻斯特码

(1)不归零码:二进制的 0 和 1 分别用两种电平来表示,1 代表正电平,0 代表负电平。

(2)归零码:1 代表正脉冲,0 代表负脉冲。

(3)曼彻斯特码:每个码元的中间发生跳变,码元中间的跳变既做时钟信号,又做数据信号;从高到低跳变表示“0”,从低到高跳变表示“1”,但也可以反过来定义。

(4)差分曼彻斯特码:每个码元的中间发生跳变,但每位码元中间的跳变仅做时钟信号,而用每码元开始时有无跳变表示“0”或“1”,有跳变为“0”,无跳变为“1”。

从信号的波形上看,曼彻斯特码产生的信号频率比不归零码高。从自同步能力上看,不归零码不能从信号本身提取信号的时钟频率,而曼彻斯特码具备自同步能力。因此可以根据信号传输需求选择不同的编码方式。

2.2.4 数据通信性能指标

1. 信息传输速率

(1)速率:计算机网络中,信息的传输速率是指每秒传输的二进制比特数,单位是比特/秒(bit/s),又称为比特率。它是计算机网络中最重要的一个性能指标。我们通常说 100 兆以太网指的就是其信息传输速率为 100 Mbit/s。如果传输的数字数据经过了编码,在信道上的传输速率就称为码元传输速率,它指每秒传输的码元数,即每秒传输信号变化的次数,单位是波特(baud),因此又称为波特率。

(2)带宽:用来标识一条链路单位时间内传输数据量的能力,它有以下两种含义。

在模拟信号系统,带宽是指该信号所包含的不同频率成分所占据的频率范围。通常以每秒传送周期或赫兹(Hz)来表示。它的单位是赫兹(Hz)。

在计算机网络中,带宽指单位时间内能通过链路的数据量,表示通信线路所能传送数据的能力,单位是 bit/s,即每秒可传输的位数。本书所提到的"带宽",大部分指的就是这种意义上的带宽。

(3)吞吐量:指的是在单位时间内通过某个网络(或信道、接口)的实际数据量,可以用每秒发送的比特数、字节数或帧数等来表示。吞吐量会受到网络带宽或网络额定速率的限制。

2. 时延与时延带宽积

时延(Delay):数据(帧、报文或分组等)从网络的一端传送到另一端所需要的时间。它包括了发送时延、传播时延、处理时延和排队时延。

(1)发送时延:主机或路由器在发送数据时使数据块从主机或路由器进入传输媒体所需的时间,也就是从数据块的第一个比特开始发送算起,到最后一个比特发送完毕所需的时间。发送时延又称为传输时延,它的计算公式是

$$\text{发送时延}=\text{数据帧长度}/\text{发送速率} \tag{2-1}$$

(2)传播时延:电磁波在信道中传播一定距离所花费的时间,即从发送端发送数据开始,到接收端收到数据(或者从接收端发送确认帧,到发送端收到确认帧)为止,总共经历的时间。它的计算公式是

$$\text{传播时延}=\text{传输信道长度}/\text{电磁波在信道上的传播速率} \tag{2-2}$$

电磁波在自由空间的传播速率是光速,即 300 000 km/s。电磁波在网络传输媒体中的传播速率比在自由空间略低一些。例如,电磁波在铜线电缆中的传播速率约为 230 000 km/s,在光纤中的传播速率约为 200 000 km/s。假设光纤线路长度为 1 000 km,则产生的传播时延约为 5 ms。

要注意传播时延和传输时延两个概念不能混淆。传输时延(为了避免混淆,我们尽量把传输时延称为发送时延)就是发送时延,它和发送数据帧大小有关;而传播时延和传输距离相关。

(3)处理时延:主机或路由器对收到的分组进行转发处理所花费的时间,例如分析分组首部处理、差错检测或查找路由等。

(4)排队时延:分组在主机或路由器的输入和输出缓存区排队所花费的时间,往往与网络的负载状况有关。

这样,数据在网络中经历的总时延是上述四种时延之和:

$$\text{总时延}=\text{发送时延}+\text{传播时延}+\text{处理时延}+\text{排队时延} \tag{2-3}$$

时延是计算机网络的一项重要指标。一般,发送时延与传播时延是我们主要考虑的。对于报文长度较大的情况,发送时延是主要矛盾;报文长度较小的情况,传播时延是主要矛盾。和时延相关的一个概念就是往返时间(Round-Trip Time,RTT),即通信双方交互一次所需的时间。在互联网中,RTT 除了传播时延,还包括中间节点的处理时延、排队时延以及转发数据时的发送时延。

时延带宽积指的是传播时延与带宽的乘积,单位是比特(bit)。

$$\text{时延带宽积}=\text{传播时延}\times\text{带宽} \tag{2-4}$$

如图 2-5 所示,我们用一个圆柱体管道代表一条传输链路,那么管道的长度就是链路的传播时延,而管道的截面积就是链路的带宽,因此管道的体积就代表了链路的时延带宽积,表示这一条链路可以容纳多少比特。例如,某一条链路的传播时延是 30 ms,带宽为

10 Mbit/s,则算出的时延带宽积就是 300 000 bit。这意味着,当发送端发送的第一个比特到达终点时,发送端已经发出了 30 000 个比特,这 30 000 个比特充满了整条链路,并且正在链路上传输。因此,时延带宽积又称为以比特为单位的链路长度。

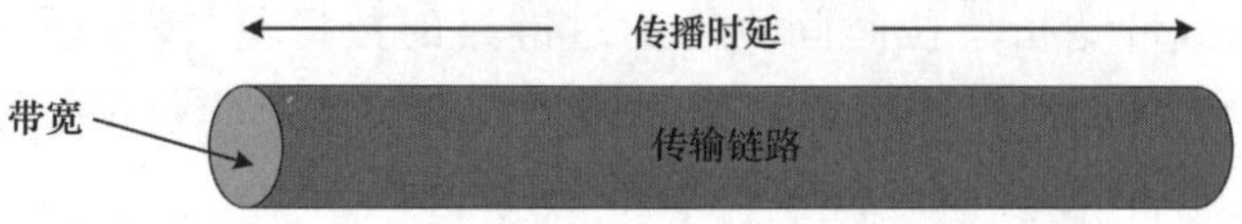

图 2-5　管道体积代表时延带宽积

3. 误码率与误比特率

在信息的传输过程中,噪声、交流电或闪电造成的脉冲、传输设备故障及其他因素都会导致信号在传输中遭到破坏从而产生误码。例如,传送的信号是 1,而接收到的是 0;反之亦然,这就是"误码"。误码率和误比特率是最常用的数据通信传输质量指标,用以反映数据通信系统或计算机网络的可靠性。

(1)误码率:在一定时间内收到的数字信号中发生差错的码元数与同一时间所收到的数字信号的总码元数之比,它的公式为

$$误码率=错误码元数/传输的总码元数 \tag{2-5}$$

(2)误比特率:在一定时间内收到的数字信号中发生差错的比特数与同一时间所收到的数字信号的总比特数之比,它的公式为

$$误比特率=错误比特数/传输的总比特数 \tag{2-6}$$

例如,在一万位数据中出现一位差错,则误码率为万分之一,即 1×10^{-4}。一般而言,当误码率小于 1×10^{-6} 时,属于正常通信范围。光纤传输和局域网有比这更低的误码率。

4. 信道的最大数据传输速率

在任何通信系统中,由于传输损耗如衰减、延时、变形失真等,接收端收到的信号和发送端发送的信号会有所不同,那么带宽和损耗等因素对信道的最大传输速率有什么影响呢?早在 1924 年,奈奎斯特就推导出了一个有限带宽无噪声信道的最大数据传输速率的表达式。1948 年,信息论创始人香农进一步把奈奎斯特定理扩展到随机(动态)噪声影响的信道。

奈奎斯特证明,如果一个任意信号通过带宽为 W(单位 Hz)的无噪声低通信道,其最大码元的传输速率为 2 倍的带宽,即

$$B_{\mathrm{MAX}}=2W \tag{2-7}$$

其中,B 为理想低通信道的最高码元传输速率,W 为理想低通信道的带宽。

多进制的码元速率和数据传输速率的关系为

$$C=B\times\log_2 N \tag{2-8}$$

其中,C 为数据传输速率,B 为码元传输速率,N 为离散信号或电平的个数,即码元状态数。如果传送的信号是二进制(两个电平),即 N 为 2,此时码元速率和数据传输速率在数值上是相等的。

对应的信道最大数据传输速率也可以定义为

$$C_{\mathrm{MAX}}=2W\times\log_2 N \tag{2-9}$$

例如,一个无噪声的 3 000 Hz 信道不能以高于 6 000 bps 的速率传输二进制信号。

奈奎斯特定理给出的是信道的极限数据传输速率。但现实中无噪声的信道是不存在的。噪声存在于所有电子设备和通信信道中,而且噪声是随机的,有时它的瞬间值会很大。但噪声的影响是相对的,当信号较强时,噪声的影响就相对较小。在这里,我们使用信噪比来衡量噪声的影响力。

信噪比就是信号的平均功率和噪声的平均功率之比。如果用 S 表示信号功率，N 表示噪声功率的话，则信噪比为记为 S/N。通常我们并不使用信噪比本身，而是使用分贝(dB)作为度量，即

$$信噪比=10\times\log_{10}(S/N) \tag{2-10}$$

例如，当 S/N 为 10 时，则信噪比为 10 dB，而当 S/N 为 100 时，信噪比为 20 dB，依此类推。

香农将奈奎斯特定理扩展到有随机噪声的信道，从而推导出了著名的香农公式。他指出，任何带宽为 W(Hz)，信噪比为 S/N 的信道，最大数据传输速率 C(bit/s)为

$$C_{MAX}=W\times\log_2(1+S/N) \tag{2-11}$$

从香农公式可以看出，信道的带宽或信道中的信噪比越大，数据的极限传输速率越大。例如，一条带宽为 3 000 Hz，信噪比为 30 dB 的信道，不管使用多少信号级电平，最大的数据传输速率都为 30 000 bit/s。应该注意的是，香农公式提供的是数据传输速率的上限，而现实的通信系统是很难达到这个上限的。

2.3 传输介质

传输介质又称为传输媒体或传输媒介，是网络中连接发送器和接收器的物理通路，是传输信息的载体。常用的传输介质分为导引型传输介质和非导引型传输介质。

在导引型传输介质中，电磁波被导引沿着固体媒体(铜线或光纤)传播，习惯上称为有线传输。导引型传输介质主要有双绞线、同轴电缆和光纤。双绞线和同轴电缆传输电信号，光纤传输光信号。

非导引型传输介质就是指自由空间。在非导引型传输介质中电磁波的传输常称为无线传输。在自由空间传输的电磁波根据频谱可分为短波、微波、红外线、激光等，信息被加载在电磁波上进行传输。非导引型传输介质主要有短波、红外线、微波和激光，常用于广域网的广域链路的连接。在现今无线局域网中，通常只使用无线电波作为传输介质。

2.3.1 导引型传输介质

1. 双绞线

双绞线是一种最典型的传输媒体。把两根具有绝缘保护层的铜导线按一定间距互相绞在一起，故名“双绞线”。绞合在一起的目的是使一根铜导线在传输中辐射出来的共模噪声与另一根铜导线上发出的相同噪声相互抵消，从而有效地减少信号共模干扰的程度。实际使用中，将多对双绞线一起包在一个绝缘电缆套管里称为“双绞线电缆”，通常我们直接把“双绞线电缆”称为“双绞线”。双绞线最常见的应用是电话传输、传感器模拟信号传输及数据通信总线传输。在计算机网络中，使用的双绞线通常包含两对或四对绞合的铜导线，如图 2-6 所示。

图 2-6 包含四对绞合导线的双绞线

双绞线过去主要用来传输模拟信号，但现在也广泛应用于数字信号的传输。双绞线的最远传输距离为 100 m，超过这个传输距离信号就会开始衰减。如果传输的是模拟信号，需要加放大器将衰减的信号放大到合适的数值；如果传输的是数字信号，需要加中继器对失真了的数字信号进行整形。铜导线越粗，其通信距离就越远，但导线的价格也就越高。在数字传输时，如果传输速率为每秒几兆比特，那么传输距离可达几千米。与其他传输介质相比，双绞线在传输距离、信道宽度和数据传输速度等方面均受到一定限制，但价格较为低廉且性能也不错，因此使用十分广泛。

双绞线可分为无屏蔽双绞线（UTP）和屏蔽双绞线（STP），如图 2-7 所示。为了提高双绞线抗电磁波干扰的能力，可以在双绞线外层加上一层由金属丝编织成的屏蔽层，称为屏蔽双绞线（STP）；而没有屏蔽层的双绞线称为无屏蔽双绞线（UTP）。STP 要比 UTP 价格贵一些，安装也更困难些，需要配有支持屏蔽功能的特殊连接器和相应的安装技术。

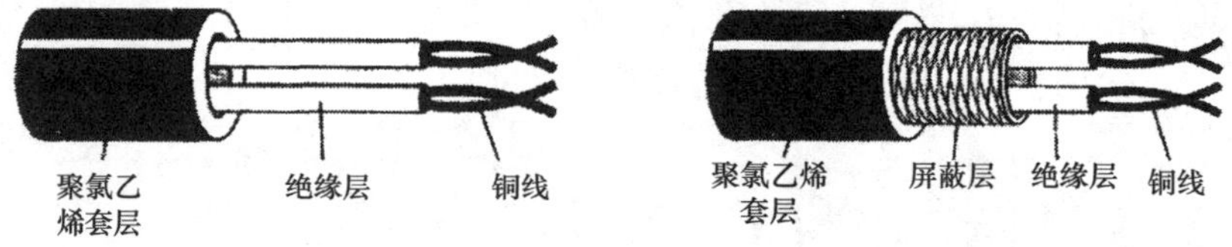

(a)无屏蔽双绞线　(b)屏蔽双绞线

图 2-7　双绞线

目前，双绞线相关标准包括美国电子工业协会（Electronic Industries Association，EIA）及电信工业协会（Telecommunications Industries Association，TIA）联合发布的 EIA/TIA-568（EIA/TIA-568A、EIA/TIA-568B）、国际标准组织 ISO 及国际电工委员会（International Electrotechnical Commission，IEC）联合发布的 ISO/IEC-11801 等。

EIA/TIA-568A 标准规定了从 1 类线到 5 类线的 UTP 标准。在局域网中常用的是 3 类、4 类和 5 类双绞线，其中在 10 Mbit/s 以太网（10 BASE-T）中使用的是 3 类线，在 100 Mbit/s 以太网（100 BASE-T）中使用的是 5 类线。3 类线和 5 类线主要区别是每单位长度（英寸）的绞合次数，3 类线的绞合长度是 7.5～10 cm，而 5 类线的绞合长度是 0.6～0.85 cm；另外，5 类线线对间的绞合度和线对内两根铜导线的绞合度都经过了更精心的设计，并且在生产过程中进行严格控制，使干扰在一定程度上得以抵消，从而提高线路的传输速率。

3 类线的带宽可达 16 MHz，最大数据传输速率可达 10 Mbit/s，主要应用于语音、10 Mbit/s 以太网（10 BASE-T）和 4 Mbit/s 令牌环，最大网段长度可达 100 m，目前已淡出市场。

5 类线的带宽可达 100 MHz，最大数据传输速率可达 100 Mbit/s，可用于语音传输和最大数据传输速率为 100 Mbit/s 的数据传输，主要应用于 100 Mbit/s 以太网和 1 000 Mbit/s 以太网，最大网段长度可达 100 m，这是最常用的以太网电缆。而超 5 类线相较于 5 类线来说，衰减更小，串扰更少，时延误差更小，性能得到很大提高。超 5 类线主要用于千兆以太网（1 000 Mbit/s）。

此外，为了适应网络速度的不断提高，近年来又出现了 6 类双绞线和 7 类双绞线，它们可用于千兆以太网中。

非屏蔽双绞线具有以下优点：

（1）无屏蔽外套，直径小，节省空间，成本低。

（2）重量轻，易弯曲，易安装。

(3)将串扰减至最小或基本消除。

(4)具有阻燃性。

(5)具有独立性和灵活性,适用于结构化综合布线。

(6)既可以传输模拟数据,又可以传输数字数据。

最后需要指出的是,无论哪种类别的双绞线,传输数据的最高速率除了受导线类型和传输距离影响外,还与数字信号的编码方式有很大的关系。

2. 同轴电缆

另一种常见的传输介质是同轴电缆,它由导体铜芯、隔离材料、密织的网状外导体屏蔽层,以及保护性塑料外层组成,如图 2-8 所示。外导体屏蔽层使用轴电缆,辐射损耗小,受外界干扰影响小,具有良好的抗干扰特性,被广泛应用于较高速率的数据传输,常用于传送多路电话和电视。

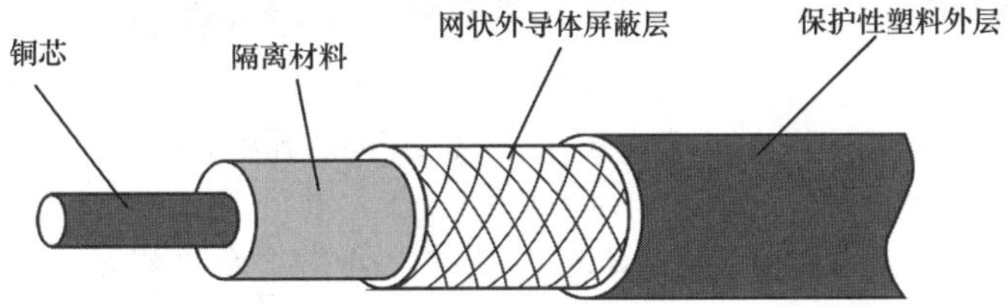

图 2-8 同轴电缆的结构

同轴电缆根据特征阻抗的不同,可以分为基带同轴电缆和宽带同轴电缆两种类型。目前常用的是基带同轴电缆。

基带同轴电缆的屏蔽层是用网状铜丝编织而成,特征阻抗为 50 Ω(如 RG-8、RG-58 等)。主要用于在数据通信中传输基带数字信号。在早期局域网中,曾广泛使用这种同轴电缆作为传输介质。无论是粗缆还是细缆均只能适用于总线型拓扑结构,适合机器密集的环境。但是,一旦某一连接点发生故障,就会影响到整根电缆上的所有机器,而且故障的诊断和修复都很麻烦。因此,基带同轴电缆逐步被非屏蔽双绞线或光缆所取代。

宽带同轴电缆常用的屏蔽层是用铝冲压成的,特征阻抗为 75 Ω(如 RG-59 等),其带宽可达 500 MHz 以上,传输距离可达 100 km。主要用于模拟传输系统中模拟信号传输,是有线电视系统 CATV 中的标准传输电缆。

3. 光纤

研究发现,当光线以合适的角度射入一种透明度很高、像蜘蛛丝一样细的玻璃丝时,光就会沿着弯弯曲曲的玻璃丝前进。人们根据这一原理,制造出一种玻璃纤维用来传输光线,称为光导纤维,简称光纤。光纤通信就是利用光导纤维传递光脉冲进行的通信。有光脉冲时相当于 1,没有光脉冲时相当于 0。

光纤由纤芯、包层、涂敷层组成,是一个多层介质结构的圆柱体,如图 2-9 所示。纤芯通常是由非常透明的石英玻璃拉成细丝,其直径只有 8~100 μm,光信号正是通过纤芯来传导的。包层是由多层玻璃纤维构成,相较于纤芯具有更低的折射率,如果光的入射角足够大,就会出现全反射,使得光线能反射到纤芯上,沿着光纤传输下去。如图 2-10 所示的就是光线在纤芯中传播的示意图。

现代生产工艺可以制造出超低损耗的光纤,使得光信号在芯线中传输数十千米甚至上百千米而几乎没有什么衰耗。这点也是光纤通信得到飞速发展的最关键因素。光纤通信中常用的三个波段的中心分别位于 850 nm、1 300 nm 和 1 550 nm。前一种波段的衰减较大,但在此

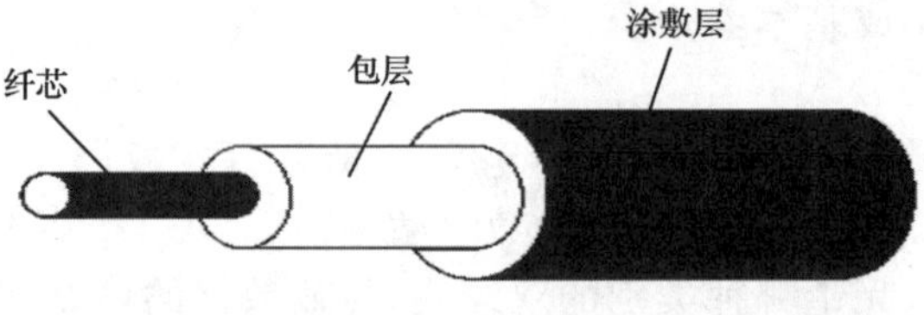

图 2-9 光纤的结构

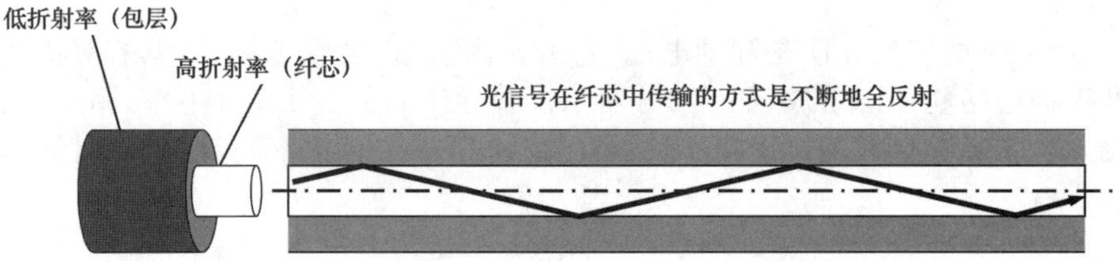

图 2-10 光信号在纤芯中的传播

波段的其他特性较好，后两种的衰减都比较小。这三个波段都具有 25 000～30 000 GHz 的带宽，可见光纤的通信容量非常大。

按照光信号在光纤中传播方式的不同，光纤可以分为多模光纤和单模光纤两种类别。

多模光纤就是在一条光纤中有多条不同角度入射的光线在进行传输，如图 2-11 所示。光脉冲在多模光纤中传输会逐渐展宽，造成失真，因而多模光纤比较适合近距离传输。

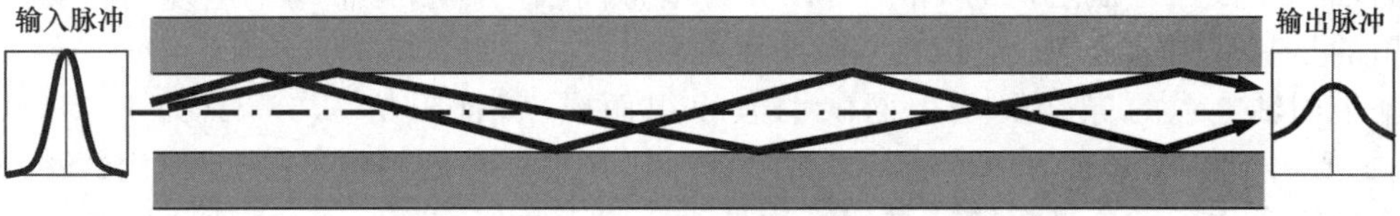

图 2-11 多模光纤

当纤芯的直径减小到只有单个光波的波长时，光纤就像一根波导那样，可使光线一直向前传播，而不会产生多次反射，这样的光纤称为单模光纤，如图 2-12 所示。单模光纤的纤芯比较细，直径只有几微米，制造成本比较高，但衰耗较小。

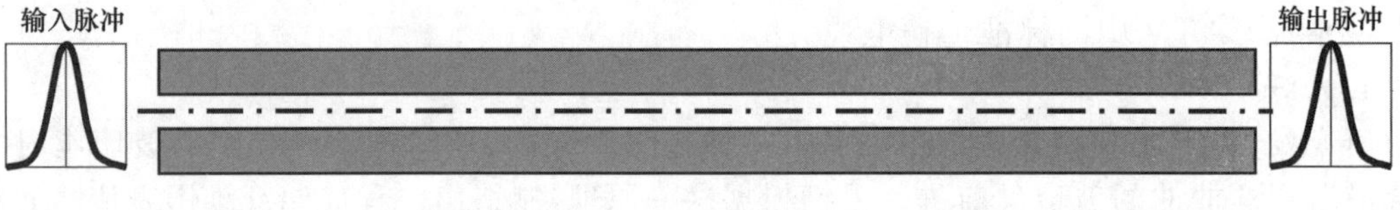

图 2-12 单模光纤

光纤很细，包含包层的直径也不到 0.2 mm，因此，通常是将数十根甚至上百根光纤捆绑在一起组成一根光缆。光缆中往往还需要加上加强芯和填充物，必要时放入远供电源线，最外面是包带层和外护套，如图 2-13 所示。这样结实的光缆才能满足实际敷设的拉伸需求，抗拉强度达到几公斤。光纤只能单向传输，要进行双向通信，必须成对出现，每个传输方向一根。

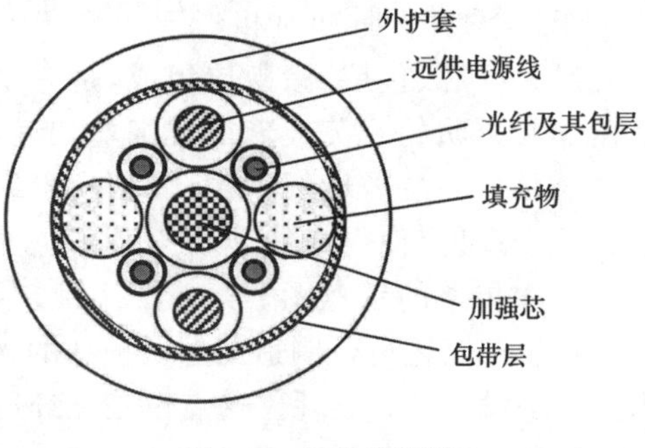

图 2-13 四芯光缆剖面

光纤具有以下优点：

(1)通信容量非常大。一根光纤的潜在带宽可达 20 Tbit/s。如果采用这样的带宽，将人类古今中外全部文字资料传送完毕，也仅仅只需一秒钟左右而已。而目前，400 Gbit/s 系统已经开始投入商业使用。

(2)传输损耗极低、中继距离长。在光波长为 1.55 μm 附近，光纤损耗可低于 0.2 dB/km，这比任何传输介质的损耗都低。因此，光纤无中继传输距离可达几十甚至上百千米。

(3)抗雷电、抗电磁干扰性能强，还具有抗腐蚀、抗辐射能力等。在电通信中会有各种电磁干扰问题，唯有光纤通信不受各种电磁干扰。这个特点在有大电流脉冲干扰的环境下显得尤为重要。

(4)信号干扰小、保密性强，难于窃听，因为光纤传输的光波不能跑出光纤。这特别适合在特殊环境或军事上使用。

(5)体积小、重量轻，便于敷设和运输。

光纤除了以上优点外，还有一些不足之处，比如光纤的分路、耦合不灵活，光纤光缆的弯曲半径不能过小，而且切断和接续需要专门的工具、设备和技术，导致安装成本和使用成本都较高等。

2.3.2 非导引型传输介质

我们已经进入高度信息化的时代，上网成了日常生活不可或缺的事情。不管是在运动状态还是静止状态，不管是在地面、空中还是水下，很多人需要随时随地上网，利用手机、笔记本电脑、掌上计算机或手表式计算机等随时获取数据，而不受地理空间基础通信设施的限制。显然，前面介绍的三种引导型传输介质不能满足以上所有的需要，而无线通信则可以。无线通信可以突破有线网的限制，可以在自由空间利用电磁波发送和接收信号。这里的自由空间指的是大气和外层空间，我们称之为无线传输介质或非引导型传输介质。

无线传输的原理是通过调制将信息加载于电磁波上，电磁波通过空间传播到达接收端，解调后将信息从电磁波中提取出来。电磁波根据频谱可分为微波、激光、红外线、短波等。

1. 微波通信

微波通信在无线数据通信中占有非常重要的地位，微波的频率为 300 MHz～300 GHz，即波长在 1 m(不含 1 m)到 1 mm 之间，但主要是使用 2 GHz～40 GHz 的频率。微波通信中电波所涉及的传输媒质有地球表面、地球大气及星际空间等。微波的频率极高，波长又很短，其在空中的传播特性与光波相近，也就是直线前进，且能穿透电离层而进入宇宙空间。微波通信有两种主要的方式：地面微波接力通信和卫星通信。

由于微波在空间中是直线传播，地球曲面的特征以及空间传输的损耗，使得微波的传播距离受到限制，一般只有 50 km 左右。微波塔越高，传的距离越远。如果采用 100 m 的天线塔，则传播距离可扩大到 100 km。为了实现远距离通信，就需要设置中继站，将电波放大转发而延伸。这种通信方式称为微波中继通信或微波接力通信。长距离微波通信的干线可以经过几十次中继而传至数千千米且仍可保持很高的通信质量。因此微波通信广泛应用于卫星、蜂窝基站等通信领域，目前第五代蜂窝通信技术在传输信号频率上也逐步扩展到微波频段。

微波接力通信可传输电话、电报、图像、数据等信息，其优点主要有：

(1)微波波段频率很高，其频段范围也很宽，因而其通信信道的容量很大。

(2)因为工业或天电干扰的主要频谱成分比微波频率低很多，对微波接力通信的干扰比较小，因而微波接力通信质量较高。

(3)与相同容量和长度的电缆载波通信比较，微波接力通信建设投资少，见效快，易于跨越山区、江河。

微波接力通信除了以上优点外，还存在一些缺点：

(1)相邻站之间必须直视，中间不能有障碍物。有时发射天线发射出的信号会经过若干条不同的路径到达接收天线，从而造成信号畸形。

(2)微波的传播有时会受到恶劣天气的影响。

(3)微波通信的隐蔽性和保密性比较差。

(4)大量中继站的使用和维护要耗费一定的人力和物力。

卫星通信是利用距地球约 36 000 km 高空的人造同步地球卫星作为中继站来转发无线电波，从而实现两个或多个地球站之间的微波接力通信。通信卫星实际上就是位于太空位置的无人值守的微波通信中继站，因此卫星通信的主要优点和缺点大体与地面微波接力通信差不多。例如，它的通信容量同样非常大，可以使用的频带同样很宽。卫星通信可以使用不同的频段进行通信，常用的频段有 C、Ku、Ka 频段；一般 C 和 Ku 频段的带宽可达 500～800 MHz，而 Ka 频段的带宽可达几个 GHz。

卫星通信最大的特点是通信距离远，且费用与通信距离无关。对地静止同步地球卫星最大的通信距离可达 18 000 km，大约覆盖了地球面积的三分之一。因此，只要在地球赤道上空的同步轨道上，等距离地放置 3 颗相隔 120°的卫星，就基本能实现全球通信。卫星通信的建站费用以及运行费用不会因为通信站之间的距离、两通信站之间地面上的自然条件恶劣程度而变化。显然，在远距离通信上卫星通信相较于微波接力、电缆、光缆、短波通信等具有明显的优势。

卫星通信另一个特点是可以进行多址通信。通常其他类型的通信方式只能实现点对点通信，而卫星可以通过广播方式进行工作。在卫星发出的电磁波覆盖的整个区域内的任何一点都可以设置地球站，这些地球站可共用一颗通信卫星来实现双边或多边通信，即进行多址通信。另外，一颗在轨卫星，相当于在一定区域内敷设了可以到达任何一点的无数条无形的电路，从而为通信网络的组成提供了高效率和灵活性。

卫星通信还一个特点是可以实现自发自收监测，也就是作为发信端的卫星地球站同样可以接收到自己发出的信号，从而监视本站所发消息是否正确，以及检验传输质量。

卫星通信的主要缺点是具有较大的传输时延。卫星地球站通过赤道上空约 36 000 km 的通信卫星的转发进行通信，根据地球站纬度高低，其一跳的单程空间距离为 72 000 km 到 80 000 km，那么以 300 000 km/s 的速度传播的电磁波，要经过 240～260 ms 的空间传播延时才能到达接收端的地球站，加上终端设备对数字信号的发送时延、处理时延、排队时延等，总时延还要增加。相比之下，地面微波接力通信链路的传播时延一般为 3.3 μs/km。

卫星通信非常适合于广播通信，因为它的覆盖面积很广。在十分偏远的地区，或远离大陆的海洋中，要进行通信几乎就完全要依赖卫星通信。但从安全方面来说，卫星通信与地面微波接力通信一样，保密性较差。

除了同步卫星外，低轨道卫星通信系统也开始大量投入使用。同步卫星相对于地球是静止的，而低轨道卫星则不同，它不停地围绕地球旋转，所以低轨道卫星系统需要布置更多的卫星，这些卫星在天空上构成了高速的无线链路。由于低轨道卫星离地球很近，因此轻便的手持通信设备都能够和卫星进行通信。

2. 激光通信

激光通信是一种把激光束调制成光脉冲来传输数据的通信方式。要传送的信息首先送到与激光器相连的光调制器中，光调制器将信息调制到激光上，通过光学发射天线发送出去。在接收端，光学接收天线将激光信号接收下来，送至光探测器，光探测器将激光信号变为电信号，经放大、解调后恢复为原来的信息。

由于激光的频率比微波高，因而可以获得更高的带宽。激光的亮度高、方向性强、单色性好、不受电磁干扰，保密性强，不怕窃听。但激光穿越大气时会衰减，特别是在空气不好、雨雾天气、能见度低的情况下，可能会使通信中断。一般而言，激光通信未来主要适用于星际空间卫星航天器通信领域，对于地面通信激光束的传播距离不能太远，因此只能在短距离通信中使用，当距离较长时，可以用光缆代替。

3. 红外线通信

红外线通信常用于短距离的无线通信中。利用红外线来传输信号的通信方式，叫红外线通信。红外线通信的实质就是发送端将基带二进制数字信号调制为一系列的光脉冲信号，通过红外发射管发射红外信号。接收端将接收到的光脉冲转换成电信号，经过放大、滤波等处理再进行解调，还原为二进制数字信号。

红外线通信可用于沿海岛屿间的辅助通信、室内通信、近距离遥控、飞机内广播和航天飞机内宇航员间的通信等，也常见于家电(如电视机、空调等)的遥控装置中。

红外线通信具有容量大，保密性强，抗电磁干扰性能好，设备结构简单、体积小、重量轻、价格低等优点；其缺点是传输距离有限，而且易受室内空气状态或室外气候的影响。

4. 短波通信

短波通信的频率为3 MHz～30 MHz，即波长为10～100 m。短波通信发射电波要经过电离层的反射才能到达接收设备，通信距离较远，是远程通信的主要手段。由于电离层的高度和密度容易受到昼夜、季节、气候等因素的影响，因此短波通信的稳定性较差，噪声较大，而且通信带宽比更高频率的微波通信要小。但随着技术进步，短波通信也快速发展，相较于其他通信系统，具有独特的优点。

(1)短波是唯一不受网络枢纽和有源中继制约的远程通信手段，如果发生战争或者灾害，各种通信网络都可能会受到破坏，卫星也会受到攻击，而唯有短波其抗毁能力和自主通信能力都非常强。

(2)在山区、戈壁、海洋等地区，超短波覆盖不到，主要是依靠短波。

(3)与卫星通信相比，短波通信不用支付话费，运行成本低。

2.4 多路复用技术

在数据通信系统或计算机网络系统中，传输媒体的带宽或容量往往会超过实际传输单一信号的需求，为了有效地利用通信线路，使一个信道同时传输多路信号，我们采用了多路复用技术(Multiplexing)，如图 2-14 所示。多路复用技术就是把多路信号组合起来在一条物理信道上进行传输。多路信号的组合需按一定的规则进行调制，以便在传输媒体中传输而不致混淆，当传到接收端时再用反调制的方法加以区分，恢复成原始的各路信号。多路复用技术在远距离传输时可大大节省电缆的安装和维护费用。

图 2-14　多路复用技术

在多路复用技术中要用到两种设备，就是多路复用器和多路分离器，它们总是成对出现。多路复用器的作用是在发送端根据某种约定的规则把多路用户信号聚合成高速信号。聚合后的信号在多路复用器和多路分离器之间的共享信道上传输。而多路分离器的作用正好和多路复用器相反，它是把从共享信道上传来的聚合信号根据相应的规则进行分解，从而恢复原始的多路用户信号。

多路复用技术可以分为频分多路复用、时分多路复用、统计时分多路复用、波分多路复用和码分多路复用。随着通信技术的发展，信号复用技术并不局限于单一的复用形式，而采用多种复用方式互相结合，扩展信号的时域及频域空间利用率。

2.4.1 频分多路复用

频分多路复用(Frequency Division Multiplexing，FDM)就是将物理信道的总带宽(此处的带宽是指“频率带宽”)划分成若干个子频带(或称子信道)，每一个子信道传输一路信号。频分多路复用要求总频带宽度大于各个子信道频率之和，同时为了保证各子信道中所传输的信号互不干扰，在各子信道之间会设立隔离频带，这样就保证了各路信号互不干扰。

图 2-15 是一个以三路语音信号为例的频分多路复用原理图。发送端的三路语音信号 f_1、f_2 和 f_3 的有效频率被低通滤波器限制在 3.4 kHz 以内，经各自的调制器和带通滤波器进行调制、合成后分别送入不同的子信道，每个子信道分配 4 kHz 带宽，比语音信号所需多出来的那部分频带就是隔离频带，它使各个信道之间完全隔离。接收端通过带通滤波器将多路信号分开，经解调器解调后，由低通滤波器分别取出对应的三路语音信号 f_1、f_2 和 f_3。

频分多路复用技术的特点是所有子信道传输的信号以并行的方式工作，每一路信号传输时可以不考虑传播时延，因而频分多路复用技术得到了非常广泛的应用。例如，在无线电

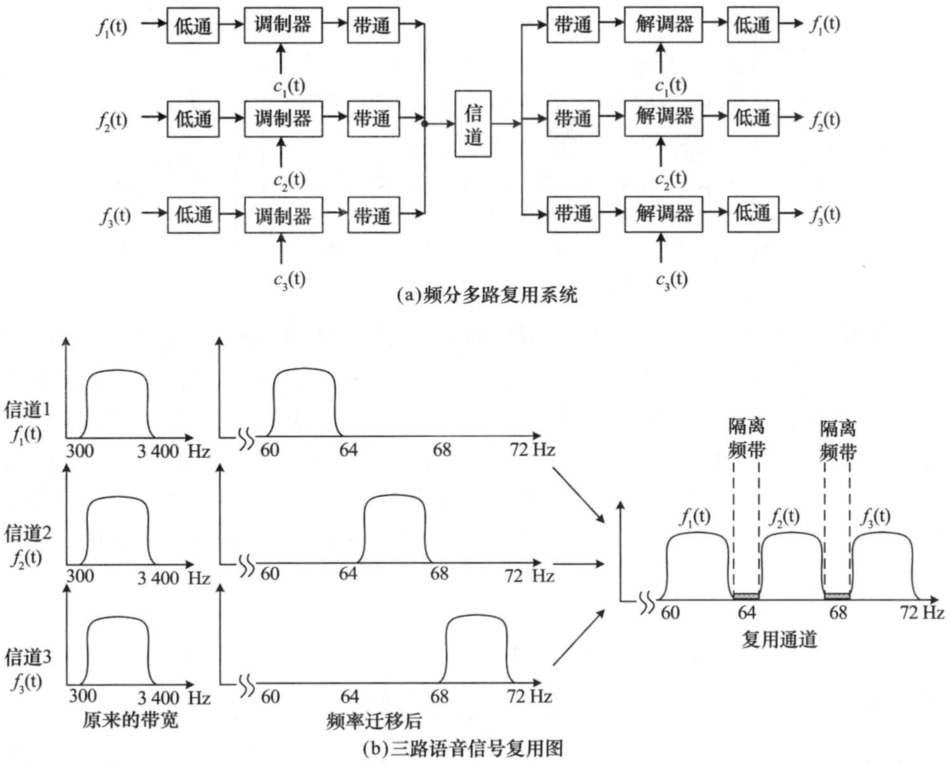

图 2-15 频分多路复用原理图

广播和有线电视系统中广泛使用的 CATV 电缆，通常带宽约 500 MHz，可传送 80 个频道的电视节目，每个频道 6 MHz 的带宽又进一步划分为声音子通道、视频子通道及彩色子通道。每个频道两边都留有一定的警戒频带，防止互相串扰。除此以外，FDM 也用在计算机网络的宽带接入技术中，如 ADSL。

2.4.2 时分多路复用

时分多路复用（Time Division Multiplexing，TDM）主要用于数字信号的传输，它的原理是当物理信道的位传输速率超过每一路信号的数据传输速率时，可以将整个信道传输时间划分成若干段等长的时分多路复用帧（TDM 帧），每一路信号在 TDM 帧中占用固定序号的时间片（简称时隙）。时间片的宽度可以容纳一个比特、一个字节，甚至更多的信息。时分多路复用的工作过程如图 2-16 所示，图中列出了四路信号 A、B、C 和 D，每一路信号所占用的时隙周期性地出现，其周期就是 TDM 帧的长度，因此这种时分多路复用又称为同步时分多路复用。

同步时分多路复用

前面所介绍的频分多路复用是所有信号在同样的时间占用不同的频率带宽，而时分多路复用则是所有信号在不同的时间占用同样的频率带宽。这两种多路复用方法的优点是技术比较成熟，缺点是不够灵活。在频分多路复用中每一路信号占用的带宽不变，但当复用的信号数增加时，复用后的信道的总宽度就跟着变宽。而在时分多路复用中，TDM 帧的长度是不变的，当复用的信号数增加时，时隙宽度会变得非常窄。时隙宽度非常窄的脉冲信号所占的频谱范围也是非常宽的。

计算机网络中很多数据是具有突发性的，当使用时分多路复用系统传送数据时，子信道

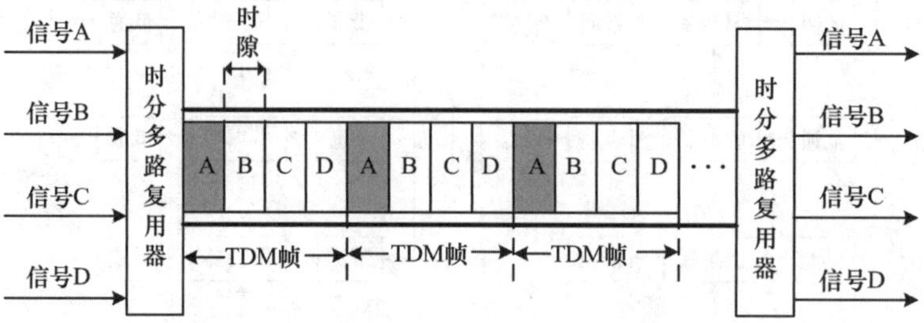

图 2-16　时分多路复用的原理

的利用率往往不高，比如用户某一段时间暂时无数据传输时，只能让分配到的子信道空闲，而其他用户却不能使用这个暂时空闲的线路资源。如图 2-17 所示，假定四路信号 A、B、C 和 D 进行时分多路复用，复用器按①→②→③→④的顺序依次扫描 A、B、C、D 的时隙，然后构成一个个 TDM 帧。图中共画出了 4 个 TDM 帧，每个 TDM 帧有 4 个时隙。可以看出，当某路信号暂时无数据发送时，在 TDM 帧中分配给该路信号的时隙只能处于空闲状态，其他路信号即使一直有数据要发送，也不能使用这些空闲的时隙。这就导致复用后的信道利用率不高。

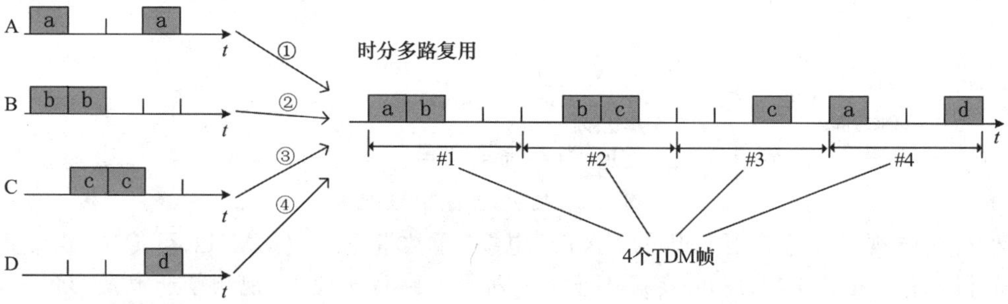

图 2-17　时分多路复用的时隙低效使用

2.4.3　统计时分多路复用

统计时分多路复用(Statistical Time Division Multiplexing，STDM)是一种改进的时分多路复用，能明显地提高信道的利用率。它是根据用户实际需要动态分配线路资源的时分多路复用方法。只有当用户有数据要传输时才分配线路资源，当用户暂停发送数据时，则不分配线路资源，线路可以被其他用户使用。采用统计时分多路复用时，每个用户的数据传输速率可以高于平均速率。

在统计时分多路复用系统中使用 STDM 帧来传送复用的数据，但每一个 STDM 帧中的时隙数小于连接在集中器的用户数。各用户有了数据就随时发往集中器的输入缓存，然后集中器按顺序依次扫描缓存，将缓存中的数据放入 STDM 帧中。对没有数据的缓存就直接跳过去。当一个 STDM 帧的数据放满了，就发送出去。

如图 2-18 所示的是统计时分多路复用的工作原理，图中的统计时分多路复用集中器连接了 4 个低速用户，然后将它们的数据集中起来通过高速线路发送到一个远地计算机。从图中可以看出，STDM 帧不是固定分配时隙，而是按需动态地分配时隙；而且在输出线路上，某一个用户所占用的时隙并不是周期性地出现，因此统计时分多路复用又可称为异步时分多路复用。这里应注意的是，虽然统计时分多路复用的输出线路上的数据速率小于线路数据速率的总和,但从平均的角度来看,这二者是平衡的。如果所有的用户都不间断地向集中器发送数据,集中器则无法应付,内部缓冲将溢出。所以集中器能正常工作的前提是各个用户都是间歇地工作。

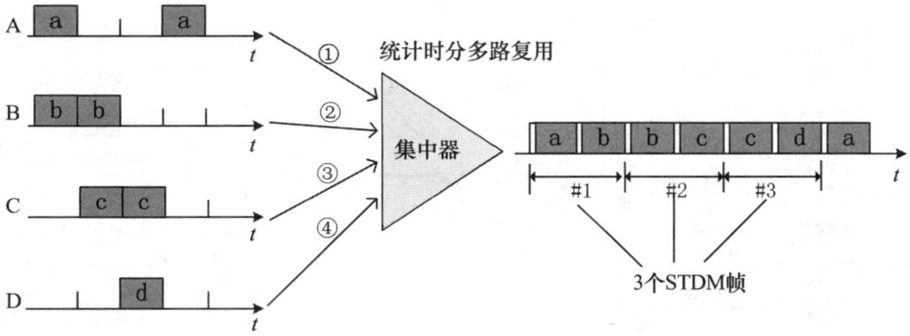

图 2-18 统计时分多路复用的原理

由于 STDM 帧中的时隙并不是固定地分配给某个用户,因此在每个时隙中必须要有用户的地址信息,在图 2-18 的输出线路上每个时隙之前的白色小时隙就是用于放入地址信息的,这是统计时分多路复用不可避免的开销。统计时分多路复用的集中器能够提供对整个报文的存储转发能力,通过排队方式使各用户更合理地共享信道。

2.4.4 波分多路复用

波分多路复用(Wavelength Division Multiplexing,WDM)是将两种或多种不同波长的光载波信号在同一根光纤上同时传输的技术,其本质上就是光的多路频分复用。

波分多路复用的原理如图 2-19 所示。发送端发送出多条不同波长的光载波,经过合波器(又称为复用器,通常是棱镜或光栅)汇合在一起,并耦合到光线路的同一根光纤中进行传输;到达接收端后,经分波器(又称为分用器,通常是棱镜或光栅)将各种波长的光载波分离成多束光波,然后由光检测器将各自的光信号转换成电信号从而恢复出原始信号,或者直接获取各自波长的光波信号,再中继到其他的 WDM 线路上。

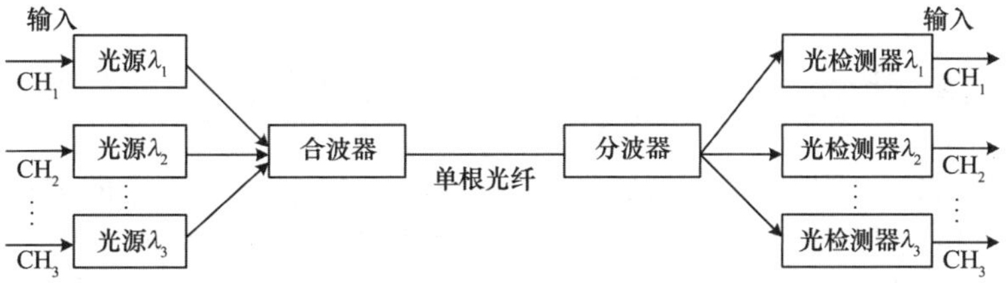

图 2-19 波分多路复用的原理

早期的技术只能在一根光纤上复用两路光载波信号,也就是波分多路复用。随着技术的发展,在一根光纤上复用的光载波信号的数量越来越多,可以到达几十路甚至上百路的光载波信号,这种复用方式称为密集波分多路复用(Dense Wavelength Division Multiplexing, DWDM)。

假设一个单模光纤可以实现 2.5 Gbit/s 的数据传输速率,复用 n 路信号后,光纤的数据传输的总速率便可达到 $n\times 2.5$ Gbit/s,这显然大大提高了光纤的数据传输速率。具体实例如图 2-20 所示,8 路传输速率均为 2.5 Gbit/s 的光载波信号,其波长均为 1 310 nm,经过光的调制后,分别将波长变换到 1 550～1 557 nm,每个光载波的间隔为 1 nm(实际上,密集波分多路复用技术的光载波的间隔通常为 0.8 nm 或 1.6 nm)；然后这 8 路光载波经过合波器汇合后，就在一根光纤中传输。此时，光纤上的数据传输的总速率就达到了 8×2.5 Gbit/s＝20 Gbit/s。

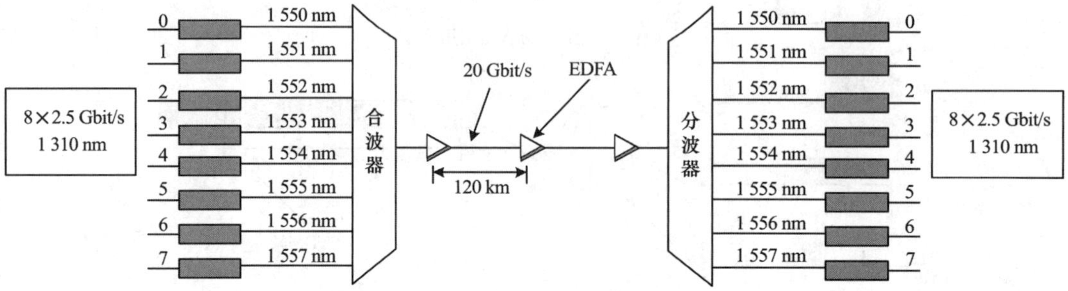

图 2-20 波分多路复用实例

然而，光信号在光纤中传输一定距离后，由于信号强度的关系，会产生信号衰减。解决的办法就是在传输过程中加设一个信号放大器(也称为信号再生中继器，其主要作用是将光信号转换为电信号，放大电信号后，再将电信号转换为光信号)，对衰减了的光信号进行放大以便继续传输。现在已经有了一种新的信号放大器——掺铒光纤放大器(Erbium Doped Fiber Application Amplifier，EDFA)，它与传统的放大器原理不同。EDFA 无须进行光电转换，而是可以直接对光信号进行放大，并且在 1 550 nm 波长附近有 35 nm(4.2 THz)频带范围可提供比较均匀的、最高可达 40～50 dB 的增益。两个 EDFA 之间的光缆线路长度可达 120 km，如果需要合波器和分波器之间的无光电转换的距离达到 600 km，只需要放入四个 EDFA 光纤放大器即可。

随着技术的发展，光纤通信的容量和传输距离在不断增加，一根光缆中总是尽可能被放入尽可能多的光纤，例如放入 100 根以上的光纤，然后对每根光纤使用密集波分多路复用技术。我国在 2014 年已在一根普通单模光纤在 C＋L 波段以 375 路、每路 267.27 Gbit/s 的超大容量超密集波分多路复用传输了 80 km，传输总容量达到了 100.23 Tbit/s。

2.4.5 码分多路复用

码分多路复用(Code Division Multiple Access，CDMA)是靠不同的编码来区分各路原始信号的一种复用技术。CDMA 是基于扩频技术，把一个窄带信号扩展到一个很宽的频带上，允许来自不同用户的多路信号在同样的时间使用同样的频带进行通信。由于各个用户必须使用经过特殊挑选的不同码型来调制数据，使得各用户之间不会造成干扰。因此，CDMA 发送的信号具有很强的抗干扰性。它最初用于军事通信，现在已广泛使用在民用的移动通信中，特别是在无线局域网中。采用 CDMA 可提高通信的质量和数据传输的可靠性，减少干扰对通信的影响，增大系统的通信容量。

在 CDMA 中，每个比特时间被细分为 m 个更短的时间间隔，这个短的时间间隔称为码片(Chip)。通常每个比特被分成 64 或者 128 个码片，即 m 的值是 64 或 128。为了简便起见，例子中设 m 的值为 8，即使用 8 个码片来说明 CDMA 的工作原理。

每一个通信站点被分配得到唯一的 m 位码，称为码片序列。若一个站要发送比特 1，就发送分配给它的码片序列；若要发送比特 0，就发送分配给它的码片序列的反码；除此之外，不允许发送任何其他模式。例如，分配给 A 站的 8 位($m=8$)的码片序列是 00011011，当 A 发送此序列时就表示发出的是比特 1；而发送的码片序列是 11100100 时则表示发出的是比特 0。为了方便理解，我们采用双极符号把码片序列中的 0 和 1 写成−1 和+1，因此 A 站的码片序列 00011011 则可以写成(−1−1−1+1+1−1+1+1)，而它的反码 11100100 则可以写成(+1+1+1−1−1+1−1−1)。如图 2-21(a)和图 2-21(b)所示分配给 4 个站的码片序列和它们所表示的信号。

A=(-1-1-1+1+1-1+1+1)

B=(-1-1+1-1+1+1+1-1)

C=(-1+1-1+1+1+1-1-1)

D=(-1+1-1-1-1-1+1-1)

(a)4个站的码片序列

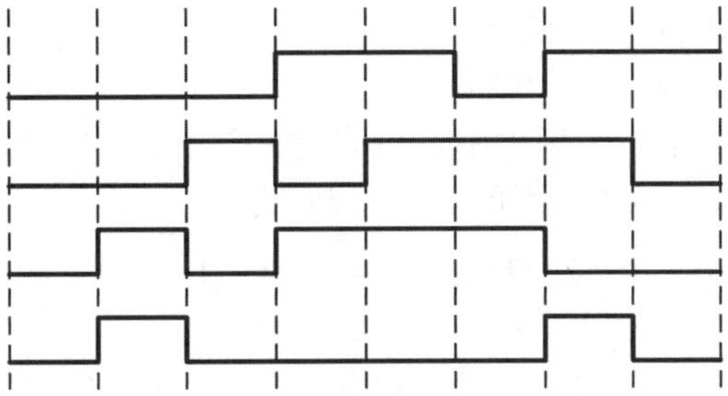

(b)序列表示的信号

S_1=C　=(-1+1-1+1+1+1-1-1)	S_1C=[1+1-1+1+1+1-1-1]/8=1
S_2=B+C　=(-2 0 0 0+2+2 0-2)	S_2C=[2+0+0+0+2+2+0+2]/8=1
$S_3=A+\overline{B}$　=(0 0-2+2 0-2 0+2)	S_3C=[0+0+2+2+0-2+0-2]/8=0
$S_4=A+\overline{B}+C$　=(-1+1-3+3+1-1-1+1)	S_4C=[1+1+3+3+1-1+1-1]/8=1
S_5=A+B+C+D　=(-4 0-2 0+2 0+2-2)	S_5C=[4+0+2+0+2+0-2+2]/8=1
$S_6=A+B+\overline{C}+D$　=(-2-2 0-2 0-2+4 0)	S_6C=[2-2+0-2+0-2-4+0]/8=-1
(c)6个传输实例	(d)C站信号的恢复

图 2-21　CMDA 工作原理的实例

按照这种编码方式，如果站点原来发送信息的速率为 1 bps，现在变成每秒要发送 m 个比特码片，即编码后发送信息的速率提高到 m bps，同时信号占用信道频带宽度也提高到原来的 m 倍，这种通信方式就是扩频。

在 CDMA 系统中，给每一个站分配的码片序列不仅必须各不相同，还必须互相正交。在实用的系统中使用的是伪随机码序列。现在假设用符号 S 表示 S 站的 m 位码片向量，用 $\overline{S}$ 表示它的反码。再令 T 表示其他站的码片向量。所有的码片序列都两两正交，则意味着任何两个不同的码片序列 S 和 T 的归一化内积(ST)为 0，用数学公式表示如下：

$$ST=\frac{1}{m}\sum_{i=1}^{m}S_iT_i=0 \tag{2-12}$$

例如，向量 S 为(−1−1−1+1+1−1+1+1)，T 为(−1−1+1−1+1+1+1−1)，将向量 S 和 T 的各分量值代入上面公式算出来为 0，则可以说明这两个码片序列是正交的。如果 $ST=0$，则 $\overline{ST}$ 也是 0。不仅如此，任何码片序列与自身的归一化内积一定是 1，即 $SS=1$，用数学公式表示如下：

$$SS=\frac{1}{m}\sum_{i=1}^{M}S_iS_i=\frac{1}{m}\sum_{i=1}^{M}S_i^2=\frac{1}{m}\sum_{i=1}^{M}(\pm 1)^2=1$$

而一个码片向量和该码片反码的向量，它们的归一化内积值是−1，即 $S\overline{S}=-1$。

在每个比特时间内，一个站可以传输比特 1(发送自己的码片序列)，也可以传输比特 0(发送自己的码片序列的反码)；或者什么也不发送(相当于没数据可发)。现在我们假设所有的站所发送的码片序列都是同步的，即所有码片序列都在同一个时刻开始。当两个或多个站同时传输时，它们的双极序列线性相加在一起。例如，在一个码片周期中，三个站输出+1，一个站输出−1，则收到的是+2。

在图 2-21(a)中表示当前有四个站分配了码片序列，图 2-21(c)显示的是六个一个站或多个站同时传输比特 1 或 0 的例子。例如，六个传输实例中，第一个例子，只有 C 站传输比特 1，所以就得到了 C 的码片序列；第二个例子，B 站和 C 站同时传输比特 1，我们就得到它们的码片序列的和 S_2，即

$$S_2 = B+C = (-1-1+1-1+1+1+1-1)+(-1+1-1+1+1+1-1-1) = (-2\ 0\ 0\ 0+2+2\ 0-2)$$

同样的，在第三个例子中，A 站传输了比特 1，同时 B 站传输了比特 0，则得到的是 A 的码片序列与 B 的码片序列的反码之和，即：

$$A+\overline{B} = (-1-1-1+1+1-1+1+1)+(+1+1-1+1-1-1-1+1) = (0\ 0-2+2\ 0-2\ 0+2)$$

后面三个例子类似，可以得到它们各自对应的码片序列和。那么，在接收端就可以收到 $S_1 \sim S_6$ 的码片系列。为了恢复某个特定站的比特流，接收端必须预先知道这个站的码片序列。用接收到的码片序列与该站的码片序列进行归一化内积，就可以恢复出该站的比特流。例如，在图 2-21(d)中要在接收端提取出 C 站所发送的比特流，那么将接收端所收到的六路信号 $S_1 \sim S_6$ 与 C 的码片序列逐个求内积，然后取结果的 1/8，则得到了 C 站所发送的比特位。六路信号中提取出来的结果显示，C 传输了 4 个比特 1 和 1 个比特 0，还一个什么也没传输，反映在第三个例子 S_3 中。

为什么用接收到的码片序列与该站的码片序列进行归一化内积，就可以恢复出该站的比特流呢？举例说明，如果有 A 站和 C 站同时传输比特 1，B 站同时传输比特 0，那么接收端收到的码片序列是 $S = A+\overline{B}+C$，因为所有的码片序列都是精心挑选出来的，它们两两正交，所以 SC 其结果为

$$SC = (A+\overline{B}+C)C = AC+C+CC = 0+0+1 = 1$$

从上面计算可以看出，因为任何两个不同的码片序列内积为 0，而它们反码的内积也是 0，最终只会剩下与自身码片序列的内积，结果是 1，如果是与自身码片序列的反码内积，结果就是−1。

因此，原则上给定足够的计算能力，每次都能解码出正确的比特。在理想情况下，无噪声的 CDMA 系统中，其容量即站点的数量可以任意大，但在现实中，由于物理条件的限制，容量要大打折扣。首先这里假设所有的码片在时间上都是同步的，但这种同步在实际应用中是不太可能存在的。另外需要说明的是，为了获得额外的安全性，比特序列可以采用纠错码，但码片序列却从不使用纠错码。

2.5 数据交换技术

多路复用技术解决的是一条传输媒体如何传输多路信号的问题，而数据交换技术则主要解决数据如何通过网络中的各个节点的问题。在数据通信系统中，两个互联的设备往往不是直通专线连接，通常要经过很多中间节点的转接才能实现通信。这些中间节点并不需

要关心具体数据内容，它的任务就是提供一个交换设备，把数据从一个节点传送到另一个节点，直到到达目的地。

因此数据交换技术就是，在一种任意拓扑的数据通信网络中，通过网络节点的某种转接方式来实现从任一端系统到另一端系统之间接通数据通路的技术。

数据交换技术主要有三种：电路交换、报文交换和分组交换。

2.5.1 电路交换

电路交换就是当两个用户要通信时，首先要建立一条临时的专用线路，用户通信过程中独享这条专用线路，不与其他用户共享，直到通信的一方结束通信才释放这条专用线路。电路交换是通信网中最早出现的一种交换方式，也是非常普遍的一种交换方式，主要应用于电话通信网中。

以打电话为例：每部电话都是连接到电话交换机上。当用户要打电话时，首先是摘机，听到拨号音后拨号，此时交换机找寻被呼叫用户，当被叫用户听到交换机送来的振铃音并摘机后，从主叫端到被叫端就建立了一条连接，也就是一条专用的通话通路，此时主叫方和被叫方就进入通话阶段；在通话过程中，任何一方挂机，交换机拆除已建立的通话通路，并向另一方送忙音提示挂机，从而结束通话。

从电话通信过程的可以看出，电话通信分为三个阶段：呼叫建立、通话、呼叫拆除。电话通信的过程实际就是电路交换的过程。电路交换的基本过程可分为三个阶段：建立连接、数据传输和释放连接。

(1)建立连接：在通信双方开始正式通信之前，发起方发出建立电路连接的请求，该请求通过中间节点传输至终点。如果中间节点有空闲的物理线路可以使用，则接收请求，分配线路，并将请求传输至下一个中间节点，整个过程持续下去，直至终点。如果中间节点没有空闲的物理线路可以使用，整个线路的“串接”就将无法实现。仅当通信双方之间建立起物理线路之后，才允许进入数据传输阶段。

物理线路一旦被分配，在未被释放之前，其他站点将无法使用，即便某一时刻，线路上并没有数据传输。

(2)数据传输：物理线路已经建立，通信双方就可以开始进行数据传输。在整个通信过程中，线路将一直被独占。由于整个物理线路的资源仅用于本次通信，因此通信双方的信息传播时延仅取决于电磁信号沿传输媒体的迟延。

(3)释放连接：通信结束之后，可以由任意一方发起拆除电路的请求，该请求通过中间节点送往对方；于是各中间节点释放传输通道占用的线路资源，这些线路资源后面就可以被其他用户使用。

由于电路交换对线路资源的独占性，使得通信可靠性高，数据不会丢失，传输迅速快，基本不会出现抖动现象，时延也非常小，仅仅是电磁信号传输时所花费的时延，而且实时性好，适用于电信业务信息的传输。

如果用电路交换来传送计算机数据，其线路的传输效率就很低。由于计算机数据具有突发性，使得线路上真正用来传送数据的时间往往不到 10%甚至 1%，已经被用户占用的通信线路资源大部分时间都是空闲的，这样就造成了信道资源浪费。

2.5.2 报文交换

报文与分组交换

由于电路交换的线路独占性，线路的利用率不高，报文交换对电路交换技术进行了改进。报文交换又称存储转发交换，它的原理是：通信双方以报文为单位来传输数据，每一个中间节点接收整个报文，并检查目标节点地址，然后根据网络中的线路情况，如果当前线路空闲就转发到下一个节点；如果线路忙就暂时缓存。经过这样的多次存储-转发，最后到达终点。在这里，报文是指要发送的整块数据，如一个数据文件、一篇新闻稿件等。每个报文都包括报头、正文和报尾。报头里有序号、源地址和目的地址等信息，而正文就是要发送的数据块，报尾包含了校验信息，用于差错检测和纠错。

报文交换的优点是不用建立专用物理线路，线路利用率较高，可靠性高。它的缺点是节点存储-转发的时延较长，存在时延抖动现象，而且中间的交换节点要有足够大的存储空间用以缓冲收到的长报文。报文交换系统现在已不使用，由分组交换或电路交换所代替。

2.5.3 分组交换

分组交换是把要传输的报文拆分成若干个较小的数据块，每个数据块称为分组或包，然后以分组为单位按照存储-转发的方式传输信息，当所有分组到达目的地时再重新组装为一个完整的报文。

在这里，每个分组由用户数据和分组头构成。分组头也称为包头，主要包含了分组编号、目的地址和源地址等重要控制信息，其长度为 3～10 B；而用户数据的长度是固定的，平均为 128 B，最长不超过 256 B。这里需要说明的是，同一个分组网内的分组长度是固定的，而不同分组网的分组长度可以不同。

使用分组交换技术的通信网中，负责存储-转发的中间节点收到一个分组，先暂时存储一下，并检查分组头信息，分析出目的地址，查找转发表，根据当前线路的忙闲程度，动态分配合适的物理线路，然后转发出去，把分组交给下一个中间节点。这样一个一个中间节点以存储-转发方式把分组传输出去，直到最终的目的主机。到达目的主机之后的分组根据分组编号再重新组合起来，形成一条完整的数据报文。网络中各个中间节点，例如路由器或分组交换机，必须经常交换彼此掌握的线路信息，以便创建和动态维护转发表，使得转发表能够在整个网络拓扑发生变化时及时更新。

分组交换按照实现方式可以分为数据包分组交换和虚电路分组交换。

1. 数据包分组交换

数据包分组交换中，发送端在通信之前将所要传输的报文拆分成若干分组，各个分组是独立进行处理的，并且传输也彼此独立，互不影响。换句话说，各个分组可以按照不同的路由机制到达目的地，因此每个分组都必须包含编号、目的地址和源地址信息。到达目的地址后各分组根据编号重新组合。

如图 2-22(a)所示，假设主机 A 向主机 C 发送数据。主机 A 先把分组逐个发往与它直连的路由器，网络上的路由器根据链路的空闲状态，将各个分组按不同路径分别发送出去，有的经过链路 A-B-C，有的经过链路 A-F-C 或链路 A-F-E-C。需要说明的是，只有当分组经过此链路时才被占用，传送完以后的空闲时间此链路仍可被其他用户发送的分组所使用。由于不同的分组经过不同的路径到达目的主机，各个分组到达目的主机的顺序与发出时的顺序就不同,因此目的主机需要对收到的分组按编号重新排序和组装。

由于没有链路的建立和拆除过程,数据包分组交换方式一般适用于较短的单个分组的报文。其优点是传播时延小,传输效率高,并且当某节点发生故障时不会影响后续分组的传输。缺点是每个分组附加的控制信息多,增大了额外开销。另外,网络只是尽力地将分组交付给目的主机,但不保证所传送的分组不丢失,也不保证分组按序到达,所以网络提供的服务是不可靠的,也不保证服务质量。

2. 虚电路分组交换

虚电路分组交换方式与数据包分组交换方式的区别主要是,前者在数据传输之前,需要在发送端和接收端之间先建立一个逻辑连接,即虚电路,然后才开始传送分组,所有分组沿相同的路径进行存储-转发,通信结束后再拆除该逻辑连接。网络保证所传送的分组按发送的顺序到达接收端。所以网络提供的服务是可靠的,也保证服务质量。

虚电路既可以事先建立,又可以临时建立。在建立时,网络为虚电路确定路由,该路由是由若干条实际的物理链路组成的。一旦建立了虚电路,在源站点和目的站点之间就仿佛建立了一条穿越网络的临时数字"管道",源站点发出的所有分组依次穿过此"管道"到达目的地。如图 2-22(b)所示,假设主机 A 要向主机 C 发送数据,先建立一条虚电路 A-F-C,主机 A 向主机 C 发送的所有分组都经过相同的节点 A-F-C。数据发送完毕,虚电路即拆除。

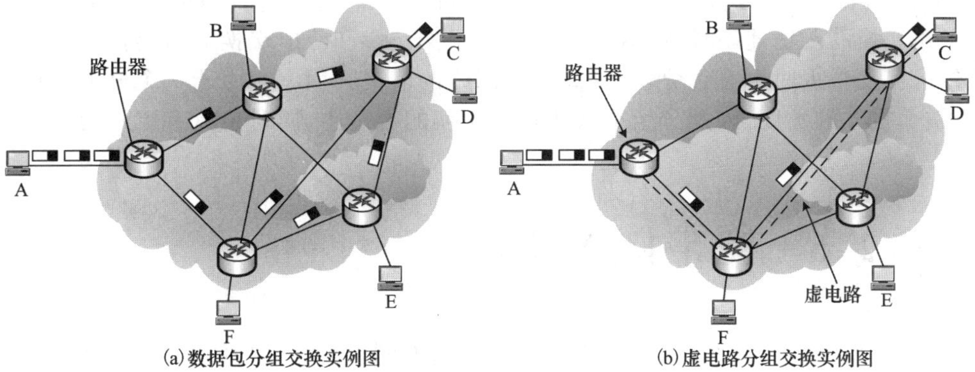

图 2-22 分组交换的数据包分组交换和虚电路分组交换

需要说明的是,虚电路分组交换像电路交换一样,通信双方需要建立连接,不同的是,虚电路并不是实际的专用物理链路,它不需要在网络中事先申请传输所需的资源,在网络内部,通信双方并没有自始至终占用一条端到端的物理信道,只是按照统计时分多路复用原则使用虚电路跨越的网络节点和通信线路上的物理资源。

虚电路有建立和拆除过程,因此不适合短报文的传输。但由于每个分组头只需标出虚电路标识符和序号,所以分组头开销小,适用长报文传送。

根据虚电路的实现方式,可以把虚电路分为交换虚电路和永久虚电路。交换虚电路是需要通信双方通过请求建立一个临时连接,然后进行通信,通信结束之后,该临时连接就被拆除。永久虚电路是通信双方无须请求,只需要按照双方约定建立一个连接,并在约定时间内一直保持该连接直到申请撤销为止。

图 2-23 显示了电路交换、报文交换和分组交换的主要区别。其中 A 和 D 分别表示发送端和接收端,B 和 C 表示中间节点。由图可以归纳出三种交换方式在数据传输阶段的主要特点:

电路交换:整个报文的比特流持续地从发送端传送到接收端。

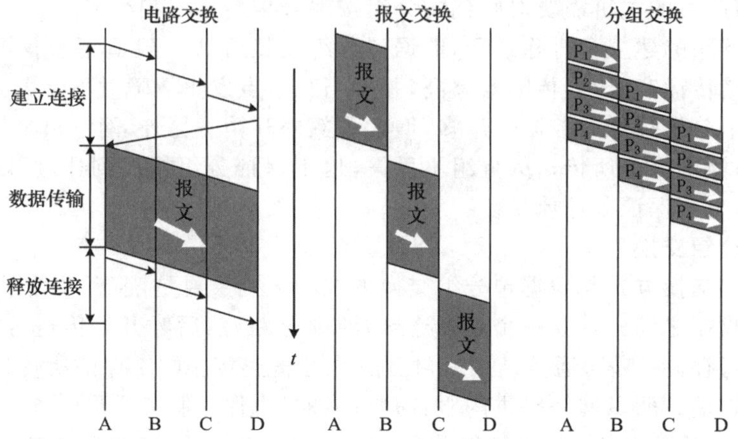

图 2-23　三种交换技术的比较

报文交换:整个报文先传送到相邻节点,全部存储下来后查找转发表,然后转发到下一个节点。

分组交换:将报文分成若干分组,单个分组传送到相邻节点,存储下来后查找转发表,然后转发到下一个节点。

从图 2-23 中可以看出,如果要连续发送大量的数据,且传送时间远大于建立连接的时间,则电路交换的传输速率较快,效率较高。而报文交换和分组交换不需要预先分配传输带宽,在传送突发数据时更有优势,可提高整个网络的信道利用率。由于一个分组的长度往往远小于整个报文的长度,因此分组交换比报文交换的时延小,同时也具有更好的灵活性。

2.6　宽带接入技术

如果用户要连接到互联网,首先要向 ISP 申请上网业务,还要配备一些相关硬件,然后才能接入互联网。早期用户接入互联网都是通过电话拨号上网,利用的是电话线和调制解调器在狭窄的信道上发送数字数据,而这些信道原本是电话网络用来进行语音通话的,上网的速率最高只能达到 56 Kbit/s。随着互联网技术的发展,现在已经被很多宽带技术所取代,并且上网的速率也大大提高。

宽带接入技术可分为有线宽带接入和无线宽带接入。本章只对一些主要的有线宽带接入技术做介绍,无线宽带接入技术留待后面章节讨论。

宽带接入技术主要包括:ADSL 技术、FTTx 技术、HFC 技术。

2.6.1　ADSL 技术

1989 年,美国贝尔通信研究所为视频点播(VOD)业务开发了利用双绞线传输高速数据的技术,即数字用户线(Digital Subscriber Line,DSL)。DSL 技术使用电话调制解调器实现模拟和数字信号的转换,以电话线为传输介质,穿越现有公共电话网,来实现用户因特网的接入,它解决了经常发生在 ISP 和最终用户间的"最后一千米"的传输瓶颈问题。由于 DSL 技术无须对电话线路进行改造,可以充分利用已经大量铺设的电话线路,从而大大降低了额外的开销，因此受到用户的欢迎，在一些国家和地区得到大量应用。

DSL 技术包括 ADSL、RADSL、HDSL 和 VDSL 等，统称为 xDSL，其中“x”代表着不同种类的数字用户线路技术。各种 DSL 技术的不同之处主要体现在信号的传输速率和距离，以及对称和非对称的区别上。

DSL 技术分为对称和不对称，分别称为 SDSL 和 ADSL。在实际应用中，大量用户上网时主要是从网络上下载各种文件，而向网络上传信息比较少，这些应用属于不对称的双向通信。而 ADSL 提供的下行带宽（下载文件）远大于上行带宽（上传文件），因此很适用于 Internet 接入和 VOD。

非对称数字用户线路（Asymmetric Digital Subscriber Line，ADSL），充分利用现有 PSTN（公共交换电话网），只需要在线路两端加装 ADSL 设备即可为用户提供高宽带服务，无须重新布线，从而可极大地降低服务成本。ADSL 能同时提供话音和数据业务，它采用频分多路复用技术把普通的电话线分成了电话、上行和下行三个相对独立的信道，从而避免了相互之间的干扰。用户可以边打电话边上网，不用担心出现上网速率和通话质量下降的情况。ADSL 在一对双绞铜线上支持上行速率 640 Kbit/s 到 1 Mbit/s，下行速率 1 Mbit/s 到 8 Mbit/s，有效传输距离在 3～5 km，非常适合 Internet 接入，能够满足广大用户的需要，因此被广泛使用。目前较新的 ADSL2＋技术可以提供最高 24 Mbit/s 的下行速率，并打破了 ADSL 接入方式带宽限制的瓶颈，在速率、距离、稳定性、功率控制、维护管理等方面进行了改进，其应用范围更加广阔。

典型的 ADSL 部署结构如图 2-24 所示，由三大部分构成：数字用户线接入复用器（DSLAM）、用户电话线和用户家相关设施。ADSL 调制解调器称为接入端单元（ATU），必须成对出现，分别配置在电话局和用户家中。使用在电话局的称为 ATU-C（端局的 ADSL 调制解调器），而 DSLAM 就包括了许多 ATU-C；使用在用户家中的称为 ATU-R（用户端的 ADSL 调制解调器）。

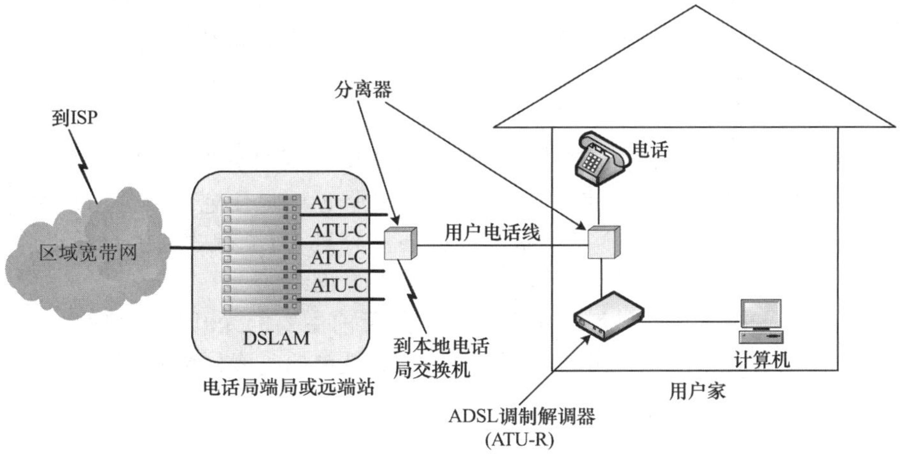

图 2-24 典型的 ADSL 部署结构

用户电话机通过分离器和 ATU-R 连在一起，经用户电话线到端局，并再次经过一个分离器连接到本地电话局的电话交换机。分离器是无源的，目的是停电时不影响传统电话的使用。分离器利用低通滤波器将电信号与数字信号分开，即将传统电话业务 4 KHz 以下频段与数据分开。在住户这边，经分离器分离出来的电话业务信号被路由到已有的电话机或传真机上。而数据信号则被路由到 ADSL 调制解调器（ATU-R），此调制解调器使用数字信号处理器来实现频分多路复用。因为大部分的 ATU-R 都是外置的，计算机一般通过双绞线与之相连。

在电话局这端，也要安装一个分离器。在这里，信号中的语音部分被分离器过滤出来，然后发送到本地电话局的语音交换机上；而频率在 26 KHz 以上的信号则被路由到 DSLAM 上。DSLAM 包括许多 ATU-C，其作用是将信号恢复成比特，再据此构成数据包，并将数据包发送给 ISP。

ADSL 的国际标准主要是由 ANSI 制定的，1994 年，第一个 ADSL 草案标准，决定采用离散多音调 DMT 作为标准接口，能支持 6.144 Mbit/s 甚至更高的速率并能传输较远的距离。1998 年 10 月，ITU（国际电信联盟）开始进行通用 ADSL 标准的讨论，并将之命名为 G. Lite，经过半年多的时间，于 1999 年 6 月通过了 G. Lite（G. 992. 2）标准。到 2002 年，ITU-T（国际电信联盟标准分局）公布了 ADSL 的两个新标准（G. 992. 3 和 G. 992. 4），也就是所谓的 ADSL2。到 2003 年，在第一代 ADSL 标准的基础上，ITU-T 又制定了 G. 992. 5，也就是 ADSL2＋。不管是在覆盖距离、出线率、下行带宽方面还是在电源管理、故障检测等方面，ADSL2、ADSL2＋相对 ADSL 技术都有了很大的改善，拥有许多新的特性与功能。

2.6.2 FTTx 技术

近年来宽带上网的普及率增长非常迅速，用户迫切需要能够流畅地浏览网上各种高清视频资源，光纤到户就是最好的选择。所谓光纤到户，就是把光纤一直敷设到用户住宅。但光纤到户首先是价格比较贵，其次一般用户并没有这么高的数据速率要求，要在网上观看视频资源，并不一定非要 100 Mbit/s 或更高的数据速率，因此就出现了多种宽带光纤接入方式，称为 FTTx。

FTTx 表示“Fiber To The x”，x 代表不同的光纤接入地点，为各种光纤通信网络的总称。例如，FTTH（H＝Home）表示光纤到户，FTTC（C＝Curb）表示光纤到路边/小区，FTTO（O＝Office）表示光纤到办公室，FTTB（B＝Building）表示光纤到建筑物，等等。实际上，FTTx 就是把光纤部署尽可能地接近住宅，而在进入住宅的最后一段距离则通常使用双绞线或同轴电缆。

目前信号在陆地上长距离的传输基本实现了光纤化。例如 ADSL 和 HFC 宽带接入技术中，其远距离的传输媒体也都是使用光缆，只是到了临近用户住宅才改为用户的电话线或同轴电缆。一个家庭用户远远用不了一根光纤的通信容量，为了有效利用光纤资源，一般数十个用户共享一根光纤干线，为此，目前广泛使用无源光网络。

无源光网络（Passive Optical Network，PON）是目前主要的光纤接入网的结构，所谓无源，是指不需要供电设备来放大或处理信号。PON 主要包括了光网络单元（ONU）、光分路器、光线路终端（OLT）等，如图 2-25 所示。

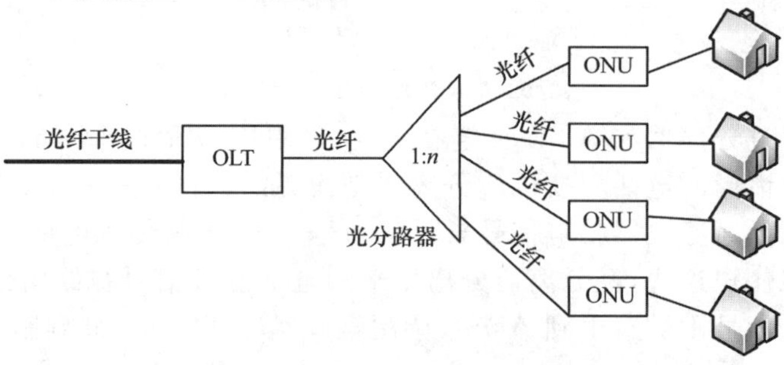

图 2-25 PON 的结构图

PON 的网络拓扑结构以星型或树型结构为主。OLT 是连接到光纤的终端设备，它把收到的下行数据发往无源的 1∶n 光分路器，然后用广播方式向所有用户端的 ONU 发送。而每个 ONU 根据特有的标识只接收发给自己的数据，然后转换为电信号送往用户家中。每个 ONU 到用户家中的距离可以视具体情况设置，如果 ONU 设置在用户家中，就是光纤到户(FTTH)了。

当 ONU 发送上行数据时，先把电信号转换为光信号，光分路器把各个 ONU 发来的上行数据进行汇总以后，以 TDMA(时分多路复用)方式发往 OLT，发送的时间和长度均由 OLT 集中控制，以便有序地共享光纤干线。

目前流行的无源光网络有两种：以太网无源光网络(EPON)和吉比特无源光网络(GPON)。

EPON 已在 2004 年 6 月形成了 IEEE 的标准 802.3ah，它在数据链路层使用以太网协议，采用点到多点结构、无源光纤传输方式。EPON 也提供一定的运行维护和管理功能。EPON 具有很好的兼容性，可以轻松实现带宽到 10 Gbit/s 的平滑升级。

GPON 的标准 ITU 是在 2003 年 1 月批准的 ITU-T G.984，它采用通用封装方法，可承载多路业务，并支持很高的速率，提供丰富的运行维护管理功能和良好的扩展性，是很有潜力的宽带光纤接入技术。

2.6.3 光纤同轴混合(HFC)网

光纤同轴混合(Hybrid Fiber Coaxial，HFC)网是利用有线电视(CATV)网络访问互联网的技术，除了可以传送电视节目外，还能提供电话、数据和其他宽带交互型业务。传统的 CATV 是树型拓扑结构的同轴电缆网络，采用模拟技术的频分多路复用对电视节目进行单向广播传输。现在通过改造，CATV 的主干已采用光纤取代同轴电缆，而到用户端仍然采用同轴电缆，这样就变成了现在的 HFC 网。

典型的 HFC 网络结构如图 2-26 所示。HFC 网通常由光纤主干线、同轴电缆支线和用户配线网络三部分组成。从有线电视台出来的电信号和计算机网络中的数据信号在前端设备先变成光信号，然后在光纤干线上传输；到用户区域后，光纤节点把光信号转换成电信号，然后通过同轴电缆送到各个用户家中。它与早期 CATV 的同轴电缆网络的不同之处主要在于，在干线上用光纤传输光信号，在前端需完成电-光转换，进入用户区域后要完成光-电转换。连接一个光纤节点的典型用户数是 500 个左右，不超过 2 000 个。光纤节点与前端设备的距离通常为 25 km，而光纤节点到用户的距离则一般为 2～3 km。

传统的 CATV 是单向传输，最高传输频率为 450 MHz，仅用于电视信号的下行传输。但现在的 HFC 网具有双向传输功能，而且扩展了传输频带。HFC 网络能够传输的带宽为 750 MHz～860 MHz，少数能达到 1 GHz。其中 5～42/65 MHz 频段用于上行信道，50 MHz～550 MHz 频段用来传输传统的模拟电视节目和立体声广播，550 MHz～750 MHz 频段用于传送数字电视节目、VOD 等数据业务，750 MHz 以后的频段留着以后技术发展用。HFC 网络的下行数据速率可达 30 Mbit/s。

在用户端要通过 HFC 网接入互联网需要配备一个叫作机顶盒的设备，连接在同轴电缆和用户的电视机之间。在机顶盒里面内置了 HFC 网使用的调制解调器，称为电缆调制解调器(Cable Modem)。与 ADSL 调制解调器不同的是，电缆调制解调器不需要成对使用，

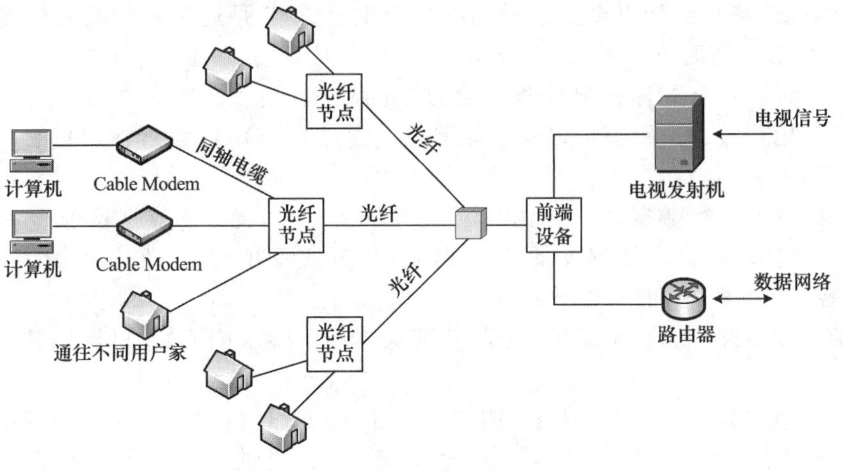

图 2-26　典型的 HFC 网络结构

只需要安装在用户端，在结构上也复杂得多。家用电缆调制解调器包括 QAM 解调器、QPSK 调制器、TDMA 控制器和 10 Mbit/s 以太网接口等功能模块。

电缆调制解调器一般提供三个接口，一个用于连接到室内墙上的有线电视插座，一个用于连接用户计算机，还有一个用于连接电话机。电缆调制解调器需要在两个不同的方向上接收和发送数据，一方面是把用户发送的上行数字信号转换成模拟射频信号(类似电视信号)传送到 HFC 网，另一方面把数字信号从下行的视频流中分离出来，并通过以太网接口传送给用户计算机。

HFC 系统的拓扑结构为分层树型结构，多个用户通过一根总线统一连接到 HFC 网的光纤节点，这就是使得在同一根总线上的所有用户分享 30 Mbit/s 的带宽，因此，总线上用户越多时，每个用户获得的带宽越小，网络访问速度也会减慢。实验证明，通过电缆调制解调器上网，其速率最高只能达到 10～20 Mbit/s，而且只有在很少几个用户上网时才可能达到。若出现大量用户同时上网，那么每个用户实际的上网速率可能会低到难以忍受的程度。所以，从用户角度来说，HFC 网只相当于一个 10 Mbit/s 的共享式总线以太网。

本章小结

本章首先介绍了物理层的主要任务，即上一层——数据链路层提供数据传输的物理连接，以及实现物理连接的建立、维持和释放。其次描述了数据通信系统的三大组成部分，即源系统、传输系统和目的系统，从而引入了数据、信号、信道等基本概念，并进一步介绍了数据的三种通信方式：单工、半双工和全双工。最后介绍了基带信号的调制和编码技术。

物理层的传输介质可以分为引导型和非引导型的。主要的引导型传输介质有双绞线、同轴电缆和光纤。非引导型传输介质包括微波、激光、红外线、短波等。

多路复用技术解决的是一条传输媒体如何传输多路信号的问题，可以分为频分多路复用、时分多路复用、统计时分多路复用、波分多路复用和码分多路复用。

数据交换技术主要解决数据如何通过网络中的各个节点的问题，主要有电路交换、分组交换和报文交换。

用户到互联网的宽带接入方法有 ADSL、FTTx 及 HFC。

习 题

1.物理层的功能及其主要特点是什么？

2.简述数据通信系统的基本构成。

3.模拟数据与数字数据，模拟信号与数字信号，模拟信道与数字信道的区别分别是什么？

4.信道的通信方式有哪几种，它们的区别是什么？

5.什么叫基带信号，其调制方式有哪几类？

6.简述数据通信的性能指标有哪些。

7.常用的传输介质有哪几种，它们的特点分别是什么？

8.简述使用信道复用的原因。常用的信道复用技术有哪几种？并阐述它们的异同。

9.数据交换技术要解决什么问题？试比较常见的几种交换技术的优缺点。

10.简述三种宽带接入技术ADSL、HFC及FTTx的工作原理。

11.画出比特流100110101001的不归零编码、曼彻斯特编码及差分曼彻斯特编码波形图。

12.一个数字信号通过信噪比为30 db的4 KHz信道传送，其数据速率不会超过多少？

13.对于带宽为3 KHz的通信信道，如果采用8种不同的码元状态来表示数据，信道的信噪比为30 db，按照奈圭斯特定理，信道的最大传输速率是多少？按照香农定理，信道的最大传输速率是多少？

14.一个CDMA接收器收到的码片为(−1+1−3+1−1−3+1+1)。现有四个站的码片序列如下：

A：(−1−1−1+1+1−1+1+1)　　B：(−1−1+1−1+1+1+1−1)

C：(−1+1−1+1+1+1−1−1)　　D：(−1+1−1−1−1−1+1−1)

试问哪个站发送了数据？每个站发送了什么比特？

15.现在需要在一条光纤上发送一系列计算机屏幕图像。屏幕的分辨率为480＊640像素，每个像素为24位，每秒钟有60幅屏幕图像。请问：需要多少带宽？

16.假设有10个信号，每个都要求4 KHz，现在用FDM将它们复用到一条信道上。对于被复用的信道，最小要求多少带宽？假设隔离频带为400 Hz。

17.请比较一下在一个电路交换网络与在一个轻负载的分组交换网络上，沿k跳的路径发送一个x比特消息的时延情况。假设电路建立的时间为s秒，每一跳的传播时延为d秒，分组的大小为p位，数据传输速率为b bps。试问在什么条件下分组网络的时延比较短？

18.一个有线电视公司决定为一个有5 000个住户的区域提供Internet接入服务。该公司使用一根同轴电缆，它的频谱分配方案允许每根电缆有100 Mbit/s的下行带宽。为了吸引客户，公司决定在任何时候都保证每个住户至少有2 Mbit/s的下行带宽。试问该公司需要采取什么措施才能提供这样的带宽保证。

实验

使用RJ-45接头和双绞线为材料，利用压线钳及测试仪等工具，制作直通和交叉双绞线，并需要经过测试仪检测连接成功。

第3章 数据链路层

数据链路层介于物理层和网络层之间。在物理层提供服务的基础上向网络层提供服务。数据链路层的基本功能是向网络层提供透明的数据传送服务。本章首先介绍数据链路层的基本功能;其次介绍数据链路层数据差错检测和纠正的方法,包括检错的各种方法和窗口协议,以及介绍点对点和使用广播信道的数据链路层协议;再其次对以太网和以太网发展进行讨论,对数据链路层交换设备进行分析,最后详细讲述虚拟局域网技术。

本章的主要内容:

1. 数据链路层的基本功能。
2. 差错检测和纠正。
3. 窗口协议。
4. 点对点协议。
5. 使用广播信道的数据链路层。
6. 以太网。
7. 以太网的发展。
8. 数据链路层交换。
9. 虚拟局域网。

3.1 数据链路层的基本功能

链路是指一条无源的点到点的物理线路,中间不存在交换节点。

数据链路是指网络节点与节点之间的逻辑通道,把实现通信协议的硬件与软件加到链路上,就构成了数据链路。

帧是指链路层的协议数据单元,封装网络层的数据包。

实现两个相邻节点通信时,所执行协议的硬件、软件及链路就构成了数据链路。现在常用的方法是使用网络适配器(网卡)来实现这些协议的硬件和软件。一般的网络适配器都包括了数据链路层和物理层这两层的功能。

数据链路层使用的信道主要有以下两种类型：

(1)点对点信道。这种信道使用一对一的点对点通信方式。

(2)广播信道。这种信道使用一对多的广播通信方式，因此过程比较复杂。广播信道上连接的主机很多，因此必须使用专用的共享信道协议来协调这些主机的数据发送。

数据链路层最基本的服务是将源机器网络层送来的数据传输到相邻节点的目标机器网络层。为达到这一目的，数据链路层必须具备一系列相应的功能，它们的主要作用是如何将数据组合成数据链路层的数据组织和传送单位——帧；如何实现这个数据帧的透明传输；如何对数据帧进行差错检测；如何调节发送速率使之与接收方匹配；如何在两个网络实体之间提供数据链路通路的建立、维持和释放管理等。

3.1.1 帧

在数据链路层，数据的传输单位是帧。

数据链路层把网络层传递下来的数据构成帧发送到链路上，以及把接收到的帧中的数据取出并交给网络层。

以点对点信道的数据链路层为例来分析数据帧和链路层传输，采用如图 3-1(a)所示的三层模型。在这种三层模型中，不管在哪一段链路上进行通信(主机和路由器之间或两个路由器之间)，我们都看成是节点和节点的通信(如图中的节点 A 和节点 B)，而每个节点只有下三层——网络层、数据链路层和物理层。

点对点信道的数据链路层在进行通信时的主要步骤如下：

(1)节点 A 的数据链路层把网络层传递下来的 IP 数据包添加首部和尾部封装成帧。

(2)节点 A 把封装好的帧发送给节点 B 的数据链路层。

(3)若节点 B 的数据链路层收到的帧无差错，则从收到的帧中取出 IP 数据包交给上面的网络层，否则丢掉这个帧。

数据链路层不必考虑物理层如何实现比特传输的细节。甚至还可以更简单地设想是以帧的形式沿着两个数据链路层之间的水平传送，如图 3-1(b)所示。

数据链路层以帧为单位传输和处理数据。网络层的 IP 数据包必须向下传送到数据链路层，成为帧的数据部分，同时在它的前面和后面分别添加上首部和尾部，封装成一个完整的帧。帧的长度等于帧的数据部分长度加上帧首部和帧尾部的长度。虽然为了提高帧的传输效率，应当使帧的数据部分的长度尽可能大些，但考虑到差错控制等多种因素，每一种链路层协议都规定了数据部分长度的上限，即最大传送单元(Maximum Transfer Unit，MTU)。如图 3-2 所示为用首部和尾部封装成帧，从中可看出不能超过规定的 MTU 数值。

数据链路层必须使用物理层提供的服务来传输一个一个的帧。物理层将数据链路层交给的数据以比特流的形式在物理链路上传输。因此，数据链路层的接收方为了能以帧为单位处理接收的数据，必须正确识别每个帧的开始和结束，即进行帧定界。

首部和尾部的作用之一就是进行帧定界，同时其中也包括其他必要的控制信息。在发送帧时，从帧首部开始。各种数据链路层协议都要对帧首部和帧尾部的格式有明确的规定。

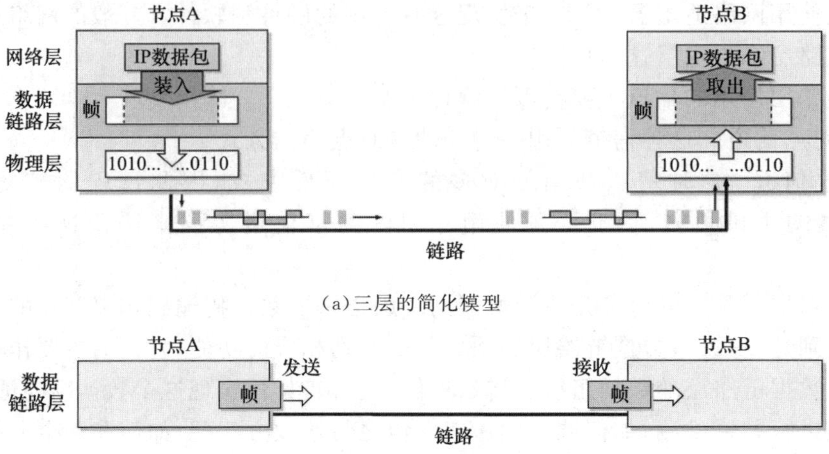

(a)三层的简化模型

(b)只考虑数据链路层

图 3-1　使用点对点信道的数据链路层

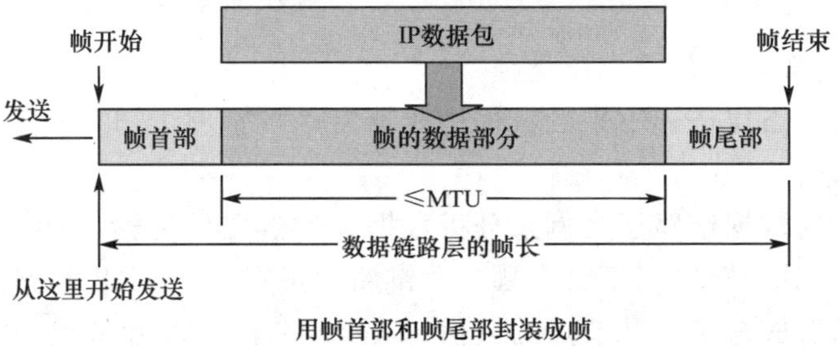

图 3-2　用首部和尾部封装成帧

一种常用的方法是在每个帧的开始和结束添加一个特殊的帧定界标志，标记一个帧的开始或结束。帧开始符和帧结束符可以不同，也可以相同，如图 3-3 所示。

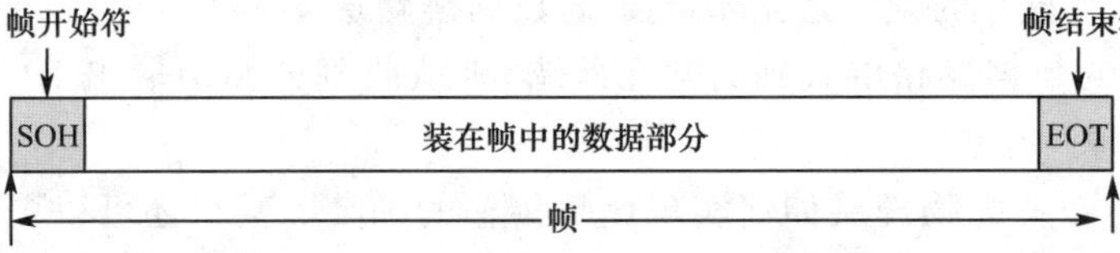

图 3-3　用控制字符进行帧定界的方法举例

当物理链路提供的是面向字符的传输服务（物理链路以字符为单位传输数据）时，帧定界标志可以使用某个特殊的不可打印的控制字符作为帧定界符。由于开始标志和结束标志使用专门的控制字符，因此所传输的数据中不能出现定界控制字符，否则就会出现定界错误。当传送的是文本文件中的数据（文本文件中的字符都是从键盘上输入的）时，帧数据部分显然不会出现不可打印的定界控制字符。但当数据部分是非 ASCII 码文本的文件数据（如二进制代码的计算机程序或图像等）时，情况就不同了，如果数据中的某个字节的二进制代码恰好和定界符一样，如图 3-4 所示，数据链路层就会错误地以为“找到帧的边界”，把部分帧收下（误认为是个完整的帧），而把剩下的那部分数据丢弃。

当所传数据的比特组合与某个控制信息一样时，就必须采取一定的措施使接收方不会出现将数据信息误认为是控制信息的问题，以保证数据链路层的传输是透明的。

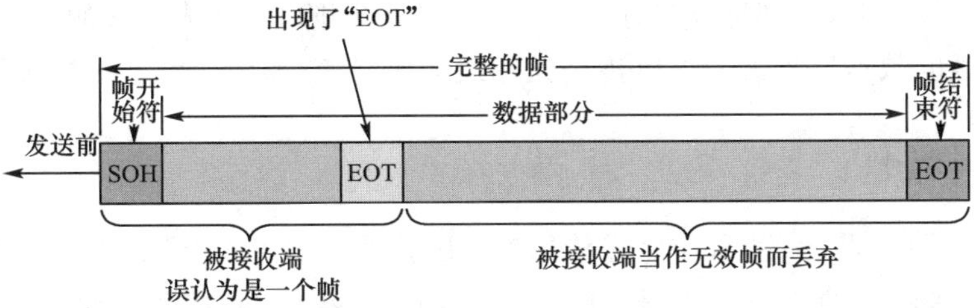

图 3-4 数据部分出现了定界符

为了实现链路层透明传输，对于面向字符的物理链路，可以使用一种称为字节填充(Byte Stuffing)或字符填充(Character Stuffing)的方法。该方法的基本原理如图 3-5 所示，发送端的数据链路层在数据中出现的标志字符前面插入一个转义字符(例如，用一种特殊的控制字符“ESC”)，而在接收端的数据链路层对转义字符后面出现的标志字符不再被解释为帧定界符，并且在将数据送往网络层之前删除这个插入的转义字符。如果转义字符也出现在数据当中，那么解决方法仍然是在转义字符的前面插入一个转义字符。因此，当接收端收到连续的两个转义字符时，就删除前面的那个。

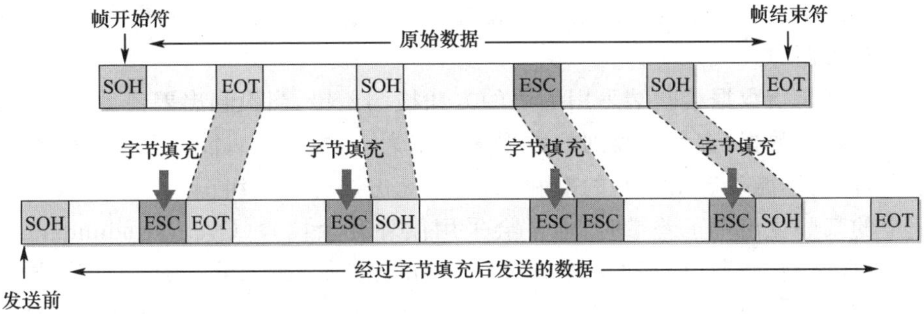

图 3-5 用字节填充方法解决透明传输问题

当物理链路提供的是面向比特的传输服务(物理链路传送连续的比特流)时，帧定界标志可以使用某个特殊的比特组合，例如，PPP 协议所使用的“01111110”。由于帧的长度不再要求必须是整数个字节，可以采用开销更小的零比特填充(Bit Stuffing)来实现透明传输。零比特填充与删除原理如图 3-6 所示。

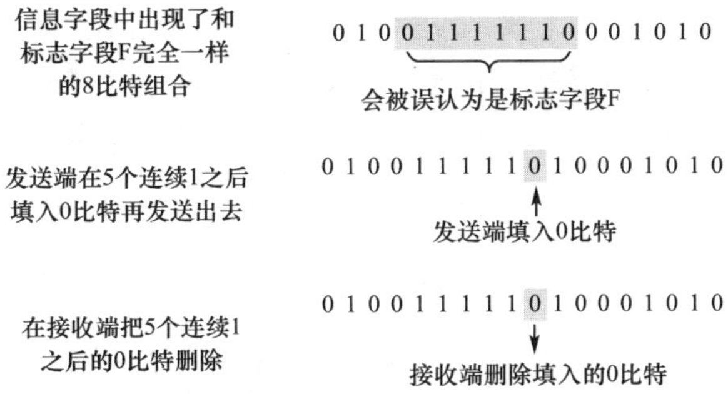

图 3-6 零比特填充与删除原理

在发送端，先扫描整个信息字段，只要发现有 5 个连续 1，则立即填入一个 0，接收端在收到一个帧时，先找到帧定界标志确定帧的边界，接着再用硬件对其中的比特流进行扫描，每当发现 5 个连续 1 时，就把这 5 个连续 1 后的一个 0 删除，还原成原来的信息比特流。这样就保证在所传送的数据比特流中可以传送任意组的比特流，而不会引起对帧边界的错误判断。

3.1.2 差错控制

当数据从信源出发，经过通信信道传输时，由于通信信道总是有一定的噪声存在，因此在到达信宿时，接收到的信号是信号和噪声的叠加。在接收端，接收电路在取样时需要判断信号电平。如果噪声对信号叠加的结果使判断出现错误，就会引起传输数据的错误。我们把通过通信信道后接收数据与发送数据不一致的现象称为传输差错，这些传输差错通常可分为位错与帧错。

既然数据在传输过程中会产生差错，那么在数据传输过程中就应该能够检测到差错，并且能够纠正差错，这就需要采用差错控制技术。没有差错控制的数据传输是不可靠的，差错控制需要采用差错控制编码，差错控制编码是差错控制的核心，它的基本设计思想是发送端对信息序列进行某种变换，使原来彼此不相关、独立的二进制数序列，经过变换后产生某种相关性，接收端接收到差错控制编码后用它来检查、纠正接收到的数据序列中的差错。不同的变换方法构成不同的差错控制编码。差错控制编码分为检错码机制和纠错码机制两种。

1. 检错码机制

检错码机制是指数据接收端采用编码的方法检测差错，当检测出差错后，就设法通知发送端重发该出错的数据，直到接收到的数据无差错为止，检错码只能检测出接收到的数据是否出现错误，但是不能确定出错码的准确位置，更无法进行错误纠正。

当帧中的某些位出现了差错时，通常会采用循环冗余校验（Cyclic Redundancy Check，CRC）方式发现位错，并通过自动重传请求（Automatic Repeat Request，ARQ）方式来重新传送出错的帧。当出现帧的丢失、重复与失序时，通常会在数据链路层中引入定时器与编号机制，以保证每一帧都能有且仅有一次正确地交付给目的节点。检错码机制虽然只能检错而无法纠错，但工作原理简单，对设备的性能要求不高，较容易实现，在计算机网络中得到广泛应用。

2. 纠错码机制

纠错码机制即向前纠错（Forward Error Correct，FEC）技术，就是数据接收端利用编码的方法不仅对接收到的数据进行检测，而且检测出差错后能自动纠正差错，向前纠错能够准确地确定错码的位置。采用向前纠错技术不需要反向信道，没有数据重发问题，因此实用性强，但是这种技术需要复杂的纠错设备。虽然纠错机制存在许多优势，但实现起来比较困难，在计算机网络中基本上不使用。

3.1.3 流量控制

为防止接收端缓存能力不足而造成的阻塞和数据丢失，将数据高速、可靠地传输到接收端，发送端发送数据的速率必须使接收端来得及接收，当接收端来不及接收时，接收端必须及时控制发送端发送数据的速率，这就是流量控制功能。概括地讲，流量控制就是使发送端和接收端的数据处理速率保持一致。流量控制并不是数据链路层特有的功能，许多高层协议中也提供流量控制功能，只不过控制的对象不同。在 OSI 体系结构中，数据链路层具有流量控制的功能；在 TCP/IP 协议中，流量控制功能被移动到了传输层。对于数据链路层来说，控制的是相邻节点间数据链路上的流量，而对于传输层来说，控制的是从源端到目的端之间的流量。数据链路层常用的流量控制方法有停-等协议和滑动窗口机制。

3.2 差错检测和纠正

现实的通信链路都不会是理想的，在传输过程中可能会产生比特差错：1 可能会变成 0，而 0 也可能变成 1，这就叫作“比特差错”。本小节所说的“差错”，如无特殊说明，就是指“比特差错”。在一段时间内，传输错误的比特占所传输比特总数的比率称为误码率(Bit Error Rate，BER)。误码率与信噪比有很大的关系。为了保证数据传输的可靠性，在计算机网络传输数据时，必须进行差错控制。差错控制又可以分为检错编码与纠错编码。常用的检错编码有循环冗余检验码(Cyclic Redundancy Check，CRC)、奇偶校验，常用的纠错编码有海明码。

3.2.1 循环冗余检验码(CRC)

计算机局域网等环境中多采用循环冗余检验码，它具有检错能力强、实现容易等特点，是目前应用最广泛的检错编码方法之一。

CRC循环冗余校验

下面通过一个简单的例子来说明循环冗余检验码的原理。

在发送端，先把数据划分为组，假定每组 k 个比特。现假定待传送的数据 $M=101001(k=6)$。CRC 运算就是在数据 M 的后面添加供差错检测用的 n 位冗余码，然后构成一个帧发送出去，一共发送 $(k+n)$ 位。在所要发送的数据后面增加 n 位冗余码，虽然增大了数据传输的开销，但却可以进行差错检测。当传输可能出现差错时，付出这种代价往往是很值得的。

这 n 位冗余码可用以下方法得出：用二进制的模 2 运算[加法不进位，减法不借位，等价于按位异或(XOR)，乘以 2 和除以 2 等价于左右移位]进行 2^n 乘以 M 的运算，这相当于在 M 后面添加 n 个 0，得到 $(k+n)$ 位被除数，然后除以收发双方事先商定的长度为 $(n+1)$ 位的除数 P，得出商是 Q，而余数是 R(n 位，比 P 少一位)。

设 $M=101001(k=6)$，假定除数 $P=1101(n=3)$，则被除数为 2^n 乘以 M，即 101001000。经模 2 除法运算后的结果，商 $Q=110101$(这个商并没有什么用处)，而余数 $R=001$。运算过程如图 3-7 所示。

这个余数 R 就作为冗余码拼接在数据 M 的后面发送出去。这种为了进行检错而添加的冗余码常称为帧检验序列(Frame Check Sequence，FCS)。因此加上 FCS 后发送的帧是 101001001(2^nM+FCS)，共有 $(k+n)$ 位。

在此要注意 CRC 和 FCS 在概念上的区别，CRC 是一种检错方法，而 FCS 是添加在数据后面的冗余码，在检错方法上可以选用 CRC，也可不选用 CRC。

在接收端对接收到的数据以帧为单位进行 CRC：把收到的每一帧都除以同样的除数 P(模 2 运算)，然后检查得到的余数 R。如果在传输过程中无差错，那么经过 CRC 后得出

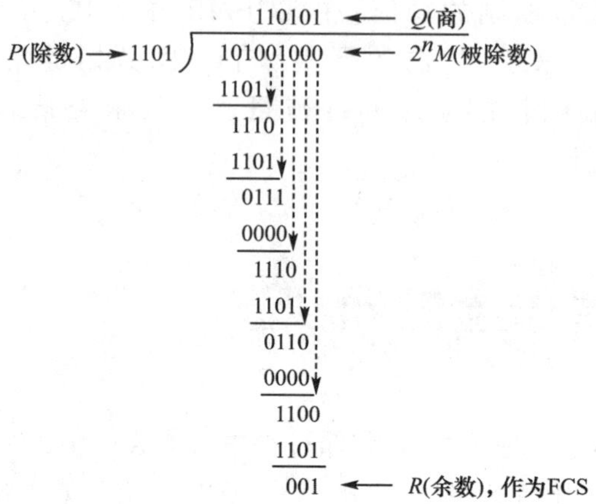

图 3-7　CRC 检测原理示例

的余数 R 肯定是 0(可以自己验算一下：被除数现在是 101001001，而除数 $P=1101$，看余数 R 是否为 0)。而如果出现误码，那么余数 R 等于零的概率是非常小的。

总之，在接收端对收到的每一帧经过 CRC 检验后：

(1)若得出的余数 $R=0$，则判定这个帧没有差错，接受。

(2)若余数 $R\neq 0$，则判定这个帧有差错(但无法确定是哪一位或哪几位出现了差错)，丢弃。

CRC 检测方法并不能确定究竟是哪一个或哪几个比特出现了差错。但只要经过严格的挑选，并使用位数足够多的除数 P，那么出现检测不到的差错概率就很小。

CRC 也称为多项式编码。在上面的例子中，用多项式 $G(X)=X^3+X^2+1$ 表示上面的除数 $P=1101$(最高位对应于 X^3，最低位对应于 X^0)，多项式 $G(X)$ 称为生成多项式。现在广泛使用的生成多项式 $G(X)$ 有以下几种：

$$\text{CRC}-16=X^{16}+X^{15}+X^2+1$$

$$\text{CRC}-\text{CCITT}=X^{16}+X^{12}+X^5+1$$

$$\text{CRC}-32=X^{32}+X^{26}+X^{23}+X^{22}+X^{16}+X^{12}+X^{11}+X^{10}+X^8+X^7+X^5+X^4+X^2+X+1$$

在数据链路层，发送端 FCS 的生成和接收端的 CRC 都是用硬件完成的，处理很迅速，因此并不会延误数据的传输。

需要强调的是，使用 CRC 这样的差错检测技术，只能检测出帧在传输中出现了差错，并不能纠正错误。虽然任何差错检测技术都无法检测出所有差错，但通常我们认为："凡是接收端数据链路层通过差错检测并接收的帧，我们都能以非常接近于 1 的概率认为这些帧在传输过程中没有产生差错。"接收端丢弃的帧虽然曾收到了，但最终还是因为有差错被丢弃，即没有被接受。以上所述的可以近似地表述为(通常都是这样认为)："凡是接收端数据链路层接受的帧均无差错。"

要想纠正传输中的差错可以使用冗余信息更多的纠错码(Error-correcting Code)进行前向纠错(Forward Error Correction，FEC)。通过纠错码能检测数据中出现差错的具体位置，从而纠正错误。由于纠错码要发送更多的冗余信息，开销非常大，在计算机网络中较少使用。在计算机网络中通常采用检错重传方式来纠正传输中的差错，或者仅仅是丢弃检测到有差错的帧，由上层协议解决数据丢失的问题。

3.2.2 奇偶校验

奇偶校验是常用的差错检测方法,也是其他差错检测方法的基础。其原理是在一组二进制代码中增加 1 位校验位,使新的二进制代码中 1 的个数成奇数(奇校验)或成偶数(偶校验)。经过传输后,如果其中一位(包括校验位)出错,则接收端按同样的规则就能发现错误。这种方法实现简单,且很实用,但只能应付少量的随机性错误。奇偶校验分为垂直奇偶校验、水平奇偶校验和水平垂直奇偶校验三种。

1. 垂直奇偶校验

垂直奇偶校验是以字符为单位的一种校验方法。使用 ASCII 码的一个字符由 8 位组成,其中 7 位为信息位,1 位为校验位。根据奇偶校验的规定,校验位的确定规则见表 3-1。

表 3-1　　奇偶校验中校验位的确定规则

校验方式	信息位中 1 的个数	校验位	校验方式	信息位中 1 的个数	校验位
奇校验	奇数	0	偶校验	偶数	0
	偶数	1		奇数	1

假设某一字符的 ASCII 码为 0011000,当校验位置于最高值时根据奇偶校验规则,如果采用奇校验,则校验位应为 1(这样字符中 1 的个数才能为奇数),即 10011000;如果采用偶校验,校验位应为 00011000。

在传输中,当接收到该字符时,检测其 8 位编码中 1 的个数,再根据所采用的奇校验或偶校验确定该字符在传输中是否出错,但是,如果在传输中有偶数个位同时出错时,采用奇偶校验则无法检测出来。例如,采用奇校验差错检测方法,发送端发送的是 00110001,而接收端实际接收到的是 01010001,经检测,接收到的 01010001 中 1 的个数为奇数,则认为传输中没有出错。

2. 水平奇偶校验

水平奇偶校验是以字符组为单位,对一组字符中的相同位进行校验,数据传输还是以字符为单位传输,传输按字符顺序一个个地进行,最后进行校验。

假设某一字符组由 6 个字符组成,其中每个字符使用 7 位 ASCII 码,字符传输的检测使用偶校验,而字符组的传输使用奇校验,所构成的校验过程见表 3-2。

表 3-2　　水平奇偶校验方法

位置	字符 1	字符 2	字符 3	字符 4	字符 5	字符 6	校验位(奇)
位 1	1	1	0	1	1	1	0
位 2	0	0	0	0	1	0	0
位 3	0	1	1	1	1	0	1
位 4	1	1	1	0	0	1	1
位 5	1	0	0	0	0	1	1
位 6	0	1	0	1	1	0	0
位 7	1	0	1	0	1	0	0
校验位(偶)	0	0	1	1	1	1	

3. 水平垂直奇偶校验

水平垂直奇偶校验是同时进行水平奇偶校验和垂直奇偶校验的差错检测方法。检测方法的具体规则如下：

(1)像水平奇偶校验一样，组成一个字符组。

(2)对每一个字符设置一个校验位。

(3)对每一组字符的相同位(包括字符的校验位)设置一个校验位。

表 3-3 是将表 3-2 的校验方法改为水平垂直奇偶校验后的校验结果。

表 3-3　　水平垂直奇偶校验方法

位置	字符 1	字符 2	字符 3	字符 4	字符 5	字符 6	校验位(奇)
位 1	1	1	0	1	1	1	0
位 2	0	0	0	0	1	0	0
位 3	0	1	1	1	1	0	1
位 4	1	1	1	0	0	1	1
位 5	1	0	0	0	0	1	1
位 6	0	1	0	1	1	0	0
位 7	1	0	1	0	1	0	0
校验位(偶)	0	0	1	1	1	1	1

3.2.3 海明码

1950 年，海明(Hamming)发明了从待发送的数据位中生成一定数量的特殊码字，并通过此特殊码字来检测和纠正差错代码，这种理论和方法，即海明码(Hamming Code)。

海明码是一个可以有多个校验位，具有检测并纠正一位错误代码的纠错码，所以它也仅用于信道特性比较好的环境中。如在以太网中，因为信道特性不好，所以出现的错误通常不止一位。

海明码的检错、纠错基本思想是将有效信息按某种规律分成若干组，每组安排一个校验位进行奇偶性测试，然后产生多位检测信息，并从中得出具体的出错位置，最后通过对错误位取反(原来是 1 就变成 0，原来是 0 就变成 1)来将其纠正。

根据海明码的纠错原理，需满足以下关系：

$$m+k+1\leqslant 2^k \tag{3-1}$$

其中，m 表示有效的信息位数；k 表示用于纠错的位数。满足了上面的公式，才能进行纠错。

下面举例说明如何计算海明码，假设有一组信息码为 1101 0111 0，计算海明码过程为

(1)确定纠错用的冗余位数

若 $m=9$，则 $9+k+1\leqslant 2^k$，由此得出 $k=4$，也就是说要在原始有效信息位填充 4 bit 二进制位。

(2)冗余填充位的计算

4 bit 的冗余位按照海明码的原理要填充在 2^n 位上，即 1、2、4、8…位上。由此得出表 3-4。

表 3-4　　原始信息与位号

原始信息	0	0	1	1	1	0	1	1	0	1	1	1	0
位号	1	2	3	4	5	6	7	8	9	10	11	12	13

将信息位用二进制表示，得到信息位与冗余位间的关系如图 3-8 所示。

	8	4	2	1
3	0	0	1	1
5	0	1	0	1
6	0	1	1	0
7	0	1	1	1
9	1	0	0	1
10	1	0	1	0
11	1	0	1	1
12	1	1	0	0
13	1	1	0	1

图 3-8　信息位二进制表示

由此得出：

第 1 个冗余位由 3、5、7、9、11、13 参与校验。

第 2 个冗余位由 3、6、7、10、11 参与校验。

第 4 个冗余位由 5、6、7、12、13 参与校验。

第 8 个冗余位由 9、10、11、12、13 参与校验。

如果全部按偶校验计算，得出表 3-5 所示结果。

表 3-5　冗余位计算结果

校验位	0	0	1	1	1	0	1	1	0	1	1	1	0
位号	1	2	3	4	5	6	7	8	9	10	11	12	13

设 Bi 为第 i 位的值，进行异或操作，结果如下：

第 1 bit 位：$B1 \oplus B3 \oplus B5 \oplus B7 \oplus B9 \oplus B11 \oplus B13=0 \oplus 1 \oplus 1 \oplus 1 \oplus 0 \oplus 1 \oplus 0=0$

第 2 bit 位：$B2 \oplus B3 \oplus B6 \oplus B7 \oplus B10 \oplus B11=0 \oplus 1 \oplus 0 \oplus 1 \oplus 1 \oplus 1=0$

第 4 bit 位：$B4 \oplus B5 \oplus B6 \oplus B7 \oplus B12 \oplus B13=1 \oplus 1 \oplus 0 \oplus 1 \oplus 1 \oplus 0=0$

第 8 bit 位：$B8 \oplus B9 \oplus B10 \oplus B11 \oplus B12 \oplus B13=1 \oplus 0 \oplus 1 \oplus 1 \oplus 1 \oplus 0=0$

我们称上面的四个式子为监督关系式。也就是说，得到的冗余位与原有的信息做异或运算，按偶校验计算得出的结果全部是 0。

因此，这四个 bit 的冗余位是：0011。

(3)信息校验

假设有一位数据出错了，这里是第 10 位在传输过程中由 1 变成了 0，这样上面的四个监督关系式就会发生变化，变成：

第 1 bit 位：$B1 \oplus B3 \oplus B5 \oplus B7 \oplus B9 \oplus B11 \oplus B13=0 \oplus 1 \oplus 1 \oplus 1 \oplus 0 \oplus 1 \oplus 0=0$

第 2 bit 位：$B2 \oplus B3 \oplus B6 \oplus B7 \oplus B10 \oplus B11=0 \oplus 1 \oplus 0 \oplus 1 \oplus 0 \oplus 1=1$

第 4 bit 位：$B4 \oplus B5 \oplus B6 \oplus B7 \oplus B12 \oplus B13=1 \oplus 1 \oplus 0 \oplus 1 \oplus 1 \oplus 0=0$

第 8 bit 位：$B8 \oplus B9 \oplus B10 \oplus B11 \oplus B12 \oplus B13=1 \oplus 0 \oplus 0 \oplus 1 \oplus 1 \oplus 0=1$

由此可以看出，第 1 位和第 4 位监督关系式计算结果没有错，而第 2 位和第 8 位出现了错误，由此判断 B3、B6、B7、B10、B11、B9、B12、B13 可能是出错位，但是从第 1 位和第 4 位可以看出正确的位是：B3、B5、B7、B9、B11、B13、B6、B12，从可能出错的位中把正确的去掉，就剩下了 B10，也就是第 10 位，我们把第 10 位进行反转就能得到正确的信息了。

3.3 窗口协议

窗口协议通常用于实现流量控制和可靠传输，保证数据传输的可靠性和有效性，它既可以作为基本的数据链路层协议，又可以用于传输层的TCP协议中。

3.3.1 停-等协议

在计算机网络中实现可靠传输的基本方法就是：如果发现错误就重传。因此，首先要解决的问题就是如何知道分组在传输过程中出现了差错。对于分组中的比特差错，接收方使用差错检测技术识别接收的分组中是否存在比特差错。为了让发送方知道是否出现了差错，接收方必须将是否正确接收分组的信息反馈给发送方。

如图3-9(a)所示，发送方发送分组DATA，发完就暂停发送，等待接收方的确认。当接收方正确接收到一个分组时，向发送方发送一个确认分组(Acknowledgment，ACK)，若接收到的分组出现比特差错，则丢弃该分组并发送一个否认分组(Negative Acknowledgment，NAK)。发送方收到ACK则可以发送下一个分组，而收到NAK则要重传原来的分组，直到收到ACK为止。由于发送方每发送完一个分组必须停下来，直到接收到确认后才能发送下一个分组，因此该协议被称为停止等待协议，即停-等协议。

如图3-9(b)所示，如果底层的信道丢失分组，当数据分组或确认分组丢失时，发送方将会一直等待接收方的确认分组。为解决该问题，可以在发送方发送完一个数据分组时，启动一个超时计时器(Timeout Timer)。若到了超时计时器所设置的重传时间 t_{out} 而发送方仍收不到接收方的任何确认分组，则重传原来的分组，这就叫作超时重传。

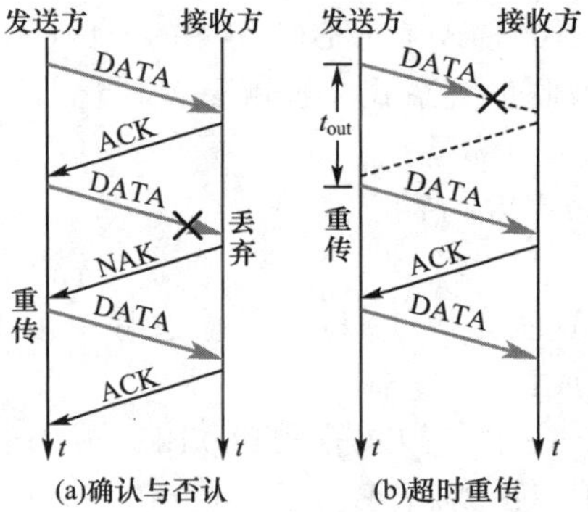

图3-9 确认、否认与超时重传

显然，超时计时器设置的重传时间应仔细选择。若重传时间太短，则在正常情况下也会在对方的确认信息到达发送方之前就过早地重传数据。若重传时间太长，则往往要等待很长时间。一般可将重传时间选为略大于“从发送方到接收方的平均往返时间”。

为了使协议实现起来更加简单，可以用超时重传来解决比特差错问题而完全不需要NAK。在接收方收到有比特差错的分组时，只将其丢弃即可，发送方无须通过接收NAK而是通过超时来进行重传。不过使用NAK可以使发送方重传更加及时。

此外，还存在接收方收到重复帧的问题。如图 3-10(a)所示，当确认分组丢失时，接收方会收到两个同样的数据帧，即重复帧。这也是一种不允许出现的差错。为了解决该问题，必须使每个数据帧带上不同的发送序号。这样当接收方收到重复帧后就可以通过编号判决，把重复帧丢弃。但应注意，此时接收方还必须向发送方再补发一个确认分组 ACK。

为了将数据传输中的额外开销降到最小，如图 3-10(b)所示，在停-等协议中，可以使用 1 比特进行编码，即数据帧的编号要么是 0，要么是 1。这样，当传输正常时，数据帧的编号就会以 0 和 1 交替出现，从而判断哪个帧是重传的帧，哪个帧是新的数据帧。

使用上述的确认和重传机制，就可以在不可靠的信道上实现可靠的数据传输。

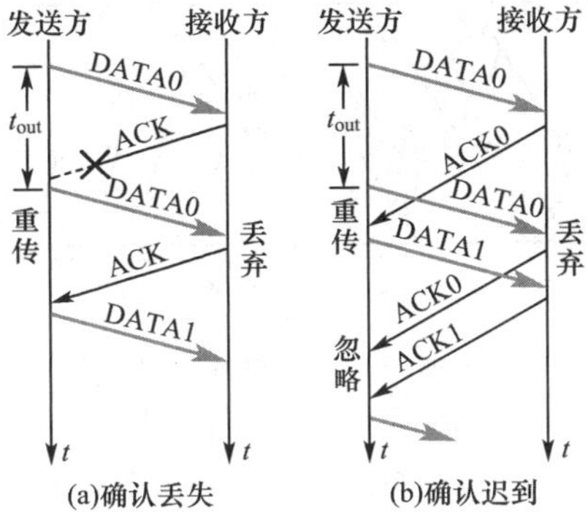

图 3-10 确认丢失与确认迟到

3.3.2 回退 N 帧协议

停-等协议虽然是一种行之有效的数据链路层通信控制方法，但由于每发送完一个数据帧后必须要在收到接收方对该数据帧的 ACK 后才能继续发送下一数据帧，所以停-等协议的网络吞吐量得不到提高。为了提高传输效率，发送方可以不使用低效率的停-等协议，而是采用流水线传输方式，如图 3-11 所示。流水线传输就是发送方可连续发送多个数据帧，不必每发完一个数据帧就停下来等待对方的确认。这样可使信道上一直有数据不间断地在传送。显然提高了传输效率。

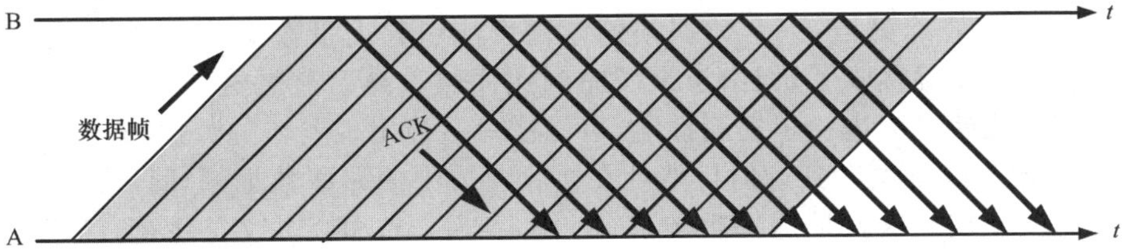

图 3-11 流水线传输

当使用流水线传输方式时，发送方不间断地发送数据帧可能会使接收方或网络来不及处理这些数据帧，从而导致数据帧的丢失。发送方发送的数据帧在接收方或网络中被丢弃，实际上这是对通信资源的严重浪费。因此发送方不能无限制地一直发送数据帧，必须采取措施限制发送方连续发送数据帧的个数，即回退 N 帧(Go-back-N，GBN)协议，这是一种连续 ARQ 协议。为此，在发送方要维持一个发送窗口。

发送窗口是允许发送方已发送但还没有收到确认的数据帧号的范围，窗口大小就是发送方已发送但还没有收到确认的最大数据帧数。实际上，发送窗口为 1 的 GBN 协议就是停-等协议。

回退 N 帧协议工作原理如图 3-11 所示，站点 A 向站点 B 发送数据帧，当站点 A 发送完帧(数据 0)时，不是停止等待 ACK0，而是直接发送后面的若干帧(数据 1、数据 2、数据 3 等)。从图 3-12 中可以看出，由于站点 A 连续发送了多个数据帧，所以每一个 ACK 必须要对应于每一个数据帧，也就是说必须要对 ACK 进行编号，而且其编号要与对应的数据帧一致。

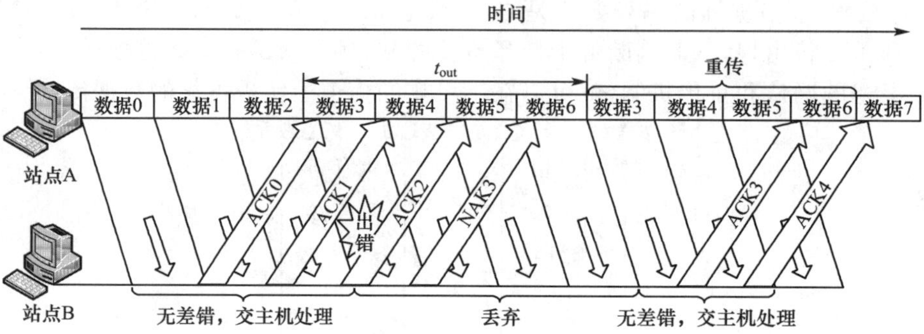

图 3-12 回退 N 帧协议工作原理

如图 3-12 所示，数据 0、数据 1 和数据 2 都成功发送，但数据 3 在发送中出现了差错。这时站点 B 方向站点 A 发送一个 NAK3。当站点 A 接收到 NAK3 或时间超过 t_{out} 时，将重传数据 3 及其后面所有已发送的数据帧，而不管后面的数据帧是否出现差错。也就是说，即使站点 B 接收到的数据 4、数据 5 和数据 6 都是正确的，但因为它们都排在数据 3 的后面，所以必须重传。Go-back-N ARQ，意思是当出现差错必须重传时，要向回走过 N 个，然后再开始重传。

不难看出，GBN 协议一方面因连续发送数据帧而提高了传输效率，但另一方面，因为一帧之错而要重传该帧及后面的所有已经正确发送的帧，这样又降低了传输效率。由此可见，当信道质量较差而使数据传输的误码率较大时，GBN 协议不一定比停-等协议好。

3.3.3 选择重传协议

GBN 协议存在一个缺点：一个数据帧的差错可能引起大量数据帧的重传，这些数据帧可能已经被接收方正确接收了，但由于未按序到达而被丢弃。显然这些数据帧的重传是对通信资源的极大浪费。为进一步提高性能，可设法只重传出现差错的数据帧，但这时接收窗口不再为 1，以便先收下失序到达但仍然处在接收窗口中的那些数据帧，直到所缺数据帧收齐后再一并送交上层。这就是选择重传(Selective Repeat，SR)协议。注意，为了使发送方仅重传出现差错的数据帧，接收方不能再采用累积确认，而需要对每个正确接收到的数据帧进行逐一确认。显然，SR 协议比 GBN 协议要复杂，并且接收方需要有足够的缓存来暂存失序到达的数据帧。如图 3-13 所示，为当发送窗口和接收窗口大小均为 4 时的 SR 协议的工作过程。

由图 3-13 中可以看出，当接收方正确收到失序的分组时，只要落在接收窗口内就先缓存起来并发回 ACK，如数据 3、数据 4 和数据 5，但是这些分组不能交付给上层。发送方在收到 ACK2 之前，发送窗口一直保持为 2～5，因此在发送完数据 5 后只能暂停发送分组。发送方收到失序的 ACK3、ACK4 和 ACK5 后并不改变发送窗口，但是记录数据 3、数据 4 和数据 5 已被确认，因此只有数据 2 被超时重传。接收方收到重传的数据 2 后，将其和已缓

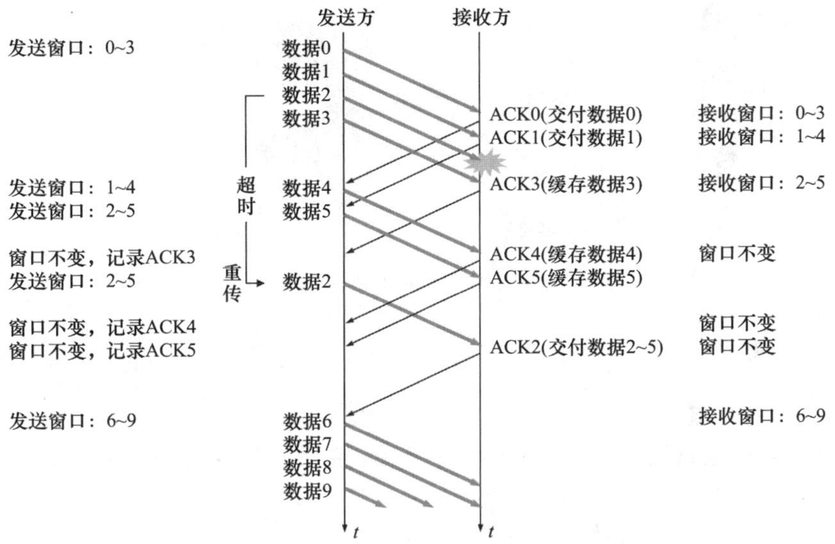

图 3-13 SR 协议的工作过程

存的数据 3、数据 4 和数据 5 一起交付给上层，并将接收窗口改为 6～9。发送方接收到 ACK2 后，将发送窗口改为 6～9，并又可以继续发送分组数据 6～数据 9 了。将回退 N 帧协议与选择重传协议进行比较，很容易发现，后者只重传了数据 2 一个分组，而前者重传了数据 3～数据 5 的 3 个分组。

在过去，由于通信链路质量不好(表现为误码率高)，在数据链路层曾广泛使用可靠传输协议，但随着技术的发展，现在的有线通信链路的质量已经非常好了。由通信链路质量不好引起差错的概率已大大降低，因此现在互联网广泛使用的数据链路层协议都尽量不使用确认和重传机制，即不要求数据链路层向上提供可靠传输服务。当数据链路层传输数据偶尔出现差错，并且需要进行改正时，这个任务就由上层协议(例如，传输层的 TCP 协议)来完成。实践证明，这样做可以提高通信效率，降低设备成本。

3.4 点对点协议

广域网数据链路层常见的两种协议是点对点协议(Point-to-Point Protocol，PPP)和高级数据链路控制(High-level Data Link Control，HDLC)协议，目前 PPP 使用较为广泛，而 HDLC 协议已经很少使用。目前 TCP/IP 网络中最重要的是点到点数据链路层协议。我们知道，用户通常都要连接到某个 ISP 才能接入互联网。用户计算机和 ISP 进行通信时，所使用的数据链路层协议通常就是 PPP 协议(图 3-14)。PPP 协议是 IETF 在 1992 年制定的，经过 1993 年和 1994 年的修订，现在的 PPP 协议已成为互联网的正式标准(RFC1661、RFC1662)。PPP 协议作为一种提供在点到点链路上传输、封装网络层数据包的数据链路层协议，处在 TCP/IP 协议栈的第二层，主要被用来在支持全双工的同异步链路上进行点到点之间的数据传输。

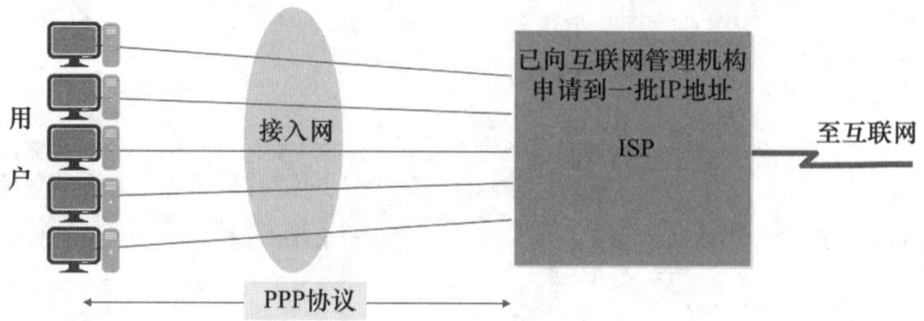

图 3-14 应用 PPP 协议示例

3.4.1 PPP 协议的特点及组成

1. PPP 协议的特点

(1)简单。数据链路层的 PPP 协议非常简单:接收方每收到一个帧,就进行 CRC。如 CRC 正确,就收下这个帧;反之,就丢弃这个帧。使用 PPP 协议的数据链路层向上不提供可靠传输服务。如需要可靠传输,则由传输层来完成。

(2)封装成帧。PPP 协议规定了特殊的字符作为帧定界符,以便使接收方从收到的比特流中能准确地找出帧的开始和结束位置。

(3)透明性。PPP 协议能够保证数据传输的透明性。

(4)多种网络层协议和多种类型链路。PPP 协议能够在一条物理链路上同时支持多种网络层协议(如 IP 和 IPX 等)的运行,以及能够在多种类型的点对点链路上运行。例如,一条拨号电话线路、一条 SONET/SDH 链路、一条 X. 25 链路或者一条 ISDN 电路,这些链路可能是串行的或并行的、同步的或异步的、低速的或高速的、电的或光的等。PPP 协议可以用于用户 PC 到 ISP 间的点对点接入链路,也可以用于路由器之间的专用线路。

(5)差错检测。PPP 协议能够对接收方收到的帧进行差错检测(但不进行纠错),并立即丢弃有差错的帧。若在数据链路层不进行差错检测,那么已出现差错的无用帧就会在网络中继续向前转发,因而会白白浪费许多的网络资源。

(6)检测连接状态。PPP 协议具有一种机制,能够及时(不超过几分钟)自动检测出链路是否处于正常工作状态。当出现故障的链路隔了一段时间后恢复正常工作时,就特别需要有这种及时检测功能。

(7)最大传送单元。PPP 协议对每一种类型的点对点链路设置最大传送单元(MTU)的标准默认值。如果高层协议发送的分组过长并超过 MTU 的数值,PPP 协议就要丢弃这样的帧,并返回差错。需要强调的是,MTU 是数据链路层可以载荷的数据部分的最大长度,而不是帧的总长度。

(8)网络层地址协商。PPP 协议提供了一种机制使通信的两个网络层(例如,两个 IP 层)实体能够通过协商知道或能够配置彼此的网络层地址。这对拨号连接的链路特别重要,因为在链路层建立了连接后,用户需要配置一个网络层地址,才能在网络层传送分组。

2. PPP 协议的组成

(1)一个将 IP 分组封装到串行链路的方法。PPP 协议既支持异步链路,也支持面向比特型的同步链路。

(2)一个链路控制协议(Link Control Protocol,LCP)。LCP 是一个用来建立、配置和测试数据链路连接的协议。

(3)一套网络控制协议(Network Control Protocol,NCP)。NCP 提供了一种协商网络层选项的方法,其中每一个网络层协议(如 IP、IPX、DECnet、Apple Talk 等)都对应一个 NCP。

例如,当用户通过拨号方式连接到一个 ISP 时,ISP 会向该用户自动分配一个 IP 地址用于通信,当通信结束后 ISP 将收回该 IP 地址。以上这些操作,都由对应的 NCP 来完成。

3.4.2 PPP 协议的帧格式

1. 各字段的意义

PPP 协议的帧格式如图 3-15 所示。PPP 协议的首部和尾部分别为 4 个字段和 2 个字段。

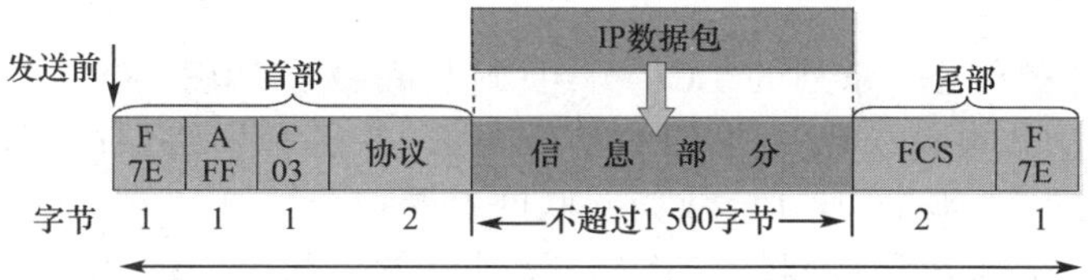

图 3-15 PPP 协议的帧格式

首部的第一个字段和尾部的第二个字段都是标志字段 F(Flag),规定为 0x7E(符号“0x”表示它后面的字符是用十六进制表示的,十六进制 7E 的二进制表示是 01111110)。标志字段表示一个帧的开始或结束,因此标志字段就是 PPP 帧的定界符。连续两帧之间只需要用一个标志字段。如果连续出现两个标志字段,就表示这是一个空帧,应当丢弃。

首部中的地址字段 A 规定为 0xFF(11111111),控制字段 C 规定为 0x03(00000011)。最初曾考虑以后再对这两个字段的值进行其他定义,但至今也没有给出。可见这两个字段实际上并没有携带 PPP 帧的信息。

PPP 协议首部的第四个字段是 2 字节的协议字段。当协议字段为 0x0021 时,PPP 帧的信息字段就是 IP 数据包。若为 0xC021,则信息字段是 PPP 链路控制协议 LCP 的数据,而 0x8021 表示这是网络控制协议 NCP 的数据。

信息字段的长度是可变的,不超过 1 500 字节。

尾部中的第一个字段(2 字节)是使用 CRC 的 FCS。

2. 透明传输

PPP 协议提供“透明传输”的服务,即对上层提交的传输数据没有任何限制,就好像数据链路层不存在一样。因此,当信息字段中出现和标志字段一样的比特组合(0x7E)时,就必须采取一些措施使这种形式上和标志字段一样的比特组合不出现在信息字段中。

当 PPP 采用异步传输时,它把转义符定义为 0x7D,并使用字节填充。RFC 1662 规定了如下所述的填充方法:

(1)把信息字段中出现的每一个 0x7E 字节转变成为 2 字节序列(0x7D,0x5E)。

(2)若信息字段中出现一个 0x7D 的字节(出现了和转义字符一样的比特组合),则把 0x7D 转变成为 2 字节序列(0x7D,0x5D)。

(3)若信息字段中出现 ASCII 码的控制字符(数值小于 0x20 的字符),则在该字符前面要加入一个 0x7D 字节,同时将该字符的编码加以改变。例如,出现 0x03(在控制字符中是“传输结束”ETX)就要把它转变成(0x7D,0x23)。

由于在发送端进行了字节填充,因此在链路上传送的信息字节数就超过了原来的信息字节数。但接收端在收到数据后再进行与发送端字节填充相反的变换,就可以正确地恢复出原来的信息。

PPP 协议用在 SONET/SDH 链路时，使用同步传输（一连串的比特连续传送）而不是异步传输（逐个字符地传送）。在这种情况下，PPP 协议采用零比特填充方法来实现透明传输。零比特填充方法如图 3-6 所示。

3.4.3 PPP 协议的工作状态

本节以拨号接入为例介绍 PPP 协议的工作过程。PPP 协议的工作过程如下：

(1)当用户拨号接入 ISP 时，路由器的调制解调器对拨号做出确认，并建立一条物理连接。

(2)PC 向路由器发送一系列的 LCP 分组（封装成多个 PPP 帧）。

(3)这些分组及其响应选择一些 PPP 协议参数，并进行网络层配置，NCP 给新接入的 PC 分配一个临时的 IP 地址，使 PC 成为互联网上的一个主机。

(4)通信完毕时，NCP 释放网络层连接，收回原来分配出去的 IP 地址。接着，LCP 释放数据链路层连接。最后释放的是物理层的连接。

PPP 协议工作状态如图 3-16 所示。

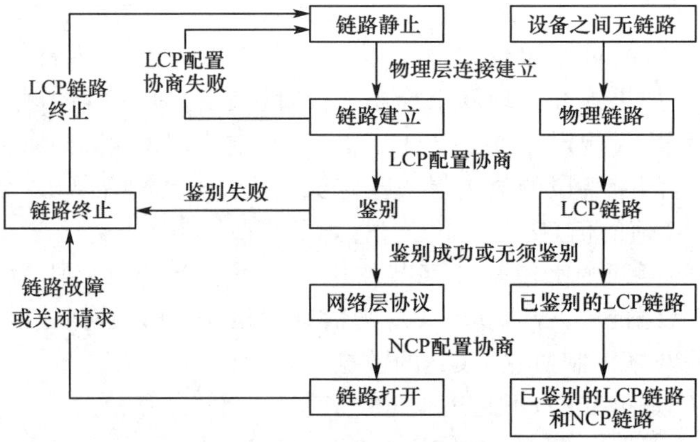

图 3-16 PPP 协议工作状态

PPP 链路的起始和终止状态永远都是“链路静止”状态，这时并不存在物理层的连接。当检测到调制解调器的载波信号，建立物理层连接后，PPP 协议就进入“链路建立”状态。这时 LCP 开始协商一些配置选项，即发送 LCP 的配置请求，这是个 PPP 帧，其协议字段置为 LCP 对应的代码，而信息字段包含特定的配置请求，链路的另一端可以发送响应。响应的类别有三种，即所有选项都接收的配置确认帧，所有选项都理解但不能接收的配置否认帧，以及所有选项有的无法识别或不能接收，需要协商的配置拒绝帧。协商结束后进入“鉴别”状态，若通信的双方鉴别身份成功，则进入“网络层协议”状态，这时 PPP 链路的两端互相交换网络层特定的网络控制分组。如果在 PPP 链路上运行的是 IP，则使用 IP 控制协议(IP Control Protocol，IPCP)来对 PPP 链路上的每一端配置 IP 模块（分配 1P 地址）。当网络层配置完毕后，链路就进入数据通信的“链路打开”状态。两个 PPP 端点还可发送回送请求 LCP 分组(echo-request)和回送回答 LCP 分组(echo-reply)以检查链路的状态。数据传输结束后，链路的一端发出终止请求，LCP 分组请求终止链路连接，当收到对方发来的终止确认 LCP 分组后，就转到“链路终止”状态。当载波停止后则回到“链路静止”状态。

3.5 使用广播信道的数据链路层

广播信道可以进行一对多的通信，能很方便地连接多个邻近的计算机，因此曾经被广泛应用于局域网之中。由于用广播信道连接的计算机共享同一传输媒体，因此使用广播信道的局域网被称为共享式局域网。随着技术的发展，虽然交换技术更成熟，成本更低，具有更高性能的使用点对点链路和链路层交换机的交换式局域网在有线领域已完全取代了共享式局域网，但由于无线信道的广播天性，无线局域网仍然使用的是共享媒体技术。实际上共享媒体技术最初就用于无线通信领域。

用广播信道连接多个站点，一个站点可以方便地给任何其他站点发送数据，但必须解决如果同时有两个以上的站点在发送数据时共享信道上信号冲突的问题。因此共享信道要着重考虑的就是如何协调多个发送和接收站点对一个共享传输媒体的占用问题，即媒体接入控制(Medium Access Control)或多址接入(Multiple Access)问题。

3.5.1 ALOHA 协议

无规则的时分多址(ALOHA)协议是由美国夏威夷大学开发的一种网络协议，处于OSI模型中的数据链路层。ALOHA 是夏威夷人表示致意的问候语，这项研究计划的目的是要解决夏威夷群岛之间的通信问题。ALOHA 协议属于随机接触协议(Random Access Protocol)，分为纯 ALOHA 协议和时隙 ALOHA 协议。

1. 纯 ALOHA 协议

最早的 ALOHA 协议称为纯 ALOHA，这是一个虽然简单，但是非常优秀的介质访问控制协议。使用纯 ALOHA 协议时，由于所有站点共享传输介质，所以站点之间在传输数据时，肯定会出现冲突。冲突发生时，信号之间会相互叠加，造成传输的失败。这意味着冲突是纯 ALOHA 协议必须要解决一个问题。

纯 ALOHA 工作过程：传输端在任何时间都可以发送数据，发送数据后，通过接收端发回的确认消息来判断传输是否成功；如果超时后仍未收到确认消息，则认为发送失败，重发数据。此机制解决了数据在传输时发生冲突造成传输失败的问题。

超时后，为了避免再次发生冲突，每个站点都会随机等待一段时间再尝试发送数据帧，从而减少了冲突的发生。为了防止站点不断尝试重新传输数据帧造成拥堵，纯 ALOHA 还对各点重新发送的最大次数进行了限制，站点发送达到最大次数后，如果仍未传输成功，则必须放弃并在以后再试。纯 ALOHA 协议工作原理如图 3-17 所示。

一些重要参数如下：

(1)超时周期。超时周期等于往返传输时延的最大可能值，即最远两个站点之间发送一个帧所需时间的两倍。等待时间是一个随机值，主要取决于 K 的取值，一般使用二进制指数回退方法进行计算，在这种方法中，每次从 0 至 2^{K-1} 的范围内随机选择一个数，再乘以最大传输时间或平均传输时间。

(2)脆弱时间。脆弱时间是指可能发生冲突时间的长短。设站点发送的帧为固定长度，每个帧的发送时间为 T_a 秒，如果某站点在时刻 T 发送了一个帧，那么在 $T-T_a$ 和$T+T_a$ 之间都

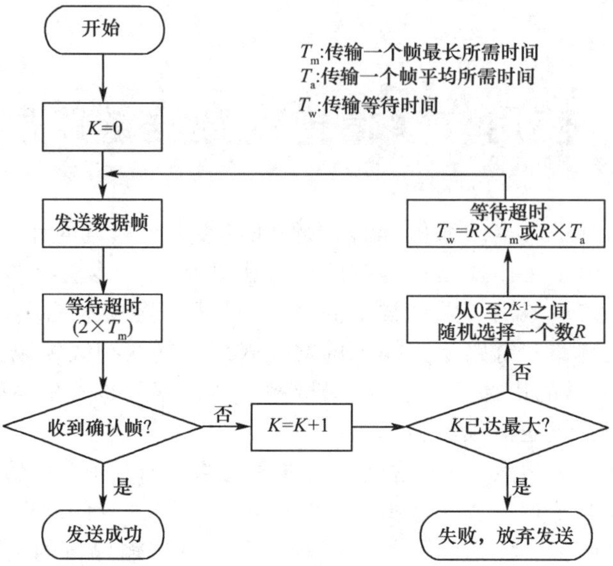

图 3-17　纯 ALOHA 协议工作原理

不允许其他帧的存在，否则就有可能发生冲突。由此，我们可以看出纯 ALOHA 可能发生冲突的时间是帧传输时间的 2 倍。即纯 ALOHA 的脆弱时间等于 $2\times T_a$。

(3)吞吐量。吞吐量是指在发送时间 T_a 内成功发送的平均帧数。纯 ALOHA 成功传输的平均帧数计算公式为

$$S=G\times e^{-2G} \tag{3-2}$$

式中：吞吐量 S 是指在帧的发送时间 T_a 内成功发送的平均帧数；网络负载 G 是指在 T_a 内总共发送的平均帧数(包括发送成功的帧和因冲突未发送成功的帧)。由式(3-2)可知，当 $G=1/2$ 时，S 可得到最大值，即 $S_{max}=0.184$。也就是说，在 2 倍 T_a 时间内传输 1 帧，其最大传输成功率为 18.4%。

2. 时隙 ALOHA 协议

在时隙 ALOHA 协议中，计算机并不是在用户按下 Enter 键后就立即发送数据，而是要等到下一个时隙开始才发送。如此一来，连续的纯 ALOHA 就变成离散的时隙 ALOHA。

时隙 ALOHA 的脆弱时间只为纯 ALOHA 的一半，因此时隙 ALOHA 成功传输的平均帧数计算公式(吞吐量)为

$$S=G\times e^{-G} \tag{3-3}$$

由式(3-3)可知，当 $G=1$ 时，S 可得到最大值，即 $S_{max}=0.368$。也就是说，在 T_a 时间内传输 1 帧，其传输成功率为 36.8%，是纯 ALOHA 的 2 倍。

3.5.2　CSMA 协议

载波侦听多路访问(Carrier Sense Multiple Access，CSMA)协议中，“载波监听”的含义是指在使用传输介质发送信息之前，先要监听(检测)介质上有无信号传送，即监听传输介质是否空闲。“多路访问”的含义是指多个有独立标识符的节点共享一条传输介质，因此 CSMA 方法又被称为“先听后说”方法。

在 CSMA 协议中，所有的节点共享一条传输介质(总线)。当一台计算机发送数据时，总线上的所有计算机都能检测到这个数据，这种通信方式是广播通信。在数据帧的首部写

明了目标计算机的地址,仅当数据帧中的目标地址与自己的地址一致时,该计算机才能接收这个数据帧。计算机对不是发送给自己的数据帧,一律不接收(丢弃)。当然,现在的计算机中的网卡可以被配置成混杂模式。在这种特殊的模式下,该计算机可以接收总线上传输的所有数据帧,不管数据帧中的目的地址是否与自己一致,也可以实现对网络上数据的监听和分析。

在 CSMA 协议中,任何一个节点要向总线发送信息时,先要侦听总线上是否有其他节点正在传送信息。如果总线忙,则它必须等待;如果总线空闲,则可以传输。即便如此,两个或多个节点还是有可能同时传输,这时就会产生冲突,从而造成数据不能被正确接收。考虑到这种情况,发送方在发送完数据后,要等待一段时间(要把来回传输的最短时间和发送确认的节点竞争信道的时间考虑在内)以等待确认。若没有收到确认,发送节点认为发生了冲突,就重发该帧。CSMA 技术要求信号在总线上能双向传送。根据侦听的时间不同及遇忙后采用的策略不同,CSMA 有多种工作方式,下面分别说明。

(1)非坚持 CSMA 协议。欲传输的站点监听媒体且遵循以下规则:

①若媒体空闲,则传输;否则,转到第②步。

②若媒体忙,则等待一段随机的重传延迟时间,重复第①步。

等待一段随机的重传延迟时间,可使得多个同时准备传输的站点减少冲突发生的可能性。这种方法的缺点是浪费了部分信道容量,因为如果有一个或多个站点有帧要发送,这些站点发现媒体忙后会等待一段时间,在等待的这段时间内,即使媒体空闲了,它们也不能立即访问媒体。这些站点必须等到等待时间结束后,才能检测媒体,因而信道被浪费了。

(2)1 坚持 CSMA 协议。为了避免信道浪费,可以采用 1 坚持 CSMA 协议。在该协议中,欲传输的站点监听媒体且遵循以下规则:

①若媒体空闲,则传输;否则,转到第②步。

②若媒体忙,则继续监听,直到检测到信道空闲,然后立即传输。

③如果有冲突,则等待一段随机时间后重复第①步。

非坚持 CSMA 协议中的站点是"尊重别人"的,而 1 坚持 CSMA 协议是"自私"的。如果有两个或多个站点等待传输,采用 1 坚持算法肯定会发生冲突,事情只有在发生冲突后才能理顺。

(3)P 坚持 CSMA 协议。该协议是一种既像非坚持 CSMA 协议那样能减少冲突,又像 1 坚持 CSMA 协议那样减少空闲时间的折中方案,规则如下:

①若媒体空闲,则以概率 P 传输,以概率$(1-P)$延迟一时间单位。该时间单位通常等于最大传播延迟的两倍。

②若媒体忙,则继续监听直到信道空闲,并重复第①步。

③若传输延迟了一个时间单位,则重复第②步。

在该协议中,问题主要集中在 P 到底应该取怎样的值比较合适。一般情况下,在网络负载较轻的时候,P 必须取值较大,以提高信道的利用率;但 P 取值太大,又容易引起更多的冲突,从而造成信道利用率下降。在网络负载较重的时候,P 必须取值较小,以减小站点之间冲突的概率;但 P 取值太小,会让试图传输的站点等待更长的时间,这样也会造成信道利用率下降。

3.5.3 CSMA/CD 协议

载波监听多点接入/碰撞检测(Carrier Sense Multiple Access/Collision Detection,

CSMA/CD)协议是目前局域网中使用较多的一种网络访问协议，是在 CSMA 协议的基础上发展起来的，也是一种随机访问协议。带有冲突检测的 CSMA/CD 协议不但保留了 CSMA 协议“讲前先听”的功能，而且增加了一项“边讲边听”的功能，即 CD——在发送过程中同时进行冲突检测。CSMA/CD 的特点：监听到信道空闲就发送数据帧，并继续监听下去；如监听到发生了冲突，则立即放弃正在发送的数据帧。

1. 争用期的确定

既然每一个站点在发送数据之前已经监听到信道为“空闲”，那么为什么还会出现数据在总线上的碰撞呢？这是因为电磁波在总线上总是以有限的速率传播。因此当某个站点监听到总线是空闲时，总线并不一定是空闲的。如图 3-18 所示的例子可以说明这种情况。

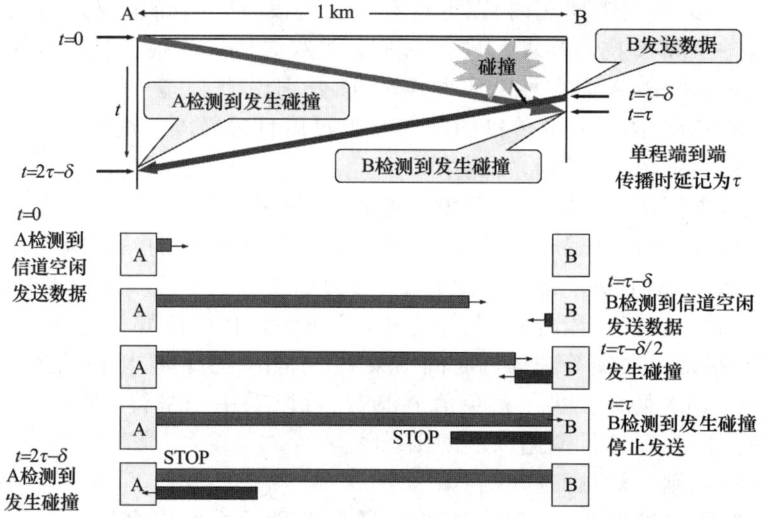

图 3-18 传播时延对载波监听的影响

设图 3-18 中的局域网两端的站点 A 和 B 相距 1 km，用同轴电缆相连。电磁波在 1 km 电缆的传播时延约为 5 秒。因此，A 向 B 发出的信号，在约 5 秒后才能传送到 B。换言之，B 若在 A 发送的信号到达 B 之前发送自己的帧(因为这时 B 的载波监听检测不到 A 所发送的信号)，则必然要在某个时间和 A 发送的信号发生碰撞。碰撞的结果是两个帧都变得无用。在局域网分析中，常把总线上的单程端到端传播时延记为 τ。发送数据的站点希望尽早知道是否发生了碰撞。那么，A 发送数据后，最迟要经过多长时间才能知道自己发送的数据和其他站点发送的数据有没有发生冲突？从图 3-18 不难看出，这个时间最多是两倍的总线端到端的传播时延(2τ)，或总线的端到端往返传播时延。由于局域网上任意两个站点之间的传播时延有长有短，因此局域网必须按最坏情况设计，即取总线两端的两个站点之间的传播时延(这两个站点之间的距离最大)为端到端传播时延。

显然，在使用 CSMA/CD 协议时，一个站点不可能同时发送和接收数据，因此使用 CSMA/CD 协议的以太网不可能进行全双工通信，而只能进行双向交替通信(半双工通信)。

下面是图 3-18 中的一些重要的时刻。

在 $t=0$ 时，A 发送数据，B 检测到信道为空闲。

在 $t=\tau-\delta$ 时(这里 $\tau>\delta>0$)，A 发送的数据还没有到达 B，由于 B 检测到信道是空闲，因此 B 发送数据。

经过时间 $\delta/2$ 后，即在 $t=\tau-\delta/2$ 时，A 发送的数据和 B 发送的数据发生了碰撞。但这时A和B都不知道发生了碰撞。

在 $t=\tau$ 时，B检测到发生了碰撞，于是停止发送数据。

在 $t=2\tau-\delta$ 时，A也检测到发生了碰撞，因而也停止发送数据。

A和B发送数据均失败，它们都要推迟一段时间再重新发送。

从图3-18可看出，最先发送数据帧的A，在发送数据帧后至多经过 2τ 就可以知道所发送的数据是否发生了碰撞，这就是 $\delta\rightarrow0$ 的情况。因此以太网的端到端往返时间 2τ 称为争用期(Contention Period)，它是一个很重要的参数。一个站点在发送完数据后，只有通过争用期的"考验"，即在争用期这段时间内还没有检测到碰撞，才能肯定这次发送不会发生碰撞。因此争用期又称为碰撞窗口(Collision Window)。

由此可见，每一个站点在自己发送数据之后的一小段时间内，存在着发生碰撞的可能性。这一小段时间是不确定的，它取决于另一个发送数据的站点到本站的距离，但不会超过总线的端到端往返传播时延，即一个争用期时间。显然，在以太网中发送数据的站点越多，端到端往返传播时延越大，发生碰撞的概率就越大，即以太网不能连接太多的站点，使用的总线也不能太长。10 Mbit/s以太网把争用期定为512比特发送时间，即512，因此其总线长度不能超过5 120 m，但考虑到其他一些因素，如信号衰减等，以太网规定总线长度不能超过2 500 m。

2. 二进制指数退避算法

发生碰撞的站点不能在等待信道变为空闲后就立即再发送数据，因为会导致再次碰撞。以太网使用截断二进制指数退避(Truncated Binary Exponential Backoff)算法来解决碰撞后何时进行重传的问题。这种算法让发生碰撞的站点在停止发送数据后，推迟(退避)一个随机的时间再监听信道进行重传。如果重传又发生了碰撞，则将随机选择的退避时间增加一倍。这样做是为了减小重传时再次发生冲突的概率。具体的退避算法如下：

(1)重传应推后倍的争用期。

争用期就是前面讲过的，即512比特时间。对于10 Mbit/s以太网就是51.2。

r 是个随机数，它是从离散的整数集合[0,1,…,(2^k-1)]中随机取出的一个数。这里的 k 按下面的公式计算：

$$k=\mathrm{Min}[\text{重传次数},10] \tag{3-4}$$

当重传次数≤10时，k=重传次数；当重传次数>10时，$k=10$。

(2)当重传次数达16次仍不能成功时(这表明同时打算发送数据的站太多，以致连续发生冲突)，则丢弃该帧，并向高层报告。

例如，在第1次重传时，$k=1$，随机数 r 从整数{0,1}中选一个数，以此重传的站点可选择的重传推迟时间是0或 2τ。

若再发生碰撞，则在第2次重传时，$k=2$，随机数 r 就从整数{0,1,2,3}中选一个数。因此重传推迟的时间是为0、2τ、4τ 或 6τ。

同样，若再发生碰撞，则重传时 $k=3$，随机数 r 就从整数{0,1,2,3,4,5,6,7}中选一个数，以此类推。

当有较多的站点参与争用信道时，容易连续多次发生冲突，需要在比较大的范围内选择退避时间将各站点选择的发送时间错开，避免连续冲突。但各站点并不知道到底有多少站点参与了竞争，如果选用退避时间范围太大会导致平均的重传推迟时间过长，使用上述动态退避算法能适应各种不同情况，在较短的时间内找到合适的退避时间范围。

为了保证所有站点在发送一个帧之前能够检测出是否发生了碰撞，帧的发送时延不能小于网络最大传播时延的 2 倍，即一个争用期，以太网规定最短有效帧长为 64 字节。因此，以太网站点在发送数据时，如果帧的前 64 字节没有发生碰撞，那么后续的数据就不会发生碰撞。换句话说，如果发生碰撞，就一定是在发送的前 64 字节之内，所以，凡长度小于 64 字节的帧都是由于碰撞而异常中止的无效帧，收到了这种无效帧就应当立即丢弃。

3. 强化碰撞

一旦发送数据的站点发生了碰撞，除了立即停止发送数据外，以太网还采取一种叫作强化碰撞的措施。即再继续发送 32 比特或 48 比特的人为干扰信号(Jamming Signal)以便有足够多的碰撞信号使所有站点都能监测出碰撞(图 3-19)。

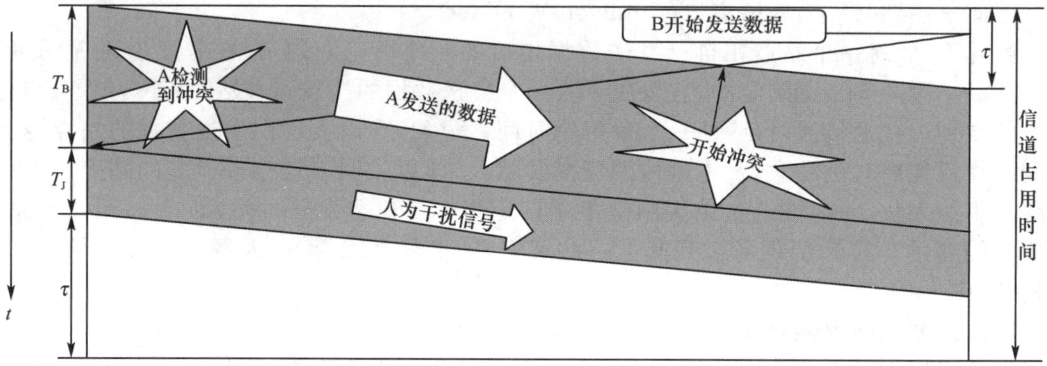

图 3-19 人为干扰信号的加入

从图 3-19 可以看出，站点 A 从发送数据开始到发现并停止发送的时间间隔是 T_B。站点 A 得知碰撞已经发生时所发送的强化碰撞的干扰信号的持续时间是 T_J。图中的站点 B 在得知发生碰撞后，也要发送人为干扰信号，但为了简单起见，图中没有画出 B 站所发送的人为干扰信号。发生碰撞使 A 浪费时间为 T_B+T_J。可是整个信道被占用的时间还要增加一个单程端到端的传播时延，因此总线被占用的时间是 $T_B+T_J+\tau$。

以太网还规定了帧间最小间隔为 9.6 μs，相当于 96 比特时间。这样做是为了使刚刚收到数据帧的站点的接收缓存来得及清理，做好接下一帧的准备。

4. CSMA/CD 协议要点

根据以上所讨论的，可以把 CSMA/CD 协议的要点归纳如下：

(1)适配器从网络层获得一个分组，加上以太网的首部和尾部，组成以太网帧，放入适配器的缓存中，准备发送。

(2)若适配器检测到信道空闲 96 比特时间，则发送这个帧。若检测到信道忙，则继续检测并等待信道转为空闲 96 比特时间，然后发送这个帧。

(3)在发送过程中继续检测信道，若一直未检测到碰撞，则顺利把这个帧发送完毕。若检测到碰撞，则中止数据的发送，并发送人为干扰信号。

(4)在中止发送后，适配器就执行二进制指数退避算法，随机等待 512 比特时间后，返回到步骤(2)。但若重传 16 次仍不能成功，则停止重传，向上报错。

5. 共享式以太网的信道利用率

下面讨论共享式以太网的信道利用率。

假定一个 10 Mbit/s 以太网同时有 10 个站点在工作，那么每一个站点所能发送数据的平均速率似乎应当是总数据率的 1/10(1 Mbit/s)。其实不然，因为多个站点在以太网上同时工作就可能会发生碰撞。当发生碰撞时，信道资源实际上是被浪费了。

如图 3-20 所示为以太网信道被占用的例子。一个站点在发送帧时出现了碰撞。经过 2 个争用期后（以太网单程端到端传播时延），可能又出现了碰撞。这样经过若干个争用期后，一个站点发送成功了。假定发送需要的时间是，它等于帧长除以发送速率。

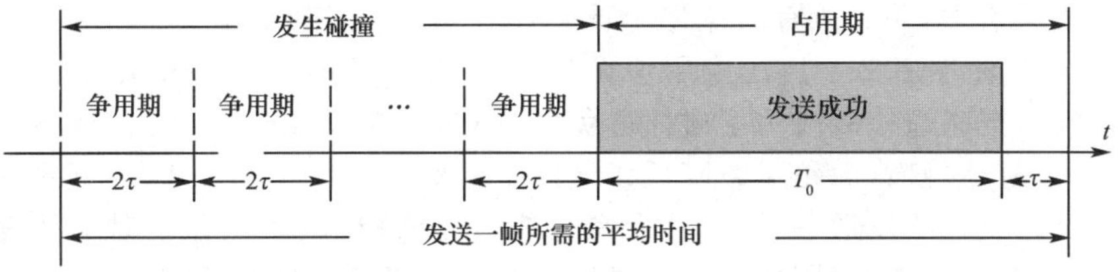

图 3-20　以太网信道被占用的情况

我们应当注意到，成功发送一个帧需要占用信道的时间是 $T_0+\tau$，比这个帧的发送时间要多一个单程端到端时延。这是因为当一个站点发送完最后一个比特时，这个比特还要在以太网上传播。在最极端的情况下，发送站在传输媒体的一端，而比特在媒体上传输到另一端所需的时间是 τ。因此，必须在经过 $T_0+\tau$ 时间后，以太网的传输媒体才完全进入空闲状态，才能允许其他站点发送数据。

在以太网中定义了参数 α，它是以太网单程端到端时延 τ 与帧的发送时间 T_0 之比

$$\alpha=\frac{\tau}{T_0} \tag{3-5}$$

从图 3-20 可看出，要提高以太网的信道利用率，就必须减小 τ 与 T_0 之比。

当 $\alpha\to 0$ 时，表示只要一发生碰撞，就可以立即检测出来，并立即停止发送，因而信道资源被浪费的时间非常少。反之，参数 α 越大，表明争用期所占的比例增大，这就使得每发生一次碰撞就浪费了不少的信道资源，使得信道利用率明显降低。因此，以太网的参数 α 的值应当尽可能小些，这就要求式(3-5)分子 τ 的数值要小些，而分母的数值要大些。这就是说，当数据率一定时，以太网的连线的长度受到限制（否则单程端到端的传播时延 τ 的数值会太大），同时以太网的帧长不能太短（否则发送时延 T_0 的值会太小，使 α 值太大）。

现在考虑一种极端理想化的情况。假定以太网上的各站发送数据碰巧都不会产生碰撞，并且总线一旦空闲就有某一个站点立即发送数据。这样，发送一个帧占用线路的时间是 $T_0+\tau$，而帧本身的发送时间是 T_0。于是我们可计算出极限信道利用率为

$$S_{\max}=\frac{T_0}{T_0+\tau}=\frac{1}{1+\alpha} \tag{3-6}$$

虽然实际的以太网不可能有这样高的极限信道利用率，但式(3-6)指出了只有当参数 α 远小于 1 才能得到尽可能高的极限信道利用率。反之，若参数 α 远大于 1（每发生一次碰撞，就要浪费了相对较多的传输数据的时间），则极限信道利用率就远小于 1，而这时实际的信道利用率就更小了。

通过以上对共享式以太网性能的分析，网络覆盖范围越大，即端到端时延越大，信道极限利用率就越低，即网络性能越差。另外，端到端时延越大或连接的站点越多，都会导致发生冲突的概率变大，网络性能还会进一步降低。可见，共享式以太网只能作为一种局域网技术。

3.5.4　CSMA/CA 协议

CSMA/CD 协议已成功应用于使用有线连接地局域网，但是在无线局域网环境下，却不

能简单地搬用CSMA/CD协议,特别是碰撞检测部分。主要有以下两个原因:

(1)接收信号的强度往往会远小于发送信号的强度,且在无线介质上信号强度的动态变化范围很大,若要实现碰撞检测,则在硬件上的花费就会过大。

(2)在无线通信中,并非所有站点都能听见对方,即存在"隐蔽站"问题。

为此,802.11标准定义了广泛应用于无线局域网的CSMA/CA协议,它对CSMA/CD协议进行了修改,把碰撞检测改为了碰撞避免(Collision Avoidance,CA)。碰撞避免并不是指协议可以完全避免碰撞,而是尽量降低碰撞发生的概率。由于802.11无线局域网不使用碰撞检测,一旦站点开始发送一个帧,就会完全地发送该帧,但碰撞存在时仍然发送整个数据帧会严重降低网络的效率,因此应采用碰撞避免技术降低碰撞的可能性。

1. CSMA/CA的帧间间隔

802.11标准规定所有的站完成发送后,必须再等待一段很短的时间才能发送下一帧。这段时间称为帧间间隔(InterFrame Space,IFS)。帧间间隔的长短取决于该站要发送的帧的类型。802.11使用了以下三种IFS:

(1)SIFS:最短的IFS,用来隔离属于一次对话的各帧,使用SIFS的帧类型有ACK帧、CTS帧、分片后的数据帧,以及所有回答AP探询的帧等。

(2)PIFS:中等长度的IFS,在PCF操作中使用。

(3)DIFS:最长的IFS,用于异步竞争访问的时延。

2. CSMA/CA的退避算法

CSMA/CA的退避算法与CSMA/CD稍有不同。信道从忙状态变为空闲状态时,任何一个站点要发送数据帧,不仅都要等待一个时间间隔,而且要进入争用窗口,计算机退避时间以便再次试图接入信道,因此降低了碰撞发生的概率。当且仅当检测到信道空闲且这个数据帧是要发送的第一个数据帧时,才使用退避算法。其他所有情况都必须使用退避算法。

CSMA/CA算法思想归纳如下:

(1)若站点最初有数据要发送,且检测到信道空闲,在等待时间DIFS后,就发送整个数据帧。

(2)否则,站点执行CSMA/CA退避算法,选取一个随机访问值。一旦检测到信道忙,退避计时器就保持不变。只要信道空闲,退避计时器就进行倒计时。

(3)当退避计时器减到0时,站点就发送整个帧并进行等待确认。

(4)发送站若收到确认,就知道已发送的帧被目的站正确接收。这时如果要发送第二帧,就从步骤2开始,执行CSMA/CA退避算法,随机选定一段退避时间。

若发送站在规定时间内没有确认帧ACK,就必须重传该帧,再次使用CSMA/CA协议争用该通道,直到收到确认,或经过若干重传失败后放弃发送。

3. CSMA/CD与CSMA/CA的对比

CSMA/CD与CSMA/CA主要区别如下:

(1)CSMA/CD可以检测冲突,但是无法避免;CSMA/CA发送数据的同时不能检测信道上有无冲突,本节点处没有冲突并不意味着在接收点处就没有冲突,只能尽量避免。

(2)传输介质不同。CSMA/CD用于总线以太网,CSMA/CA用于无线局域网802.11a/b/g/n等。

(3)检测方式不同。CSMA/CD通过电缆中的电压变化来检测;而CSMA/CA采用能量检测、载波检测和能量载波混合检测三种检测信道空闲的方式。

3.6 以太网

以太网(Ethernet)是一种计算机局域网技术,是由美国施乐(Xerox)公司的 Palo Alto 研究中心(简称为 PARC)于 1975 年研制成功的。那时,以太网是一种基带总线局域网,当时的数据率为 2.94 Mbit/s。以太网用无源电缆作为总线来传送数据帧,并以曾经在历史上表示传播电磁波的以太(Ether)来命名。1976 年 7 月,Metcalfe 和 Boggs 发表以太网里程碑论文。1980 年 9 月,DEC 公司、英特尔(Intel)公司和施乐(Xerox)公司联合提出了 10 Mbit/s 以太网规约的第一个版本 DIX VI(DIX 是这三个公司名称的缩写)。1982 年又修改为第二版规约(实际上也就是最后的版本),即 DIX Ethernet V2,成为世界上第一个局域网产品的规约。

在此基础上,IEEE 802 委员会的 802.3 工作组于 1983 年制定了第一个 IEEE 的以太网标准 IEEE 802.3,数据率为 10 Mbit/s。802.3 局域网对以太网标准中的帧格式做了很小的改动,实现了允许基于这两种标准的硬件可以在同一个局域网上互操作。以太网的两个标准 DIX Ethernet v2 与 IEEE 的 802.3 标准只有很小的差别,因此很多人也常把 802.3 局域网简称为“以太网”。但由于在 802.3 标准公布之前, DIX Ethernet V2 已被大量使用,因此最后 802.3 标准并没有被广泛应用。

3.6.1 标准以太网物理层

以太网早期只有 10 Mbit/s 的吞吐量,使用的是 CSMA/CD 访问控制方法。这种早期的 10 Mbit/s 以太网被称为标准以太网。

标准以太网的物理层主要是对传输介质进行规范。以太网可以使用粗同轴电缆、细同轴电缆、非屏蔽双绞线(UTP)、屏蔽双绞线和光纤等多种传输介质进行连接。以太网标准中规定了六种物理层标准,分别对网络拓扑结构、数据速率、信号编码类型、网段最大长度及传输介质进行了规定,具体见表 3-6。

表 3-6　以太网标准中规定了六种物理层标准

内　容	10 Base5	10 Base2	1 Base5	10 Base-T	10 Broad36	10 Base-F
网络拓扑结构	总线型	总线型	星型	星型	总线型	星型
数据速率	10 Mbit/s	10 Mbit/s	1 Mbit/s	10 Mbit/s	10 Mbit/s	10 Mbit/s
信号编码类型	曼彻斯特	曼彻斯特	曼彻斯特	曼彻斯特	宽带 DPSK	曼彻斯特
网段最大长度	500 m	185 m	250 m	100 m	3 600 m	500 或 2 000 m
传输介质	50 Ω 粗缆	50 Ω 细缆	UTP	UTP	75 Ω 同轴电缆	光纤

(1)10 Base5

10 Base5 中的“10”表示以太网的最大数据传输速率为 10 Mbit/s,“Base”表示采用的是基带传输技术,“5”表示一个网段的最大长度为 500 m,其他标准的规范与此相同,10 Base5 以太网使用粗缆作为网络线,因此也称作 Thickwire Ethernet。

(2)10 Base2

10 Base2 中的“10”代表网络的最大数据传输速率为 10 Mbit/s,“Base”代表采用的是基带传输技术,“2”代表一个网段的最大长度为 200 m(实际上是 185 m)。10 Base2 以太网采用细同轴电缆作为网络线,因而也称作 Thin Ethernet。

(3)1 Base5

1 Base5 标准是由 AT&T(美国电报电话公司)开发的名称为 StarLAN 的网络。1 Base5 与 10 Base-T 一样采用 UTP 和星型网络拓扑,从集线器到节点之间的最大连接距离为 250 m,1 Base5 中的“5”表示节点到节点之间的距离为 500 m。

(4)10 Base-T

10 Base-T 中的“T”表示双线(Twisted Pair)。与 10 Base2 以太网和 10 Base5 以太网不同,10 Base-T 标准是使用 UTP 连接的星型结构,最大连接距离不超过 100 m。为避免计算机之间的相互干扰,网络上的两台计算机之间的缆线长度不能小于 2.5 m。

(5)10 Broad36

10 Broad36 是一种宽带 LAN,使用 75Ω 同轴电缆作为传输介质,单个网段的最大连接距离为 1 800 m,整个网络的最大跨度为 3 600 m。10 Broad36 可以与基带以太网相互兼容,办法是把基带曼彻斯特编码经过差分相移键控(DPSK)调制后发送到宽带电缆上,调制后的 10 Mbit/s 信号占用 14 MHz 的带宽。

(6)10Base-F

10 Base-F 中的“F”代表光纤(Fiber),即使用光纤作为传输介质。10 Base-F 系列又分为以下三个标准:

10 Base-FP:“P”表示无源(Passive),用于无源星型拓扑,表示连接节点(站点或转发器)之间的每段链路最大距离不超过 1 km,10Base-FP 最多可支持 33 个站点。

10 Base-FL:“L”表示链路(Link),表示连接节点(站点成转发器)之间的最大距离不超过 2 km。

10 Base-FB:“B”表示主干(Backbone),表示连接转发器之间的链路最大距离不超过 2 km。

3.6.2 标准以太网的 MAC 层

在局域网发展的初期,各种类型的网络相继出现,并且各自采用不同的网络拓扑和媒体接入控制技术。出于有关厂商在商业上的激烈竞争,IEEE 802 委员会未能形成一个统一的、“最佳的”局域网标准,而是被迫制定了几个不同的局域网标准。为了使数据链路层更好地适应多种局域网标准,IEEE 802 委员会就把局域网的数据链路层拆成两个子层,即逻辑链路控制(Logical Link Control,LLC)子层和媒体接入控制(Medium Access Control,MAC)子层。与接入传输媒体有关的内容都放在 MAC 子层,而 LLC 子层与传输媒体无关。无论采用何种传输媒体和 MAC 子层的局域网,对 LLC 子层来说都是透明的。

20 世纪 90 年代后,以太网在局域网市场中已取得了垄断地位,并且几乎成了局域网的代名词,TCP/IP 体系经常使用的局域网只剩下 DIX Ethernet V2 而不是 IEEE 802.3 标准中的局域网,因此现在 IEEE 802 委员会制定的逻辑链路控制子层 LLC(IEEE 802.2 标准)的作用已经基本消失,很多厂商生产的适配器上就仅装有 MAC 协议而没有 LLC 协议。

1. 网络适配器

计算机与外界局域网的连接是通过通信适配器(Adapter)进行的。适配器本来是在主机箱内插入的一块网络接口板(或者是在笔记本电脑中插入的一块 PCMCIA 卡),这种接口板又称为网络接口卡(Network Interface Card,NIC)或简称为“网卡”。由于目前多数计算机主板上都已经嵌入了这种适配器,不再使用单独的网卡了,因此使用适配器这个术语更准确。适配器有自己的处理器和存储器(包括 RAM 和 ROM),是一个半自治的设备。适配器和局域网之间的通信是通过电缆或双绞线以串行方式进行的,而适配器和计算机之间的通信则是通过计算机主板上的 I/O 总线以并行传输方式进行的。因此,适配器的一个重要功能就是要进行数据串行传输和并行传输的转换。由于网络上的数据率和计算机总线上的数据率并不相同,因此在适配器中必须装有对数据进行缓存的存储芯片。要想使适配器能正常工作,还必须把管理该适配器的设备驱动程序安装在计算机的操作系统中。这个驱动程序以后就会告诉适配器,应当从存储器的什么位置上把多长的数据块发送到局域网,或者应当在存储器的什么位置上把局域网传送过来的数据块存储下来。适配器还要能够实现局域网数据链路层和物理层的协议。

适配器接收和发送各种帧时不使用计算机的 CPU,这时 CPU 可以处理其他任务。当适配器收到有差错的帧时,就把这个帧直接丢弃而不必通知计算机。当适配器收到正确的帧时,它就使用中断来通知计算机,并交付给协议栈中的网络层。当计算机要发送 IP 数据包时,由协议把 IP 数据包向下交给适配器,组装成帧后发送到局域网。如图 3-21 所示为适配器的作用。

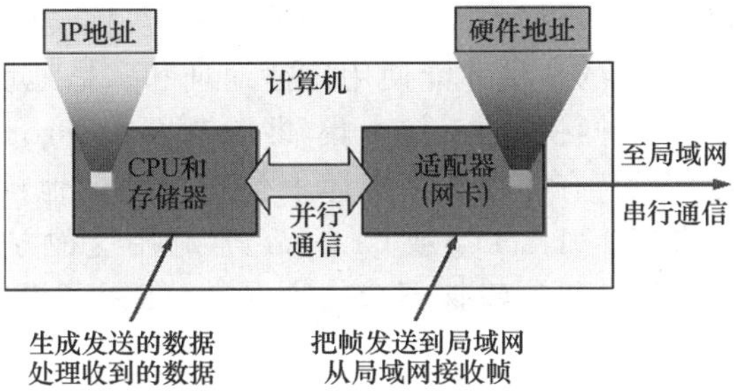

图 3-21 适配器的作用

2. MAC 地址

MAC(媒体接入控制)地址是 IEEE 802 标准为局域网规定的一种 48 位的全球地址(也称为“硬件地址”)。

MAC 地址固化在适配器 ROM 中,实际上这个地址仅仅是一个适配器的标识符。使用点对点信道的数据链路层不需要使用地址,因为连接在信道上的只有两个站点,但当多个站点连接在同一个广播信道上,想实现两个站点的通信,则每个站点都必有一个唯一的标识,一个数据链路层地址即 MAC 地址。在每个发送的帧中必须携带标识接收站点和发送点的地址。如果连接在局域网上的主机或路由器安装有多个适配器,那么这样的主机或路由就有多个“地址”。更准确地说,这种 48 位“地址”应当是某个接口的标识符。它不能告诉我们这个计算机所在的位置。

现在 IEEE 的注册管理机构(Registration Authority,RA)是局域网全球地址的法定管理机构,它负责分配地址字段的 6 个字节中的前 3 个字节(高位 24 位)。世界上凡要生产局域网适配器的厂家都必须向 IEEE 购买由这 3 个字节构成的号(地址块),这个号的正式名称是组织唯一标识符(Organizationally Unique Identifier, OUI),通常也叫作公司标识符(Company Id)。例如,3Com 公司生产的适配器的 MAC 地址的前 3 个字节是 02-60-8C。地址字段中的后 3 个字节(低位 24 位)则是由厂家自行指派,称为扩展标识符(Extended

Id)，只要保证生产出来的适配器没有重复地址即可。可见用一个地址块可以生成 2^{24} 个不同的地址。用这种方式得到的 48 位地址称为 MAC-48，它的通用名称是 EUI-48，这里 EUI 表示扩展的唯一标识符(Extended Unique Identifier)。

在生产适配器时，这种 6 字节的 MAC 地址已被固化在适配器的 ROM 中，因此，MAC 地址也叫作硬件地址或物理地址，是一种平面结构的地址(没有层次结构)，无论适配器移动到哪里都不会改变。可见“MAC 地址”实际上就是适配器地址或适配器标识符 EUI-48。当这块适配器插入(或嵌入)某台计算机后，适配器上的标识符 EUI-48 就成为这台计算机的 MAC 地址了。

适配器有过滤功能。适配器从网络上每收到一个 MAC 帧就先用硬件检查 MAC 帧中的目的地址。如果是发往本站的帧则收下，然后再进行其他处理，否则就将此帧丢弃，不再进行其他处理。这样做就不浪费主机的处理机和内存资源。这里“发往本站的帧”包括以下三种：

(1)单播(Unicast)帧(一对一)，即收到的帧的 MAC 地址与本站的硬件地址相同。

(2)广播(Broadcast)帧(一对全体)，即发送给本局域网上所有站点的帧(全 1 地址)。

(3)多播(Multicast)帧(一对多)，即发送给本局域网上一部分站点的帧。

所有的适配器都至少应当能够识别前两种帧，即能够识别单播和广播地址。有的适配器可用编程方法识别多播地址。当操作系统启动时，它就把适配器初始化，使适配器能够识别某些多播地址。显然，只有目的地址才能使用广播地址和多播地址。

通常适配器还可设置为一种特殊的工作方式，即混杂方式(Promiscuous Mode)。工作在混杂方式的适配器只要“听到”有帧在共享媒体上传输就悄悄地接收下来，而不管这些是发往哪个站点的。网络上的黑客(Hacker 或 Cracker)常利用这种方法非法获取网上用户的口令。有一种很有用的网络工具叫作嗅探器(Sniffer)，就使用了设置为混杂方式的网络适配器。

3. 以太网的 MAC 帧格式

常用的以太网 MAC 帧格式有两种标准：一种是 DIX Ethernet V2 标准(以太网 V2 标准)，另一种是 IEEE 的 802.3 标准，现在市场上流行的都是以太网 V2 的 MAC 帧，这里只介绍使用得最多的以太网 V2 的 MAC 格式(图 3-22)。

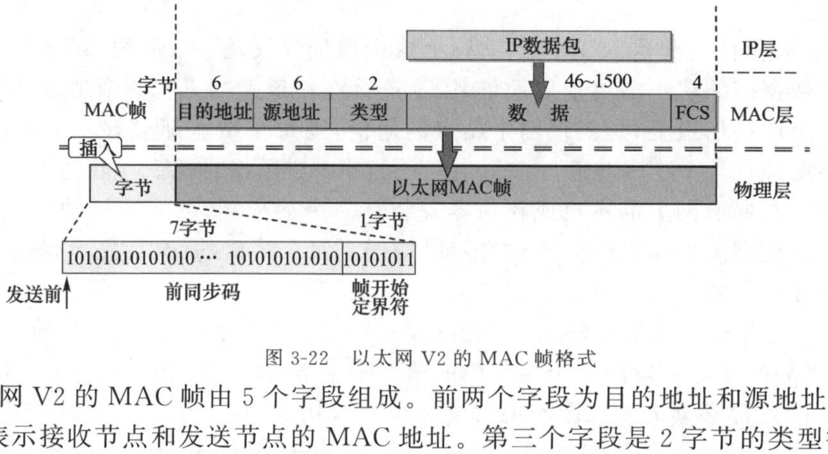

图 3-22 以太网 V2 的 MAC 帧格式

以太网 V2 的 MAC 帧由 5 个字段组成。前两个字段为目的地址和源地址：均为 6 字节长，分别表示接收节点和发送节点的 MAC 地址。第三个字段是 2 字节的类型字段，用来标识上一层使用的是什么协议，以便把收到 MAC 的数据上交给上一层的这个协议。例如，当类型字段的值是 0x0800 时，就表示上层使用的是 IP 数据包。第四个字段是数据字段，其长度在 46～1500 字节。最后一个字段是 4 字节的帧检验序列(使用 CRC)。

除这 5 个字段外,在传输媒体上实际传送的要比 MAC 还多 8 个字节。它由两个字段构成。第一个字段是 7 个字节的前同步码(1 和 0 交替码),它的作用是使接收端的适配器在接收 MAC 帧时能够迅速调整时钟频率,使它和发送端的时钟同步,也就是"实现位同步",第二个字段是开始定界符,定义为 10101011。

以太网上传送数据时是以帧为单位传送。以太网在传送帧时,各帧之间还必须有一定的间隔(96 比特时间)。因此,接收端只要找到帧开始定界符,其后面的连续到达的比特流就都属于同一个 MAC 帧。可见以太网不需要使用帧结束定界符,也不需要使用字节填充或比特填充技术来保证透明传输。帧间隔除了用于接收方检测一个帧的结束,同时也使得所有其他站点都能有机会平等竞争信道并发送数据。

3.7 以太网的发展

前面讲到的以太网内容都是以标准以太网为基准,但标准以太网的速率只有 10 Mbit/s,已远远不能满足现在局域网速率的需求,因此要对标准以太网进行改造升级,以满足局域网速率的需求。经过多次改进,以太网由原来 10 Mbit/s 速率的标准以太网发展出了具有 100 Mbit/s 速率的快速以太网、1 000 Mbit/s 速率的千兆以太网和 10 000 Mbit/s 速率的万兆以太网及现在较新的 802.3dj 标准可以达到 800 Gbit/s 甚至 1.6 Tbit/s 的高速率以太网。

3.7.1 快速以太网

快速以太网的设计是为了与 FDDI 等高速局域网协议相竞争。于 1995 年作为 IEEE 802.3u 标准引入。快速以太网是标准以太网的向后兼容,它的传输速度是 100 Mbit/s,比标准以太网快了 10 倍。快速以太网的目标是:

(1)将数据传输速度升级为 100 Mbit/s。

(2)使它能与标准以太网兼容。

(3)保留 48 位 MAC 地址。

(4)保留相同的以太网帧格式。

(5)保留帧长度的最大值和最小值。

快速以太网与原来在 100 Mbit/s 带宽下工作的 FDDI 相比具有许多的优点,最主要体现在快速以太网技术可以有效地保障用户在布线基础设施上的投资,它支持 3、4、5 类双绞线以及光纤的连接,能有效地利用现有的设施,仍是基于 CSMA/CD 技术。100 Mbit/s 快速以太网标准又分为 100 Base-TX、100 Base-FX、100 Base-T4 三个子类,如图 3-23 所示。

• 100 Base-TX:是一种使用 5 类无屏蔽双绞线(UTP)或屏蔽双绞线(STP)的快速以太网技术,是快速以太网的主要应用类型。它使用两对双绞线,一对用于发送数据,另一对用于接收数据。在传输中使用 4B/5B 编码方式,信号频率为 125 MHz。符合 EIA586 的 5 类布线标准和 IBM 的 SPT1 类布线标准。使用与 10 Base-T 相同的 RJ-45 连接器。它的最大网段长度为 100 m。它支持全双工的数据传输。

• 100 Base-FX:是一种使用光缆的快速以太网技术,可使用单模(62.5 μm)和多模光

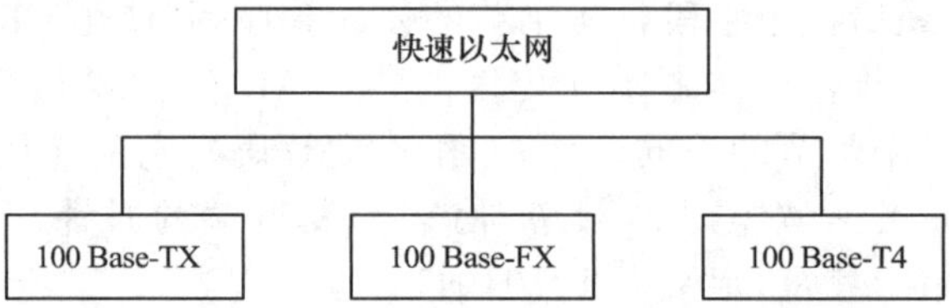

图 3-23 快速以太网类型

纤(125 μm)。多模光纤连接的最大距离为 550 m,单模光纤连接的最大距离为 3 000 m。在传输中使用 4B/5B 编码方式,信号频率为 125 MHz。它使用 MIC/FDDI 连接器、ST 连接器或 SC 连接器。它的最大网段长度为 150 m、412 m、2 000 m 甚至 10 km,这与所使用的光纤类型和工作模式有关,它支持全双工的数据传输。100 Base-FX 特别适用于有电气干扰的环境、较大距离连接或高保密环境等情况下。

使用光缆的快速以太网技术除了 100 Base-FX 以外,还有 100 Base-LX、100 Base-SX 等。

• 100 Base-T4:是一种可使用 3、4、5 类无屏蔽双绞线或屏蔽双绞线的快速以太网技术。100 Base-T4 使用 3 对双绞线,其中的三对用于在 33 MHz 的频率上传输数据,每一对均工作于半双工模式。第 4 对用于 CSMA/CD 冲突检测。在传输中使用 8B/6T 编码方式,信号频率为 25 MHz,符合 EIA 586 结构化布线标准。它使用与 10 BASE-T 相同的 RJ-45 连接器,最大网段长度为 100 m。

快速以太网实现技术的总结见表 3-7。

表 3-7　　快速以太网实现技术

特性	100 Base-TX	100 Base-FX	100 Base-T4
传输介质	5 类 UTP 或 STP	光纤	4 类 UTP
介质数量	2 对	2 根	4 对
编码类型	4B/5B	8B/6T	4B/5B
网段最大长度	100 m	150 m、412 m、2 000 m 或更长	100 米

3.7.2 千兆以太网

对传输速度更高的需求使得千兆以太网(1 000 Mbit/s)应运而生。IEEE 委员会称为 802.3z,千兆以太网设计的目标可总结如下:

(1)将数据传输速度升级到 1 000 Mbit/s。

(2)使其与标准以太网或快速以太网相兼容。

(3)使用相同的 48 位 MAC 地址。

(4)使用相同的以太网帧格式。

(5)保留帧长度的最大值和最小值。

(6)支持快速以太网中定义的自动协商。

千兆以太网技术作为一种新的高速以太网技术,给用户带来了提高核心网络的有效解决方案,这种解决方案的最大优点是继承了传统以太网技术价格便宜的优点。千兆技术仍然是以太网技术,它采用了与 10 Mbit/s 以太网相同的帧格式、帧结构、网络协议、全/半双工工作方式、流控模式以及布线系统。由于该技术不改变传统以太网的桌面应用、操作系统,因此可与 10 Mbit/s 或 100 Mbit/s 的以太网很好地配合工作。

千兆以太网可以分为两线或四线的实现。两线的实现使用光纤(1 000 Base-SX,短波或 1 000 Base-LX,长波)或 STP(1 000 Base-CX)。四线的实现使用 5 类双绞线电缆(1 000 Base-T),可以有四种实现类型,如图 3-24 所示。

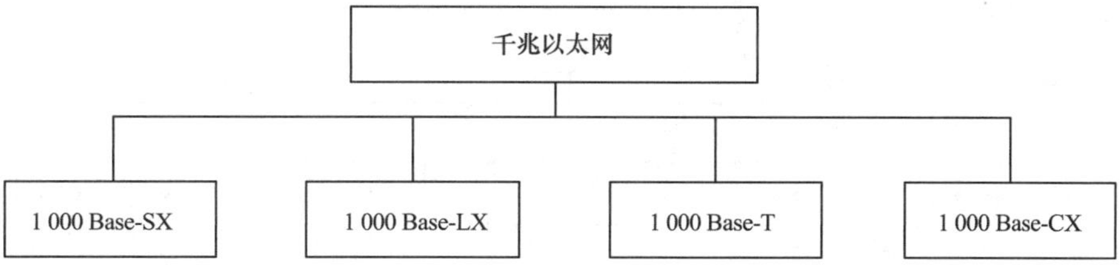

图 3-24　千兆以太网类型

• 1 000 Base-SX:只支持多模光纤,可以采用直径为 62.5 μm 或 50 μm 的多模光纤,工作波长为 770～860 nm,传输距离为 220～550 m。

• 1 000 Base-LX:可以采用直径为 62.5 um 或 50 um 的多模光纤,工作波长为 1 270～1 355 nm,传输距离为 550 米。也可以支持直径为 9 um 或 10 um 的单模光纤,工作波长为 1 270～1 355 nm,传输距离为 5 km 左右。

• 1 000 Base-T:是 100 Base-T 的自然扩展,与 10 Base-T、100 Base-T 完全兼容。不过,要在 5 类 UTP 上达到 1 000 Mbit/s 的传输速率需要解决 5 类 UTP 的串扰和衰减问题。

• 1 000 Base-CX:采用 2 对屏蔽双绞线(STP),传输距离为 25 m。

千兆以太网实现技术见表 3-8。

表 3-8　千兆以太网实现技术

特性	1 000 Base-SX	1 000 Base-LX	1 000 Base-T	1 000 Base-CX
传输介质	光纤(短波)	光纤(长波)	5 类 UTP	STP
介质数量	2 根	2 根	4 对	2 对
编码类型	8B/10B	8B/10B	4D-PAM5	8B/10B
网段最大长度	550 m	5 000 m 或更长	100 m	25 m

3.7.3　万兆以太网

万兆以太网(10 Gigabit Ethernet,缩写为 10 GbE、10 GigE 或 10 GE)是一种以每秒 10 000 兆位的速率传输的高速以太网,它由 IEEE 802.3ae-2002 标准定义。与以前的以太网标准不同,万兆以太网仅定义了全双工点对点链路,这些链路通常通过网络交换机连接,尚未继承前几代以太网标准的 CSMA/CD 共享介质操作,因此半双工操作和中继器、集线器在 10 GbEbps 中不存在,也就是说万兆以太网只在全双工模式下运行,不存在介质访问竞争,也不需要再使用 CSMA/CD 协议。万兆以太网的设计目标可总结如下:

(1)将数据速率提升为 10 Gbit/s。

(2)使其与标准以太网、快速以太网和千兆以太网相兼容。

(3)使用相同的 48 位 MAC 地址。

(4)使用相同的以太网帧格式。

(5)保留帧长度的最大值和最小值。

(6)允许将现有的局域网与城域网(MAN)或广域网(WAN)相互连接。

(7)诸如帧中继(FR)和 ATM 等技术相兼容。

新的万兆以太网标准一直在不断地发展中,到 2018 年为止,已经有了十多种类型,分别适用于局域网、城域网和广域网。常用的实现类型有以下五种，如图 3-25 所示。

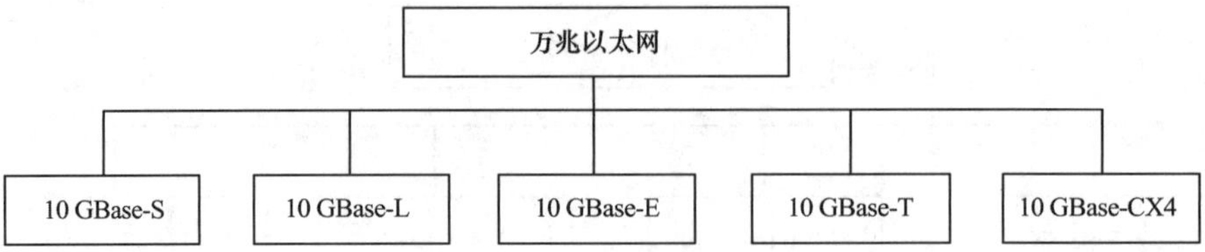

图 3-25 万兆以太网类型

• 10 GBase-S：10 GBase-S 又分为 10 GBase-SR 和 10 GBase-SW，其中 10 GBase-SW 主要应用于广域网（WAN）。采用 850 nm 多模光纤，传输距离可达 300 m。

• 10 GBase-L：10 GBase-L 又分为 10 GBase-LR 和 10 GBase-LW，其中 10 GBase-LW 主要应用于广域网（WAN）。采用 1 310 nm 单模光纤，传输距离可达 10 Km。

• 10 GBase-E：10 GBase-E 又分为 10 GBase-ER 和 10 GBase-EW，其中 10 GBase-EW 主要应用于广域网（WAN）。采用 1 550 nm 单模光纤，传输距离可达 40 km。

• 10 GBase-T：使用屏蔽或非屏蔽双绞线，使用 CAT-6A 或 CAT-7 类线，至少支持 100 m 传输。CAT-6 类线也在较短的距离上支持 10 GBase-T。

• 10 GBase-CX4：短距离铜缆方案用于 InfiniBand 4x 连接器和 CX4 电缆，最大长度 15 m。用于 10 GBase 以太网或用于（稍微）低延迟的堆叠交换机。

万兆以太网实现技术见表 3-9。

表 3-9　万兆以太网实现技术

特性	10 GBase-S	10 GBase-L	10 GBase-E	10 GBase-T	10 GBase-CX4
传输介质	光纤（短波，850 nm 多模）	光纤（长波，1 310 nm 单模）	光纤（长波，1 550 nm 单模）	UTP/ STP	同轴电缆
介质数量	2 根	2 根	2 根	4 对	4 对
编码类型	64B/66B	64B/66B	64B/66B	2D-PAM16	
网段最大长度	300 m	10 km	40 km	CAT-6：55 m CAT-6A/7：100 m	15 m

以太网的技术发展非常迅速。在 10 GE 之后又制定了 40 GE/100 GE/200 GE/400 GE/80 GE/1.6 TE 的标准 IEEE 802.3ba－2010（40 GE，100 GE）、802.3bm－2015（100 GE）、802.3bs－2018（100 GE，400 GE）及 802.3dj－2023（200 GE，400 GE，800 GE，1.6 TE）等。目前使用的标准 IEEE 802.3ba 有以下类型，其他的类型在此就不赘述，有兴趣的读者可以去查找相关的材料。

• 40 GBase-KR4 ：背板方案，最短距离 1 m。

• 40 GBase-CR4 / 100 GBase-CR10：短距离铜缆方案，最大长度约 7 m。

• 40 GBase-SR4 / 100 GBase-SR10：用于短距离多模光纤，长度在 100 m 以上。

• 40 GBase-LR4 / 100 GBase-LR10 ：使用单模光纤，距离超过 10 km。

• 100 GBase-ER4：使用单模光纤，距离超过 40 km。

3.8 数据链路层交换

对于局域网的组建，在数据链路层的连接早期使用的是网桥(Bridge)设备，网桥可以对收到的帧根据其 MAC 帧的目的地址进行转发和过滤。当网桥收到一个帧时，根据此帧的目的 MAC 地址，查找网桥中的地址表，然后确定该帧转发到哪一个端口，或者是把它丢弃(过滤)，如果地址表中不存在对应的 MAC 地址，则向所有的端口转发此帧数据。由于网络速度越来越快，加上网桥的端口少，网桥很快被以太网交换机(Switch)所替代，这种以太网交换机工作在数据链路层，所以也称为二层交换机(L2 Switch)。

3.8.1 交换机的使用

以太网交换机实质上就是一个多端口的网桥，通常有十几个或更多的端口，和工作在物理层的转发器、集线器有很大的差别。以太网交换机的每个接口都直接与一台主机或另一个以太网交换机相连，并且一般都工作在全双工方式。以太网交换机还具有并行性，即能同时连通多对端口，使多对主机能同时通信(而网桥只能一次分析和转发一个帧)。相互通信的主机都是独占传输媒体，无碰撞地传输数据。以太网交换机的端口还有存储器，能在输出端口繁忙时把传来的帧进行缓存。因此，如果连接在以太网交换机上的两台主机，同时向另一台主机发送帧，当这台接收主机的端口繁忙时，发送帧的这两台主机的端口会把收到的帧暂存一下，等接收主机空闲时再发送出去。以太网交换机是一种即插即用设备，其内部的帧交换表(又称为地址表)是通过自学算法自动地逐渐建立起来的。以太网交换机由于使用了专用的交换结构芯片，用硬件转发，其转发速率要比使用软件转发的网桥快很多。

以太网交换机的性能远远超过普通的集线器(后续内容会专门介绍集线器)，而且价格并不贵，这就使工作在物理层的集线器逐渐地退出了市场。从共享总线以太网转到交换式以太网时，所有接入设备的软件和硬件、适配器等都不需要做任何改动。

3.8.2 交换机的学习

上述交换机转发数据时会用到一张地址表，交换机在收到一个帧时，根据此帧的目的 MAC 地址，查找地址表，然后确定将该帧转发到哪一个端口，或者是把它丢弃(过滤)，这张地址表是通过自学算法自动地逐渐建立起来的。不过，最早的网桥的地址表是静态的。配置网桥时，系统管理员需要手工输入每个表的条目。尽管过程简单，却并不实用，如果增加或移除了一个站点，转发表就必须手工修改，如果站点的 MAC 地址改变了，也需要手动修改，非常不便于管理。例如，更换或增加一个新网卡就意味着增加了一个新的 MAC 地址，地址表就要同步进行更新。比静态地址表更好的解决方法是使用自动映射地址到端口的动态表，这个自动映射地址到端口的过程就是交换机的学习过程。我们用图 3-26 来详细阐述交换机的学习过程。

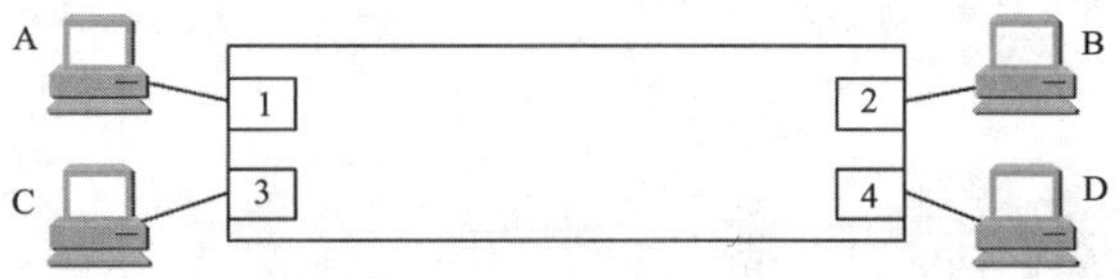

图 3-26 交换机学习过程

(1)交换机地址表初始为空(表 3-10)。

表 3-10 初始交换地址表

MAC 地址	端口

(2)当站点 A 向站点 B 发送帧时,交换机还没有关于 B 或者 A 的表条目。帧将向除 1 端口之外的其他三个端口转发出去,从而在网络中形成广播。然而,通过查看 A 数据帧的源地址,交换机知道了站点 A 连接在端口 1 中,即交换机是根据源地址来学习的。这意味着将来目的地是 A 的帧必须通过端口 1 转发出去。于是交换机就添加这个条目到表中。至此,转发表有了第 1 个条目(表 3-11)。

表 3-11 A 发送帧到 B 之后的交换地址表

MAC 地址	端口
A	1

(3)当站点 C 向站点 A 发送数据帧时,交换机有一个 A 的条目,所以就仅向端口 1 转发该数据帧,这次数据帧的转发不再需要通过广播的方式传播,只需通过单播方式转发即可。另外,交换机会发现该帧的源地址 C 来自端口 3,于是会将该地址和端口信息添加到地址表的第 2 个条目中(表 3-12)。

表 3-12 C 发送帧到 A 之后的交换地址表

MAC 地址	端口
A	1
C	3

(4)当站点 B 向站点 C 发送数据帧时,交换机已经有了关于 C 的地址和端口对应的条目信息,所以根据地址表,交换机将会直接将数据帧从端口 3 转发到站点 C。同时,再向表中添加站点 B 和对应的端口 2 的条目(表 3-13)。

表 3-13 B 发送帧到 C 之后的交换地址表

MAC 地址	端口
A	1
C	3
B	2

(5)当交换机中所有的站点都发送过帧时,这张地址表将记录所有的站点和对应端口的信息(表 3-14),在以后的数据转发过程中,交换机将根据这张表进行直接的转发或过滤。如果有新的站点加入进来还将继续这个学习过程。

表 3-14　　完整的交换地址表

MAC 地址	端口
A	1
C	3
B	2
D	4

在实际的交换机中,地址表中还会有一个老化时间(Aging Time)选项,如果在一段时间(通常为 300 s)后,交换机没有接收到以该 MAC 地址作为源地址的帧,就在表中删除这个地址。而静态 MAC 地址表不受地址老化时间影响。

3.8.3 生成树协议

在实际的网络中,为了增加网络的可靠性,在使用交换机组网时,会适当增加一些冗余链路,这些冗余链路会在网络中形成一些环路, 如图 3-27 所示。

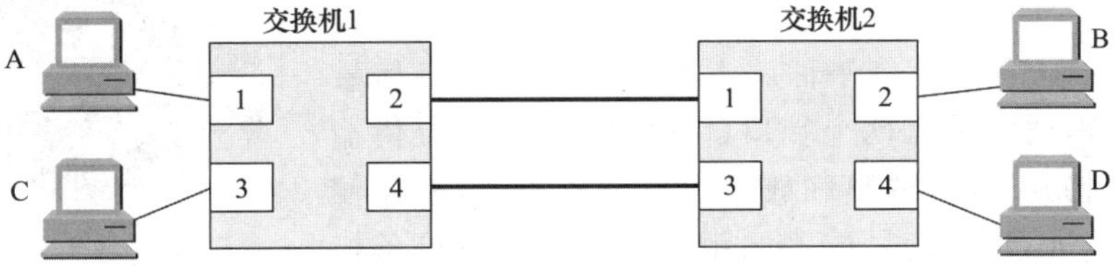

图 3-27　具有冗余链路的网络

这种具有冗余链路的网络可靠性很高,但对于网络本身来讲还存在一个环路的问题,如果处理不好将导致整个网络的瘫痪。由于交换机的地址表是根据源地址来学习的,所以无法过滤以广播地址为目的地址的广播帧。因此,网络中的广播帧会沿着环路无限地循环下去,如图 3-28 所示,从而产生广播风暴,最后导致交换机瘫痪,不能正常工作。

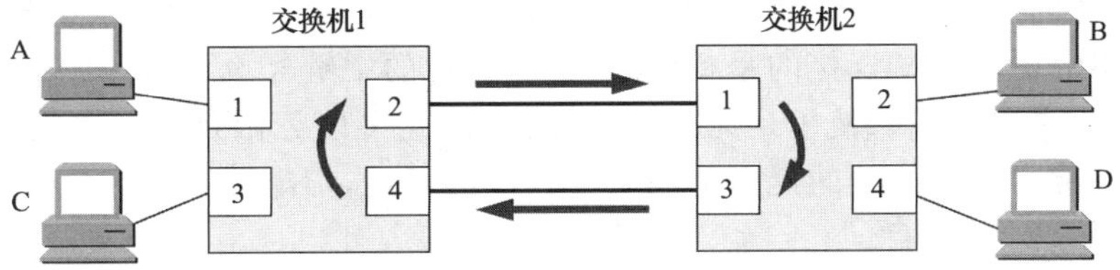

图 3-28　广播帧在环路中循环

为了解决这种无限循环的问题,IEEE 制定了一个生成树协议(Spanning Tree Protocol,STP)。生成树协议是一种工作在 OSI 网络模型第二层(数据链路层)的通信协议,其主要功能是防止交换机冗余链路产生的环路,用于确保以太网中无环路的逻辑拓扑结构(树型结构)。从而避免了广播风暴,消除了数据帧无限循环现象。

1. 工作过程

STP 的工作过程如下:首先进行根网桥的选举,其依据是网桥优先级(Bridge Priority)和 MAC 地址组合生成的桥 ID,桥 ID 最小的网桥将成为网络中的根桥(Bridge Root)。在此基础上,计算每个节点到根桥的距离,并由这些路径得到各冗余链路的代价,选择最小的成为通信路径(相应的端口状态变为 forwarding),其他的就成为备份路径(相应的端口状态变为 blocking)。STP 生成过程中的通信任务由网桥协议数据单元(Bridge Protocol Data Unit, BPDU)完成,这种数据包又分为包含配置信息的配置 BPDU(其大小不超过 35B)和包含拓扑变化信息的通知 BPDU(其长度不超过 4 B)。

2. 特点

• 生成树协议提供一种控制环路的方法。采用这种方法,在连接发生问题的时候,以太网能够绕过出现故障的连接,启用一条备用链路。

• 生成树中的根桥是一个逻辑的中心,并且监视整个网络的通信。

• 生成树协议重新计算是烦冗的。恰当地设置主机连接端口(这样就不会引起重新计算),推荐使用快速生成树协议。

• 生成树协议可以有效地抑制广播风暴。开启生成树协议后抑制广播风暴,网络将会更加稳定,可靠性、安全性会大大增强。

3.8.4 网络连接设备

网络连接设备是把网络中的通信线路连接起来的各种设备的总称,这些设备包括中继器、集线器、交换机、路由器和网关等。

1. 中继器

中继器(Repeater,RP)是一种放大模拟信号或数字信号的网络连接设备,通常具有两个端口(图 3-29)。它接收传输介质中的信号,将其复制、调整和放大后再发送出去,从而使信号能传输得更远,延长信号传输的距离。中继器不具备检查和纠正错误信号的功能,它只是转发信号。

图 3-29 中继器

中继器是连接网络线路的一种装置,常用于两个网络节点之间物理信号的双向转发工作。中继器主要完成物理层的功能,负责在两个节点的物理层上按位传递信息,完成信号的复制、调整和放大功能,以此来延长网络的长度。由于存在损耗,在线路上传输的信号功率会逐渐衰减,衰减到一定程度时将造成信号失真,因此会导致接收错误。中继器就是为解决这一问题而设计的。它完成物理线路的连接,对衰减的信号进行放大,保持与原数据相同。一般情况下,中继器的两端连接的是相同的媒体,但有的中继器也可以完成不同媒体的转接工作。从理论上讲中继器的使用是无限的,网络也因此可以无限延长。事实上这是不可能的,因为网络标准中都对信号的延迟范围做了具体的规定,中继器只能在此规定范围内有效工作,否则会引起网络故障。

2. 集线器

集线器(Hub)的主要功能是对接收到的信号进行再生整形放大,以扩大网络的传输距离,同时把所有节点集中在以它为中心的节点上,如图 3-30 所示。它工作于 OSI 参考模型第一层物理层,是早期构成局域网的最常用的连接设备之一。集线器是局域网的中央设备,它的每一个端口可以连接一台计算机,局域网中的计算机通过它来交换信息。常用的集线器可通过两端装有 RJ-45 连接器的双绞线与网络中计算机上安装的网卡相连。

图 3-30 集线器

利用集线器连接的局域网叫作共享式局域网。共享式网络中所有的用户共享带宽,都在同一个冲突域内。以 10 Mbit/s 的共享式以太网为例，若网络中共有 10 个用户，则每个用户占有的平均带宽只有 1 Mbit/s 或者说同时只有一个用户独占 10 Mbit/s 带宽，其他用户带宽为 0，若使用以太网交换机来连接这些主机，虽然在每个接口到主机的带宽还是 10 Mbit/s，但由于每个用户在通信时是独占而不是和其他网络用户共享带宽，因此对于拥有 10 个端口的交换机来说，总容量则为 10×10 Mbit/s=100 Mbit/s，如果在全双工的工作模式下，交换机的总容量可达 2×10×10 Mbit/s=200 Mbit/s。集线器实际上是一个拥有多个网络接口的中继器，不具备信号的定向传送能力。

3. 交换机

交换机(Switch)又称交换式集线器，在网络中用于完成与它相连的线路之间的数据单元的交换，是一种基于 MAC(网卡的硬件地址)识别，完成封装、转发数据包功能的网络设备，如图 3-31 所示。

图 3-31　交换机

交换机可用于划分数据链路层广播，即分割了冲突域；但它不能划分网络层广播，即广播域。交换技术是在 OSI 七层网络模型中的第二层，即数据链路层进行操作的，因此交换机对数据包的转发是创建在 MAC 地址基础之上的，对于 IP 网络协议来说，它是透明的，即交换机在转发数据包时，不知道也无须知道信源机和信宿机的 IP 地址，只需知其 MAC 地址即可。在现在的局域网中交换机来已经代替了传统的集线器，其数据交换速度比集线器快得多。

利用交换机连接的局域网叫作交换式局域网。在用集线器连接的共享式局域网中，信息传输通道就好比一条没有划出车道的马路，车辆只能在无序的状态下行驶，当数据和用户数量超过一定的限量时，就会发生抢道、占道和交通堵塞的现象。交换式局域网则不同，就好比将上述马路划分为若干车道，保证每辆车能各行其道、互不干扰。交换机为每个用户提供专用的信息通道，除非两个源端口企图同时将信息发往同一个目的端口，负责各个源端口与各自的目的端口之间可同时进行通信而不发生冲突。

交换机的分类包括以下几种：

• 传统交换机(二层交换机)

传统交换机被广泛应用于二层网络交换。中档的网管型交换机还具有 VLAN 划分、端口自动协商、MAC 访问控制列表等功能，并提供命令行界面或图形界面控制台，供网络管理员调整参数。

• 三层交换机

三层交换机则可以处理第三层网络层协议，用于连接不同网段，通过对缺省网关的查询学习来创建两个网段之间的直接连接。

三层交换机具有一定的“路由”功能，但只能用于同一类型的局域网子网之间的互联。这样，三层交换机可以像二层交换机那样通过 MAC 地址标识数据包，也可以像传统路由器那样在两个局域网子网之间进行功能较弱的路由转发，它的路由转发不是通过软件来维护的路由表，而是通过专用的 ASIC 芯片来处理的。

• 四层交换机

四层交换机可以处理第四层——传输层协议，可以将会话与一个具体的 IP 地址绑定，以实现虚拟 IP。

• 七层交换器

更加智能的交换器，可以充分利用频宽资源来过滤，识别和处理应用层数据转换的交换设备。

4. 路由器

路由器(Router)是一种连接多个网络或网段的网络设备，它能将不同网络或网段之间的数据信息进行“翻译”，以使它们能够相互“读”懂对方的数据，实现不同网络或网段间的互联互通，从而构成一个更大的网络，如图 3-32 所示。路由器已成为各种骨干网络内部之间、骨干网之间、一级骨干网和互联网之间连接的枢纽。校园网一般就是通过路由器连接到互联网上的。

图 3-32　路由器(背面)

路由器的工作方式与交换机不同，交换机利用物理地址(MAC 地址)来确定转发数据的目的地址，而路由器则是利用逻辑地址(IP 地址)来确定转发数据的地址。另外，路由器具有数据处理、防火墙及网络管理等功能。

5. 网关

网关(Gateway)又称网间连接器、协议转换器。网关在网络层以上实现网络互联，是最复杂的网络互联设备，仅用于两个高层协议不同的网络互联。网关既可以用于广域网互联，也可以用于局域网互联。网关是一种充当转换重任的计算机系统或设备，使用在不同的通信协议、数据格式或语言，甚至体系结构完全不同的两种系统之间，是一个翻译器。与网桥只是简单地传达信息不同，网关对收到的信息要重新打包，以适应目的系统的需求。

6. 常用网络互联设备总结

对应于 OSI 参考模型，每一层都有对应的互联设备，这些设备的对应层次和主要功能见表 3-15。

表 3-15　常用网络互联设备

互联设备	工作层次	主要功能
中继器	物理层	对接收信号进行再生和发送，只起到扩展传输距离的作用，对高层协议是透明的，但使用个数有限
集线器	物理层	多端口的中继器
网桥	数据链路层	根据帧物理地址进行网络之间的信息转发，可缓解网络通信繁忙度，提高效率。网桥纳入存储和转发功能可使其适应于连接使用不同 MAC 协议的两个 LAN，因而构成一个不同 LAN 混连在一起的混合网络环境
二层交换机	数据链路层	指传统的交换机，多端口网桥
三层交换机	网络层	带路由功能的二层交换机
路由器	网络层	通过逻辑地址进行网络之间的信息转发，可完成异构网络之间的互联互通，只能连接使用相同网络协议的子网
多层交换机	高层(第 4～7 层)	带协议转换的交换机
网关	高层(第 4～7 层)	最复杂的网络互联设备，用户连接网络层以上执行不同协议的子网

3.9 虚拟局域网

1. 虚拟局域网的应用

传统的共享式以太网和交换式的以太网中，所有的用户在同一个广播域中，网络中用户数量的增加会引起网络性能的下降，从而浪费宝贵的带宽资源，并且广播对网络性能的影响随着广播域的增大而迅速增大。此时唯一的办法就是重新划分网络，把一个大网络划分成若干个小的网络。如果从物理上来划分这些小的网络，需要用到网络层的设备，并且其他的连接设备(如二层交换机)的利用率也不高，划分网络的方法成本较高，所以需要一种新的方法来划分这些小的网络。

虚拟局域网(Virtual Local Area Network，VLAN)技术就可以很好地解决这个问题。VLAN 技术的出现，使得管理员可以根据实际应用需求，把同一物理局域网内的不同用户逻辑地划分成不同的广播域，每一个 VLAN 都包含一组有着相同需求的计算机工作站，与物理上形成的 LAN 有着相同的属性。由于它是从逻辑上划分，而不是从物理上划分，所以同一个 VLAN 内的各个工作站没有限制在同一个物理范围中，即这些工作站可以在不同物理 LAN 网段。由 VLAN 的特点可知，一个 VLAN 内部的广播和单播流量都不会转发到其他 VLAN 中，从而有助于控制流量、减少设备投资、简化网络管理、提高网络的安全性。

虚拟局域网(VLAN)是一组逻辑上的设备和用户，这些设备和用户并不受物理位置的限制，可以根据功能、部门及应用等因素将它们组织起来，如图 3-33 所示，相互之间的通信就好像它们在同一个网段中一样，由此得名虚拟局域网。VLAN 是一种技术，而非一种新型局域网，工作在 OSI 参考模型的第 2 层和第 3 层，一个 VLAN 就是一个广播域，VLAN 之间的通信是通过第 3 层的路由器来完成的。与传统的局域网技术相比，VLAN 技术更加灵活，它具有以下优点：网络设备的移动、添加和修改的管理开销减少；可以控制广播活动；可提高网络的安全性。

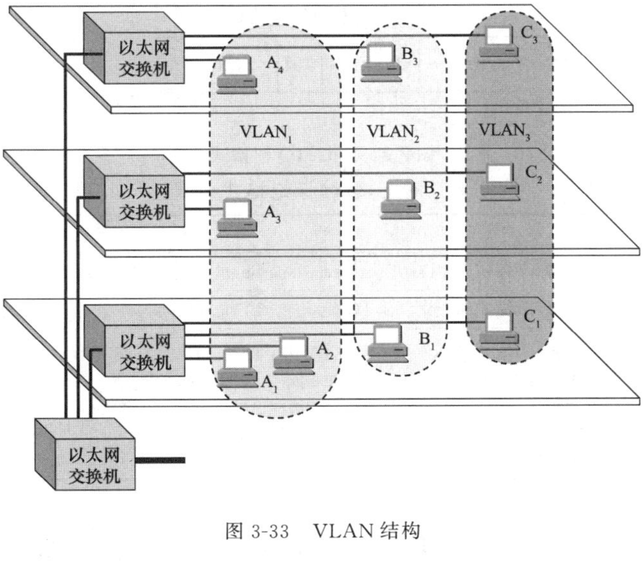

图 3-33 VLAN 结构

交换技术的发展,也加快了新的交换技术(VLAN)的应用速度。通过将企业网络划分为VLAN网段,可以强化网络管理和网络安全,控制不必要的数据广播。在共享式网络中,一个物理的网段就是一个广播域。而在交换式网络中,广播域可以是由一组任意选定的第二层网络地址(MAC地址)组成的虚拟网段。这样,网络中工作组的划分可以突破共享网络中的地理位置限制,而完全根据管理功能来划分。这种基于工作流的分组模式,大大提高了网络规划和重组的管理功能。在同一个VLAN中的工作站,不论它们实际与哪个交换机连接,它们之间的通信就好像在独立的交换机上一样。同一个VLAN中的广播只有VLAN中的成员才能听到,而不会传输到其他的VLAN中去,这样可以很好地控制不必要的广播风暴的产生。同时,若没有路由,则不同VLAN之间不能相互通信,这样增加了企业网络中不同部门之间的安全性。网络管理员可以通过配置VLAN之间的路由来全面管理企业内部不同管理单元之间的信息互访。交换机是根据工作站的MAC地址来划分VLAN的。所以,用户可以自由地在企业网络中移动办公,不论用户在何处接入交换网络,都可以与VLAN内其他用户通信。当网络中的不同VLAN间进行相互通信时,需要路由的支持,这时可采用路由器,也可采用三层交换机来完成。

在划分成VLAN的交换网络中,交换机端口之间的连接分为两种:接入链路连接(AccessLink Connection)和中继链路连接(Trunk-Link Connection)。接入链路只能连接具有标准以太网卡的设备,也只能传送属于单个VLAN的数据包。中继链路是在一条物理连接上生成多个逻辑连接,每个逻辑连接一个VLAN。在进入中继端口时,交换机在数据包中加入VLAN标记。这样,在中继链路另一端的交换机就不仅要根据目标地址,而且要根据数据包所属的VLAN进行转发。IEEE 802.1Q定义了VLAN标记的格式,这个VLAN标记在原来的以太帧中增加了4个字节的标记(Tag)字段,如图3-34所示。其中,标记控制信息(Tag Control Information,TCI)包含Priority、CFI和VID 3个部分,各个字段的含义见表3-16。

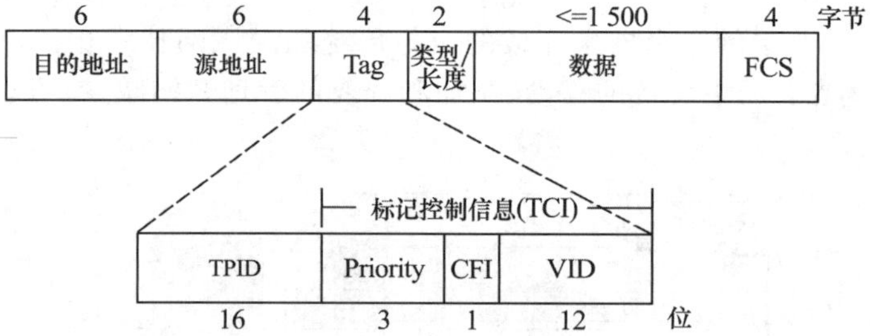

图3-34 802.1Q帧格式

表3-16　802.1Q帧标记格式

字段	长度/位	含义
TPID	16	标记协议标识符(Tag Protocol Identifier),设定为0x8100,表示该帧包含802.1Q标记
Priority	3	提供8个优先级(由802.1Q定义)。当有多个帧等待发送时,按优先级发送数据包
CFI	1	规范格式指示(Canonical Format Indicator),0表示以太网,1表示FDDI和令牌环网。这一位在以太网与FDDI和令牌环网交换数据帧时使用
VID	12	VLAN标识符(0～4095),其中VID0用于识别优先级,VID 4095保留未用,所以最多可配置4094个VLAN

2. VLAN的划分策略

从技术角度讲,VLAN的划分可依据不同原则,一般有以下三种:

• 基于端口

这种划分是把一个或多个交换机上的几个端口划分为一个逻辑组，这是最简单、最有效的划分方法之一。该方法只需网络管理员对网络设备的交换端口进行重新分配即可，不用考虑该端口所连接的设备。

• 基于 MAC 地址

MAC 地址其实就是指网卡的标识符，每一块网卡的 MAC 地址都是唯一且固化在网卡上的，网络管理员可按 MAC 地址把一些站点划分为一个逻辑子网。

• 基于路由

路由协议工作在网络层，即基于 IP 和 IPX 协议的转发，该方式允许一个 VLAN 跨越多个交换机，或一个端口位于多个 VLAN 中。相应的工作设备有路由器和路由交换机（三层交换机）。

对于 VLAN 的划分主要采取上述第 1、3 种方式，第 2 种方式为辅助性的方案。

本章小结

数据链路层基于物理层向网络层提供服务。数据链路层使用的信道主要有点对点信道和广播信道两种。数据链路层传送的协议数据单元是帧。数据链路层的三个重要问题是：封装成帧、差错检测和可靠传输。本章首先介绍数据链路层的基本功能，包括数据成帧、差错控制和流量控制；其次详细介绍链路层数据差错检测方法，包括循环冗余检验码、奇偶校验码及海明码；再其次介绍用于实现流量控制和差错控制的窗口协议；对点对点 PPP 协议，从特点组成和帧格式及工作状态进行了介绍，并且对使用广播信道的数据链路层的三种协议 ALOHA、CSMA 和 CSMA/CD 进行了分析介绍；最后对以太网和以太网发展进行了讨论，对数据链路层网络连接设备进行了分析，详细讲述了虚拟局域网技术。

习　题

1. 数据链路（逻辑链路）与链路（物理链路）有何区别？

2. 数据链路层包括哪些功能？

3. 网络适配器的作用是什么？网络适配器工作在哪一层？

4. PPP 协议的主要特点是什么？PPP 适用于什么情况？

5. 一个 PPP 帧的数据部分（用十六进制写出）是 7D5E FE 27 7D 5D 7D 5D 65 7D 5E。试问真正的数据是什么（用十六进制写出）？

6. PPP 协议使用同步传输技术传送比特串 0110111111111100。试问经过零比特填充后会变成怎样的比特串？若接收端收到的 PPP 帧的数据部分是 0001110111110111110110，请问删除发送端加入的零比特后变成怎样的比特串？

7. 要发送的数据为 101110。采用 CRC 生成多项式是 $P(X)=X^3+1$。试求应添加在数据后面的余数。

8. 要发送的数据为 1101011011。采用 CRC 的生成多项式是 $P(X)=X^4+X+1$。试求应添加在数据后面的余数。数据在传输过程中最后一个 1 变成了 0，请问接收端能否发现？若数据在传输过程中最后两个 1 都变成了 0，请问接收端能否发现？采用 CRC 后，数据链路层的传输是否就变成了可靠的传输？

9. 简述 CSMA/CD 协议的工作原理。

10. 假定站点 A 和站点 B 在同一个 10 Mbit/s 以太网网段上。这两个站点之间的传播时延为 225 比特时间。现假定 A 开始发送一帧，并且在 A 发送结束之前 B 也发送一帧。如果 A 发送的是以太网所容许的最短的帧，那么在 A 检测到和 B 发生碰撞之前能否把自己的数据发送完毕？

11. 什么叫作传统以太网？以太网有哪两个主要标准？

12. 试说明 10 Base-T 中的“10”“Base”“T”所代表的意思。

第4章

网络层

本章将系统地讲解计算机网络体系七层架构的第三层，即网络层。网络层位于网络接口链路层和传输层之间，其主要协议包括互联网协议(Internet Protocol，IP)、地址解析协议(Address Resolution Protocol，ARP)、反向地址解析协议(Reverse Address Resolution Protocol，RAPP)、互联网控制消息协议(Internet Control Message Protocol，ICMP)、互联网组管理协议(Internet Group Management Protocol，IGMP)等。其中IP协议是整个网络层的核心协议。

本章的主要内容：

1. 网络层所提供的服务。
2. 逻辑寻址 Ipv4 地址核心协议 IP 协议的原理。
3. 逻辑寻址 IPv6 地址。
4. 划分子网和构造超网。
5. 路由选择协议。
6. IP 多播。
7. 虚拟专用网和网络地址转换。
8. 移动 IP。

4.1 网络层提供的服务

4.1.1 存储转发数据包交换

包交换网络中，报文被分成多个数据块，每个数据块加上原地址和目的地址，重新封装成一个数据包，这些数据包可以沿着相同或不同的链路，在一个或多个网络中传输，并在目的地重新组装。数据包彼此独立,传输相互不受影响,通常沿着不同的路径到达目的地。报文通常被分成数千个数据包,如果出现拥塞、链路交换、路由重组等情况,都有可能造成一些数据包在传输过程中丢失。通信过程允许这种情况发生,可以通过重新传输在传输过程中丢失的数据包的方法解决。

4.1.2 面向连接的服务

传统的电信网络服务以提供电话服务为主,为用户提供可靠的传输和面向连接的通信。计算机网络模拟传统的电话通信模式,在通信之前建立一条原端点计算机到目的端点计算机的一条虚拟链路(Virtual Crcingh,VC)连接,虚拟链路包含了源端点到目的端点之间通信所需的通信资源。源端点和目的端点通过已建立的虚拟链路发送数据。数据包的首部不需要写完整的目标主机地址,只需要填写虚拟电路的标识号,由于标识号很小,通常只是一个小整数,因此可减少数据包的开销。如果采用虚拟链路的传输方式,配合可靠传输的网络协议,所有的数据包都会顺序到达终点,直到通信完成后释放虚拟链路。面向连接的虚拟链路服务如图 4-1 所示。

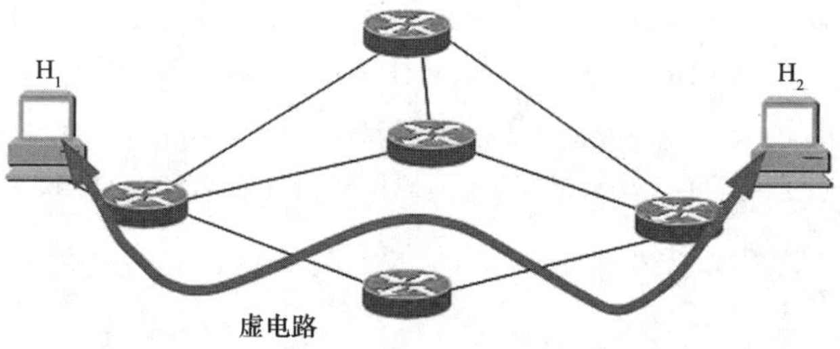

图 4-1　面向连接的虚拟链路服务

4.1.3 面向无连接的服务

传统电信网的终端即电话机,缺乏智能处理能力,功能结构简单,面向连接的处理方式特别适合,然而计算机网络的终端是具有很强的处理与计算能力的智能计算机,并且有很强的差错处理能力,所以在互联网传输则采用了面向无连接的模式。

在面向无连接通信中,源端点和目的端点所需要传输的数据包被分割为一个个数据分组。源端点和目的端点之间没有初始协商,源端点仅将数据包发送到网络。每个数据分组的首部都包含源地址和目标地址,通过网络上相同或不同的链路进行传输。面向无连接的通信过程,数据通信没有接收应答,也没有流控制,分组经常乱序到达,需要在目的端点重新排序。如果收到错误的数据分组,则将其删除。重组分组时,会找到已删除的分组并重新发送请求。

在面向无连接传输中,除了将数据分组发送到目的地之外,网络不需要做任何事情。如果数据分组丢失,接收方必须检测错误并请求重新传输。如果数据分组由于路径不同而没有按顺序到达,则接收器必须对它们重新排序。面向无连接的数据包服务如图 4-2 所示。

虚电路服务和数据包服务的对比见表 4-1。

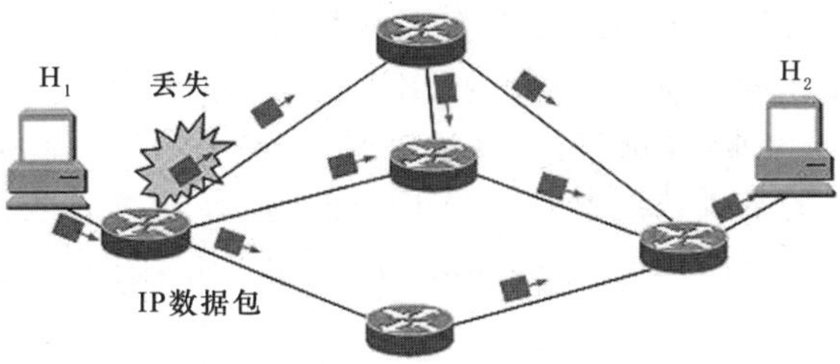

图 4-2 面向无连接的数据包服务

表 4-1 虚电路服务和数据包服务的对比

对比的方面	虚电路服务	数据包服务
可靠性依赖	利用整体网络来保证通信可靠性	利用用户主机来保证通信可靠性
连接的建立	必须有	不需要
终点地址	仅在连接建立阶段使用,每个分组使用短的虚拟链路号	每个分组都有原点和终点的完整地址
分组的转发	属于同一条虚拟链路的分组均按照同一路由进行转发	每个分组独立选择路由进行转发
当节点出故障时	所有通过出故障的节点的虚拟链路均不能工作	出故障的节点可能会丢失分组,一些路由可能会发生变化
分组的顺序	总是按发送顺序到达终点	到达终点时不一定按发送顺序
端到端的差错处理和流量控制	可以由网络负责,也可以由用户主机负责	由用户主机负责

4.2 逻辑寻址 IPv4 地址

IP 是英文 Internet 协议的缩写,意思是“网络间互联协议”,即设计用于计算机网络间通信的协议。在 Internet 中,它是一组定义计算机在通过 Internet 通信时应遵循的规则。任何制造商生产的任何计算机系统只要符合 IP 协议,就可以与互联网互联。正是由于 IP 协议,互联网迅速发展成为世界上较大的开放式计算机通信网络。因此,IP 协议也可以称为“Internet 协议”。

Internet 协议版本 4(Internet Protocol Version 4,IPv4),也称为 Internet 通信协议的第 4 版,是 Internet 协议开发过程中的第 4 个修订版本,也是该协议的第 1 个广泛部署的版本。IPv4 是 Internet 的核心技术之一,也是 Internet 协议中使用比较广泛的版本,其后续版本是 IPv6。直到 2011 年,当互联网数字分配机构 (The Internet Assigned Numbers Authority,IANA)的 IPv4 地址即将完全耗尽时,IPv6 仍处于部署的早期阶段。国际互联网工程任务组(The Internet Engineering Task Force,IETF)于 1981 年 9 月发布的 RFC 791 中描述了 IPv4,取代了 1980 年 1 月发布的 RFC 760。

IPv4 是一种无连接协议,使用分组交换在数据链路层上运行,例如以太网。该协议将尽最大努力传递数据包,也就是说,它不保证任何数据包都能到达目的地,也不保证所有数据包都能以正确的顺序到达而不重复。这些方面由上层传输协议处理,例如传输控制协议。

由 RFC 791 定义的 IP (Internet Protocol,互联网协议)是 TCP/IP 网络层的核心协议。IP 是尽力传输的网络协议,其提供的数据传送服务是不可靠的、无连接的。IP 协议不关心数据报文的内容,不能保证数据包能成功地到达目的地,也不维护任何关于前后数据包的状态信息。IP 将来自传输层的数据段封装成 IP 包并交给网络层进行发送,同时将来自网络层的帧解封装并根据 IP 协议号(Protocol Number)提交给相应的传输层协议进行处理。IP 协议的主要作用包括:

第一,标识节点和链路。IP 为每个链路分配一个全局唯一网络号(Network-Number)以标识每个网络,为节点分配一个全局唯一的 32 位 IP 地址,用以标识每一个节点。

第二,寻址和转发。IP 路由器通过根据所掌握的路由信息,确定节点所在网络的位置,进而确定节点所在的位置,选择适当的路径将 IP 包转发到目的节点。

第三,适应各种数据链路。为了工作于多样化的链路和介质上,IP 必须具备适应各种链路的能力,根据链路的最大传输单元对实际的数据链路层进行分片和重组,可以建立 IP 地址到数据链路层地址的映射传递信息。

4.2.1 地址空间

IPv4 使用 32 位(4 字节)地址,大约有 43 亿个 IP 地址,连接到 Internet 上的设备必须有一个全球唯一的 IP 地址(IP Address)。IP 地址与链路类型、设备硬件无关,是由管理员分配指定的,因此也称为逻辑地址。有些地址是为特殊目的而保留的,例如专用网络地址(约 1 800 万个)和多播地址(约 2.7 亿个)。随着地址继续分配给最终用户,IPv4 地址耗尽也只是时间问题。基于分类网络、无类域间路由和网络地址转换的地址结构重建显著降低了地址耗尽的速度。然而,2011 年 2 月 3 日,在最后五个地址块分配给五个区域互联网注册中心后,IANA 的主地址池耗尽。

IPv4 地址可以用表示 32 位整数值的任何形式写入,但为了便于使用和分析,它通常用点分十进制表示法写入,即 4 个字节分别用十进制表示,并用点分隔,如 192.128.78.64。

如图 4-3 所示为 192.128.78.64 点分十进制记法的分析过程。

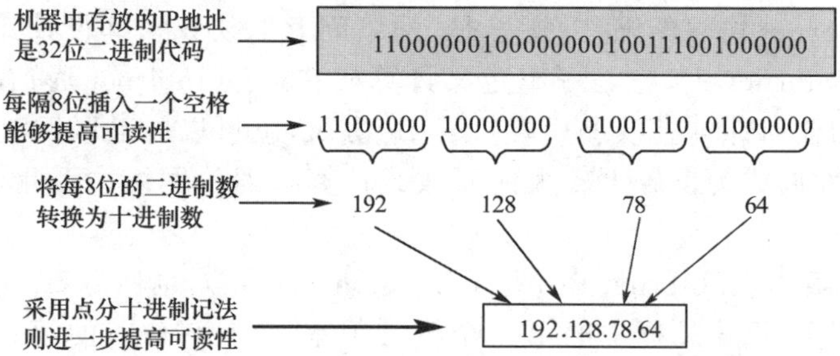

图 4-3 点分十进制记法

4.2.2 IP 地址的分类

IP地址

由于理论上总共有 2^{32} 个 IP 地址,也就是约 43 亿个 IP 地址,在互联网上,每一台路由器都储存每一个节点的路由信息几乎是不可能的。为便于实现路由选择、地址分配和管理维护,IP 地址采用二级结构,即 IP 地址由两个部分组成:

IP 地址：：=｛〈网络号〉,〈主机号〉｝

网络号(net-id):用于区分不同的 IP 网络,即该 IP 地址所属的 IP 网段,一个网络中所有设备的 IP 地址具有相同的网络号。

主机号(host-id):用于标识该网络内的 IP 节点。在一个网段内部,主机号是唯一的。

各个网段内具有的 IP 节点数各不相同,为了适应这种需求,IP 地址被分成五类,如图 4-4 所示。

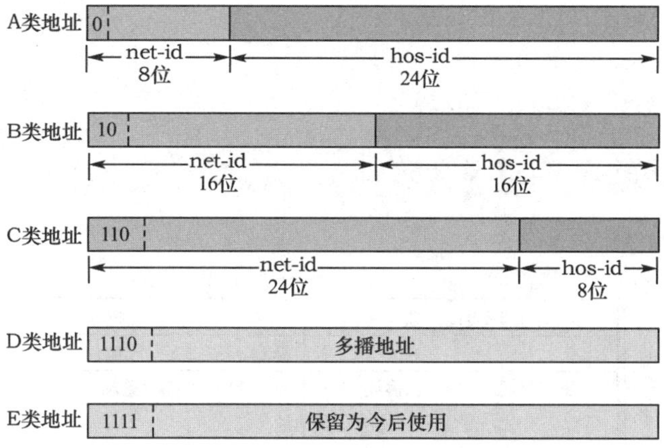

图 4-4　分类 IP 地址中的网络号字段和主机号字段

A 类 IP 地址的第一个八位段,以 0 开始。A 类地址的网络号为第一个八位段,网络号取值为 1～126 (127 留作他用)。A 类地址的主机号为后面的三个八位段,共 24 位。A 类地址为 1.0.0.0～126.255.255.255, 每个网络有 2^{24} 个 A 类 IP 地址。

B 类 IP 地址的第一个八位段以 10 开始。B 的第一个八位段取值为 128～191。B 类地址的主机号为后面的两个八位段共 16 位。B 类地址为 128.0.0.0～191.255.255.255,每个 B 类网络有 2^{16} 个 IP 地址。

C 类 IP 地址的第一个八位段以 110 开始。C 类地址的网络号为前三个八位段,网络号的第一个八位段取值为 192～223。C 类地址的主机号为后面的一个八位段共 8 位。C 类地址为 192.0.0.0～223.255.255.255,每个 C 类网络有 $2^8=256$ 个 C 类 IP 地址。

D 类地址第一个八位段以 1110 开头,因此 D 类地址的第一个八位段取值为 224～239。D 类地址通常为组播地址。

E 类地址第一个八位段以 1111 开头,保留用于研究。

IP 地址用于唯一的标识网络设备,但并不是每个 IP 地址都可以用于这个目的。一些特殊的 IP 被用于各种各样的其他用途。

主机部分全为 0 的 IP 地址称为网络地址,网络地址用来标识一个网段。例如 1.0.0.0/8、10.0.0.0/8、192.168.1.0/24 等。

主机部分全为 1 的 IP 地址是网段广播地址。这种地址用于标识一个网络内的所有主机。例如,10.255.255.255 是网络 10.0.0.0 内的广播地址,表示网络 10.0.0.0 内的所有主机。一个发往 10.255.255.255 的 IP 包将会被该网段内的所有主机接收。

网络号为 127 的 IP 地址用于环路测试目的。例如 127.0.0.1 通常表示"本机"。

IP 地址 0.0.0.0 代表"所有的网络",通常用于指定默认路由。而 IP 地址 255.255.255.255 是全网广播地址,代表"所有的主机",用于向网络的所有节点发送数据包。

如上所述,每一个网段都会有一个网络地址和一个网段广播地址,因此实际可用于主机的地址数等于网段内的全部地址数减 2。例如 B 类网段 172.16.0.0 有 16 个主机位,因此

有 2^{16} 个 IP 地址，去掉一个网络地址 172.16.0.0 和一个广播地址 172.16.255.255 不能用于标识主机，实际共有 $2^{16}-2$ 个可用地址。

各类 IP 地址的范围如下所示：

A 类：0.0.0.0～127.255.255.255

B 类：128.0.0.0～191.255.255.255

C 类：192.0.0.0～223.255.255.255

D 类：224.0.0.0～239.255.255.255

E 类：240.0.0.0～255.255.255.255

4.2.3 IP 数据包的格式

数据包的格式如图 4-5 所示。

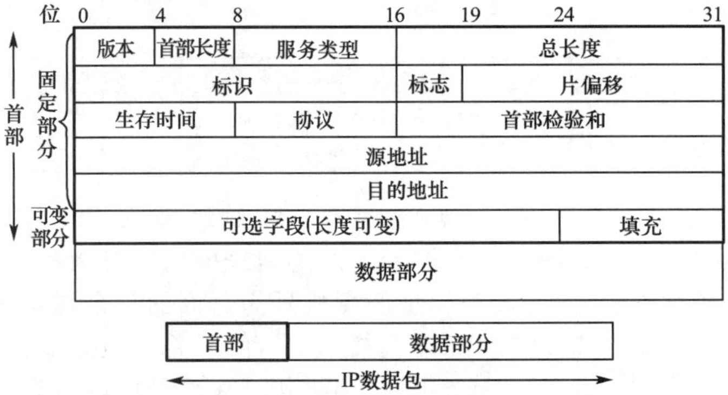

图 4-5 IP 数据包格式

IP 数据包的首部，固定长度为 20 字节。这 20 个字节功能如下：

版本(Version)：标明了 IP 协议的版本号，目前的协议版本号为 4，下一代 IP 协议的版本号为 6。版本占 4 位。

首部长度(Internet Header Length，IHL)：占 4 位，指 IP 数据包首部长度。

服务类型(Type of Service，ToS)：占 8 位，用于标志 IP 数据包获得的服务等级，常用于服务质量(Quality of Service，QoS)中。

总长度(Total Length)：占 16 位，整个 IP 包的长度，包括数据部分和首部。

标识(Identification)：占 16 位，唯一地标识主机发送的每一个 IP 包。通常每发送一个包其值就会加 1。

标志(Flag)：占 3 位，但目前只有两位有意义。

• 标志字段中的最低位记为 MF(More Fragment)，当 MF=1 时表示后面"还有分片"的数据包；当 MF=0 时表示这已是若干 IP 数据包片中的最后一个。

• 标志字段中间的一位记为 DF (Don't Fragment)，意思是"不能分片"。只有当 DF=0 时才允许分片。

片偏移：占 13 位，是指较长的分组在分片后，某片在原分组中的相对位置。也就是说，相对于用户数据字段的起点，该片从何处开始。片偏移以 8 个字节为偏移单位。这就是说，每个分片的长度一定是 8 字节 (64 位)的整数倍。

例如，一个 IP 数据包的总长度为 4 020 字节，除去固定首部 20 字节，其数据部分为 4 000 字节，将数据包分为长度不超过 1 420 字节的数据包片。每个数据包片复制原始数据包首部 20 个字节，并修改有关字段的值。除去这固定首部 20 字节，数据部分长度不能超过 1 400 字节。于是数据部分为 4 000 字节，分为 3 个数据包片，数据部分的长度分别为 1 400、1 400 和 1 200 字节。数据包片举例如图 4-6 所示。

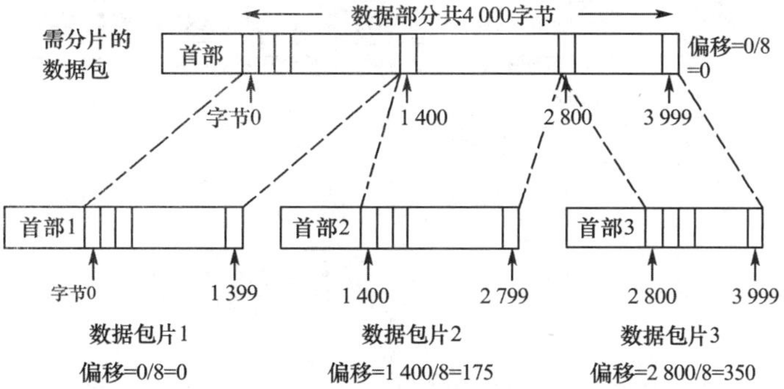

图 4-6　数据包片举例

生存时间(Time to Live，TTL)：占 8 位，设置了数据包可以经过的路由器数。一旦经过一个路由器，TTL 值就会减 1，当该字段值为 0 时，数据包将被丢弃。

协议 (Protocol)：占 8 位，标识数据包内传送的数据所属的上层协议，IP 用协议号区分上层协议。TCP 协议的协议号为 6，UDP 协议的协议号为 17。

首部校验和(Head Checksum)：IP 首部的校验和，用于检查包头的完整性。

源地址(Source Address)和目的地址(Destination Address)：各占 32 位，分别标识数据包的源节点和目的节点的 IP 地址。

4.2.4 地址解析协议与反向地址解析协议

IP 地址放在 IP 数据包的首部，是一种逻辑地址，适用于网络层和网络层以上各层使用的地址。但在实际通信时，IP 地址不能被物理网络所识别，物理网络所使用的依然是物理地址，即硬件地址。当 IP 数据包递交到数据链路层，整个 IP 数据包包含首部和数据一起都被重新封装在 MAC 帧中，作为 MAC 帧的数据部分。MAC 帧的首部重新加入源地址和目的地址，但是此时源地址和目的地址都是硬件地址。这个硬件地址也称为 MAC 地址 48 位二进制构成，一般都是固化在网卡的 ROM 中(但在 X.25 网络中，计算机的硬件地址并不固化在 ROM 中)。因此，必须实现 IP 地址对物理地址的映射。

1. 地址解析协议

当 IP 数据包在以太网中传送数据时，以太网链路并不识别 32 位的 IP 地址，它们以 48 位的 MAC 地址标识以太网各个主机节点。当 IP 地址需要与 MAC 地址之间建立映射(Map)关系时，这种映射的过程称为地址解析(Resolution)，使用的协议就是地址解析协议(Address Resolution Protocol，ARP)。

ARP 功能在于动态地将 IP 地址解析为 MAC 地址的协议。每一个主机都设有一个 ARP 高速缓存(ARP cache)，里面有所在的局域网上的各主机和路由器的 IP 地址和硬件地址的映射表。主机通过 ARP 解析目的主机的 MAC 地址后，将在自己的 ARP 缓存表中增加目的主机相应的 IP 地址到 MAC 地址的映射表项，用于以后发送报文到同一目的主机。例如，假设同一网段下的两台主机 A 和主机 B，主机 A 要向主机 B 发送 IP 数据包，其地址解析过程如图 4-7 所示。

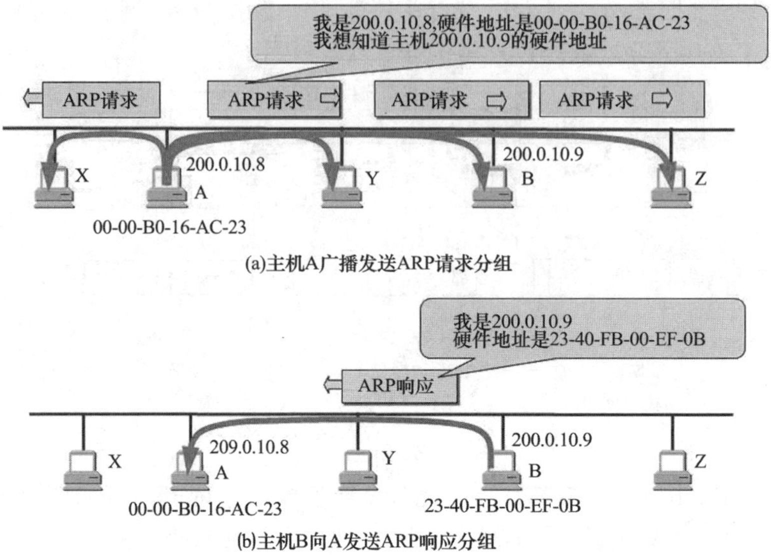

图 4-7　ARP 地址解析过程

(1)主机 A 首先在自己的 ARP 表中查找,确定表中是否存在主机 B 的 IP 地址对应的 ARP 表项。如果已经存在,则主机 A 将 IP 数据包封装在帧的数据部分,将 ARP 表项中查找到的 MAC 地址作为目的地址,写入帧的首部,然后将帧发送给主机 B。

(2)如果主机 A 在自己的 ARP 表中找不到主机 B 对应的表项,则把该 IP 数据包先放入缓存区,以广播方式在自己的网段中发送一个 ARP 请求报文。ARP 请求报文包含发送端 IP 地址、发送端 MAC 地址、目标 IP 地址和目标 MAC 地址四个部分。此时,发送端 IP 地址和发送端 MAC 地址为主机 A 的 IP 地址和 MAC 地址,目标 IP 地址为主机 B 的 IP 地址,目标 MAC 地址为全 0 的 MAC 地址。

(3)ARP 请求报文以广播方式发送,因此该网段上的所有主机都可以接收到该请求报文。主机 B 收到请求报文后,将自己的 IP 地址和 ARP 请求报文中的目标 IP 地址进行比较,发现两者相同,主机 B 将 ARP 请求报文中的发送端 IP 地址和 MAC 地址,即主机 A 的 IP 地址和 MAC 地址,存入自己的 ARP 表中,并以单播方式向主机 A 发送 ARP 响应报文,其中包含了自己的 MAC 地址。该网段上的其他主机发现请求报文中的目标 IP 地址并非自己,于是都不做应答,将请求报文丢弃。

(4)主机 A 收到 ARP 响应报文后,将主机 B 的 MAC 地址加入自己的 ARP 表中,同时此 MAC 地址作为目的地址封装在帧首部中,发送给主机 B。

ARP 表项有动态 ARP 表项和静态 ARP 表项两种,动态 ARP 表项由 ARP 协议动态解析获得,如果在规定时间未被使用,则会被自动删除;静态 ARP 表项通过管理员手工配置,没有期限。优先级上静态 ARP 表项高于动态 ARP 表项,静态 ARP 表项可以覆盖相应的动态 ARP 表项。

2. 反向地址解析协议

反向地址解析协议(Reverse Address Resolution Protocol,RARP)功能在于动态地将 MAC 地址解析为 IP 地址的协议,即当主机知道自己的硬件地址时,可以通过 RARP 解析自己的 IP 地址。

RARP 常用于获取自身 IP 地址。无盘工作站在刚刚启动时,无盘工作站只知道自己网卡的 MAC 地址,需要获得自己的 IP 地址,于是向网络中广播 RARP 请求。RARP 服务器接收广播请求后发送应答报文,无盘工作站随即获得 IP 地址。

RARP 服务器要响应请求,首先必须知道物理地址与 IP 地址的对应关系。为此,在 RARP 服务器中维持着一个本网段的"物理地址—IP 地址"映射表。当某无盘工作站发出 RARP 请求后,网上所有主机均收到该请求,但只有 RARP 服务器处理请求并根据请求者物理地址响应请求。无盘工作站发出的 RARP 请求中携带其物理地址,服务器根据此硬件地址查找其 IP 地址。由于服务器此时已经知道无盘工作站的物理地址,因此不再采用广播方式,而是直接向无盘工作站发送单播应答。

对应于 ARP、RARP 请求以广播方式发送,ARP、RARP 应答包以单播方式发送,以节省网络资源。

4.2.5 网际控制报文协议

RFC 792 定义的网际控制报文协议(Internet Control Message Protocol,ICMP)是一个网络层协议,基于 IP 运行。ICMP 定义了错误报告和其他回送给源点的关于 IP 数据包处理情况的消息,可以用于报告 IP 数据包传递过程中发生的错误、失败等信息,提供网络诊断等功能。

ICMP 通常为 IP 层或者更高层协议使用。其中 ping 是一个最常见的应用,主机可通过它来测试网络的可达性。用户运行 ping 命令时,主机向目的主机发送 ICMP Echo Request 消息。Echo Request 消息封装在 IP 包内,其目的地址为目的主机的 IP 地址。目的主机收到 Echo Request 消息后,向源主机回送一个 ICMP Echo Reply 消息。源主机如果收到 Echo Reply 消息,即可获知该目的主机是可达的。假定某个中间路由器没有到达目的网络的路由,便会向源主机端返回一条 ICMP 目的主机不可达(Destination Unreachable)消息,告知源主机目的不可达。

ICMP 消息可分为两种类型,即 ICMP 差错消息和 ICMP 查询消息。对于 ICMP 差错消息要做特殊处理,例如,在对 ICMP 差错消息进行响应时,永远不会生成另一份 ICMP 差错消息(如果没有这个限制规则,可能会遇到一个差错产生另一个差错的情况,而差错再产生差错,这样会无休止地循环下去)。

常用的 ICMP 消息的含义如下:

(1)目的主机可能不存在或已关机,可能发送者提供的源路由要求无法实现,或设定了不分段的包太大而不能封装于帧中。在这些情况下,路由器检测出错误,并向源端发送一个 ICMP Destination Unreachable 消息。它包含了不能到达目的地的数据包的完整 IP 头,以及其载荷数据的前 64 比特,这样发送者就能知道哪个包无法投递。

(2)回波请求(Echo Request):是由主机通过路由器向某个特定的目的主机发出的询问。这种询问消息用来测试目的站是否可达。

(3)回波响应(Echo Reply):对回波请求做出响应时发送。由目的主机发送(ICMP Echo Reply)消息作为响应。

(4)参数问题(Parameter Problem):假设一个 IP 数据包的包头中产生错误或非法值,路由器发现问题后向源发送一个 Parameter Problem 消息。这个消息包含了有问题的 IP

头和一个指向出错字段的指针。

(5)重定向(Redirect):假设主机向路由器发送了一个包,而此路由器知道其他的路由器能将分组更快地投递,为了方便以后路由,此路由器向主机发送一个 Redirect 消息。它通知主机其他路由器的位置,以及今后应当将具有相同目的地址的包发向那里。这就允许主机动态地更新它的路由表,更好地适应网络条件的变化。

(6)源抑制(Source Quench):当某个速率较高的源主机向另一个速率较慢的目的主机(或路由器)发送一连串的数据包时,就有可能使速率较慢的目的主机产生拥塞,因而不得不丢弃一些数据包。源主机通过高层协议得知丢失了一些数据包,就会不断地重发这些数据包,这就使得原本已经拥塞的目的主机更加拥塞。在这种情况下,目的主机就要向源主机发送 ICMP Source Quench 消息,使源站暂停发送。

4.3 逻辑寻址 IPv6 地址

虽然当前的网络地址转换(NAT)及无类别域间路由(CIDR)等技术可延缓网络地址匮乏的现象,但并未解决根本上的问题,从 1990 年开始,互联网工程任务组(IETF)开始规划 IPv4 的下一代协议,除了要解决当前遇到的 IP 地址短缺问题外,还要进行更多的业务扩展,为此 IETF 提出了下一代 IP(IPng)建设方案。1994 年,各 IPng 领域的代表们于加拿大多伦多举办的 IETF 会议中,正式提出了 IPv6 议案,该提案在同年的 11 月 17 日被认可,并于 1996 年 8 月 10 日成为 IETF 的草案标准,最终 IPv6 在 1998 年 12 月由 IETF 以互联网标准规范(RFC 2460)的方式正式公布。

4.3.1 IPv6 地址优点

IPv6 是英文"Internet Protocol Version 6"(互联网协议第 6 版)的缩写,是互联网工程任务组(IETF)设计的用于替代 IPv4 的下一代 IP 协议。IPv4 最大的问题在于网络地址资源有限,严重制约了互联网的应用和发展。IPv6 的使用,不仅能解决网络地址资源数量的问题,而且也解决了多种接入设备连入互联网的障碍。与 IPv4 比较,IPv6 有以下特点:

1. 更大的地址空间:128 bit

IPv4 中规定 IP 地址长度为 32,最大地址个数为 2^{32};而 IPv6 中 IP 地址的长度为 128,即最大地址个数为 2^{128}。与 32 位地址空间相比,其地址空间增加了 $2^{128}-2^{32}$ 个。

2. 扩展的地址层次结构

IPv6 地址采用了分级的层次结构,在恰当的地址分配策略下,IPv6 的骨干路由表数目可以远远低于 IPv4 的骨干路由表数目,从而大大提高路由器的效率,减少网络时延。

3. 灵活的功能得到改善的首部结构

IPv6 使用新的首部格式,其选项与基本首部分开,如果需要,可将选项插入基本首部与上层数据之间。这就简化和加速了路由选择过程,因为大多数的选项不需要由路由选择。

4. 允许协议继续扩充

如果有新的技术或应用需要,IPv6 允许协议进行扩充。

5. 支持即插即用(自动配置)

当连接到 IPv6 网络上时,IPv6 主机可以使用邻居发现协议对自身进行自动配置。当第一次连接到网络上时,主机发送一个链路本地路由器请求(Solicitation)多播请求来获取配置参数。路由器使用包含 Internet 层配置参数的路由器宣告(Advertisement)数据包进行回应。

在不适合使用 IPv6 无状态地址自动配置的场景下,网络可以使用有状态配置,如 DHCPv6,或者使用静态方法手动配置。

6. 支持资源的预分配

IPv6 支持实时视像等要求,保证一定的带宽和时延的应用。

7. IPv6 具有更高的安全性

在使用 IPv6 网络中用户可以对网络层的数据进行加密并对 IP 数据包进行校验,在 IPv6 中的加密与鉴别选项提供了分组的保密性与完整性。极大地增强了网络的安全性。

8. 提高了服务质量和隐私保护能力

IPv6 协议内置安全机制,并已经标准化为 IPsec,为部署端到端的安全性,虚拟专用网络(VPN)提供良好的支持,保证了网络层端到端通信的完整性和机密性,IPv6 安全性的增强无疑将改进虚拟专用网的互操作性。

IPv6 报头中新增了业务级别类型和流标记。利用这些功能,IPv6 允许网络用户对通信质量提出要求,路由器可以根据该字段标识出属于同一特定数据流的所有数据包,并按需要对这些数据包提供特定的安排处理,从而实现优先级控制和服务质量保证。

4.3.2 IP 地址结构与分类

1. IP 地址结构

IP 地址分成两部分(图 4-8),第一部分称为类型前缀(表 4-2),是一个可变长度的地址,第二部分为接口标识符,也是一个可变长度的地址[RFC 2373]。

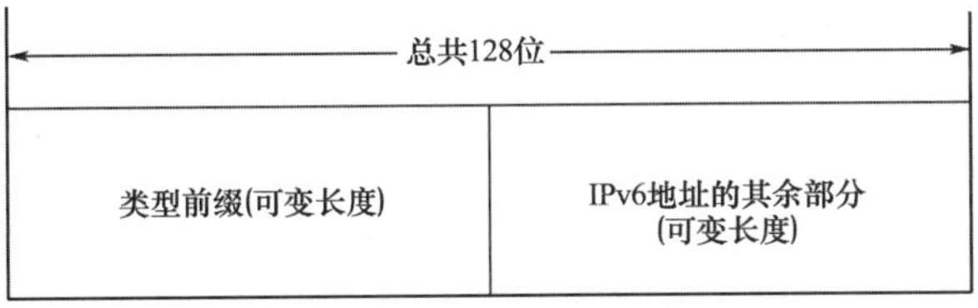

图 4-8 IPv6 地址结构

表 4-2 IPv6 地址的类型前缀

类型前缀(二进制)	在 IPv6 地址中所占的百分比	说明
0000 0000	1/256	保留地址
0000 0001	1/256	未指定地址
0000 001	1/128	NSAP 分配保留地址
0000 010	1/128	IPX 分配保留地址
0000 011	1/128	未指定地址
0000 1	1/32	未指定地址
0001	1/16	未指定地址
001	1/8	可聚类全球单播地址

（续表）

类型前缀(二进制)	在 IPv6 地址中所占的百分比	说明
010	1/8	未指定地址
011	1/8	未指定地址
100	1/8	未指定地址
101	1/8	未指定地址
110	1/8	未指定地址
1110	1/16	未指定地址
1111 0	1/32	未指定地址
1111 10	1/64	未指定地址
1111 110	1/128	未指定地址
1111 1110 0	1/512	未指定地址
1111 1110 10	1/1 024	本地链路单播地址
1111 1110 11	1/1 024	本地站点单播地址
1111 1111	1/256	多播地址

2. IPv6 地址格式

IPv6 地址二进制为 128 位长度，如果仍采用 IPv4 的“点分十进制”表示法来记录，这些地址会很长，不易于读写，为了使地址更加简洁，IPv6 使用“冒号十六进制记法(colon hexadecimal notation，colon hex)”表示。以 16 位为一组，每组以冒号“:”隔开，可以分为 8 组，每组以 4 位十六进制方式表示。例如：2001:0ab8:84e3:08a3:1315:8bae:04a0:2234 是一个合法的 IPv6 地址。

同时，IPv6 地址在某些条件下可以进行省略和压缩，允许把数字前面的 0 省略和连接的 0 进行压缩。

每项数字前导的 0 可以省略，省略后前导数字仍是 0 则继续，例如下组 IPv6 是等价的。
2001:0AB8:024e:0000:0000:0000:0000:0f24

省略前导 0 为：

2001:AB8:24e:0000:0000:0000:0000:f24

2001:AB8:24e:000:000:000:000:f24

2001:AB8:24e:00:00:00:00:f24

2001:AB8:24e:0:0:0:0:f24

可以用双冒号“::”表示一组 0 或多组连续的 0，但只能出现一次，下面这组 IPv6 都是相等的。

2001:0AB8:024e:0000:0000:0000:0000:0f24

省略前导 0 为：

2001:AB8:24e:0:0:0:0:f24

压缩连续的 0 为：

2001:AB8:24e::f24

但像 2001::23ad::c43c 这种地址是非法的，因为双冒号出现了两次。它有可能是下列情形之一，造成无法推断。

2001:0000:0000:0000:0000:23ad:0000:c43c

2001:0000:0000:0000:23ad:0000:0000:c43c

2001:0000:0000:23ad:0000:0000:0000:c43c

2001:0000:23ad:0000:0000:0000:0000:c43c

如果这个地址是 IPv4 的转换地址，后 32 位可以用十进制数表示；因此 ffff::192.168.89.9 相等于 ffff::c0a8:5909。

3. IPv6 地址分类

IPv6 协议主要定义了三种地址类型：单播地址（Unicast Address）、任播地址（Anycast Address）和多播地址（Multicast Address），见表 4-3。与原来的 IPv4 地址相比，新增了“任播地址”类型，取消了原来 IPv4 地址中的广播地址，因为在 IPv6 中的广播功能是通过多播来完成的。

表 4-3 地址分类

地址类型	二进制前缀	IPv6 标识
未指定地址	00...0(128 bit)	::/128
环回地址	00...1(128 bit)	::1/128
多播地址	11111111	FF00::/8
本地链路单播地址	1111111010	FE80::/10
本地站点单播地址	1111111011	FEC0::/10
全局单播地址	（除上述地址外的其他地址）	

（1）单播地址

单播地址标识一个网络接口。协议会把送往地址的数据包送往其接口。IPv6 的单播地址可以有一个代表特殊地址名字的范畴，如链路本地地址（Link Local Address）和唯一区域地址（Unique Local Address，ULA）。单播地址包括可聚类的全球单播地址、链路本地地址等。

（2）任播地址

任播是 IPv6 特有的数据发送方式，它像是 IPv4 的 Unicast（单点传播）与 Broadcast（多点广播）的综合。IPv4 支持单点传播和多点广播，单点传播在源和目的地间直接进行通信；多点广播存在于单一来源和多个目的地进行通信。而任播则在以上两者之间，它像多点广播一样，会有一组接收节点的地址列表，但指定为传播的数据包，只会发送给距离最近或发送成本最低（根据路由表来判断）的其中一个接收地址，当该接收地址收到数据包并进行回应，且加入后续的传输。该接收列表的其他节点，会知道某个节点地址已经回应了，它们就不再加入后续的传输作业。以当前的应用为例，任播地址只能分配给中间设备（如路由器、三层交换机等），不能分配给终端设备（手机、计算机等），而且不能作为发送端的地址。

（3）多播地址

多播地址也称组播地址。多播地址也被指定到一群不同的接口，送到多播地址的数据包会被发送到所有的地址。多播地址由皆为 1 的字节起始，即它们的前置为 FF00::/8。其第二个字节的最后四个比特用以标明“范畴”。一般有 node-local(0x1)、link-local(0x2)、site-local(0x5)、organization-local(0x8)和 global(0xE)。多播地址中的最低 112 位会组成多播组群识别码，不过因为传统方法是从 MAC 地址产生，故只有组群识别码中的最低 32 位有使用。定义过的组群识别码有用于所有节点的多播地址 0x1 和用于所有路由器的 0x2。另一个多播组群的地址为“solicited-node 多播地址”，是由前置 FF02::1:FF00:0/104 和剩余的组群识别码（最低 24 位）组成。这些地址允许经由邻居发现协议（Neighbor Discovery Protocol，NDP）来解译链接层地址，因而不会干扰到在区网内的所有节点。

未指定地址：全 0，表示为 ::/128；仅用于接口没有分配地址时作为源地址，含有未指定地址的包不会被转发。

环回地址：表示为::1/128，表示自己，如同 IPv4 中的 127.0.0.1。

多播地址：IPv4 用 TTL 来限制组播流量，IPv6 多播没有 TTL，因为在多播地址内定义了范围。

IPv6 多处使用多播地址：如 ARP 的替代协议，前缀通告，重复地址检测 DAD，前缀重新编址。FF00::/8 前缀+4 bit 标志字段+4 bit 范围字段+112 bit 多播组标识符。

本地链路单播地址：只能在连接同一本地链路的节点之间使用，譬如一个路由器的以太网接口下的所有主机与路由器该接口之间；IPv6 本地链路地址前缀：FE80::/10，当在一个节点上启用 IPv6 时，节点的每个接口自动配置一个本地链路地址。本地链路地址只用于本地链路范围，不能在站点内的子网间路由。

本地站点单播地址：类似于 IPv4 私有地址空间。本地站点单播地址在节点上不能像本地链路单播地址一样被默认启用，即必须指定。一个本地站点地址可以赋予站点内的任何节点和路由器，但是，不能在 IPv6 互联网上路由。本地站点单播地址使用 FEC0::/10 前缀，54 bit“子网标识”，64 bit“EUI-64”接口标识符。

4. IPv6 数据包格式

IPv6 数据包由两大部分组成：基本首部（Base Header）和有效载荷（Payload），如图 4-9 所示。有效载荷也称为净负荷，由两部分构成：扩展首部（Extension Header）和上层协议数据单元，允许有零个或多个扩展首部。基本首部占用 40B 的固定长度，扩展首部和上层协议数据单元可以包含 65 535B 的信息。

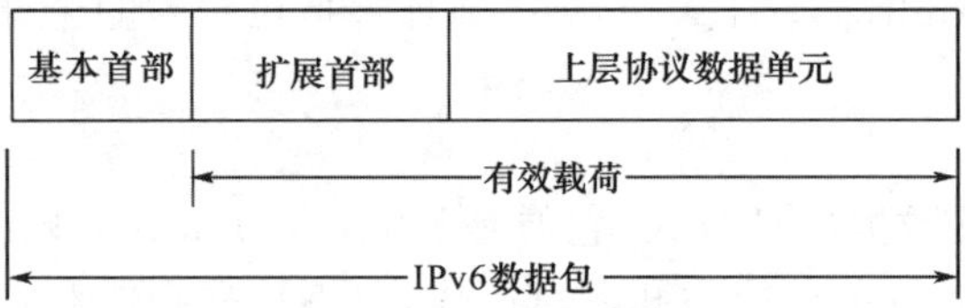

图 4-9 IPv6 数据包首部和有效载荷

(1)基本首部

基本首部包括数据包转发的基本信息，路由器通过基本首部解析就能完成绝大多数的数据包转发任务。

(2)扩展首部

扩展首部包括一些扩展的首部转发信息，该部分不是必需的，也不是每个路由器都需要处理，一般只有目的路由器（或者主机）才需要处理。

(3)上层协议数据单元

一般由上层协议报头和它的有效载荷构成，该部分与 IPv4 的上层协议数据单元一样。

其中，基本首部由 8 个字段构成，如图 4-10 所示。

版本	业务流类别(优先级)	流标号
有效载荷长度	下一个首部	跳数限制
源地址(128 bit)		
目的地址(128 bit)		

图 4-10 IPv6 数据包的格式

(1) 版本。长度为 4 位，对于 IPv6，该字段必须为 6(0110)。

(2)业务流类别。业务流类别又称通信流类别，长度为 8 bit，指明为该包提供了某种

“区分服务”。RFC 1883 中最初定义该字段只有 4 bit,并命名为“优先级字段”,后来该字段的名字改为“类别”,在最新的 IPv6 Internet 草案中,称之为“业务流类别”。该字段的默认值是全 0。

(3)流标号。长度为 20 bit,用于标识属于同一业务流的包。一个节点可以同时作为多个业务流的发送源。流标签和源节点地址唯一标识了一个业务流。

(4)有效载荷长度:占 16 bit,指明除了 IPv6 数据包的基本首部以外的字节数,即所有扩展首部和数据。最大值为 64 KB。

(5)下一个首部:占 8 bit。

当 IPv6 数据包没有扩展首部时,其作用相当于 IPv4 中的协议字段,它指明基本首部后面的数据应交给 IP 上面的那一个高层协议。当有扩展首部时,其值就标识后面的第一个扩展首部的类型[RFC 1700]。IPv6 下一个首部的代码见表 4-4。

表 4-4　　IPv6 下一个首部的代码

下一个首部值	对应的扩展首部类型
0	逐跳选项扩展首部
6	上层协议为 TCP
17	上层协议为 UDP
43	路由扩展首部
44	分片扩展首部
50	封装安全有效载荷扩展首部
51	认证扩展首部
58	ICMPv6 数据包扩展首部
59	无下一个首部
60	目的选项扩展首部

①逐跳选项扩展首部。此扩展首部必须紧随在 IPv6 首部之后。它包含数据包所经路径上的每个节点都必须检查的选项数据。

②路由扩展首部。路由报头又称选路首部,此扩展首部指明数据包在到达目的地途中将经过哪些节点。它包含数据包沿途经过的各节点的地址列表。IPv6 首部的最初目的地址是路由头的一系列地址中的第一个地址,而不是数据包的最终目的地址。此地址对应的节点接收到该数据包之后,对 IPv6 首部和选路头进行处理,并把数据包发送到选路头列表中的第二个地址。依此类推,直到数据包到达其最终目的地。

③分片扩展首部。此扩展首部包含一个分段偏移值、一个“更多段”标识和一个标识符字段。用于源节点对长度超出源端和目的端路径 MTU 的数据包进行分段。

④封装安全有效载荷扩展首部。这是最后一个扩展头,不进行加密。它指明剩余的净荷已经加密,并为已获得授权的目的节点提供足够的解密信息。

⑤认证扩展首部。认证扩展首部(AH)的值为 51。若要保证 IPv6 数据包或 IPv6 其他首部中的部分字段的值在经过 IPv6 网络传输后不会发生改变,认证扩展首部是最佳的解决方案。认证扩展首部提供了对需保护的数据进行数据验证、数据完整性检测和反重放保护。

⑥目的选项扩展首部。此扩展首部代替了 IPv4 选项字段。目前,唯一定义的目的地选项是在需要时把选项填充为 64 位的整数倍。此扩展首部可以用来携带由目的地节点检查的信息。

(6)跳数限制:占 8 bit,用来防止数据包在网络中无限期的存在。

(7)源地址：占 128 bit，是数据包发送站的 IP 地址。

(8)目的地址：占 128 bit，是数据包接收站的 IP 地址。

4.3.3 IPv4 到 IPv6 的过渡

因为 Internet 上的系统非常多，且 IPv6 本身不兼容 IPv4，所以从 IPv4 过渡到 IPv6 不可能一蹴而就。要使 Internet 中的每一个系统从 IPv4 过渡到 IPv6，需要花费相当长的时间。这种过渡必须是平滑的，以防止 IPv4 和 IPv6 系统间出现兼容问题。IETF 已经设计了三种技术来使这一过渡时期更加平滑，它们分别是双栈技术、隧道技术和地址协议转换技术，如图 4-11 所示。

1. 双栈技术

双栈技术是指在终端各类应用系统、运营支撑系统和各网络节点之间同时运行 IPv4 和 IPv6 协议栈(两者具有相同的硬件平台)，从而实现分别与 IPv4、IPv6 节点间的信息互通。如图 4-12 所示。

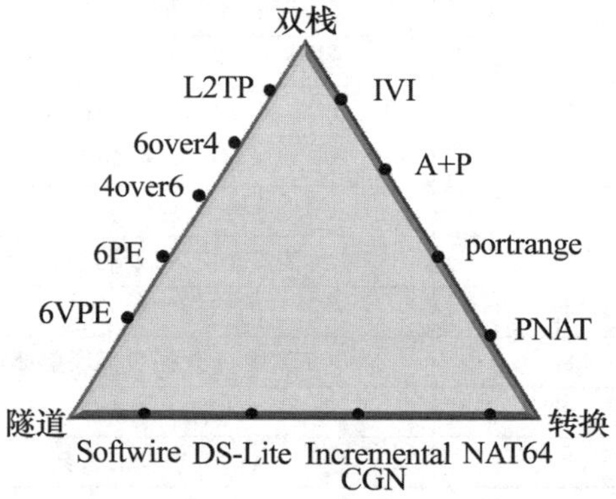

图 4-11 三种过渡技术

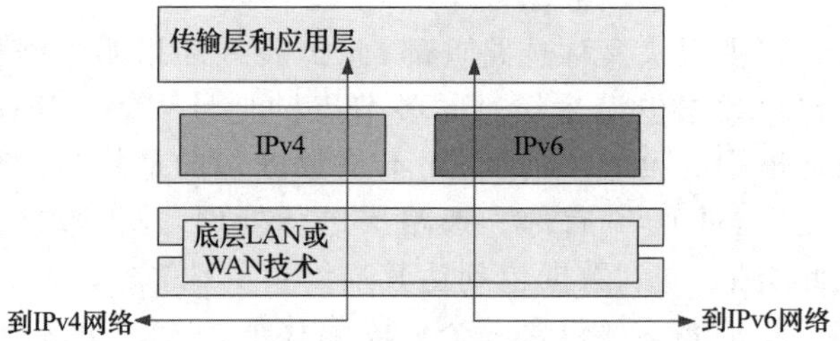

图 4-12 双协议栈

具有 IPv4/IPv6 双协议栈的节点称为双栈节点，这些节点既可以收发 IPv4 数据包，也可以收发 IPv6 数据包。它们可以使用 IPv4 与 IPv4 节点互通，也可以直接使用 IPv6 与 IPv6 节点互通。双栈节点同时包含 IPv4 和 IPv6 的网络层，但传输层协议(如 TCP 和 UDP)的使用仍然是单一的。如图 4-13 所示。

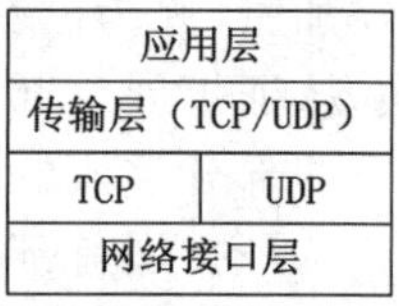

图 4-13 双栈协议模型

双栈模式的工作原理可以简单描述为：

若目的地址是一个 IPv4 地址，则使用 IPv4 地址；

若目的地址是一个 IPv6 地址，则使用 IPv6 地址。

双栈技术支持灵活地启用或关闭节点的 IPv4/IPv6 功能，可以很好地过渡到纯 IPv6 的环境。但同时，要求所有节点都支持双栈，增加了改造和部署难度。总体来说，双栈技术有以下优点和缺点。

优点：

互通性好，实现简单，允许应用逐渐从 IPv4 过渡到 IPv6。

缺点：

对每个 IPv4 节点都要升级，成本较大，也没有解决 IPv4 地址紧缺问题。

2. 隧道技术

当两台使用 IPv6 的计算机要相互通信，但其分组要通过使用 IPv4 的区域时，就要使用隧道技术(Tunneling)。要经过该区域，该分组必须具有 IPv4 地址。因此，当进入这种区域时，IPv6 分组要封装成 IPv4 分组，而当分组离开该区域时，再去掉这个封装，这样 IPv6 数据包就可以穿越 IPv4 网络进行通信。因此被孤立的 IPv6 网络之间可以通过隧道技术利用现有的 IPv4 网络互相通信而无须对现有的 IPv4 网络做任何修改和升级。隧道可以配置在边界路由器之间，也可以配置在边界路由器和主机之间，但是隧道两端的节点都必须既支持 IPv4 协议栈又支持 IPv6 协议栈。隧道技术如图 4-14 所示。

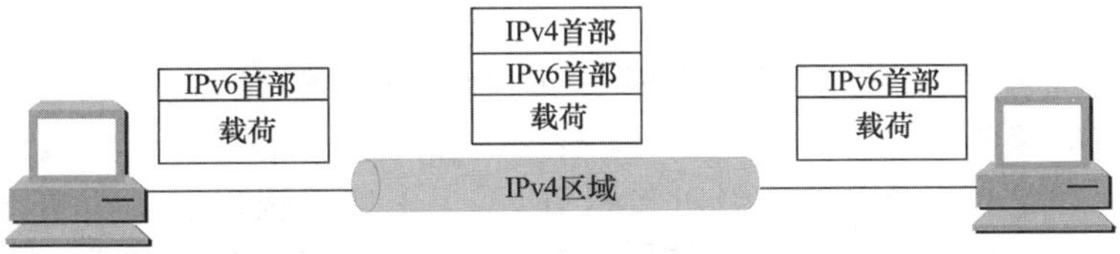

图 4-14 隧道技术

IPv6 数据包在 IPv4 中的封装如图 4-15 所示。

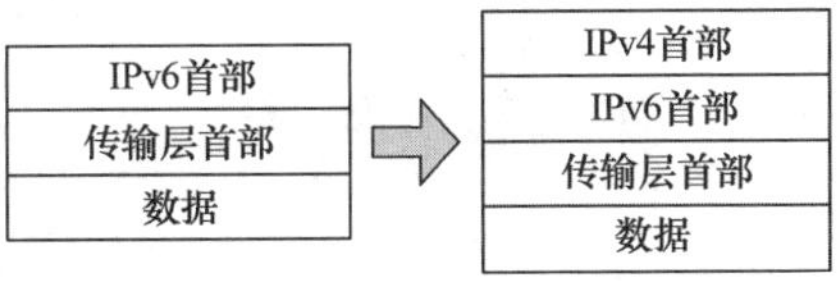

图 4-15 IPv6 数据包在 IPv4 中的封装

IPv4/IPv6 隧道技术的实现机制：

隧道入口节点(封装路由器)创立一个用于封装的 IPv4 首部，并传送此被封装的分组。

隧道出口节点(解封装路由器)接收此被封装的分组，如果需要重新组装此分组，移去 IPv4 首部，并处理收到的 IPv6 分组。

封装路由器或许需要为每个隧道记录维持软状态信息，这类参数诸如隧道 MTU，以便处理转发的 IPv6 分组进隧道。

IPv6 隧道技术分为手动隧道和自动隧道：

(1) 手动隧道：边界设备不能自动获得隧道终点的 IPv4 地址，需要手工配置，数据包才能正确发送至隧道终点，通常用于路由器到路由器之间的隧道，常用的手动隧道技术如下：

• IPv6 over IPv4 手动隧道

• GRE 隧道

（2）自动隧道：边界设备可以自动获得隧道终点的 IPv4 地址，所以不需要手工配置，一般的做法是将隧道两个接口的 IPv6 地址采用内嵌 IPv4 地址的特殊 IPv6 地址形式，这样路由设备可以从 IPv6 数据包中的目的 IPv6 地址中提取出 IPv4 地址，自动隧道可用于主机到主机，或者主机到路由器之间，常用的自动隧道技术如下：

• IPv6 to IPv4

• ISATAP

• 6RD

通过隧道技术，依靠现有 IPv4 设施，只要求隧道两端设备支持双栈，即可实现多个孤立 IPv6 网络的互通，但是隧道实施配置比较复杂，也不支持 IPv4 主机和 IPv6 主机直接通信。总体上，隧道技术有如下优点和缺点。

优点：

充分利用现有组网，将 IPv4 的隧道作为 IPv6 的虚拟链路，骨干网内部设备无须升级，符合从边缘过渡的策略。

缺点：

额外的隧道配置，降低效率，只能实现 IPv6-IPv6 设备的互联。

3. 地址协议转换技术

当 Internet 中绝大部分系统已经过渡到 IPv6，但一些系统仍然使用 IPv4 时，需要使用地址协议转换技术，将 IPv6 与 IPv4 首部（包括地址和协议）进行转换。发送方使用的是 IPv6 数据包首部，但接收方不能识别 IPv6。这种情况下使用隧道技术将无法正常工作，因为接收方只能识别 IPv4 格式的数据包。在此情况下，首部格式必须通过转换技术将 IPv6 的首部转换成 IPv4 的首部，如图 4-16 所示。

图 4-16 地址协议转换

常用的地址协议转换技术有：

（1）NAT-PT 转换技术

网络地址转换-协议转换（Network Address Translation-Protocol Translation，NAT-PT）由无状态翻译技术（Stateless IP/ICMP Translation，SIIT）和动态地址翻译（NAT）技术结合和演进而来，SIIT 提供 IPv4 和 IPv6 一对一的映射转换，NAT-PT 支持在 SIIT 基础上实现多对一或多对多的地址转换。

NAT-PT 分为静态和动态两种形式：

• 静态 NAT-PT

静态 NAT-PT 提供一对一的 IPv6 地址和 IPv4 地址的映射。IPv6 单协议网络域内的节点要访问 IPv4 单协议网络域内的每一个 IPv4 地址，都必须在 NAT-PT 网关中配置。每一个目的 IPv4 在 NAT-PT 网关中被映射成一个具有预定义 NAT-PT 前缀的 IPv6 地址。在这种模式下，每一个 IPv6 映射到 IPv4 地址需要一个源 IPv4 地址。静态配置适合经常在线，或者需要提供稳定连接的主机。

• 动态 NAT-PT

在动态 NAT-PT 中，NAT-PT 网关向 IPv6 网络通告一个 96 位的地址前缀，并结合主机 32 位 IPv4 地址作为对 IPv4 网络中主机的标识。从 IPv6 网络中的主机向 IPv4 网络发送的数据包，其目的地址前缀与 NAT-PT 发布的地址前缀相同，这些数据包都被路由到 NAT-PT 网关，由 NAT-PT 网关对首部进行修改，取出其中的 IPv4 地址信息，替换目的地址。同时，NAT-PT 网关定义了 IPv4 地址池，它从地址池中取出一个地址来替换 IPv6 数据包的源地址，从而完成从 IPv6 地址到 IPv4 地址的转换。动态 NAT-PT 支持多个 IPv6 地址映射为一个 IPv4 地址，节省了 IPv4 地址空间。

(2)NAT64 转换技术

NAT64 是一种有状态的网络地址与协议转换技术，一般只支持通过 IPv6 网络侧用户发起连接访问 IPv4 侧网络资源。但 NAT64 也支持通过手工配置静态映射关系，实现 IPv4 网络主动发起连接访问 IPv6 网络。其中，NAT64 执行 IPv4-IPv6 有状态的地址和协议转换，DNS64 实现域名地址解析，两者配合工作，不需要在 IPv6 客户端或 IPv4 服务器端做任何修改。

地址协议转换技术对现有 IPv4 环境做少量改造(通常是更换出口网关)，即可实现对外支持 IPv6 访问，部署简单便捷。转换技术总体上有如下优点、缺点。

优点：能解决 IPv4 已有资源的共享问题和 IPv4 地址短缺的问题。

缺点：翻译技术会降低设备的处理能力和网络传送效率，易形成网络瓶颈。

(3)如何选择

业务系统对稳定性有很高的要求，任何改造都不能影响现有业务的运行。当我们做 IPv6 升级改造的时候，面对众多技术方案如何选择，需要考虑到诸多情况：

• 实施部署的便捷性，周期不能太长，如何保证在国家或监管机构的规定时间内完成全部业务平台的改造，并对外提供 IPv6 服务。

• 方案须支持双栈，使后续的演进发展到纯 IPv6 没有障碍。

• 要考虑投资成本和影响面，分步进行，优先完成对外系统改造(如门户网站)，再进行内网系统改造。

• 对现有业务的影响最小，已有的 IPv4 访问不受影响。

• 技术的通用性，不同厂商产品能够实现对接支持。

• 不增加过多的运维负担，对 IPv6 网络的维护工作可以平稳过渡。

(4)三种技术对比

每种过渡技术都有各自的优点和缺点，见表 4-5，在不同的场景下我们需要选择不同的过渡技术以实现 IPv6 改造。

表 4-5　三种过渡技术对比

技术	优点	缺点
双栈技术	改造彻底 适用性广 单协议用户互通性好	双栈运行对资源消耗更大，降低了设备性能 涉及服务器和网络设备升级投资大，周期长
隧道技术	仅需对承载网络改动 部署快 适用于 IPv6 孤岛间通信	配置复杂 多次的封装/解封装提升了设备负载，降低了网络利用率 给运维和网络性能带来极大挑战
地址协议转换技术	网络架构改动小（不改动业务系统） 部署速度快 投资小	部分应用需要特定的 ALG（应用层网关）协同

对于新建业务系统的场景，推荐采用双栈技术，同时支持 IPv4 和 IPv6，一步到位实现最优改造。

对于多个孤立 IPv6 网络互通的场景，如多个 IPv6 的数据中心区域互联，可以采用隧道技术，让 IPv6 数据封装到 IPv4 网络上传输，减少部署的成本和压力。

对于已经上线的业务系统，建议采用地址协议转换技术，对现网的改动最小，可以快速部署，投资成本最低，可支持后期逐渐演进到纯 IPv6 环境。

4.4　划分子网和构造超网

随着终端设备数量不断增多，网络的规模越来越大，早期的 ARPAnet 的 IP 地址设计显示出越来越多的不足。

第一，地址的空间利用率比较低。

分类 IP 地址结构中，A 类地址网段位为 8 位，可连接的主机数为 2^{24} 台，B 类地址的网段位为 16 位，可连接的主机数为 2^{16} 台。然而，在一些网络上，能连接的计算机主机数是有限的。例如在以太网 10 BASE-T 中，规定的以太网最大节点数为 2^{10} 个，如果采用一个 A 类或 B 类地址作为 IP，这样就会出现大量的 IP 地址浪费。

第二，随着互联网中网络数的增多，如果每个物理网络获得一个网络号，路由器中路由表的项目数也就增多，路由器处理的能力有限，路由器性能将急剧下降，互联网的性能将变坏。

第三，分类 IP 地址不够灵活。

分类 IP 限制了每类网络中的主机规模。能够提供的主机 IP 地址不能根据实际网络规模动态定义大小，缺乏灵活性。

为了解决上述问题，从 1985 年起，将二级 IP 地址修改为三级结构，即在 IP 地址中增加"子网号"字段。对一个网络进行子网划分时，基本上就是将它分成小的网络。比如，当一组 IP 地址指定给一个公司时，公司可能将该网络"分割成"小的网络，每个部门一个。这样，技术部门和管理部门都可以有属于它们的小网络。通过划分子网（subnet），可以按照自身的需要将网络分割成小网络。这样也有助于降低流量和隐藏网络的复杂性。

4.4.1 划分子网

1. 三级 IP 结构

子网划分

划分子网，利用 IP 地址的若干位来充当子网地址，从而将原网络划分为若干子网。在三级 IP 地址结构中，IP 地址表示为：

IP::= {＜网络号＞,＜子网号＞,＜主机号＞}

2. 子网掩码

互联网是由许多小型网络构成的，每个网络上都有许多主机，这样便构成了一个有层次的结构。IP 地址在设计时就考虑到地址分配的层次特点，将每个 IP 地址都分割成网络号和主机号，以便于 IP 地址的寻址操作。

IP 地址的网络号和主机号各是多少位呢？如果不指定，就不知道哪些是网络号，哪些是主机号，这就需要通过子网掩码来实现。

子网掩码(Subnet Mask)用于辨别 IP 地址中哪部分为网络地址，哪部分为主机地址，由 1 和 0 组成，长 32 位，全为 1 的位代表网络号。子网掩码不能单独存在，它必须结合 IP 地址一起使用。子网掩码只有一个作用，就是将某个 IP 地址划分成网络地址和主机地址两部分。

二级结构的分类 IP 虽然没有子网的概念，但实际中存在默认子网掩码(Default Subnet Mask)。A 类 IP 地址的默认子网掩码为 255.0.0.0；B 类的为 255.255.0.0；C 类的为 255.255.255.0。

通过子网掩码可以判断主机的网段地址。

将主机的十进制 IP 地址转换为二进制，子网掩码也转换为二进制的形式，然后“IP 地址”与“子网掩码”进行二进制“与”(AND)计算(1 和 1 相与得 1，0 和任何数相与得 0)，得到的结果便是主机所在的网段地址。

例如，主机的 IP 地址为 192.168.1.1，子网掩码为 255.255.255.0。

转化为二进制进行运算：

IP 地址	11000000.10101000.00000001.00000001
子网掩码	11111111.11111111.11111111.00000000
AND 运算	11000000.10101000.00000001.00000000

主机所在的网段地址为：11000000.10101000.00000001.00000000，即 192.168.1.0。

通过子网掩码可以判断两台主机是否属于同一网段。

首先，两台主机的 IP 地址转换为二进制，子网掩码也转换为二进制的形式。然后将两台主机的“IP 地址”分别与“子网掩码”进行二进制“与”，如果得出的结果是相同的，即网段地址相同，那么这两台主机就属于同一网段，否则位于不同网段。

例如，有两台主机，主机 1 的 IP 地址为 192.168.1.6，子网掩码为 255.255.255.192，主机 2 的 IP 地址为 192.168.1.73，子网掩码为 255.255.255.192。现在主机 1 要给主机 2 发送数据，先要判断两台主机是否在同一网段。

主机 1

IP 地址：192.168.1.6，即：11000000.10101000.00000001.00000110

子网掩码：255.255.255.192，即：11111111.11111111.11111111.11000000

按位逻辑与运算结果为：11000000.10101000.00000001.00000000

十进制形式为(网络地址):192.168.1.0

主机 2

IP 地址:192.168.1.73,即:11000000.10101000.00000001.01001001

子网掩码:255.255.255.192,即:11111111.11111111.11111111.11000000

按位逻辑与运算结果为:11000000.10101000.00000001.01000000

十进制形式为(网络地址):192.168.1.64

结论:主机 1 和主机 2 不在同一网段,如图 4-17 所示。

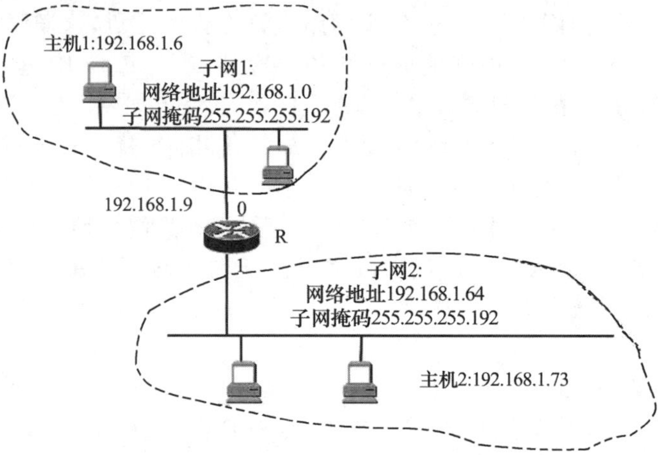

图 4-17 通信拓扑图

通过子网掩码,可以确定所在网段内最多能支持的主机数。

例如,某子网采用的子网掩码为:255.255.255.192,则该子网中网段位为 26 位,主机位为 6 位,能支持的最多主机数为 2^6-2(主机位 6 位全 0 为保留位,全 1 为广播位)。

4.4.2 无类寻址 CIDR(构造超网)

划分子网的三级编址,虽然在一定程度上减缓了互联网在发展中遇到的问题,但是仍然存在问题:

第一:在 1992 年 B 类地址已分配了近一半,目前已全部分配完毕。

第二:随着接入的主机越来越多,互联网主干网上的路由表中项目数急剧增长。

第三:整个 IPv4 的地址空间最终将全部耗尽,虽然已经开始启动 IPv6,但是从 IPv4 全部转换为 IPv6 需要一定的过渡时间。

CIDR 使用"网络前缀"(Network Prefix)来代替分类地址中的网络号和子网号,消除了传统的 A 类、B 类和 C 类地址以及划分子网的概念,因而可以更加有效地分配 IPv4 的地址空间。IP 地址从三级编址(使用子网掩码)又回到了两级结构。

1. 无分类 CIDR 的 IP 地址

IP 地址表示为:

IP 地址::={<网络前缀>,<主机号>}

CIDR 使用斜线记法(Slash Notation),或称为 CIDR 记法,即在 IP 地址后面加上一个斜线"/",然后写上网络前缀所占的比特数(这个数值对应于三级编址子网掩码中比特 1 的个数)。在 CIDR 把网络前缀相同的连续 IP 地址组成一个"CIDR 地址块",只要知道地址块中的一个 IP,就可以知道一系列所在网段信息。虽然 CIDR 不使用子网,但由于目前的网络还存在子网划分和子网掩码,因此 CIDR 的地址掩码仍称为子网掩码,采用 0 和 1 组合表示。其中 1 的个数,就是所在网络的网络前缀长度。

例如,IP 地址为 128.35.200.20/20 可以获得如下信息:

(1)该地址中前 20 位为网络前缀,后面 12 位是主机号。

(2)所在的网段地址为:128.35.192.0,能支持的主机数为 $2^{12}-2$ 个。其中主机位 12 位全为 0 的作为保留位,全为 1 的作为广播位。

(3)该网段能提供的 IP 地址为 2^{12} 个,其中 CIDR 地址块中最小和最大的 IP 分别为:

最小地址:128.35.192.0

即 10000000.00100011.11000000.00000000

最大地址:128.35.207.255

即 10000000.00100011.11001111.11111111

(4)该网络的子网掩码为:

11111111.11111111.11000000.00000000,即 255.255.192.0。

如果某单位分配到的地址块为/20,需要在原有的基础上再划分 8 个子网,则需要从主机号中借 3 位作为子网,因为 2^3 等于 8,3 位二进制可以表示为 000,001,010,011,100,101,110,111 八种状态。每个子网的网络前缀变为 23 位(由原来的 20 位加从主机借来的 3 位)。

CIDR 记法中存在多种形式,例如 10.0.0.0/10 可将点分 10 进制中的低位连续 0 省略,缩写成 10/10。也可以用 * 号将网段位和主机位分隔,即表示为 00001010 00 * 。

2. 路由汇聚

采用 CIDR 地址块的方式,每个地址块可以根据网络前缀,确定主机规模,这种地址的聚合称为路由汇聚(route aggregation),在路由表中可以利用路由汇聚来查找目的网络。路由汇聚也称为构成超网(supernetting)。

如图 4-18 所示,ISP 已拥有的地址块为 200.192.128.0/16(相当于 128 个 C 类网络)。现某个单位需要 800 个 IP 地址。ISP 可以分配一个地址块 200.192.128.0/22,因为 200.192.128.0/22 中,网络前缀为 22 位,主机位为 2^{10},即可以支持 2^{10} 个 IP 地址。如果该单位又分为四个部门,则四个部门的地址块分别为:200.192.128.0/24, 200.192.129.0/24, 200.192.130.0/24, 200.192.131.0/24。则这四个部门聚合为该单位的一个路由,即构成超网。

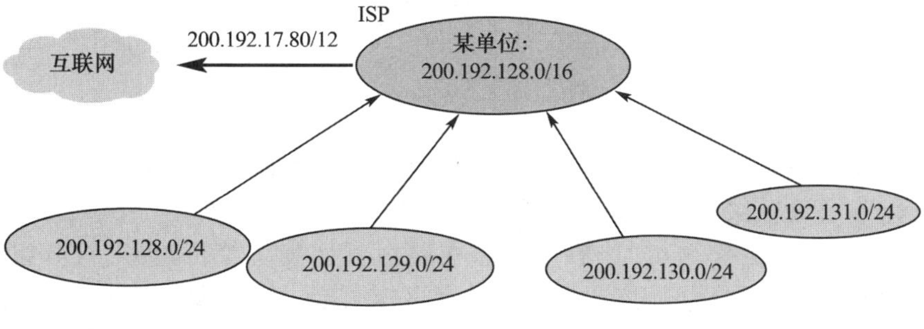

图 4-18 某单位四个子网划分图

路由表由中每个项目由“网络前缀”和“下一跳地址”构成,查找路由表时通常是查找最长的网络前缀路由,即最长前缀匹配(longest-prefix matching)。路由汇聚的计算方法也就是查找最长前缀汇聚匹配。

例如,四个部门的地址块分别为:200.192.128.0/24,200.192.129.0/24,200.192.130.0/24,200.192.131.0/24。将其IP地址的二进制形式展开如下:

200.192.128.0/24,即:11001010.11000000.10000000.00000000/24;

200.192.129.0/24,即:11001010.11000000.10000001.00000000/24;

200.192.130.0/24,即:11001010.11000000.10000010.00000000/24;

200.192.131.0/24,即:11001010.11000000.10000011.00000000/24。

四个地址块的最长前缀汇聚匹配是:11001010.11000000.100000,即四个地址块的路由汇聚为:200.192.128.0/22。

为了提高路由表查找效率,通常采用二叉线索树索(Binary Tree),这种方法适合自上而下按层次查找的数据结构来存放无分类编址的路由表。

4.5 路由选择协议

路由选择是指选择通过互联网络从源节点向目的节点传输信息的通道,而且信息至少通过一个中间节点。本节主要讨论路由表中的路由如何选择中间节点,从而选择一条源节点到目的节点的路由。

4.5.1 路由选择协议的基本概念

1.最佳路由

路由选择表(Routing Table)中包含的路由选择信息根据路由选择算法的不同而不同。一般在路由表中包括这样一些信息:目的网络地址、相关网络节点、对某条路径满意程度、预期路径信息等。在确定路径的过程中,路由选择算法需要初始化和维护路由选择表。一个理想的路由算法应具有如下特点:

第一,算法必须是可执行的,具有正确和完整性特点。通过执行路由算法,从源主机发送的数据分组一定可以到达目的主机。

第二,算法在计算上应简单。随着网络规模不断增大,路由器工作愈加繁忙,路由器计算过程中具有快速收敛性。

第三,算法具有自适应性即稳健性。当网络通信量或网络拓扑发生变化时,算法能自适应地动态调整均衡各链路负载。如果在某条链路上的路由器发生故障不能工作,算法可以及时改变路由。

第四,算法必须兼具稳定性和公平性。

路由选择算法具备上述特点之外,应当能够找出最好的路由,使得分组平均时延最小并且网络的吞吐量最大。采用最短路径通常可以使分组平均时延最小,但是如果刚好最短路径通信量较多,路由器工作繁忙时,有些分组在路由器队列里等待,会影响分组平均时延。另外,如果链路繁忙,而网络可用带宽有限,就有可能引起一些数据分组丢失,从而造成吞吐量降低。虽然我们希望得到“最佳”的路由,但“最佳”路由在动态网络中并不一定存在,而且“最佳”路由并不总是最重要的。对于某些网络,网络的可靠性有时要比最小的分组平均时延或最大吞吐量更加重要。因此,“最佳”只能是相对于某一种特定要求下得出的较为合理的选择而已。

2. 分层次的路由协议

由于互联网覆盖全球范围,网络规模非常庞大,数据分组从源主机发送到目的主机时,存在着非常多的路径,路由器上的路由表将非常大。转发数据时要花费太多时间进行路由查找。另外,有些单位的子部门分布在不同区域,发送数据时并不希望自己单位内部网络的布局公布出去,但同时还希望连接到互联网,因此需要互联网根据实际需要将整个互联网划分为许多较小的互联网络,即自治系统(Autonomous System,AS)。

在互联网中,一个自治系统(AS)是一个有权自主地决定在本系统中应采用何种路由协议的小型单位。这个网络单位可以是一个简单的网络,也可以是一个由一个或多个普通的网络管理员来控制的网络群体,它是一个单独的可管理的网络单元(例如,一所大学,一个企业或者一个公司个体)。一个自治系统有时也被称为一个路由选择域(Routing Domain)。一个自治系统将会被分配一个全局的唯一的 16 位号码,有时我们把这个号码叫作自治系统号(ASN)。

一个自治系统就是处于一个管理机构控制之下的路由器和网络群组。它可以是一个路由器直接连接到一个 LAN 上,同时也连到互联网上;可以是一个由企业骨干网互联的多个局域网。在一个自治系统中的所有路由器必须相互连接,运行相同的路由协议,同时分配同一个自治系统编号。

互联网把路由协议分为两大类,如图 4-19 所示。

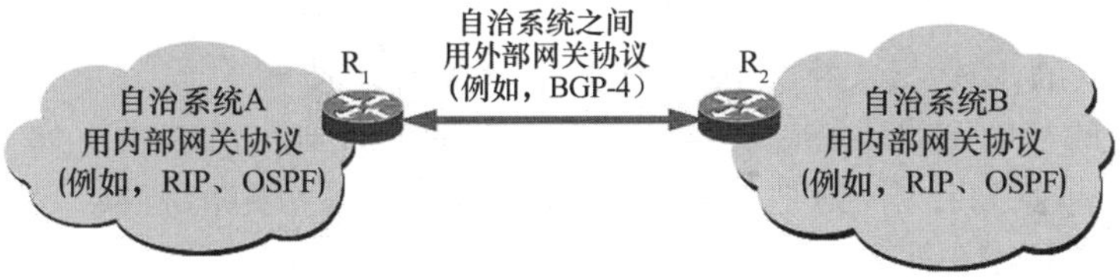

图 4-19　自制系统通信图

(1)外部网关协议(External Gateway Protocol,EGP),是 AS 之间使用的路由协议。数据分组从源主机到目的主机,如果源主机和目的主机处在不同的自治系统中,当数据分组传到自己的自治系统边界路由器时,就需要使用外部网关协议(EGP)来传递到另一个自治系统中。目前使用最多的外部网关协议是 BGP 的版本 4 (BGP-4)。

(2)内部网关协议(Interior Gateway Protocol,IGP),即源主机和目的主机处于同一个自治系统中,在自治系统内部使用的路由协议,目前 RIP 和 OSPF 协议是使用最多的内部网关协议。

4.5.2　静态路由

静态(Static)路由表一般是在系统安装时,系统管理员就根据网络的配置情况预先设定的,并且一旦设定好后,不会随未来网络结构动态改变而自行调整。

4.5.3　动态路由(RIP 和 OSPF)

动态(Dynamic)路由表是路由器根据网络系统的实时状态,以自学习的方式自动调整,在网络拓扑发生改变时，根据采用的路由算法自动计算数据分组合理的传输路径。

1. 内部网关协议

分布式的内部网关协议（Routing Information Protocol，RIP）也称为路由信息协议，核心算法基于距离向量最小，协议简单，在带宽、配置和管理方面要求较低，主要适合于规模较小的网络中。

网络通信中，“距离”的单位为1，数据分组从源主机发送，经过第一个路由器后，“距离”定义为1，接下来每经过一个路由器就在原有的距离上加1，直到与目的主机直接连接的路由器。“距离”也称为“跳数”（Hop Count），每经过一个路由器，跳数就加1。例如，从源主机发送出来的数据分组经过6个路由器转发到达目的主机，则从源主机到目的主机距离为6，即经过6跳。在RIP算法中，一般要求“跳数”必须小于或等于15。如果发现大于或等于16跳，则认为目的主机不可达。

RIP协议中每个路由器仅和自己相邻路由器交换信息。这些信息存储在路由表中，路由表记录着这台路由器自己能够到达所在自治系统内其他网络的全部路由信息。路由表包含自己到本系统中存在路径的所有目的网络，到这些目的网络的(最短)距离，以及目的网络所经过的下一跳路由器。RIP协议中的路由器具有计时器，路由器与邻居路由器按固定时间间隔交换路由信息，通常每隔30秒，路由器根据邻居节点发送的路由信息更新自己的路由表。

RIP协议算法基于距离向量，具体算法描述如下：

先假设收到相邻路由器(其地址为R)的一个RIP报文。

(1)先修改此RIP报文中的所有项目：把“下一跳”字段中的地址都改为R，并把所有的“距离”字段的值加1。

(2)对修改后的RIP报文中的每一个项目，重复以下步骤：

如果项目中的目的网络不在路由表中，则把该项目加到路由表中。如果下一跳字段给出的路由器地址和原来相同，则把新收到的目的网络的最短距离替换原路由表中的项目。如果收到项目中的距离小于路由表中的距离，则进行更新。

(3)若3分钟还没有收到相邻路由器的更新路由表，则把此相邻路由器记为不可达路由器，即将距离置为16(距离为16表示不可达)。

例如，网络中的路由器A原先的路由表信息见表4-6。

表4-6　路由器A路由表

目的网络	距离	下一跳
N1	8	C
N2	3	B
N5	9	F
N8	5	E
N9	5	F

经过一段时间，现在路由器A收到来自邻居路由器B发来的更新路由信息见表4-7。

表4-7　路由器B发来的更新路由信息

目的网络	距离
N2	7
N3	9
N5	5
N8	4
N9	5

则路由器 A 的路由表进行如下更新：

(1)把“下一跳”字段中的地址都改为 B,并把所有的“距离”字段的值加 1,见表 4-8。

表 4-8　修改后的路由表

目的网络	距离	下一跳
N2	8	B
N3	10	B
N5	6	B
N8	5	B
N9	6	B

(2)路由器 A 更新后的路由表见表 4-9。

表 4-9　路由器 A 更新后的路由表

目的网络	距离	下一跳	更改说明
N1	8	C	无新信息,不改变
N2	8	B	相同的下一跳,更新
N3	10	B	新的项目,添加进来
N5	6	B	不同的下一跳,距离更短,更新
N8	5	E	不同的下一跳,距离一样,不改变
N9	5	F	不同的下一跳,距离变大,不改变

RIP 算法路由开销小,算法简单,但 RIP 算法存在一定的局限性:在 RIP 协议中规定,一条有效的路由信息的度量(Metric)不能超过 15,这就使得该协议不能应用于大型的网络,应该说正是由于设计者考虑到该协议只适合于小型网络,所以才设置了这一限制。对于 Metric 为 16 的目标网络来说,即认为其不可到达。该路由协议应用到实际中时,很容易出现“计数到无穷大”的现象,这使得路由收敛很慢,在网络拓扑结构变化以后需要很长时间路由信息才能稳定下来。该协议以跳数,即报文经过的路由器个数为衡量标准,并以此来选择路由,这一措施不够合理,因为没有考虑网络时延、可靠性、线路负荷等因素对传输质量和速度的影响。

2. 内部网关协议

开放式最短路径优先(Open Shortest Path First,OSPF)是自治系统(AS)内部网关协议(IGP)。IPv4 采用 OSPFv2 协议,IPv6 采用 OSPFv3 协议。

RIP 协议基于距离向量,适用于网络规模较小的自治系统,而 OSPF 协议基于网际协议(IP)网络的链路状态,适用于网络规模较大的网络。OSPF 与 RIP 协议的工作原理相差较大,具体区别如下：

(1)信息传递模式不同:OSPF 以洪泛算法(Flooding)向本自治系统中所有路由器发送信息。信息从源主机发送至网络,每个路由器通过所有输出端口向所有相邻的路由器发送信息,当每一个相邻的路由器收到消息后,又再将此信息转发到所有的相邻路由器(刚刚发来信息的那个路由器除外)。这样,最终整个区域中所有的路由器都得到了这个信息的一个副本。RIP 协议是仅仅向自己相邻的几个路由器发送信息。

(2)信息传递内容不同:OSPF 发送的信息就是与本路由器相邻的所有路由器知道的链路状态。所谓“链路状态”,包括路由器和哪些路由器相邻,它和相邻路由器之间的链路度量(Metric)。度量由网络管理人员来决定,通常包含 RTT、链路吞吐量、链路可用(可靠)性等。OSPF 采用 Dijkstra 算法计算出到达每一个网络的最短路径,即该路径的度量值最小。

RIP 协议,发送的信息是:“到所有网络的距离和下一跳路由器。”

(3)更新时间不同:OSPF 只有当检测到链路状态发生变化时,路由器才以洪泛算法向所有路由器发送信息。当链路失效时,算法便快速收敛到新的无环路拓扑。RIP 则固定路由更新时间,不管网络拓扑是否发生变化,当周期时间到达,路由器之间便交换路由表的信息。

OSPF 应用于大规模网络的自治系统。OSPF 网络划分一个骨干区域(Backbone Area)和多个与骨干区域相连的区域(Area)。各区域的路由器通常不超过 200 个。区域标识符采用正整数或 32 位的区域标识符(十进制记法表达)。骨干区域为网络的核心,区域标识为 0 号(或 0.0.0.0 号)。其他区域都与骨干区域通过区域边界路由器(Area Border Router)直接或间接(通过 OSPF 虚链接)相连。边界路由器 ABR 负责维护全网的聚合路由,并为每个区域保留一份单独的链路状态数据库(Link-State Database)。

洪泛算法交换链路状态信息仅发生在每一个区域内的路由器上,而不是整个自治系统,从而减少了整个网络上的通信量。每个区域内的路由器只知道本区域的完整网络拓扑,而不知道其他区域的网络拓扑的情况。当区域和本区域以外的区域进行通信,信息通过主干区域来连通。

如图 4-20 所示,在每一个区域至少有一个区域边界路由器,如图中 R_3、R_4 和 R_6 分别为区域边界路由器。在主干区域内的路由器叫作主干路由器(Backbone Router),如图 4-20 所示的 R_3、R_4、R_5 和 R_6。主干路由器也可以为区域边界路由器,如图 4-20 所示的 R_3、R_4 和 R_6。在主干区域内还存在一个自治系统的边界路由器,如 R_5,专门用来和其他自治系统之间进行路由信息交换。

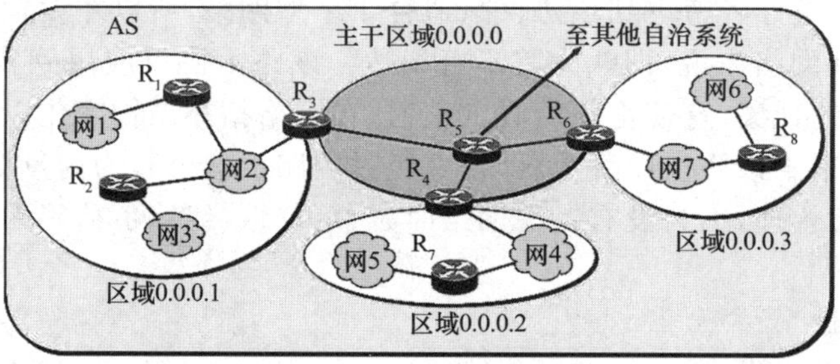

图 4-20　OSPF 中的区域

4.6　IP 多播

1988 年,Steve Deering 首次提出了 IP 多播的概念,从此 IP 多播技术得到了广泛的关注。多播通信介于单播通信和广播通信之间,它可以将发送者发送的数据包发送给分散在不同子网中的一组接收者。随着互联网的发展,有许多的应用需要一对多的通信,即由一个源点发送到目的终端。例如多媒体通信、交互式会议、新闻音频/视频广播、AOD/VOD、多媒体远程教育等。

多播以“组”为基础,多播组(Multicast Group)就是一组接收同一特定数据流的接收者。多播组中的每一台终端节点被称为多播组成员,它们没有物理或者地理的边界,可以位于互联网或者专用网络的任何地方。

在单播通信中，数据包从源主机到目的主机都是一对一传输的，但是随着接收者的增多，需要发送的数据包呈线性增长，对于不同的接收者，需要重复发送同一个数据包，这样通信量就会成倍地增加，也会占用网络的许多带宽，有时会引起网络堵塞。多播作为一点对多点的通信，允许一台或多台主机（多播源）发送单一数据包到多台主机（一次的、同时的），通信数据包仅发送一次，路由器具有复制功能，复制后会形成副本文件，然后自动地转发到位于不同网段的每一个接收者，可以使在网络中传输的报文拷贝的数量最小，是节省网络带宽的有效方法之一。

例如，在网络音频/视频广播的应用中，如图 4-21 所示，当需要将一个节点的信号传送到 60 个节点时，采用重复点对点单播通信方式，就需要把同一文件重复多次传输，严重浪费网络带宽，如果采用多播，只需把数据包发送给特定的多播组，加入该多播组的主机便接收到数据包。

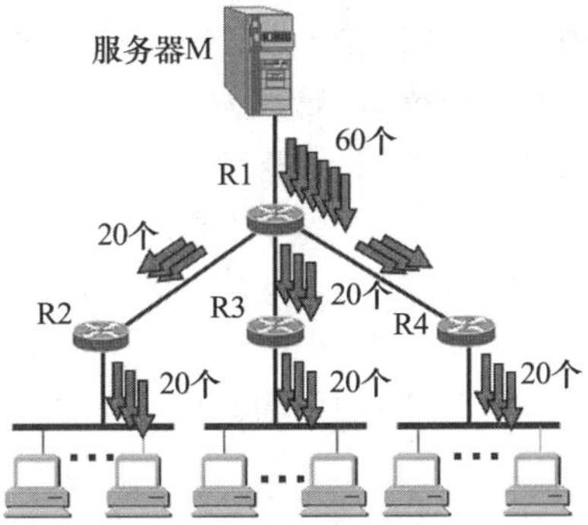

图 4-21 服务器传输数据到主机单播

1. IP 多播地址和多播组

IP 多播地址为 IPv4 中的 D 类 IP 地址，从 224.0.0.0 到 239.255.255.255。这个地址段又被划分为局部链接多播地址、预留多播地址和管理权限多播地址三类。

局部链接多播地址，从 224.0.0.0 到 224.0.0.255，这是为路由协议和其他用途保留的地址，路由器并不转发属于此范围的 IP 包。

预留多播地址，从 224.0.1.0 到 238.255.255.255，可用于全球范围（如 Internet）或网络协议。

管理权限多播地址，从 239.0.0.0～239.255.255.255，可供组织内部使用，类似于私有 IP 地址，不能用于互联网，可限制多播范围。

使用同一个 IP 多播地址接收多播数据包的所有主机构成了一个主机组，也称为多播组。一个多播组的成员是随时变动的，一台主机可以随时加入或离开多播组，多播组成员的数目和所在的地理位置也不受限制，一台主机也可以属于几个多播组。此外，不属于某一个多播组的主机也可以向该多播组发送数据包。

2. IP 多播技术的硬件支持

要实现 IP 多播通信，要求介于多播源和接收者之间的路由器、集线器、交换机以及主机均需支持 IP 多播。目前，IP 多播技术已得到硬件、软件厂商的广泛支持。

(1)主机：支持 IP 多播通信的平台包括 Windows CE 6.0、Windows 7、Windows 10、Windows Server 2012 和 Windows Server 2012 R2 等，运行这些操作系统的主机都可以进行 IP 多播通信。此外，新生产的网卡也几乎都提供了对 IP 多播的支持。

(2)集线器和交换机：目前大多数集线器、交换机只是简单地把多播数据当成广播来发送和接收，但一些中、高档交换机提供了对 IP 多播的支持。

(3)路由器多播通信要求多播源节点和目的节点之间的所有路由器必须提供对互联网组管理协议(IGMP)、多播路由协议(如 PIM、DVMRP 等)的支持。

4.7 虚拟专用网和网络地址转换

4.7.1 虚拟专用网(VPN)

虚拟专用网(VPN)被定义为通过一个公用网络(通常是互联网)建立一个临时的、安全的连接，是一条穿过混乱的公用网络的安全、稳定的隧道。虚拟专用网是对企业内部网的扩展。VPN 主要采用隧道技术、加解密技术、密钥管理技术和使用者与设备身份认证技术。

一个优质的 VPN 可以提供一个便捷的用户体验，无强制断开及无须重新建立连接。即使媒体介质已经被更改或连接断开，VPN 客户端会模拟一个对于应用程序来说虽然缓慢但是存在的数据通道以提供不间断的会话。除了承诺改进的用户体验，VPN 还可以通过确保员工只能在连接安全的情况下访问企业网络，来保证数据安全。这意味着，如果连接存在问题，用户将不能访问公司网络，除非通过加密隧道。

VPN 技术具有以下特点：

(1)安全保障：虽然实现 VPN 的技术和方式很多，但所有的 VPN 均应保证通过公用网络平台传输数据的专用性和安全性。在安全性方面，由于 VPN 直接构建在公用网上，实现简单、方便、灵活，但同时其安全问题也更为突出。企业必须确保其 VPN 上传送的数据不被攻击者窥视和篡改，并且要防止非法用户对网络资源或私有信息的访问。

(2)服务质量保证：VPN 应当为企业数据提供不同等级的服务质量保证。不同的用户和业务对服务质量保证的要求差别较大。在网络优化方面，构建 VPN 的另一重要需求是充分有效地利用有限的广域网资源，为重要数据提供可靠的带宽。广域网流量的不确定性使其带宽的利用率很低，在流量高峰时引起网络阻塞，使实时性要求高的数据得不到及时发送；而在流量低谷时又造成大量的网络带宽空闲。QoS 通过流量预测与流量控制策略，可以按照优先级实现带宽管理，使得各类数据能够被合理地先后发送，并预防阻塞的发生。

(3)可扩充性和灵活性：VPN 必须能够支持通过 Intranet 和 Extranet 的任何类型的数据流，方便增加新的节点，支持多种类型的传输媒介，可以满足同时传输语音、图像和数据等新应用对高质量传输以及带宽增加的需求。

(4)可管理性：从用户角度和运营商角度应可方便地进行管理、维护。VPN 管理的目标为：减小网络风险，具有高扩展性、经济性、高可靠性等优点。事实上，VPN 管理主要包括安全管理、设备管理、配置管理、访问控制列表管理、QoS 管理等内容。

4.7.2 网络地址转换(NAT)

网络地址转换(Network Address Translation，NAT)是在 1994 年提出的。当在专用网内部的一些主机本来已经分配到了本地 IP 地址(仅在本专用网内使用的专用地址)，但现在又想和互联网上的主机通信(并不需要加密)时，可使用 NAT 方法。

这种方法需要在专用网连接到互联网的路由器上安装 NAT 软件。装有 NAT 软件的路由器叫作 NAT 路由器，它至少有一个有效的外部全球 IP 地址。这样，所有使用本地地址的主机在与外界通信时，都要在 NAT 路由器上将其本地地址转换成全球 IP 地址，才能与互联网连接。

另外，这种通过使用少量的公有 IP 地址代表较多的私有 IP 地址的方式，将有助于减缓可用的 IP 地址空间的枯竭。NAT 不仅能解决 IP 地址不足的问题，还能够有效地避免来自网络外部的攻击，隐藏并保护网络内部的计算机。

1. NAT 的特点

(1)宽带分享：这是 NAT 主机的最大功能。

(2)安全防护：NAT 之内的计算机联机到 Internet 时，它所显示的 IP 是 NAT 主机的公共 IP，所以客户端的计算机就具有一定程度的安全了，外界在进行端口扫描的时候，就侦测不到源客户端。

2. NAT 的实现方式

NAT 的实现方式有三种，即静态转换（Static Nat）、动态转换（Dynamic Nat）和端口多路复用。

静态转换是指将内部网络的私有 IP 地址转换为公有 IP 地址，IP 地址是一对一的，是一成不变的，某个私有 IP 地址只转换为某个公有 IP 地址。借助于静态转换，可以实现外部网络对内部网络中某些特定设备（如服务器）的访问。

动态转换是指将内部网络的私有 IP 地址转换为公用 IP 地址时，IP 地址是不确定的，是随机的，所有被授权访问互联网的私有 IP 地址可随机转换为任何指定的合法 IP 地址。也就是说，只要指定哪些内部地址可以进行转换，以及用哪些合法地址作为外部地址时，就可以进行动态转换。动态转换可以使用多个合法外部地址集。当 ISP 提供的合法 IP 地址略少于网络内部的计算机数量时，可以采用动态转换的方式。

端口多路复用（Port address Translation，PAT）是指改变外出数据包的源端口并进行端口转换，即端口地址转换。采用端口多路复用方式。内部网络的所有主机均可共享一个合法外部 IP 地址实现对互联网的访问，从而可以最大限度地节约 IP 地址资源。同时，又可隐藏网络内部的所有主机，有效避免来自互联网的攻击。因此，目前网络中应用最多的就是端口多路复用方式。

3. NAT 地址

私有 IP 地址是指内部网络或主机的 IP 地址，公有 IP 地址是指在互联网上全球唯一的 IP 地址。RFC 1918 为私有网络预留出了三个 IP 地址块。

A 类：10.0.0.0～10.255.255.255

B 类：172.16.0.0～172.31.255.255

C 类：192.168.0.0～192.168.255.255

上述三个范围内的地址不会在因特网上被分配，因此可以不必向 ISP 或注册中心申请，可在公司或企业内部自由使用。

随着接入 Internet 的计算机数量的猛增，IP 地址资源也就愈加捉襟见肘。事实上，除了中国教育和科研计算机网（CERNET）外，一般用户几乎申请不到整段的 C 类 IP 地址。在其他 ISP 那里，即使是拥有几百台计算机的大型局域网用户，当他们申请 IP 地址时，所分配的 IP 地址也不过只有几个或十几个。显然，这样少的 IP 地址根本无法满足网络用户的需求，于是就产生了 NAT 技术。虽然 NAT 可以借助于某些代理服务器来实现，但考虑到运算成本和网络性能，很多时候都是在路由器上来实现的。

4. NAT 工作原理

借助于 NAT，私有（保留）地址的“内部”网络通过路由器发送数据分组时，私有地址被转换成合法的 IP 地址，一个局域网只需使用少量 IP 地址（甚至是 1 个）即可实现私有地址网络内所有计算机与 Internet 的通信需求。

（1）将终端的网关设定为 NAT 主机，当要连入互联网的时候，数据分组就会被送到 NAT 主机，假设主机 IP 地址为 192.168.1.100。

（2）通过 NAT 主机，它会将客户端的对外联机封包的源 IP 地址 192.168.1.100 伪装成 ppp0（假设为拨接情况）这个接口所具有的公共 IP，因为是公共 IP，所以这个数据分组就可以连接 Internet 了，同时 NAT 主机会记忆这个联机的封包是由哪一个（192.168.1.100）客户端传送来的。

（3）由 Internet 传送回来的封包由 NAT 主机来接收，这时，NAT 主机会去查询原本记录的路由信息，并将目标 IP 由 ppp0 上面的公共 IP 改回原来的 192.168.1.100。

（4）最后则由 NAT 主机将该封包传送给原先发送封包的客户端。

4.8 移动 IP

移动 IP（Mobile IP），又译为行动 IP，是由互联网工程任务组（IETF）制定的一种网上传输协议标准。它设计的目的是让移动设备用户能够从一个网上系统中，移动到另一个网上系统，但是设备的 IP 地址保持不变。这能够使移动节点在移动中保持其连接性，实现跨越不同网段的漫游功能。IPv4 系统中的移动 IP，在 IETF RFC 5944 中定义，在 RFC 4721 中提供了扩展定义。为 IPv6 设计的移动 IP，又称 Mobile IPv6，在 RFC 6275 中定义了它的功能。

随着移动终端设备的广泛使用，移动计算机和移动终端等设备也开始需要接入网络，但传统的 IP 设计并未考虑到移动节点会在连接中变换互联网接入点的问题。传统的 IP 地址包括两方面的意义：一方面是用来标识唯一的主机，另一方面它还作为主机的地址在数据的路由中起重要作用。对于移动节点，由于互联网接入点会不断发生变化，因此其 IP 地址在两方面发生分离，一是移动节点需要一种机制来唯一标识自己，二是这种标识不会被用来路由。移动 IP 便是为了让移动节点能够分离 IP 地址这两方面功能，而又不彻底改变现有互联网的结构而设计。

本章小结

通过本章的学习主要掌握：

网络层提供的服务；IPv4 协议；IPv6 协议；划分子网和构造超网。

路由选择协议;IP 多播;虚拟专用网(VPN)和网络地址转化(NAT)。

习 题

1. 比较网络层向上提供的面向连接和无连接的服务。

2. 说明中间设备:转发器、网桥、路由器、网关,工作在第几层,各自特点 。

3. (1) 子网掩码为 255.255.255.0 代表什么意思?

(2)网络的子网掩码为 255.255.255.248,问该网络能够连接多少个主机?

(3)一个 A 类网络和一个 B 类网络的子网号分别为 16 个 1 和 8 个 1,问这两个网络的子网掩码有何不同?

(4)一个 B 类地址的子网掩码是 255.255.240.0。试问在其中每一个子网上的主机数各是多少?

(5)一个 A 类网络的子网掩码为 255.255.0.255,它是否为一个有效的子网掩码?

(6)某个 IP 地址的十六进制表示是 C2.2F.14.81,试将其转换。

(7) C 类网络使用子网掩码有无实际意义?为什么?

4. 试辨认以下 IP 地址的网络类别。

(1)128.144.199.3

(2)20.13.240.7

(3)198.194.75.56

(4)200.34.75.43

(5)192.168.54.200

(6)240.22.19.108

5. 设某路由器建立了如下路由表:

目的网络	子网掩码	下一跳
128.76.39.0	255.255.255.128	接口 M0
128.76.39.128	255.255.255.128	接口 M1
128.76.40.0	255.255.255.128	R2
192.33.153.00	255.255.255.128	R3
* 默认	255.255.255.192	R4

现共收到 5 个分组,其目的地址分别为

(1)128.76.39.10

(2)128.76.40.12

(3)128.76.40.160

(4)192.33.153.17

(5)192.33.153.90

6. 有如下 4 个/24 地址块,试进行最大可能的聚合。

200.73.132.0/24

200.73.133.0/24

200.73.134.0/24

200.73.135.0/24

7. 有两个 CIDR 地址块 20.128/11 和 208.130.28 /22。是否有哪一个地址块包含了另一个地址块？如果有，请指出，并说明理由。

8. 路由器 B 路由表如下：

目的网络	距离	下一跳
N1	8	C
N2	3	B
N5	9	D
N8	5	E
N9	5	F

经过一段时间，现在路由器 B 收到来自邻居路由器 C 发来的更新路由信息如下：

目的网络	距离
N2	3
N3	6
N5	5
N8	3
N9	4

试求路由器 B 更新后的路由表。

9. 网络层除了 IP 协议外，还有哪些协议？

10. 什么是 VPN 和 NAT？各有什么特点？

第 5 章 传输层

本章首先讨论传输层在 TCP/IP 体系结构中的主要作用，分析传输层实现端到端的进程通信过程，然后阐述传输层的两个主要协议 UDP 和 TCP。UDP 协议结构采用尽最大努力服务，但不保证可靠性，主要适用于流量大、可靠性要求不高的高速传输，例如流媒体应用。TCP 协议比较复杂，它拥有一系列传输机制，保证端到端的可靠性传输，适用于对传输准确性要求高，而对数据传输实时性要求较低的应用，例如 Web 应用。

本章的主要内容：

1. 进程的通信。
2. UDP 协议。
3. TCP 协议。

5.1 进程到进程的通信

5.1.1 提供给上层的服务

经过前面章节的介绍，我们了解了网络协议中的下三层：网络层、数据链路层、物理层提供的服务，利用这三层协议可以实现数据从一台主机发送到网络中的另一台主机，建立主机到主机之间的端到端通信，但发送的数据是由哪个进程发给接收方的哪个进程是不确定的。同时双方运行的应用程序众多，如何分辨具体哪个应用进程之间的通信，这是传输层所要解决的问题之一。此外，不同的应用程序对数据传输的准确率和速度的需求是不一样的。有的应用程序要求数据传输必须精确，接收的数据必须和发送的数字保持完全一致，但传输速度要求不高，而有的应用程序则希望数据传输速度快，但在一定范围内是允许有些数据出现错误，或传输不到目的地。传输层会根据不同应用程序需求，采用不同的传输控制协议。

传输层提供的协议有以下两种：

(1)用户数据包协议(User Datagram Protocol,UDP)由 RFC 768 文件定义。

(2)传输控制协议(Transmission Control Protocol,TCP)由 RFC 793 文件定义。

传输层 TCP 协议收到应用层通过接口传递下来的数据后，将加上 TCP 控制信息形成 TCP 报文段。UDP 协议收到应用层通过接口传递下来的数据后，加上 UDP 控制信息，形成 UDP 用户数据包。这两个协议提供的服务区分非常明显。UDP 协议在传输数据之前不需要在发送方和接收方之间先建立连接，在传输时采用尽力而为传输，传输的数据不需要确保对方一定能接收到。而 TCP 协议恰恰相反，TCP 协议在发送方和接收方传输数据之前要双方先建立连接，确定传输双方之间网络畅通，开始传输数据后，TCP 协议中的各种传输控制机制是确保数据一定能让接收方准确地接收到。对数据传输有不同需求的应用程序就可以根据需要选择传输层中的 TCP 协议或 UDP 协议来传输数据。

目前应用层中的应用程序都需要选择传输层提供的两个服务之一来实现通信。比如说某台主机上当前运行着微信、浏览器、视频播放软件等多个应用程序，这些程序要与网络中的其他主机上相应的应用程序进行通信，该主机的应用层收到要发送出去的数据后，就会将数据递交到下一层传输层，传输层利用传输层上的控制协议对数据进行处理，处理后的数据再通过接口递交到下一层网络层，网络层的服务将数据传输到目的主机，目的主机的传输层服务收到该数据后，对其进行分析，然后把原始数据提交给正确的应用程序去处理。在通信过程中，传输层采用了复用和分用技术。这里的复用指的是程序的“复用”，即同一台主机同时运行的多个程序应用层可以提供多种服务，但是都使用传输层中的 TCP 协议或 UDP 协议传输，而“分用”指的是接收方的传输层协议收到数据后，会逐层去掉控制信息，将原始数据提取出来，再交给正确的应用程序去处理。

5.1.2 寻址

1. 端口号的功能

一台服务器可以同时提供许多服务，比如 Web 服务、FTP 服务、DNS 服务等，同样网络中的一台客户端同时也可以运行多个应用程序。服务器上的多个服务程序可以通过 1 个 IP 地址来访问，客户端可以接收不同的正在运行的应用程序即进程的数据。那么，主机是怎么区分不同的网络服务或不同的进程呢？网络中的服务器，可以通过 IP 地址来辨识。而服务器上提供的哪项服务和对应客户端上哪个应用进程通信，则需要端口号来区别。网络通过“IP 地址＋端口号”来区分不同的服务和应用进程。端口号就是传输层解决程序的复用和分用功能的关键。

为了说明一个应用层的数据是属于哪个应用程序的，传输层需要对应用程序进行编址，即给每个应用程序一个端口号。利用端口号来区分不同的服务和通信进程。在网络技术中，端口(Port)通常有逻辑端口和物理端口两种类型。物理端口指的是物理存在的端口，如 ADSL Modem、集线器、交换机、路由器上用于连接其他网络设备的接口，如 RJ-45 端口、SC 端口等。逻辑端口是指逻辑意义上用于区分服务的端口，此处的端口号指的就是逻辑端口的端口号，端口号从 0 到 65,535，如用于浏览网页服务的一般为 80 或 443 端口，用于 TELNET 服务的一般为 23 端口等。

2. 端口号的使用

端口号可以分为源端口和目的端口。在一次网络通信中，本地客户端上发起通信的应用程序关联的端口号称为源端口号，与本地主机进行通信的远程服务器的应用程序相关联的端口号则是目的端口号。

当通信双方采用客户端/服务器方式通信，如果服务器提供的是常用服务，则该服务对应的端口号是公认端口号，客户端的端口号则是动态生成的。

对于普通计算机用户来说，可以同时运行多个程序进行网络通信，甚至同一个应用程序里也可以有多个进程进行网络通信，比如网页浏览器可以同时打开多个网页进程。此时每个程序或进程都会由系统动态分配不同的端口号，因此，一台普通用户设备可以同时运行多个网络程序，然后通过端口号来跟踪每个程序的通信流，将收到的网络数据准确地分发给各个网络程序。

在实际通信中，可以利用端口号标识程序的过程。以客户端/服务器通信模式为例，该服务器同时运行有 HTTPS 网站服务和 FTP 服务，端口号分别是 443 和 23，客户端网页浏览器发起网站访问的请求，系统将动态生成的端口号 49555 分配给浏览器程序，并填入到传输层报头源端口处，动态生成的端口号必须保证该网站没有其他应用程序在使用. 此时报头填入的目的端口号则使用 HTTPS 服务公认的端口号 443；FTP 应用程序请求服务时，源端口号使用操作系统自动分配的 50000，目的端口号使用 FTP 用户连接服务公认的端口号 23。

服务器必须响应不同设备的不同应用程序提出的服务请求，利用端口号可以识别通信进程，但是无法判断通信服务器，所以服务器利用 IP 地址与端口号的组合来确定与其通信的应用程序。IP 地址与端口号的组合称为套接字。例如，用户使用服务器 IP 地址 192.168.1.122 和端口号 443 来向服务器的 HTTPS 服务发起 Web 服务请求，相应的套接字记法为 192.168.1.122:443。访问 FTP 服务器使用套接字为 192.168.1.122:23。WEB 服务器的 IP 地址如果是 200.199.56.12，在响应用户 HTTPS 服务请求时，使用套接字 200.199.56.12:49555。FTP 服务器的 IP 地址如果是 200.66.77.55，在响应用户 FTP 服务请求时，使用套接字 200.66.77.55:50000。由此可见，在传输层报头部分包含源端口字段和目的端口字段，发送方请求服务时将请求服务的程序端口号填入源端口字段，将服务方的端口号填入目的字段，然后将请求信息发给服务方，服务方收到信息后通过检查报头字段，就可以知道应该响应服务的是哪个服务程序，并将信息传递给相应服务处理，而相应服务在响应请求时，若需要传递数据给发送方，就可以从之前接收到的源端口号确认发送方在请求服务器里对应的端口号，进而发送数据给发送方。

3. 端口号的分类

端口号主要分为服务器端使用的端口号和客户端使用的端口号。服务器端使用的端口号又分为公认端口号和注册端口号，客户端使用的端口号称为动态或私有端口号。由于端口号在传输层协议里用 2 个字节 16 位来表示，因此端口号总的取值为 0～65 535，各类别取值范围见表 5-1。下面介绍不同类别端口号对应的程序和服务。

表 5-1　　端口号

端口号	端口号类别
0～1 023	公认端口号
1 024～49 151	注册端口号
49 152～65 535	动态或私有端口号

(1)公认端口号(Well-known Port Number)：公认端口，也称为熟知端口，服务器里运行的一些常用服务一般都是通过公认端口号来识别的，从 0 到 1 023。例如，FTP 服务端口号为 21 和 20、SMTP 服务端口号为 25。这些公认端口号由 Internet 号分配机构(Internet Assigned Numbers Authority ，IANA)来管理。通过为服务器常用的这些服务定义公认端口号，可以让相应的客户端应用程序在运行时设定请求服务时应该使用的正确的服务端的端口号，比如清华大学某学生笔记本上安装的 FTP 客户端程序就可以设定请求服务时使用 21 作为目的端口号。表 5-2 是一些常用的服务对应的公认端口号。

表 5-2　　常用服务对应的公认端口

程序或服务	FTP	SMTP	HTTP	TELNET	HTTPS	SNMP	TFTP
公认端口号	21	25	80	23	443	161	69

(2)注册端口号(Registered Ports)：端口号从 1 024 到 49 151。这些端口号由 IANA 分配给申请者以用于特定进程或应用程序。这些进程主要是用户自定义的一些应用程序，而不是已经分配了公认端口号的常用应用程序。这些端口多数没有明确的定义服务对象，不同程序可根据实际需要自己定义。例如，手机微信使用 80、8080 进行登录与交互，使用 TCP 14000 端口来发送语音文件。

(3)动态或私有端口号(Dynamic and/or Private Ports)：端口号范围从 49 152 到 65 535。动态端口号用于在通信期间识别客户端应用程序，即客户端应用程序在向服务器端发起服务请求时，客户端网络系统将动态分配一个动态端口号给该客户端程序，用于后续通信。这些端口号一般不固定分配给某个服务，也就是说，许多服务都可以使用这些端口号。只要运行的程序向系统提出访问网络的申请，那么系统就可以从这些端口号中分配一个供该程序使用。在关闭程序进程后，就会释放所占用的端口号。客户端通常对它所使用的端口号并不关心，只需保证该端口号在本机上是唯一的就可以了。也就是说，某客户端在某一次运行时分配到的动态端口是当前设备里其他应用程序客户端当前没有在使用的。同一个客户端在不同时间启动时，分配到的端口号也不一定是一样的。

4. 端口号的查看

有些时候，需要了解本地主机在联网过程中启用并运行了哪些活动的 TCP 连接。因为不明的 TCP 连接可能造成重大的安全威胁。比如当用户计算机感染病毒或木马时，这些病毒或木马也是计算机程序的一种，它们也经常要跟网络上的其他计算机进行通信，此时本地操作系统就必须分配端口号给这些程序，因此通过查看当前系统有哪些端口在活动，就可以找出可疑的端口，进而排查其是否是非法入侵的程序。在 Windows 操作系统下，可以在命令行界面执行 netstat 命令，以查看正在活动的窗口，如图 5-1 所示。

输出结果列出了正在使用的协议、本地地址和端口号、外部地址和端口号以及连接的状态。每一行所显示的信息说明了本地主机某应用程序所使用的端口号，以及该程序正在通信的程序所在计算机的地址和端口号。

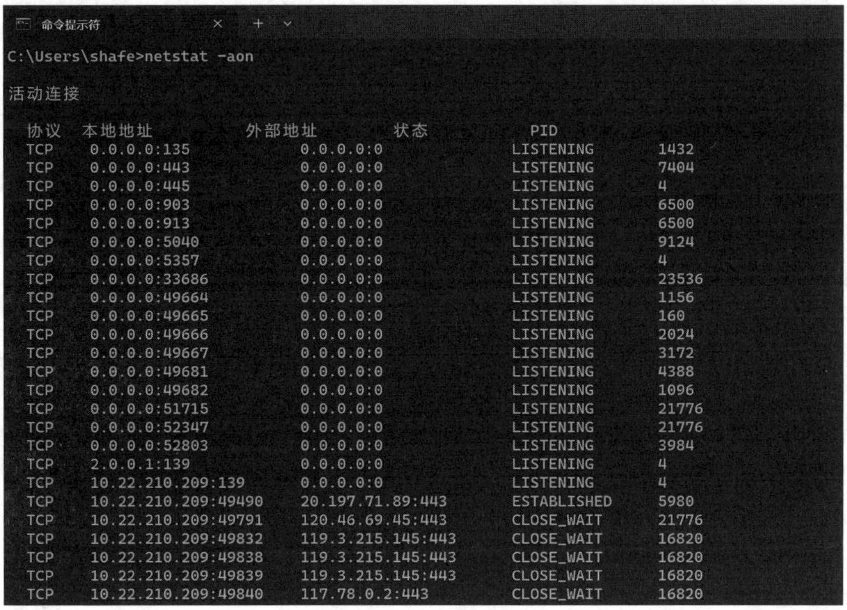

图 5-1　netstat 命令输出结果

5.1.3　面向无连接的服务和面向连接的服务

网络数据在传输的时候可以根据传输类型选择面向无连接的服务或面向连接的服务。TCP 协议就属于面向连接的服务，而 UDP 属于面向无连接的服务。下面就分别介绍这两种服务。

1. 面向连接的服务

面向连接的服务指的是发送数据的一方在将数据发送通信网络之前需要先与接收方建立连接，以确保接收方当前是连入网络的状态，是可以接收到网络数据的。面向连接的服务一般要经历以下三个阶段：

(1)连接建立。一般通过“三次握手”的方式建立起发送方与接收方的连接，确保发送方和接收方之间的路径是可以传输数据的。

(2)数据传输。建立连接后，双方就可以互传给对方的数据，接收方会对接收到数据进行确认，如果发现有数据丢失，会要求发送方从丢失的数据起重新发送。

(3)连接释放。数据传输完毕后，可以将连接终止，一般通过“四次挥手”的方式释放发送方与接收方的连接，当需要通信时，再重新建立连接。

面向连接的服务和电话系统的工作模式相类似，其传输的可靠性好，但在通信过程中会为建立释放连接和维护连接消耗一定的资源，协议复杂，线路利用率不高。

2. 面向无连接的服务

面向无连接的服务指的是发送方发送数据不需要与接收方事先建立好一个连接。也就是说，发送方想将数据发给接收方的时候，只要为数据添加接收方的地址和端口号就可以将数据通过网络传输发送给对方，如果接收方此时未连入网络，则接收方就收不到相应的数据。传送数据丢失，接收方不需要发送方重新发送。数据传输完成，发送方也不需要通知接收方数据传输结束，释放连接。因此，面向无连接的服务提供的是不可靠的传输。与面向连接的服务相比，发送方和接收方都不需要消耗资源来建立连接、维护连接和释放连接，因此虽然存在不可靠性，但面向无连接的服务可以提供更高的通信效率。

5.1.4 可靠传输服务和不可靠传输服务

传输层提供可靠传输服务和不可靠传输服务，分别对应TCP协议和UDP协议。发送方使用可靠传输服务可以保证接收方一定能收到数据，且最终收到的数据不会出现差错。使用不可靠传输服务则无法保证接收方一定能收到数据，而且当接收方收到数据时，也不能保证数据不会出现错误。虽然从上面的描述来看，应该不会有应用程序会使用不可靠传输服务来传输数据。但其实虽然可靠传输服务可以保证数据准确无误地传输，但为了保证准确性和数据不丢失，可靠传输服务需要额外做很多工作来保证这个可靠性，因此使用可靠传输服务时会有额外的网络开销，数据传输速率较低。使用可靠传输服务的应用程序有数据库、Web浏览器和电子邮件客户端等。而不可靠传输服务协议简单开销小，传输时间比可靠服务快得多。例如，使用不可靠传输协议的应用程序有实时音频、实时视频和IP语音(VoIP)等。

5.2 UDP协议

5.2.1 UDP协议概述

UDP协议提供面向事务的简单且不可靠的信息传送服务。IP层的报头部分会有一个字段用于说明调用IP协议的传输层协议是UDP还是TCP，该字段的值如果是17则表示是UDP协议。UDP发送方发送数据，网络尽最大努力传输数据，接收方接收到数据，不提供数据确认。也就是说，当报文发送之后，是无法得知其是否安全完整到达接收方的。UDP用来支持那些需要在计算机之间快速传输数据的网络应用，例如：包括网络视频会议系统在内的众多的客户端/服务器模式的网络应用。UDP协议由于结构简单，控制选项较少，在数据传输过程中有延迟小、数据传输效率高的特点，适合对传输可靠性要求不高的应用程序，如DNS、TFTP、SNMP等。UDP的主要特点概括如下：

(1)无连接。使用UDP的应用程序在发送数据之前不用与接收方建立连接关系，由此也减少了建立连接和终止连接的开销。

(2)不可靠。UDP协议不保证数据能够准确交付给接收方，因此，发送方生成UDP的数据包时不需要添加保证数据准确传输的控制信息，接收方在处理时也可以大大节省处理时间。

(3)面向报文。UDP协议对应用层程序交付过来的报文不会进行分段处理，而是将整个报文放在一个UDP数据包里交给网络层的IP协议传输，如图5-2所示。因此，应用程序需要自行确定合适的报文大小，报文过大，则IP数据包在传输过程中可能需要进行分片处理，影响传输效率，报文过小，则UDP报头占整个数据包比例过大，传输效率也不高。接收方的UDP在接收到数据包后，也是简单地将UDP报头去掉，然后把整个报文交付应用程序处理。

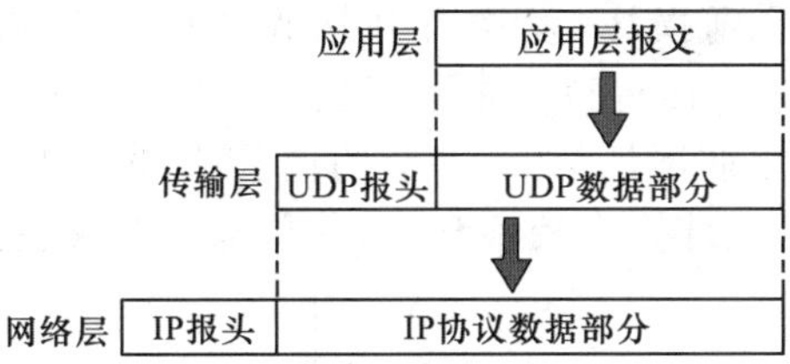

图 5-2　UDP 面向报文

(4)缺乏拥塞控制。由于 UDP 没有拥塞控制策略,因此,无论网络是通畅还是出现拥塞,UDP 协议都不会降低传输速度。这个特点对于某些实时应用程序如 IP 电话、视频会议等来说是很重要的,在网络偶尔出现拥塞的情况下,使用 UDP 传输数据,可以很好地保证实时性。但如果网络一直拥塞,UDP 协议则会加重网络的拥塞程度,造成接收端的吞吐量急剧下降。

(5)首部开销小。由于 UDP 在传输过程中,不需要进行很多控制,因此 UDP 报头字段包含的字节数很少,只有 8 个字节。这也使得 UDP 协议传输的控制信息少了很多,间接提高了传输数据的效率。

5.2.2　UDP 报头的格式

UDP 报头由 4 个字段组成,其中每个字段各占用 2 个字节,如图 5-3 所示。

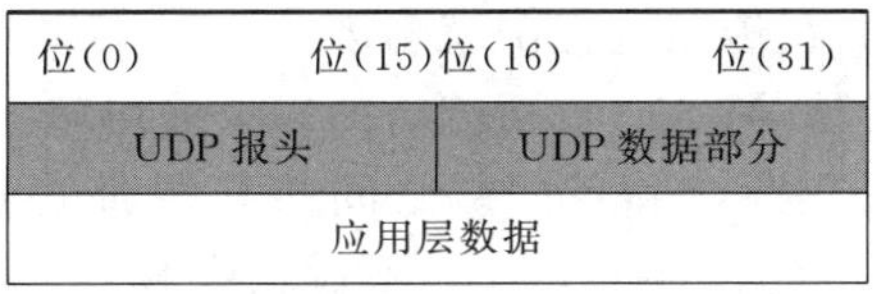

图 5-3　UDP 报头格式

各字段具体含义如下:

端口号包括源端口号和目的端口号。通过 5.1.2 节的学习,我们了解到 UDP 协议使用端口号来标识不同的服务和应用程序。UDP 和 TCP 协议正是采用这一机制实现对同一时间内多个应用同时发送和接收数据的支持。数据发送一方(可以是客户端或服务器端)的应用程序在发送数据时,将自己对应的端口号填入 UDP 报头的源端口字段,将接收方的应用程序对应的端口号填入目的端口字段,然后再将数据包传输到网络层。接收端接收数据后,由网络层传输到传输层,此时 UDP 服务收到该 UDP 数据包时通过检查目的端口号就能确定要将该数据包转交给哪个应用程序处理,如果接收方发现目的端口号在本设备没有对应的应用程序,则将该 UDP 数据包丢弃。以上操作对于 TCP 来说是同样的。

数据包长度:数据包长度是指包括报头和数据部分在内的总字节数。因为报头的长度是固定的 8 个字节,所以该域主要被用来计算可变长度的数据部分(又称为数据负载)。数据包的最大长度根据操作环境的不同而各异。从理论上说,包含报头在内的数据包的最大长度为 65 535 字节。不过,一些实际应用往往会限制数据包的大小,有时会降低到 8 192 字节。

校验和:UDP 协议使用报头中的校验和来判断数据传输过程中是否出错或被篡改,从而保证数据的安全。数据发送方在发送数据之前先将整个数据包作为特定算法的输入参数计算出一个特征值填入校验和字段,再将数据包传输出去,在传输到接收方之后,接收方使用相应的算法对收到的数据再重新计算出特征值。如果某个数据包在传输过程中被第三方篡改或者由于线路噪声等受到损坏，发送方和接收方的校验和计算值将不会相符，由此UDP服务可以检测该数据包在传输过程中是否出错。校验和的计算过程如下：

• 在UDP用户数据包之前增加12个字节的伪首部，这个伪首部实际并不存在，只是在计算校验和时临时加上去的。计算完校验和后，伪首部就会被去掉。UDP伪首部各字段的内容如图5-4所示。

UDP伪首部

4字节	4字节	1字节	1字节	2字节
源IP地址	目的IP地址	0	17	UDP长度

图5-4 UDP伪首部

• 将伪首部、UDP首部和UDP数据部分按16个位一组分成多个二进制串。UDP首部的校验和字段此时全填为0。若UDP数据部分不是偶数个字节，则无法刚好分成16个位一组，此时就在数据部分末尾添加一个全0的字节，凑成最后的16位的组。

• 对所有16位组进行二进制反码运行求和，得出结果。

• 对第3步得出的结果再进行求其反码的运算，得出来的反码就是最终添入报头部分的校验和。

接收方收到UDP数据包后用同样的方法按二进制反码求和，只不过此时校验和字段填的是发送方计算得到的校验和值。如果发送方按二进制反码求和求出来的结果为全1，则说明数据未出错，否则数据在传输过程中就出现了错误。

许多链路层协议都提供错误检查，包括流行的以太网协议，UDP也要提供校验和检查。其原因是链路层以下的协议在源端和目的端之间的某些通道可能不提供错误检测。虽然UDP提供有错误检测，但检测到错误时，UDP不做错误校正，只是简单地把损坏的消息段扔掉，或者给应用程序提供警告信息。

5.2.3 UDP的操作与使用

UDP协议的主要服务对象是要求传输速度快、延迟低的应用程序，因此其协议设计追求尽量简洁，在封装数据、发送数据和处理数据等环节上都尽量减少开销。

封装数据时，从5.2.2节可以看出，在UDP报头部分主要填入端口字段。基于UDP的应用程序，不管是客户端还是服务器端都会被分配一个UDP端口号。服务器端一般分配到公认端口号或注册端口号，而客户端分配到的端口号一般是随机生成的。当被分配到端口号的程序在主机上运行时，其在发送数据时就会将自己的端口号设置为源端口号，而接收数据的应用程序对应的端口号就会被设置为目的端口号。应用程序分配到端口号后就会从程序运行的那台主机接收与所分配端口号相匹配的数据。而UDP服务收到发给某个端口的报文段时，它就会根据应用程序的端口号将该数据发送到对应的应用程序。通信双方的应用程序选定端口后，通信过程中的所有数据包头都将采用相同的端口对，不会再发生改变。只是当发送和接收的应用程序角色发生改变时，相应的源和目的端口号也会进行交换。如图5-5、图5-6所示为UDP端口号在通信中的变化过程。

发送方的应用程序在使用UDP发送数据时，不需要事先与接收方建立连接，即不管接收方有没有连入网络，能不能收到数据。发送方的UDP服务只需要将源端口号和目的端口号封装到一个待发送的报文中，就可以将该报文发送出去。

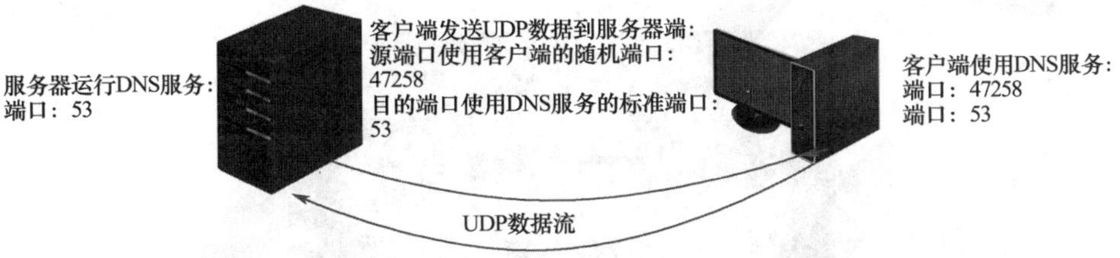

图 5-5　客户端向服务器端发送请求时使用的 UDP 端口号

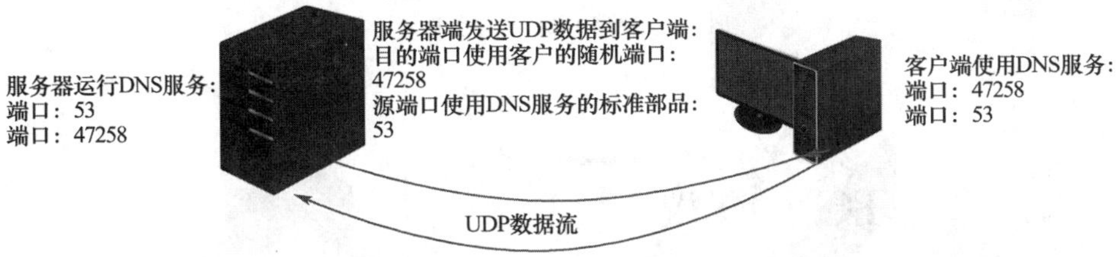

图 5-6　服务器端响应请求时使用的 UDP 端口号

接收方的 UDP 服务在收到 UDP 数据包时，只是简单地将按顺序收到的无错数据交给目的端口号对应的应用程序去处理。如果数据包经过检查发现错误，UDP 就简单地将其丢弃，而不会通知发送方重新传输。如果 UDP 数据包在传输过程中，出现了顺序错乱的情况，接收方的 UDP 服务就不会进行重新排序。如果数据顺序对应用程序来说很重要，就由应用程序本身对数据进行重新排序，如图 5-7 所示。

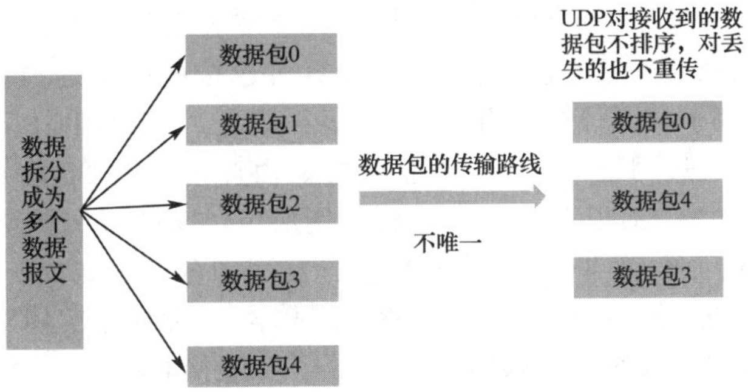

图 5-7　UDP 不对数据进行重新排序

与传输层的 TCP 协议相比，UDP 提供的功能少得可怜，但这并不说明 UDP 比 TCP 差，不同的应用程序对数据传输的侧重点不同，因此需要不同的协议来满足。UDP 适合于以下三种类型的应用程序，如图 5-8 所示。

处理可靠性的应用程序：该类应用程序不要求进行流量控制、错误检测、确认和错误恢复，或这些功能由应用程序来执行。例如，SNMP 和 TFTP。

简单的请求和响应应用程序：该类应用程序提供简单通信事务，即主机发送请求，但不一定需要收到响应。例如，DNS 和 DHCP。

实时视频和多媒体应用程序：该类应用程序可以容忍部分数据丢失但要求延迟极小或没有延迟。例如，VOIP、IPTV 等。

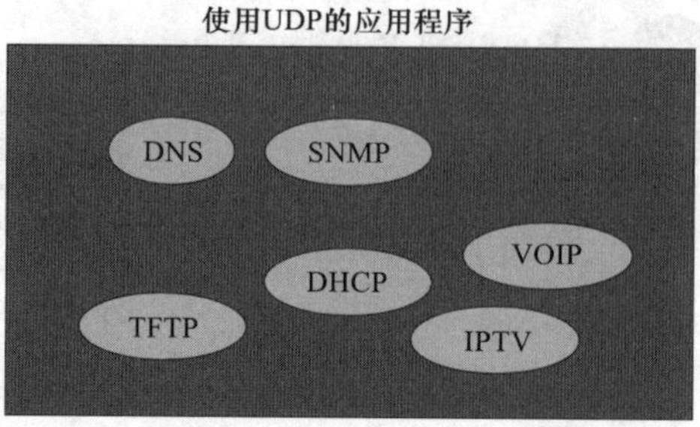

图 5-8 使用 UDP 的应用程序

5.3 TCP 协议

5.3.1 TCP 概述

传输控制协议(Transmission Control Protocol, TCP)是一种面向连接的、可靠的、基于字节流的传输层通信协议。在计算机网络 OSI 模型中,它完成第 4 层传输层所指定的功能。在因特网协议簇(Internet Protocol Suite)中,TCP 层是位于 IP 层之上,应用层之下的中间层。TCP 接收应用层数据,并为应用层提供服务。

应用层向传输层发送用于网间传输的、用 8 位字节表示的数据流,TCP 接收数据流,并把数据流分区成适当长度的报文段(通常受该计算机连接的网络的数据链路层的最大传输单元 MTU 的限制)每个报文段都带有 TCP 的报头信息。之后,TCP 把各个报文段分别传给下一层 IP 层,由它通过网络将包传送给接收方。由此可见,TCP 在对应用层进行数据处理时与 UDP 是不一样的,UDP 只是简单地将应用层传过来的报文整个发送出去,报文太长是应用层应该避免的问题,而 TCP 会对报文进行合适的分段,以方便 IP 层的传输。然后,TCP 为了提供可靠传输,就给每个报文段一个序号,然后接收方实体对已成功收到的报文段发回一个相应的确认(ACK),确认信息里包含了希望接收的下一个报文段的序号,这样发送报文段的设备就可以确认哪些报文段接收方已经收到,哪些报文段超过设定时间接收方还未收到,需要重传。另外。由于网络在发送方和接收方之间可能存在多条路由,每条路由又有不同的传输速率,所以可能导致数据采用不同路由传输时,抵达的顺序错乱。按照报文段的编号重新排序,TCP 可以确保按正确的顺序重组这些报文段。TCP 还提供检错机制,它检验错误的方法与 5.2.2 节里 UDP 检验错误的方法是一样的。此外,TCP 在传输应用层的数据之前,会先与接收方建立连接关系,以确保数据能够到达接收方,连接建立后,开始传输数据,由于接收方与发送方的网络情况、数据处理能力不同,因此 TCP 协议还会根据网络链路状况和接收方的数据接收能力动态调整发送方的数据传输速度。网络主机的内存和处理能力等资源有限,当 TCP 发现这些资源超负荷运转时,它需要请求源应用程序降低数据流速。为此,TCP 会调整源设备传输数据的速度。流量控制可避免当接收主机的资源不堪重负时,将接收到的数据丢弃,重新传输。当数据传输完成后,通信双方还需要释放连接。

5.3.2 TCP 服务模型

应用层通过传输层进行数据通信时，TCP 和 UDP 会遇到同时为多个应用程序进程提供并发服务的问题。在计算机网络当中，传输层要在用户之间提供可靠和有效的端到端服务，必须把同一个用户设备上的进程和该用户设备上的其他进程区分开，解决方法主要由传输地址来实现。这时，传输层需要定义一组传输地址，以供通信选用。传输地址用传输服务访问点(TSAP)来描述。为确保所有的传输地址在整个网络中是唯一的，传输地址规定由网络号、主机号及主机分配的端口组成。在层次地址构成中，一个实际的例子就是在互联网用“＜IP 地址＞:＜端口号＞”表示 TSAP。

TCP 用主机的 IP 地址加上主机上的端口号作为 TCP 连接的端点，这种端点就叫作套接字(Socket)或插口。套接字用(IP 地址:端口号)表示。它是网络通信过程中端点的抽象表示，包含进行网络通信必需的五种信息：连接使用的协议、本地主机的 IP 地址、本地进程的协议端口、远地主机的 IP 地址、远地进程的协议端口。套接字，是支持 TCP/IP 的网络通信的基本操作单元，可以看作是不同主机之间的进程进行双向通信的端点。简单地说，就是通信双方的一种约定，用套接字中的相关函数来完成通信过程。Socket 可以看成两个程序在进行通信连接中的一个端点，是连接应用程序和网络驱动程序的桥梁，应用程序中创建 Socket，然后通过 Socket 与网络驱动程序建立关系。此后，应用程序发送给 Socket 的数据，由 Socket 交给网络驱动程序通过网络进行发送。主机从网络上收到与该 Socket 绑定 IP 地址和端口号相关的数据后，由网络驱动程序交给 Socket，应用程序便可从该 Socket 中提取接收到的数据，网络应用程序就是这样通过 Socket 进行数据的发送与接收的。

5.3.3 TCP 报头的格式

为了实现 TCP 的各种控制功能，TCP 协议对应用层数据进行分段后，在每个报文段前面都加上了一个 TCP 报头，每个 TCP 报头包含 20 个字节固定字段和 60 个字节的可变字段，如图 5-9 所示。

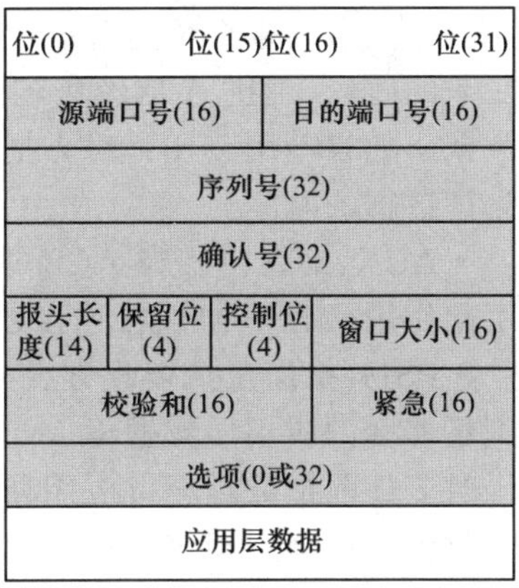

图 5-9 TCP 报头

各主要字段占的位数及含义如下：

1. 源端口号和目的端口号

源端口号和目的端口号分别占用 16 位，用于标识通信主机发送方和接收方对应的应用程序。

2. 序列号

序列号总共 32 位，“v”用于标识报文段在原始数据的位置，并用于数据重组。序列号字段总共 32 位，4 个字节，因此其取值为 $0\sim2^{32}-1$，即 0～4 294 967 295，每个序列号值用于对应用层数据里某个字节进行编号。通信双方在连接建立时会协商一个起始的序列号值，用于代表应用层数据的第一个字节，这个起始值从安全角度考虑是随机取的，不一定会从 0 开始，随后的每个字节编号就依次累加，当编号值到达最大值时，下一个序号就又回到 0。在某个报文段的 TCP 首部中添加的序列号字段值表示该报文段封装的应用层数据的第 1 个字节的编号。例如，某报文段序列号值为 1001，其包含的应用层数据有 200 个字节，则该报文段包含的应用层数据第一个字节对应的编号就是 1001，最后一个字节对应的编号为 1200。

3. 确认号(32 位)

确认号是接收方用于表示收到的数据,其值表示下一个期待接收的报文段的序号。例如,接收方收到了上文里的序列号值 1001,包含 200 个字节应用层数据的报文段,并且序列号为 1001 之前的报文段接收方也都收到了,那么接收方会回复一个包含确认号为 1201 的控制信息,表示接收方已经收到了序列号 1200 之前的报文段,希望接收方发送序列号开始为 1201 的报文段。要注意的是,确认号是 1201,而不是 1200。总之,当接收方发送确认号为 N 的消息给发送方时,就意味着接收方已正确收到了包括序列号 $N-1$ 及之前的数据。

4. 报头长度(4 位)

报头长度表示 TCP 报文段报头的长度。由于 TCP 报头的长度不像 UDP 一样是固定的,因此需要增加该字段用于说明 TCP 的报头长度,以便接收方的 TCP 协议能够确定接收到的报文段里,从哪个地方开始的数据是应用层需要的数据。所以该字段也称为数据偏移量。此处应该注意的是,由于报头长度只占了 4 位,即其取值为 0～15,因此数据偏移量的单位是 4 个字节,也就是说,当报头长度十进制值为 8 时,表示报头长度为 32 字节。由数据偏移量的最大值可以算出 TCP 首部最大长度为 60 字节。

5. 保留位(6 位)

此字段留作将来使用,目前在使用过程中都置为 0。

6. 控制位(6 位)

控制位包括位码或标志,通过控制位的不同取值表示当前 TCP 报文段的用途和功能。控制位分为 6 个位,分别为:URG、ACK、PSH、RST、SYN、FIN。在 TCP 报文段的报头部分通过将每个位取值为 0 或 1 来代表不同功能,其功能具体如下。

• URG:紧急位。当 URG 取值为 1 时,表示 TCP 报头部分的紧急字段是有效的。当应用程序有紧急数据要发送时,可以将 URG 设置为 1,这样 TCP 协议就会将紧急数据插入当前正要发送的报文段的最前面,并用紧急字段的值来说明该紧急数据的长度,该报文段的紧急数据之后的数据仍是普通的应用层的数据。例如,主机 A 传输一个文件给主机 B,传到 1/4 的时候,主机 A 取消传输,此时就可以利用 URG 字段发送紧急命令通知对方不再接收数据。如果不用 URG,对方把整个文件都接收完毕后才能收到取消命令,那就浪费了很多处理数据的时间。

• ACK:确认位。当 ACK 取值为 1 时,确认号字段有效。当 ACK 取值为 0 时,确认号就不起作用。TCP 协议在连接建立后所传输的报文段都会把 ACK 的值设置为 1。

• PSH:推送位。接收方在接收到数据后,可能会先把应用层的数据存放到缓存里,等收到足够多的应用层数据再一起交付给应用程序。如果发送方希望接收方的 TCP 协议在某个时刻提前把数据交付应用程序,就可以将 PSH 置为 1,并创建一个报文段发送出去,接收方收到后就会立即将缓存里的应用层数据交付给应用层处理。

• RST:复位。RST 用于 TCP 连接出现错误需要重新连接的情况,此时,发送方将 RST 置为 1,并建立报文段发给接收方,释放连接,然后再重新建立 TCP 连接。

• SYN:同步位。该位主要用于三次握手建立阶段,SYN 取值为 1 而 ACK 取值为 0 表示发送方要与接收方建立连接关系。SYN 和 ACK 都取值为 1,则表示接收方同意与发送方建立连接关系。

• FIN:终止位。当发送方与接收方不再有数据要传输时,通过将 FIN 置为 1 来发送终止连接的信号。

7. 窗口大小(16 位)

由于接收方处理数据的能力有限,因此接收方用该字段来表示接收方在下一次传输中可以接收的字节的数量。窗口大小是 $0\sim2^{16}-1$,窗口大小字段用于指定发送方的发送窗口大小。接收方发给发送方的确认信息中会利用窗口大小来告知发送方,接收方目前能接收的数据范围是从该报文段的确认号开始到确认号与窗口大小的和。比如说,接收方发送了一个确认号为 1001,窗口大小为 2000 的报文段给发送方,那么发送方此时能够发送的数据序列号为 1001～3000。由于接收方在每次发给发送方的报文段里都可以调整窗口大小,因此发送方的发送窗口大小值是在动态变化的。

8. 校验和(16 位)

用于报文段报头和数据的错误检查。校验和字段的计算方法与 UDP 里校验和字段的算法是一样的,只不过在 TCP 报文段添加伪首部时,应该将伪首部的第 4 个字段里的 17 改为 6,17 代表的是 UDP 的协议号,6 代表 TCP 的协议号,第 5 字段的 UDP 长度也要改成 TCP 长度。其他地方的处理步骤是类似的。

9. 紧急(16 位)

紧急表示数据是否紧急,只有控制位里的 URG 标志位被设置为 1 时该字段才有意义。

10. 选项

选项长度可变,最长可达 40 字节。选项主要分为最大报文段长度(MSS)、窗口扩大选项、时间戳选项、选择确认(SACK)选项等。

5.3.4 TCP 连接的建立

当发送方的应用进程选择 TCP 作为传输层协议来发送数据时,TCP 协议在开始发送应用层的数据之前,需要先与接收方建立连接,以确保与接收方的双向通路是畅通的,即通过连接的建立保证数据既可以由发送方传输到接收方,也可以由接收方传输到发送方。

TCP 连接的建立分为三个步骤,也称为“三次握手”,如图 5-10 所示。

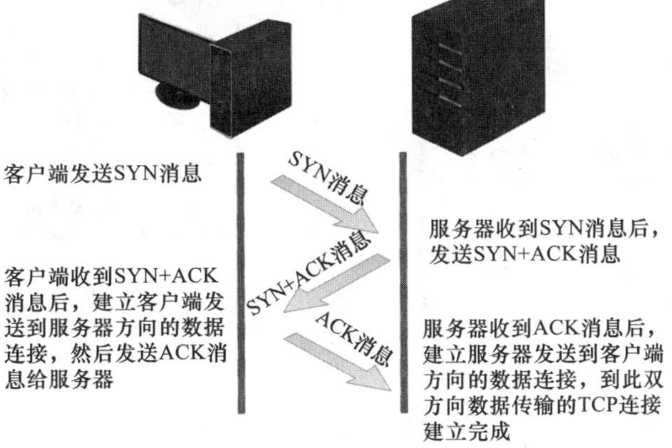

图 5-10　TCP 三次握手

第 1 步:客户端的通信进程发送 SYN 消息给服务器,请求与服务器建立连接。

第 2 步:服务器收到客户端的 SYN 消息,同意客户端请求,回复 SYN+ACK 消息给客户端。

第 3 步:客户端收到服务器同意建立连接的确认包,回复 ACK 消息给接收方,确认服务器发送的数据包有收到。

TCP 在传输应用层数据之前先使用三次握手建立连接有以下三个功能：

(1)确认服务器的设备连入网络。

(2)确认服务器有活动的服务，并且正在发送设备建立连接时要使用的目的端口号上响应连接请求。

(3)通知服务器，客户端想要在该端口号上建立通信会话。

数据传输完成后，通信双方将关闭会话并终止连接。连接和会话机制保障了 TCP 的可靠性功能。

5.3.5 TCP 连接的释放

应用程序选择 TCP 进行数据传输后，如果数据传输结束，则需要终止连接。由于数据传输是双向的，因此连接的终止也是双向的。关闭连接的过程与建立连接的过程类似，也是通过对控制位的不同取值来发送不同的 TCP 控制消息来实现的。如图 5-11 所示，具体需要以下步骤：

(1)当客户端完整收下数据信息后，它将发送 FIN 消息给服务器，请求释放连接。

服务器收到 FIN 消息后，确认终止连接。分两次发送确认消息，第一次回复 ACK 消息，确认服务器停止发送数据给客户端。第二次发送 FIN 消息。

(2)客户端收到 FIN 消息后，回复 ACK 消息，确认服务器的确认消息已经收到，至此双方不再相互传送数据，连接完全释放。

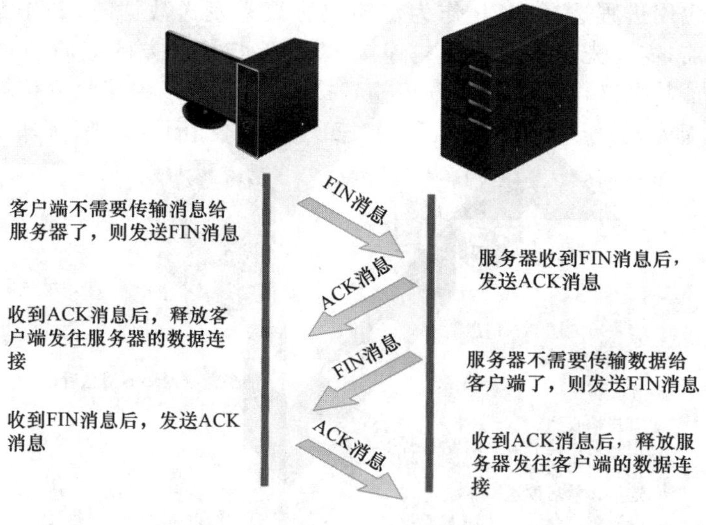

图 5-11 TCP 连接的释放

5.3.6 流量控制

当数据发送方与接收方建立好连接后就可以开始发送数据了。由于接收方处理数据的速度可能跟不上发送方发送数据的速度，因此双方在连接建立阶段会协商好初始的发送窗口大小，发送方会按照该发送窗口大小来传输数据，以保证接收方能够顺利处理接收到的数据。在数据开始发送后，接收方还可以实时地根据处理情况，向发送方发出反馈信息，以调整发送方的发送窗口大小，这就是 TCP 的流量控制功能。流量控制功能在实现时是通过 TCP 报头的 16 位的窗口大小字段来实现的，窗口大小字段的单位是字节，发送方的发送窗口不能超过接收方给出的接收窗口的数值。接收方在处理接收的字节的同时不断调整发送方的发送窗口大小的过程被称为滑动窗口。

图 5-12 给出了一个发送窗口使用的示例。窗口大小为 5000，表示发送方一次最多可以发送的字节数。发送方从第 1 个字节开始发送数据，在未收到接收方确认的前提下可以连续发送 5000 个字节，图中发送方连续发送了两个报文段，每个报文段字节数为 1000，接收方收到发送方的数据后会回复确认信息，以说明收到了哪些字节，和希望接收方发送的下一个报文段的起始字节编号，接收方不一定会等到 5000 个字节都发完再回复确认消息。接收方接收到 2000 个字节时就回复了确认消息，确认消息里的 TCP 报头包含了值为 2001 的确认号，说明接收方希望下一个报文段起始字节数为 2001。发送方收到确认消息后，其可以发送的字节序号范围随之更新为 2001～7000。在确认消息的 TCP 报头仍然包含了窗口大小字段，因此接收方可以随时通过确认消息调整发送窗口大小。

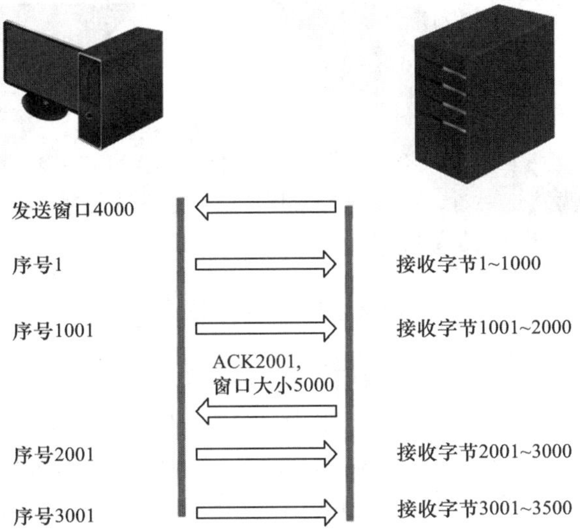

图 5-12　TCP 的发送窗口

如图 5-13 所示为接收方调整窗口大小的例子。假设主机 A 向主机 B 发送数据，双方初始窗口大小为 2000，再设每个报文段大小为 500 字节，接收方在数据传输过程中进行了三次流量控制。发送方发完 3 个报文段时，接收方可能由于没有足够的资源处理数据，导致第 3 个报文段丢失，此时，接收方觉察到这个问题，于是向发送方发出确认消息，确认收到前两个报文段，并同时调整窗口大小为 1500。此时，接收方可以发送序号为 1001～2500 的字节。发送方发完这些数据后，接收方再次调整了窗口大小，值为 500，发送方此时就只能发送序号为 2501～3000 的字节了。接收方收到 2501 开始的报文段后，又一次通过确认消息调整了窗口大小为 0，此时发送方就不能再向接收方发送数据了。

当接收方向发送方发送了零窗口的报文段后，可能会出现死锁的问题。即接收方又有可以接收数据的空间了，于是发送方向接收方发送窗口大小为 2000 的报文段，可是由于网络原因，该报文段在传输过程中丢失了。那么，发送方就不知道接收方又可以接收数据了，而接收方也一直在等待发送方发送数据，由此造成死锁状态。为了避免这种情况的发生，

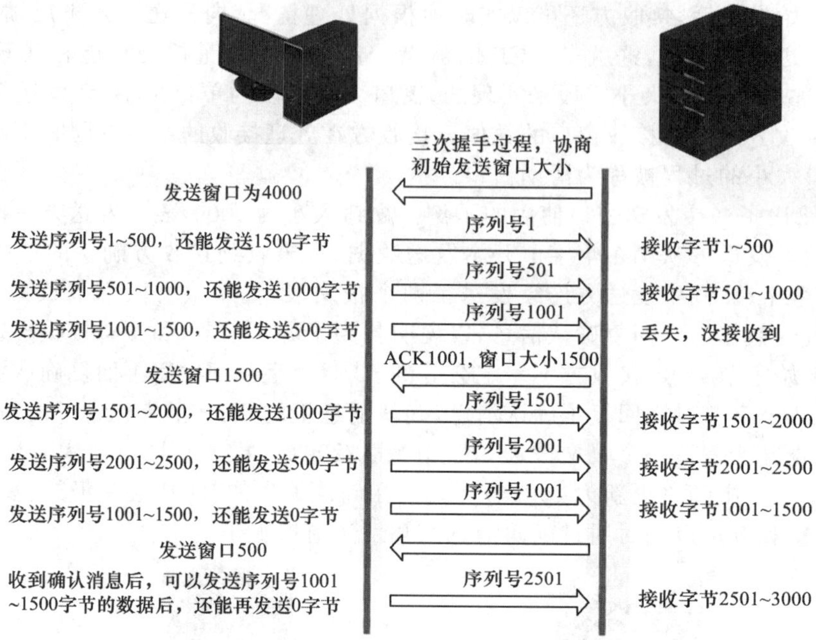

图 5-13　TCP 接收窗口大小调整过程

TCP 为每个连接设置一个持续计时器，只要发送方收到零窗口通知，就启动持续计时器，计时器设置的时间到期，就发送一个零窗口探测报文段(仅携带 1 字节的数据)，而对方就在确认这个探测报文段时给出现在的窗口值。

5.3.7 差错控制

TCP 为应用层提供可靠的数据传输服务，这就意味着 TCP 需要按序、没有差错、没有任何丢失地将所有数据传输给接收方的应用程序。TCP 为了实现可靠性，使用了一系列的差错控制措施，主要包括以下一些机制：检测和重传受到损伤的报文段、重传丢失的报文段、检测和丢弃重复的报文段、对失序到达的报文段重新排序。TCP 通过校验和、确认及超时重传这三要素来完成其差错控制。

1. 校验和

从 5.3.3 节的 TCP 报头可以看到，TCP 添加的报头部分包含了一个 16 位的校验和字段，用于检查报文段是否遭到破坏。如果某个报文段因校验和无效而被检查出受到损伤，就由接收方的 TCP 将其丢弃，并被认为是丢失了。校验和字段的具体计算方法与 UDP 校验和的计算方法类似，在此不再赘述。

2. 确认

发送方的 TCP 对于发送出去的报文段会利用 TCP 报头的序列号字段值进行编码。对于收到的报文段，TCP 需要向发送方回复确认控制信息，一方面表明已经正确收到之前的数据，另一方面在确认控制信息里通过设置确认号字段值来说明其希望发送方发送的下一个报文段的序列号，如图 5-14 所示。发送方发送序列号值为 101 的 200 个字节的应用层数据给接收方，接收方收到后会回复确认号为 301 的报文段来告知发送方，其已收到序列号为 301 之前的数据，希望下一个报文段序列号起始值为 301。

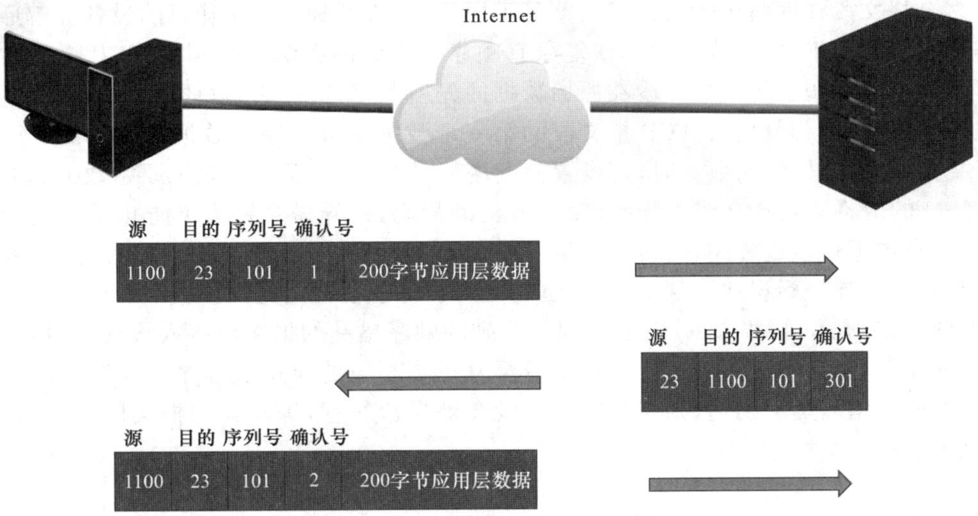

图 5-14 确认号的使用

3. 超时重传

发送方的 TCP 为每个发送出去的报文段分别设置了一个重传超时(Retransmission Time-Out,RTO)计时器。当计时器时间到期(超时),TCP 重新发送丢失或出错的报文段,并重启计时器。若在计时器时间到之前收到了接收方的确认信息,则将计时器删除。超时重传看起来很简单,但实现起来却非常复杂,这里面主要的问题是重传时间应该选择多长才合适,如果重传时间选择得比较短,那么在 RTT 往返时间比较长的情况下,容易造成不必要的重传,而重传时间过大,又会导致网络空闲时间加长,降低了传输效率。为了制定合适的重传时间,TCP 采用了自适应算法,算法步骤如下:

(1)设置变量 RTT_S,RTT_S 称为加权平均往返时间,并初始化为发送方发送的第 1 个报文段的往返时间 RTT(发送报文段到收到确认这段时间)。

(2)对第 1 个报文段之后的报文段都测量新的 RTT,并按以下公式计算新的 RTT_S

$$\text{新的 } RTT_S=(1-\alpha)\times(\text{旧的 } RTT_S)+\alpha\times(\text{新的 RTT 样本}) \tag{5-1}$$

α 值范围为[0,1),α 值越小,则新的 RTT_S 越接近旧的 RTT_S,α 值越大,则新的 RTT_S 与新的 RTT 样本的值越接近。RFC 6298 建议将 α 值取为 0.125。

(3)设置超时重传时间 RTO,并令其略大于 RTT_S,具体计算公式如下

$$RTO = RTT_S+4\times RTT_D \tag{5-2}$$

其中,RTT_D 是 RTT 的偏差的加权平均值,第一次测量时,RTT_D 取值为测量到的 RTT 值的一半,在以后的测量中,则按以下公式进行计算

$$\text{新的 } RTT_D=(1-\beta)\times(\text{旧的 } RTT_D)+\beta\times|RTT_S-\text{新的 RTT 样本}| \tag{5-3}$$

在这里,β 的推荐值为 0.25。

(4)当出现重传的情况时,因为此时的往返时间样本无法确定是丢失的报文段结果到达了接收方,然后接收方发回了确认信息,还是后面重传的报文段或对方收到了再发回的确认信息。因此只要报文段被重传了,则其往返时间样本就不被用于更新超时重传时间,但也不能保持超时重传时间的值不变,而应该报文段每重传一次,就把超时重传时间 RTO 增大一些。一般取新的重传时间为旧的重传时间的 2 倍。

TCP 报文段到达目标设备时其顺序可能是混乱的,这主要是由于出现差错或丢失重

传，或多个报文段在网络传输时选择的路径不同导致的。因此，为了让目的设备理解原始消息，需要重组这些报文段，以帮助其恢复原有顺序。重组的办法就是利用 TCP 报头的序列号字段，该字段标明了每个报文段在原始数据的先后顺序，通过该字段即可对顺序混乱的报文段进行重组。序列号代表 TCP 报文段的第一个数据字节在原始数据的相对编号。在建立 TCP 会话后，开始传输数据时，将设置初始序列号 ISN，此 ISN 代表了原始数据的起始字节值，ISN 的值不需要从 0 或 1 开始，而是随机的号码，这样做主要为了防止某些类型的恶意攻击。在数据传输过程中，每传送一定字节的数据，序列号就随之增加，通过这样的数据字节跟踪，可以唯一标识并确认每个报文段，还可以标识丢失的报文段。

如图 5-15 所示，接收方的 TCP 进程将收到的顺序错乱的报文段存入缓存区，再根据各报文段的序列号对其进行重新排列，重组后再发送到相应的应用层程序。如果某些报文段因为丢失或出错而延迟到达，则先到的报文段会被保留暂存，等缺失的报文段到达后，再按顺序处理这些报文段。

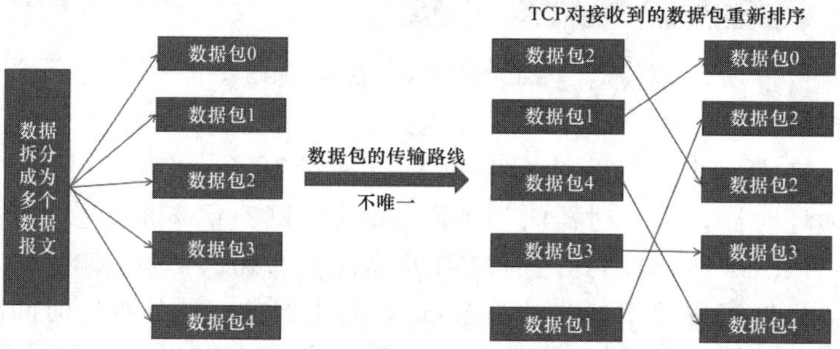

图 5-15 TCP 的重新排序

5.3.8 拥塞控制

在网络运行期间，若网络节点对网络整体的某一资源的需求超过了网络所能提供的最大可用范围，网络性能就会下降，这种情况叫作拥塞。正如公路网的交通拥挤一样，当大城市上下班高峰期时，车辆大量增加，各种走向的车流相互干扰，使每辆车到达目的地的时间都相对增加(延迟增加)，甚至有时在某段公路上车辆因拥挤而无法开动(发生局部死锁)。网络拥塞是由许多因素造成的，简单地提高节点处理机的速度或者扩大节点缓存的存储空间并不能解决拥塞问题。造成拥塞问题的往往是整个系统的各个部分不匹配，只有各个部分平衡了，问题才会得到解决。

拥塞控制与流量控制是不一样的。拥塞控制要防止过多的数据传输到整体网络中，这样可以使网络中的路由器或链路不致负担过重。也就是说，拥塞问题是一个全局性的问题，涉及所有的主机、路由器及与降低网络传输性能有关的相关因素。而流量控制往往指的是点对点通信量的控制，它只涉及数据的发送方与接收方，流量控制所要做的就是控制发送方发送数据的速率，以便使接收方来得及接收。

如何判断网络出现了拥塞呢？当网络通信量较小时，网络的实际吞吐量会随着传入网络的分组数增加而增加，而当网络分组数增加，实际吞吐量反而下降时，则说明网络出现了拥塞现象。当网络出现拥塞后，到达某个网络节点比如说路由器的分组将会碰到无缓冲区可用的情况，从而导致这些分组被丢弃，于是这些分组将会被前一节点或发送方重传，造成网络上除了新增的分组外，又会增加很多旧分组的重传，导致网络吞吐量进一步下降，由此引发恶性循环，严重的将使整个通信子网的局部甚至全部进入死锁状态，最终导致整个网络的吞吐量降为零。

造成网络拥塞主要有以下几个原因：

(1)网络某节点如路由器的多条流入线路有分组到达，并需要同一输出线路，此时，如果该节点没有足够的内存来存放所有这些分组，那么有的分组就会被丢弃。

(2)路由器资源有限，以至于难以及时完成必要的处理工作，如缓冲区排队、更新路由表等。

互联网建议标准 RFC 2581 定义了进行拥塞控制的四种算法，即慢开始(Slow-start)、拥塞避免(Congestion Avoidance)、快重传(Fast Retransmit)和快回复(Fast Recovery)。下面我们简单解释一下这四种方法，首先我们假设数据是单方向传送，而另外一个方向只传送确认，另外，接收方总是有足够大的缓存空间，因此发送窗口的大小由网络的拥塞程度来决定。

慢开始和拥塞避免算法一般结合起来用。发送方会设定一个称为拥塞窗口 cwnd (Congestion Window)的状态变量，其大小取决于网络的拥塞程度和接收端的接收能力，并且动态地在变化。发送方的发送窗口取值为拥塞窗口和接收方能接收的流量控制窗口大小的较小值。发送方调整拥塞窗口的基本办法是：只要网络没有出现拥塞，拥塞窗口就增大一些，以便把更多的分组发送出去。一旦网络出现拥塞，就减少拥塞窗口，从而减少发送窗口注入网络的分组数，特殊情况可以减少到 0。慢开始算法和拥塞避免算法就是用于实时调整拥塞窗口大小的。

慢开始算法具体工作流程为：当 TCP 连接建立时，cwnd 初始值为 1 个最大报文段(MSS)大小，发送端开始按照拥塞窗口大小发送数据，每当有一个报文段被确认，cwnd 就在原有的基础上翻倍。用这样的方法来逐步增大拥塞窗口 cwnd，如图 5-21 所示。这个算法可以避免发送方在建立连接后，就大量地向网络发送数据包，从而导致路由器缓存空间耗尽，发生拥塞。

由图 5-16 可知，cwnd 按指数规律增长，如果不加以控制很可能由于增长过大引起网络拥塞，因此需要设置一个慢开始门限 ssthresh。ssthresh 的用法如下：

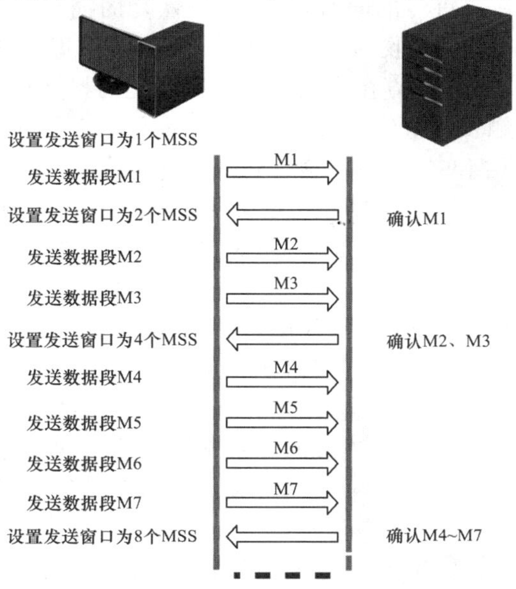

图 5-16 慢开始算法

当 cwnd＜ssthresh 时，使用慢开始算法来调整 cwnd 的值。

当 cwnd＞ssthresh 时，改用拥塞避免算法来调整 cwnd 的值。

当 cwnd＝ssthresh 时，慢开始与拥塞避免算法任意选择。

拥塞避免算法具体工作流程为：每经过一个往返时间，RTT 就把发送方的拥塞窗口 cwnd 加 1，而不是像慢开始算法那样加倍，这称为加法增大，这样拥塞窗口就会按线性规律缓慢增长。

无论发送方是处在慢开始阶段还是拥塞避免阶段，只要发送方在要求时间内没有收到某个分组的确认消息，即可以判断网络出现拥塞，此时就把慢开始门限设置为出现拥塞时的发送窗口大小的一半，这称为乘法减少。然后进入快速重传阶段：把拥塞窗口重置为 1，重新执行慢开始算法。这样做的目的就是要迅速减少主机发送到网络中的分组数，使得发生拥塞的路由器有足够的时间把队列中积压的分组处理完毕，如图 5-17 所示。

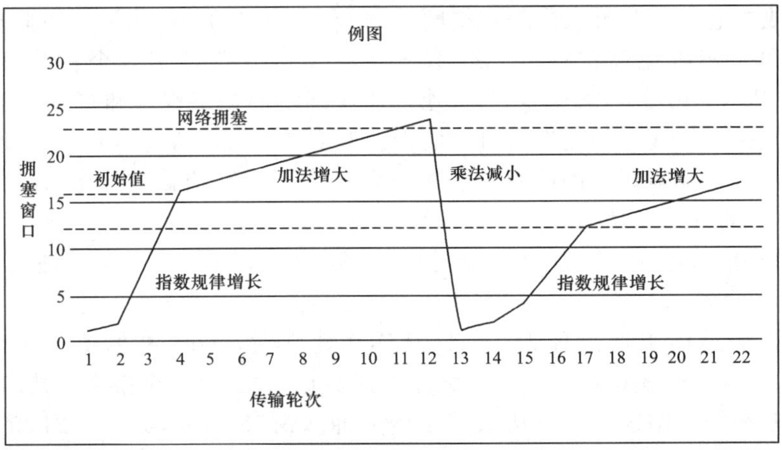

图 5-17 慢开始和拥塞避免算法举例

TCP 协议发送分组后都会在内存中设置相应的重传计时器，若该分组丢失，则必须等待重传计时器超时才能重新发送分组，由此可能导致的拥塞问题，用慢开始和拥塞避免算法都无法很好地解决，TCP 在快重传的同时，设计了快恢复的拥塞控制方法。快重传算法不需要等待重传计时器超时，而只需收到 3 个重复的确认 ACK 即可断定分组丢失，从而重传分组。为此，快重传算法需要接收方在收到一个顺序混乱的报文段后就马上发出重复确认消息，如图 5-18 所示。当触发快重传算法时，发送方重传分组后，将执行快恢复算法。快恢复算法认为，如果网络出现拥塞的话就不会收到多个重复的确认，所以发送方现在认为网络可能没有出现拥塞，但为了避免出现拥塞还是会执行“乘法减小”算法，把 ssthresh 门限减半。但是接下去并不执行慢开始算法，而是将 cwnd 设置为 ssthresh 减半后的大小，然后执行拥塞避免算法。

在网络运行过程中，还有一种称为全局同步的情况可能导致网络拥塞。全局同步主要是由路由器的尾部丢弃策略造成的。当路由器收到过多分组，以至于缓存不够用的情况时，就会将后至的分组丢弃掉，如果只是简单地按先来先发，后来的分组没缓存就丢弃的策略，可能会影响很多的 TCP 连接，使这些连接的源系统同时认为网络进入拥塞状态，而同时进入慢开始状态，这就是全局同步，这会导致网络流量突然下降很多，而在网络正常运行一段时间后，流量又会突然增大很多。

为解决全局同步现象，路由器采用随机早期检测算法（Random Early Detection，RED）。该算法思想如下：

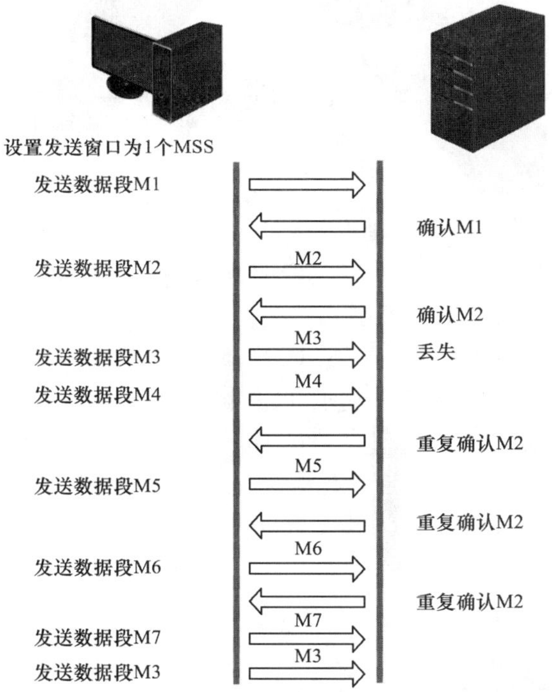

图 5-18 快重传算法

路由器为用于存放分组的队列设置两个参数，即队列长度最小门限 min 和最大门限 max，每当一个分组到达的时候，RED 就计算平均队列长度。然后分以下情况对待到来的分组：

(1)平均队列长度小于最小门限，把新到达的分组放入队列排队。

(2)平均队列长度在最小门限与最大门限之间，则按照某一概率将分组丢弃。

(3)平均队列长度大于最大门限，丢弃新到达的分组。

从 RED 算法的原理可以看出，RED 算法在检测到可能出现网络拥塞的征兆时，随机丢弃后面收到的分组，从而让拥塞控制只影响到个别 TCP 连接，这样就可以避免全局同步现象。RED 的最小门限不能太小，以保证路由器的输出链路有较高的利用率。而最大门限和最小门限之差也应该足够大，以保证在一个 TCP 往返时间 RTT 中队列的正常增长仍在最大门限之内。在实践中发现，最大门限设置为最小门限的 2 倍是合适的。

本章小结

本章首先介绍了传输层协议在 TCP/IP 协议栈所处的位置及其作用，然后区分了面向连接的服务和面向无连接的服务、可靠服务和不可靠服务。其次重点介绍了传输层的两个主要协议——TCP 协议和 UDP 协议。UDP 协议与 TCP 协议都通过端口号对应用程序进行复用与分用。但 UDP 协议提供的是无连接、不可靠服务，适合对数据实时传输要求较高的应用，而 TCP 协议需要在传输数据前建立连接，并提供可靠传输服务，适合于对数据传输准确性要求较高的应用程序。

习 题

一、选择题

1. 传输层为(　　)之间提供逻辑通信。

A. 主机　　B. 进程　　C. 网络设备　　D. 系统软件

2. HTTPS采用的端口号是(　　)。

A. 80　　B. 443　　C. 127　　D. 69

3. 下列网络应用中，(　　)不适合使用TCP协议。

A. 客户机/服务器　　B. telnet　　C. ftp　　D. 实时流媒体

4. 当接收端收到有差错的UDP用户数据时，处理方式是(　　)。

A. 丢弃　　B. 请求重传　　C. 差错检测　　D. 奇偶验证

5. 为了保证数据的可靠性，TCP采用了对(　　)确认机制。

A. 报文段　　B. 分组　　C. 帧　　D. 字节

二、简答题

1. 请说明传输层在保证可靠性传输中起的作用？

2. 互联网上可以利用什么方式唯一确定一个在互联网上的通信进程？

3. 比较传输层TCP协议和UDP协议？

4. 分析UDP在流媒体通信中的作用？

5. 分析端口在进程通信中的作用，主要可以分为几种？

6. 分析滑动窗口的作用？

7. A和B建立TCP连接，当A收到的确认号等于80的确认报文段时，表示什么？

8. 在TCP协议中，采用滑动窗口机制，发送窗口的大小取决于什么？

9. 设TCP的门限值ssthresh的初始值为8(单位为报文段)。当拥塞窗口上升到32时网络收到三个重复应答包，TCP使用拥塞控制策略。试分别求出第1轮到第6轮传输的各拥塞窗口大小？

10. 简述TCP建立连接的握手过程和释放连接的挥手过程。

第6章

应用层

在前5章已经详细地讨论了计算机网络提供通信服务的过程。但是还没有讨论这些通信服务是如何提供给应用进程来使用的。本章讨论各种应用进程通过什么样的应用层协议来使用网络所提供的这些通信服务。由于不同的应用进程之间需要有不同的通信规则,因此在传输层协议之上,还需要有应用层协议(Application Layer Protocol)。这是因为,每个应用层协议都是为了解决某一类应用问题,而问题的解决又必须通过位于不同主机中的多个应用进程之间的通信和协同工作来完成。应用进程之间的这种通信必须遵循严格的规则,应用层的具体内容就是精确定义这些通信规则。具体来说,应用层协议应当定义:

- 应用进程交换的报文类型,如请求报文和响应报文;
- 各种报文类型的语法,如报文中的各个字段及其详细描述;
- 字段的语义,即包含在字段中的信息的含义;
- 进程何时、如何发送报文,以及对报文进行响应的规则。

本章的主要内容:

1. 域名系统(DNS)。
2. 文件传送协议(FTP)。
3. 动态主机协议(DHCP)和远程登录协议(Telnet)
4. 电子邮件(E-mail)。
5. 万维网和HTTP协议。
6. 网络管理的三个组成部分(SNMP、SMI和MIB)。
7. 了解云计算的特点与原理。

6.1 域名系统(DNS)

DNS概念

虽然在理论上,所有程序通过使用它们存储的计算机网络地址(例如IP),就可以访问Web主页、邮箱和其他资源,但是这些地址很难让人记住。而且如果浏览一个公司(115.239.210.27)的Web主页,该公司将主页移到了另一台机器上,且该机器具有不同的IP地址时,必须将该机器的IP地址通知到每个人,这显然是不切实际的。因此,人们引入了可读性高的名字,以便将机器名字与机器地址分离开。在这种方式下,无论真正使用的IP地址是什么,人们都能熟知公司Web服务器的名称,如www.baidu.com。然而,因为网络本身只能理解数字形式的地址,所以需要某种机制将名字转换成网络IP地址。

回到早期的ARPAnet,那时只有一个简单的文件,名叫hosts.txt,它列出了所有的计算机名字和它们的IP地址。每天晚上,所有主机都从一个存储此文件的站点将该文件取回,然后在本地进行更新。对于一个拥有几百台大型分时机器的网络而言,这种工作方法相当好。

然而,当几百万台计算机连接到Internet以后,使用网络的每个人都意识到这种方法将不能继续有效工作了。一方面,这个文件变得非常庞大,除非集中管理,否则主机名冲突的现象将会频繁发生;另一方面,在一个巨大的国际性网络中,由于负载和延迟,要实现这种集中式的管理简直难以想象。为了解决这些问题,1983年人们发明了域名系统(Domain Name System,DNS)。自发明以来,它一直是Internet的关键组成部分。

DNS的本质是发明了一种有层次的、基于域的命名方案,并且用一个分布式数据库系统加以实现。DNS的主要用途是将主机名映射成IP地址,但它也可以用于其他用途。RFC 1034、1035、2181给出了DNS的定义,后来其他文档对它又做了进一步的阐述。

简要地说,DNS的使用方法如下所述。为了将一个名字映射成IP地址,应用程序调用一个名为解析器(resolver)的库程序,并将名字作为参数传递给此程序。解析器向本地DNS服务器发送一个包含该名字的请求报文;本地DNS服务器查询该名字,并且返回一个包含该名字对应IP地址的响应报文给解析器,然后解析器再将IP地址返回给调用方。查询报文和响应报文都作为UDP数据包发送。有了IP地址以后,应用程序就可以与目标主机建立一个TCP连接,或者给它发送UDP数据包。

6.1.1 DNS域名空间

管理一个大型并且经常变化的域名集合不是一个简单的问题。在邮政系统中,名字管理要求所有的信件必须(隐式地或显式地)指定国家或省、城市、街道地址及收件人的名字。通过这种地址的层次结构,福建省厦门市思明区思明南路433号的小明就不会产生混淆。DNS采用了同样的工作方式。

对于Internet,命名层次结构的顶级由一个专门组织负责管理。该组织名为Internet名字与数字地址分配机构(Internet Corporation for Assigned Names and Numbers,ICANN),创建于1998年,它是Internet成长为全球性并且受到经济关注的标志之一。从概念上讲,Internet被划分为超过250个顶级域名(Top-Level Domains),其中每个域涵盖了许多主机。这些域又被进一步划分成子域,这些子域可被再次划分,以此类推。所有这些域可以表示为一棵树,如图 6-1 所示。树的叶子代表没有子域的域(当然要包含机器)。一个叶节点域可能包含一台主机,或者代表一个公司,该公司包含数以千计的主机。

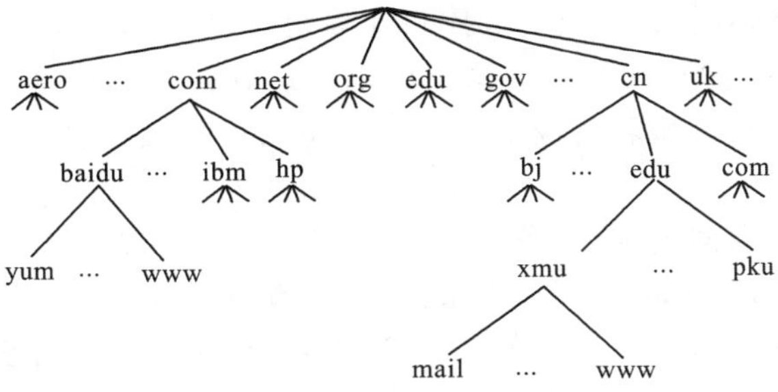

图 6-1 Internet 域名空间的一部分

顶级域名分为两种类型:通用的和国家或地区的。在表 6-1 中列出了常用的通用顶级域名将来或许会增加其他的通用顶级域名。

表 6-1　　通用的顶级域名

类别	名称	用途
不受限	com	通用个人组织企业都可以使用
	info	
	net	
	org	
	xyz	
受限	biz	商业使用
	name	家庭及个人使用
	pro	部分专业使用
赞助	aero	航空运输使用
	asia	亚太地区的公司、组织及个人使用
	cat	加泰罗尼亚语/文化使用
	coop	联合会(coopereatives)使用
	edu	教育机构使用
	gov	政府及其属下机构使用
	int	由条约而成立的国际性机构使用
	jobs	求职相关网站使用
	mil	军事机构使用
	mobi	手提电话等装置网站使用
	museum	博物馆使用
	post	邮政服务使用
	tel	连接电话网络与互联网的服务使用
	travel	旅游业

国家或地区域名包括每个国家或地区,国家或地区的域名由 ISO 3166 文档(已废止)定义。2010 年推出了使用非拉丁字母的国际化国家或地区域名。这些域名使得说阿拉伯语、西里尔克、中文或其他语言国家的人可以以自己的母语来命名他们的主机。

获得一个二级域名就容易得多,比如 baidu. com。顶级域名由 ICANN 委任的注册机构负责运行。要获得一个域名，只要到相应的注册机构检查所需的名字是否可用，并且不是别人的商标。如果没有问题，请求注册域名的一方向管理域名的注册方支付一小笔年费，即可得到心仪的域名。

当Internet时代来临时，许多公司起跑得比较缓慢，以至于突然发现更适合自己的域名已经被他人注册了，于是它们试图收购这样的名字。在一般情况下，只要商标没有受到侵犯，而且没有涉及欺诈，那么域名的授予是先到先得的。然而，用以解决域名纠纷的政策仍在不断细化之中。

每个域的名字是由它向上到(未命名的)根节点的路径来命名的，路径上的各个部分用"点"(读作"dot")分开。例如，Cisco公司的工程部门可能是eng. cisco. com，而不是像UNIX风格的名字/com/cisco/eng。请注意，这种层次的命名机制意味着eng. cisco. corn中的eng不会与eng. xmu. edu. cn中的eng发生冲突，厦门大学的英语系可能会取它作为自己的域名。

域名可以是绝对的，也可以是相对的。绝对域名总是以句点作为结束(例eng. cisco. com.)，而相对域名则不然，相对域名必须在一定的上下文环境中被解释。无论是绝对域名还是相对域名，一个域名对应于域名树中一个特定的节点，以及它下面的所有节点。

域名不区分大小写，因此，edu、Edu和EDU的含义是一样的。各组成部分的名字最多可以有63个字符，整个路径的名字不得超过255个字符。

原则上，域名可以被插入域名树中的通用域名空间或者国家域名空间。例如cs. mit. edu完全可以被列在国家域名us的下面，从而变成cs. mit. edu. us。然而，实际上美国的大多数组织都位于某一个通用域名下面，而美国之外的大多数组织则位于其国家域名的下面。没有规定不允许一个组织在多个顶级域下注册域名，很多大型公司通常就这么做(例如sony. com和sony. nl)。

每个域自己控制如何分配它下面的子域。例如，日本的ac. jp和co. jp域分别对应于edu和com；但荷兰不做这样的区分，它把所有的组织直接放在nl下。因此，以下三个域名都表示大学的计算机科学系：

(1)cs. mit. edu(美国麻省理工学院)

(2)cs. vu. nl(荷兰阿姆斯特丹自由大学)

(3)cs. keio. ac. jp(日本庆应义塾大学)

为了创建一个新域，创建者必须得到包含该新域的上级域的许可。例如，厦门大学建立了一个VLSI(超大规模集成电路)组，并且希望将它命名为vlsi. cs. xmu. edu. cn，那么这个组必须获得管理cs. xmu. edu. cn域名的管理员许可。例如，创立了一所新的大学，即厦门大学嘉庚学院，那么它必须请求负责edu. cn域名的管理员将jgxy. edu. cn分配给它。按照这种方式分配域名就可以避免名字冲突，并且每个域都可以跟踪它所有的子域。一旦创建并注册了一个新域，则该新域就可以创建属于自己的子域。比如创建cs. jgxy. edu. cn，就无须得到域名树中任何上层域的许可。

命名机制遵循的是以组织为边界，而不是以物理网络为边界。例如，即使计算机科学系和电子工程系在同一幢楼里，并使用同一个LAN，但它们仍然可以属于完全不同的域。同样地，即使计算机科学系分散在厦大本部和翔安校区这两个校区里，主机通常仍属于同一个域。

6.1.2 域名资源记录

无论是只有一台主机的域还是顶级域，每个域都有一组与它相关联的资源记录(Resource Record)。这些记录组成了 DNS 数据库。对于一台主机来说，最常见的资源记录就是它的 IP 地址，但除此以外还存在着许多其他种类的资源记录。当解析器把一个域名传递给 DNS 时，它能获得的 DNS 返回结果就是与该域名相关联的资源记录。因此，DNS 的基本功能是将域名映射到资源记录。

一条资源记录是一个五元组。尽管出于效率考虑，资源记录被编码成了二进制的形式，但是大多数说明性资料还是用 ASCII 文本来表示资源记录，每一条记录占一行。在接下来的介绍中，我们将使用如下的格式：

Domain_name Time_to_live Class Type Value

Domain_name(域名)指出了这条记录适用于哪个域。通常每个域有许多条记录，并且数据库的每份副本保存了多个域的信息。因此 Domain_name 是匹配查询条件的主要搜索关键字。数据库中资源记录的顺序则无关紧要。

Time_to_live(生存期)指明了该条记录的稳定程度。极为稳定的信息会被分配一个很大的值，比如 86 400(1 天时间里的秒数)；而非常不稳定的信息则会被分配一个较小的值，比如 60(1 分钟的秒数)。稍后当我们讨论缓存机制时将再回到这个概念。

每条资源记录的第三个字段是 Class(类别)。对于 Internet 信息，它总是 IN。对于非 Internet 信息，则可以使用其他的代码，但实际上很少见。

Type(类型)字段指出了这是什么类型的记录。DNS 资源记录有许多类型，表 6-2 列出了最重要的一些类型。

表 6-2 主要的 DNS 资源记录类型

类型	含义	值
SOA	授权开始	本区域的参数
A	主机的 IPv4 地址	32 位整数
AAAA	主机的 IPv6 地址	128 位整数
MX	邮件交换	优先级，愿意接收邮件的域
NS	域名服务器	本域的服务器名字
CNAME	别名	域名
PTR	指针	IP 地址的别名
SPF	发送者的政策框架	邮件发送政策的文本编码
SRV	服务	提供服务的主机
TXT	文本	说明的 ASCII 文本

SOA 记录给出了有关该域名服务器区域(后面将会介绍)的主要信息源名称、域名服务器管理员的电子邮件地址、一个唯一的序号以及各种标志位和超时值。

最重要的记录类型是 A(地址)记录，它包含了某台主机一个网络接口的 32 位 IP 地址。对应的 AAAA 或“quad A”记录包含了一个 128 位的 IPv6 地址。每台 Internet 主机必须至少有一个 IP 地址，以便其他机器能与它进行通信。某些主机有两个或者多个网络接口，在这种情况下，它们就有两个或多个 A 或 AAAA 资源记录。因此，对于单个域名的查询可能获得多个 IP 地址。

最常用的记录类型是 MX 记录，它指定了一台准备接收该特定域名电子邮件的主机的名字。因为并非每台机器都做好了接收电子邮件的准备,因此必须用一个记录做特别说明。例如,有人打算发送电子邮件给某个人,比如 bill@microsoft. com,则发送主机必须找到在 microsoft. com 中愿意接收电子邮件的邮件服务器。MX 记录就是用来提供这样的信息。

另一个重要记录类型是 NS 记录。它指明了一台用于所在域和子域的名字服务器。这是一台拥有一份某数据库备份的主机,这条记录被用于域名查询处理。稍后我们将对此做简单的讨论。

CNAME 记录允许创建别名。例如,一个人很熟悉 Internet 的常规命名规则,他打算给 MIT 计算机科学系名叫 pual 的人发送邮件,他猜测此人的邮箱名是 paul@cs. mit. edu。实际上这个地址不正确,因为 MIT 计算机科学系的域名是 csail. mit. edu。但是,MIT 可以创建一条 CNAME 记录指向人和程序的正确方向,为那些不知情的人提供一项服务。类似下面这样的一条记录就可以完成此任务:

cs. mit. edu 86400 IN CNAME csail. mit. edu

如同 CNAME 一样,PTR 指向另一个名字。但是 CNAME 只是一个宏定义(可以用另一个串来替代一个串的机制),而 PTR 是一种正规的 DNS 数据类型,它的确切含义取决于所在的上下文。实际上,PTR 几乎总是被用来将一个名字与一个 IP 地址关联起来,以便能够通过查询 IP 地址来获得对应机器的名字,这种功能称为逆向查询(Reverse Lookups)。

腾讯云申请的某域名,添加了 A、TXT、CNAME 等解析内容,如图 6-2 所示。

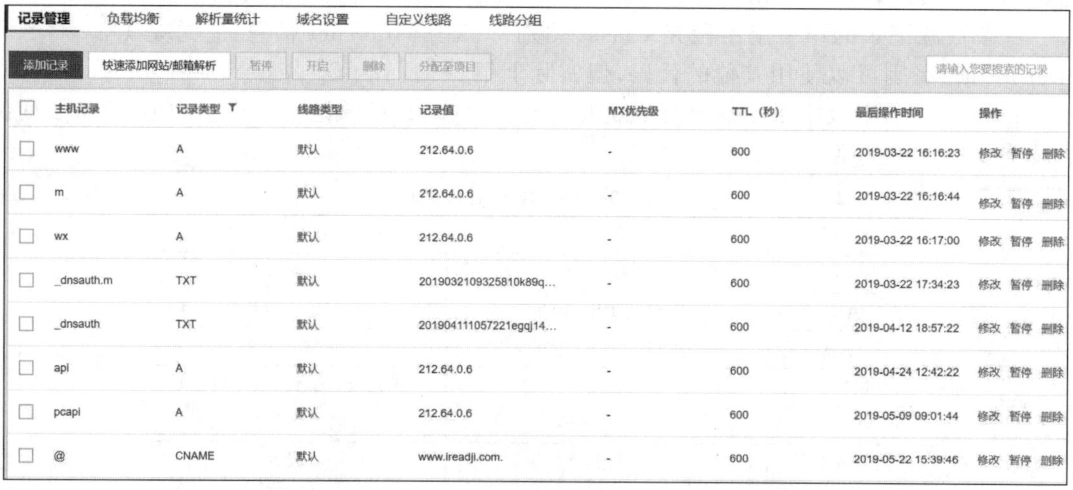

主机记录	记录类型	线路类型	记录值	MX优先级	TTL (秒)	最后操作时间	操作
www	A	默认	212.64.0.6	-	600	2019-03-22 16:16:23	修改 暂停 删除
m	A	默认	212.64.0.6	-	600	2019-03-22 16:16:44	修改 暂停 删除
wx	A	默认	212.64.0.6	-	600	2019-03-22 16:17:00	修改 暂停 删除
_dnsauth.m	TXT	默认	2019032109325810k89q...	-	600	2019-03-22 17:34:23	修改 暂停 删除
_dnsauth	TXT	默认	201904111057221egqj14...	-	600	2019-04-12 18:57:22	修改 暂停 删除
api	A	默认	212.64.0.6	-	600	2019-04-24 12:42:22	修改 暂停 删除
pcapi	A	默认	212.64.0.6	-	600	2019-05-09 09:01:44	修改 暂停 删除
@	CNAME	默认	www.ireadji.com.	-	600	2019-05-22 15:39:46	修改 暂停 删除

图 6-2　某域名解析记录

6.1.3　域名服务器

上面讲述的域名体系是抽象的。但具体实现域名系统则是使用分布在各地的域名服务器。从理论上讲,可以让每一级的域名都有一个相对应的域名服务器,使所有的域名服务器构成和图 6-1 相对应的“域名服务器树”的结构。但这样做会使域名服务器的数量太多,使域名系统的运行效率降低。因此 DNS 就采用划分区的办法来解决这个问题。

一个服务器所负责管辖的(或有权限的)范围叫作区(Zone)。各单位根据具体情况来划分自己管辖范围的区。但在一个区中的所有节点必须是能够连通的。每一个区设置相应的权限域名服务器(Authoritative Name Server),用来保存该区中的所有主机的域名到 IP 地址的映射。总之,DNS 服务器的管辖范围不是以“域”为单位,而是以“区”为单位。区是

DNS 服务器实际管辖的范围。区可能等于或小于域，但一定不能大于域。

图 6-3 是区的不同划分方法的举例。假定 qq 公司有下属部门 x 和 y，部门 x 下面又分三个分部门 u、v 和 w，而 y 下面还有其下属部门 t。图 6-3(a)表示 qq 公司只设一个区 qq. com。这时，区 qq. com 和域 qq. com 指的是同一件事。但图 6-3(b)表示 qq 公司划分了两个区(大的公司可能要划分多个区)——qq. com 和 y. qq. com。这两个区都隶属于 qq. com，都各自设置了相应的权限域名服务器。不难看出，区是“域”的子集。

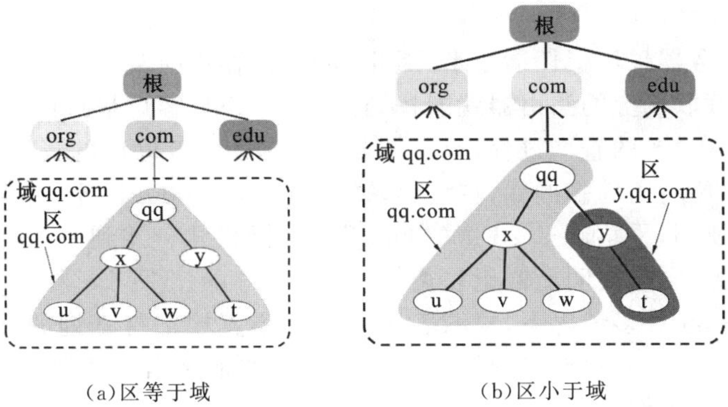

图 6-3　DNS 划分区举例

图 6-4 以图 6-3(b)中 qq 公司划分的两个区为例，给出了 DNS 域名服务器树状结构图，可以更准确地反映出 DNS 的分布式结构。在图 6-4 中的每一个域名服务器都能够进行部分域名到 IP 地址的解析。当某个 DNS 服务器不能进行域名到 IP 地址的转换时，它就设法找互联网上别的域名服务器进行解析。

从图 6-4 可看出，互联网上的 DNS 域名服务器也是按照层次安排的。每一个域名服务器都只对域名体系中的一部分进行管辖。根据域名服务器所起的作用，可以把域名服务器划分为四种类型。

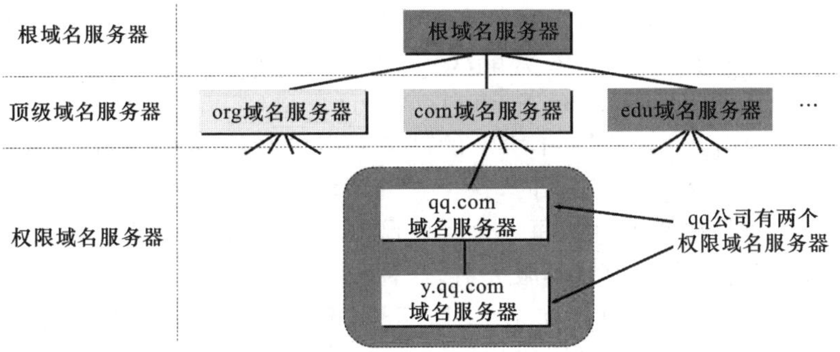

图 6-4　树状结构的 DNS 域名服务器

1. 根域名服务器(Root Name Server)

根域名服务器是最高层次的域名服务器，也是最重要的域名服务器。所有的根域名服务器都知道所有的顶级域名服务器的域名和 IP 地址。不管是哪一个本地域名服务器，若要对互联网上任何一个域名进行解析(转换为 IP 地址)，只要自己无法解析，就首先要求助于根域名服务器。假定所有的根域名服务器都瘫痪了，那么整个互联网中的 DNS 系统就无法工作。据统计，全世界已经在 588 个地点安装了根域名服务器，但这么多的根域名服务器却只使用了 13 个不同 IP 地址的域名，即 a. rootservers. net，b. rootservers. net，…，m. rootservers.net。每个域名下的根域名服务器由专门的公司或美国政府的某个部门负责运营。但请注意，虽然互联网的根域名服务器总共有 13 个域名，但这不表明根域名服务器是由 13 台机器所组成的（如果仅仅依靠这 13 台机器，根本不可能为全世界的互联网用户提供令人满意的服务）。为了提供更可靠的服务，在每一个地点的根域名服务器往往由多台机器组成（为了安全起见，有些根域名服务器的具体地点还是保密的）。现在世界上大部分 DNS 域名服务器，都能就近找到一个根域名服务器查询 IP 地址（现在这些根域名服务器都已增加了 IPv6 地址）。

由于根域名服务器采用了任播技术，因此当 DNS 客户向某个根域名服务器的 IP 地址发出查询报文时，互联网上的路由器就能找到离这个 DNS 客户最近的一个根域名服务器。这样做不仅加快了 DNS 的查询过程，也更加合理地利用了互联网的资源。目前根域名服务器的分布仍然是很不均衡的。例如，在北美，平均每 3 750 000 个网民就可以分摊到一个根域名服务器，而在亚洲，平均超过 20 000 000 千万个网民才分摊到一个根域名服务器，这样就会使亚洲网民的上网速度明显低于北美。

需要注意的是，在许多情况下，根域名服务器并不直接把待查询的域名直接转换成 IP 地址（根域名服务器也没有存放这种信息），而是告诉本地域名服务器下一步应当找哪一个顶级域名服务器进行查询。

由于根域名服务器在 DNS 中的地位特殊，因此对根域名服务器有许多具体的要求，可参阅 RFC 2870。

2. 顶级域名服务器

顶级域名服务器（TLD 服务器）负责管理在该顶级域名服务器注册的所有二级域名。当收到 DNS 查询请求时，就给出相应的回答（可能是最后的结果，也可能是下一步应当找的域名服务器的 IP 地址）。

3. 权限域名服务器

权限域名服务器是负责两个区的域名服务器。当两个权限域名服务器还不能给出最后的查询回答时，就会告诉发出查询请求的 DNS 客户，下一步应当找哪一个权限域名服务器。例如在图 6-3(b)中，区 qq.com 和区 y.qq.com 各设有一个权限域名服务器。

4. 本地域名服务器(Local Name Server)

本地域名服务器并不属于图 6-4 所示的域名服务器层次结构，但它对域名系统非常重要。当一台主机发出 DNS 查询请求时，这个查询请求报文就发送给本地域名服务器。由此可看出本地域名服务器的重要性。每一个互联网服务提供者 ISP，或一个大学，甚至一个大学里的系，都可以拥有一个本地域名服务器，这种域名服务器有时也称为默认域名服务器。

当计算机使用 Windows 10 操作系统时，打开“设置”，然后依次选择“网络和 Internet”→“状态”→“更改适配器选项”→“网络连接”→“属性”→“Internet 协议版本 4”→“属性”等，就可以看见首选 DNS 服务器和备用 DNS 服务器的 IP 地址。这里的 DNS 服务器指的就是本地域名服务器。本地域名服务器离用户较近，一般仅几个路由器的距离。当所要查询的主机也属于同一个本地 ISP 时，该本地域名服务器立即将所查询的主机名转换为它的 IP 地址，而不需要再去询问其他的域名服务器。

为了提高域名服务器的可靠性，DNS 域名服务器都把数据复制到几个域名服务器来保存，其中的一个是主域名服务器（Master Name Server），其他的是辅助域名服务器（Secondary Name Server）。当主域名服务器出故障时，辅助域名服务器可以保证 DNS 的查询工作不会中断。主域名服务器定期把数据复制到辅助域名服务器中，而更改数据只能在主域名服务器中进行。这样就保证了数据的一致性。

下面简单讨论一下域名的解析过程：

第一，主机向本地域名服务器的查询一般都采用递归查询(Recursive Query)。所谓递归查询，就是如果主机所询问的本地域名服务器不知道被查询域名的 IP 地址，那么本地域名服务器就以 DNS 客户的身份，向其他根域名服务器继续发出查询请求报文(替该主机继续查询)，而不是让该主机自己进行下一步的查询。因此，递归查询返回的查询结果或者是所要查询的 IP 地址，或者是报错，表示无法查询到所需的 IP 地址。

第二，本地域名服务器向根域名服务器的查询通常采用迭代查询(Iterative Query)。迭代查询的特点是：当根域名服务器收到本地域名服务器发出的迭代查询请求报文时，应给出所要查询的 IP 地址，或者告诉本地域名服务器下一步应当向哪一个域名服务器进行查询。然后让本地域名服务器进行后续的查询，而不是替本地域名服务器进行后续的查询。根域名服务器通常是把自己知道的顶级域名服务器的 IP 地址告诉本地域名服务器，让本地域名服务器再向顶级域名服务器查询。顶级域名服务器在收到本地域名服务器的查询请求后，应给出所要查询的 IP 地址，或者告诉本地域名服务器下一步应当向哪一个权限域名服务器进行查询，本地域名服务器就这样进行迭代查询。最后，知道了所要解析的域名的 IP 地址后，把这个结果返回给发起查询的主机。当然，本地域名服务器也可以采用递归查询，这取决于最初的查询请求报文的设置是要求使用哪一种查询方式。图 6-5 说明了这两种查询方式。

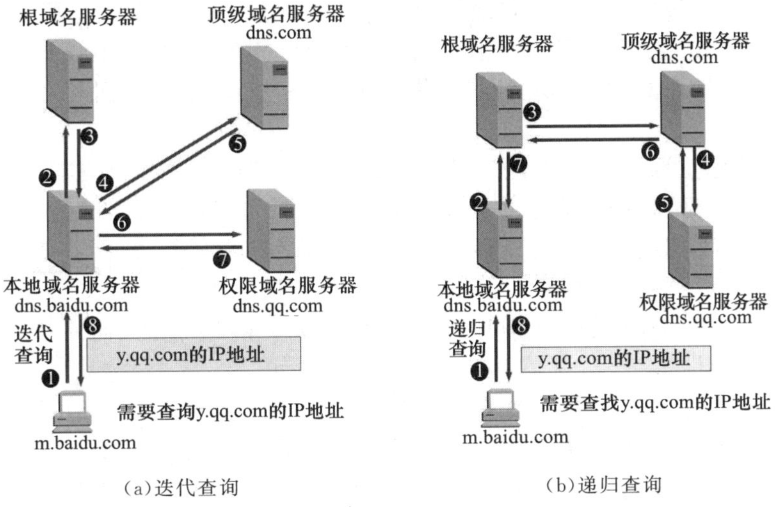

图 6-5 DNS 查询举例

例如，m. baidu. com 打算发送邮件给主机 y. qq. com。这时就必须知道主机 y. qq. com 的 IP 地址。下面是图 6-5(a)迭代查询的几个步骤：

(1)主机 m. baidu. com 先向其本地域名服务器 dns. baidu. com 进行递归查询。

(2)本地域名服务器采用迭代查询。它先向一个根域名服务器查询。

(3)根域名服务器告诉本地域名服务器，下一次应查询顶级域名服务器 dns. baidu. com 的 IP 地址。

(4)本地域名服务器向顶级域名服务器 dns. com 进行查询。

(5)顶级域名服务器 dns. com 告诉本地域名服务器，下一次应查询权限域名服务器 dns. qq. com 的 IP 地址。

(6)本地域名服务器向权限域名服务器 dns. qq. com 进行查询。

(7)权限域名服务器 dns. qq. com 告诉本地域名服务器,所查询的主机的 IP 地址。

(8)本地域名服务器最后把查询结果告诉主机 m. baidu. com。

我们注意到,这 8 个步骤总共要使用 8 个 UDP 报文。本地域名服务器经过三次迭代查询后,从权限域名服务器 dns. qq. com 处得到了主机 y. qq. com 的 IP 地址,最后把结果返回给发起查询的主机 m. baidu. com。

图 6-5(b)是本地域名服务器采用递归查询的情况。在这种情况下,本地域名服务器只需向根域名服务器查询一次,后面的几次查询都是在其他几个域名服务器之间进行的(步骤 3～步骤 6)。在步骤 7,本地域名服务器从根域名服务器得到了所需的 IP 地址。最后在步骤 8,本地域名服务器把查询结果告诉主机 m. baidu. com。整个查询也是使用 8 个 UDP 报文。

为了提高 DNS 查询效率,并减轻根域名服务器的负荷和减少互联网上的 DNS 查询报文数量,在域名服务器中广泛地使用了高速缓存(有时也称为高速缓存域名服务器)。高速缓存用来存放最近查询过的域名以及从何处获得域名映射信息的记录。

例如,在图 6-5(a)的查询过程中,如果在不久前已经有用户查询过域名为 y. qq. com 的 IP 地址,那么本地域名服务器就不必向根域名服务器重新查询,而是直接把高速缓存中存放的上次查询结果(y. qq. com 的 IP 地址)告诉用户。

假定本地域名服务器的缓存中并没有 y. qq. com 的 IP 地址,而是存放着顶级域名服务器 dns. com 的 IP 地址,那么本地域名服务器也可以不向根域名服务器进行查询,而是直接向 dns. com 顶级域名服务器发送查询请求报文。这样不仅可以大大减轻根域名服务器的负荷,而且也能够使互联网上的 DNS 查询请求和回答报文的数量大为减少。

由于名字到地址的绑定并不经常改变,为保持高速缓存中的内容正确,域名服务器为每项内容设置计时器并处理超过合理时间的项(例如,每个项目只存放两天)。当域名服务器已从缓存中删去某项信息后又被请求查询该项信息,就必须重新到授权管理该项的域名服务器获取绑定信息。当权限域名服务器回答一个查询请求时,在响应中都指明绑定有效存在的时间值。增加此时间值可减少网络开销,而减少此时间值可提高域名转换的准确性。

不但在本地域名服务器中需要高速缓存,在主机中也很需要。许多主机在启动时从本地域名服务器下载名字和地址的全部数据库,维护存放自己最近使用的域名的高速缓存,并且只有在从缓存中找不到名字时才使用域名服务器。维护本地域名服务器数据库的主机自然应该定期地检查域名服务器以获取新的映射信息,而且主机必须从缓存中删掉无效的项。由于域名改动并不频繁,大多数网点无须花太多精力就能维护数据库的一致性。

智能 DNS 具体实现的效果是:同样的域名,联通的客户访问会返回一个指向联通服务器的 IP 地址,电信的客户访问会指向一个电信服务器的 IP 地址。并在电信和联通的服务器上部署同样的网站信息,这样在用户察觉不到的情况下,可以实现访问速度的提升。

智能 DNS 比传统 DNS 更好的地方就是能够基于 IP 信息给不同的用户最合适的服务器 IP,可以给用户提供更好的网络服务。

6.2 文件传送协议(FTP)

6.2.1 FTP 概述

文件传送协议(File Transfer Protocol,FTP)是互联网上使用最广泛的文件传送协议之一。FTP 提供交互式的访问,允许客户指明文件的类型与格式(如指明是否使用 ASCII 码),并允许文件具有存取权限(如访问文件的用户必须经过授权,并输入有效的口令)。FTP 屏蔽了各计算机系统的细节,因而适用于在异构网络中任意计算机之间传送文件。RFC 959 很早就成为互联网的正式标准。

在互联网发展的早期阶段,用 FTP 传送文件约占整个互联网通信量的三分之一,由电子邮件和域名系统所产生的通信量还小于 FTP 所产生的通信量。只是到了 1995 年,WWW 的通信量才首次超过了 FTP。

在下面两节分别介绍基于 TCP 的 FTP 和基于 UDP 的简单文件传送协议(TFTP),它们都是文件共享协议中的一大类,即复制整个文件,其特点是:若要存取一个文件,就必须先获得一个本地的文件副本。如果要修改文件,只能对文件的副本进行修改,然后再将修改后的文件副本传回到原节点。

常用的 FTP 服务器端软件有 Serv-U、FileZilla 等,常用的 FTP 客户端软件有 FlashFXP、CuteFTP、LeapFTP 等。

6.2.2 FTP 的基本工作原理

网络环境中的一项基本应用就是将文件从一台计算机中复制到另一台可能相距很远的计算机中。初看起来,这是很简单的事情,其实不然。原因是众多的计算机厂商研制出的文件系统多达数百种,且差别很大。经常遇到的问题是:

(1)计算机存储数据的格式不同。

(2)文件的目录结构和文件命名的规定不同。

(3)对于相同的文件存取功能,操作系统使用的命令不同。

(4)访问控制方法不同。

为解决以上问题,FTP 只提供文件传送的一些基本的服务,它使用 TCP 可靠的运输服务。FTP 的主要功能是减少或消除在不同操作系统下处理文件的不兼容性。

FTP 使用 C/S 工作模式。一个 FTP 服务器进程可同时为多个客户进程提供服务。FTP 的服务器进程由两大部分组成:一个主进程,负责接收新的请求;另外有若干个从属进程,负责处理单个请求。

主进程的工作步骤如下:

(1)打开熟知端口(默认端口号为 21),使客户进程能够连接上。

(2)等待客户进程发出连接请求。

(3)启动从属进程处理客户进程发来的请求。从属进程对客户进程的请求处理完毕后即终止,但从属进程在运行期间根据需要还可能创建其他一些子进程。

(4)回到等待状态,继续接收其他客户进程发来的请求。

主进程与从属进程的处理工作情况如图 6-6 所示。图中的圆柱体表示在系统中运行的进程。图中的服务器端有两个从属进程:控制进程和数据传送进程。为简单起见,服务器端的主进程没有画上。客户端除了控制进程和数据传送进程外,还有一个用户界面进程用来和用户接口。

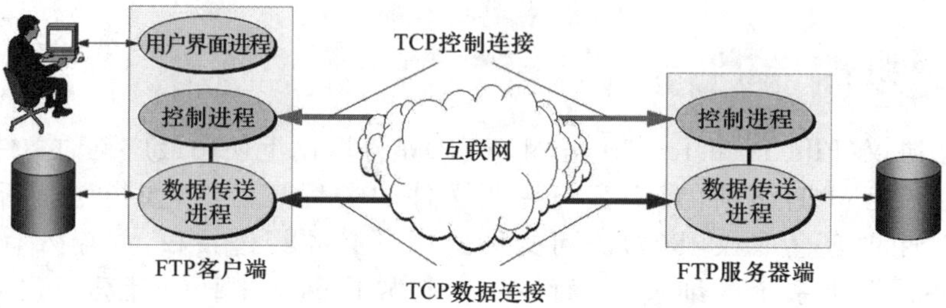

图 6-6 主进程与从属进程的处理工作情况

在进行文件传输时,FTP 的客户和服务器之间要建立两个并行的 TCP 连接:“控制连接”和“数据连接”。控制连接在整个会话期间一直保持打开,FTP 客户所发出的传送请求,通过控制连接发送给服务器端的控制进程,但控制连接并不用来传送文件。实际用于传输文件的是“数据连接”。服务器端的控制进程在收到 FTP 客户发送来的文件传输请求后就创建“数据传送进程”和“数据连接”,用来连接客户端和服务器端的数据传送进程。数据传送进程实际完成文件的传送,在传送完毕后关闭“数据连接”并结束运行。由于 FTP 使用了这个分离的控制连接,因此 FTP 的控制信息是带外(Out of Band)传送的。

当客户进程向服务器进程发出建立连接请求时,要寻找连接服务器进程的熟知端口 21,同时还要告诉服务器进程自己的另一个端口号码,用于建立数据连接。接着,服务器进程用自己传送数据的熟知端口(一般是 20 端口)与客户进程所提供的端口号建立数据连接。由于 FTP 使用了两个端口号,所以数据连接与控制连接不会发生混乱。

使用两个独立的连接的主要好处是使协议更加简单和更容易实现,同时在传输文件时还可以利用控制连接对文件的传输进行控制。例如,客户发送“请求终止传输”。

FTP 并非对所有的数据传输都是最佳的。例如,计算机 A 上运行的应用程序要在远地计算机 B 的一个很大的文件末尾添加一行信息。若使用 FTP,则应先将此文件从计算机 B 传送到计算机 A,添加上这一行信息后,再用 FTP 将此文件传送到计算机 B,来回传送这样大的文件很花时间。实际上这种传送是不必要的,因为计算机 A 并没有使用该文件的内容。

6.2.3 简单文件传送协议(TFTP)

TCP/IP 协议族中还有一个简单文件传送协议(Trivial File Transfer Protocol, TFTP),它是个很小且易于实现的文件传送协议。TFTP 的版本 2 是互联网的正式标准[RFC 1350]。虽然 TFTP 也使用 C/S 工作模式,但它使用 UDP 数据包,因此 TFTP 需要有自己的差错改正措施。TFTP 只支持文件传输而不支持交互,它没有一个庞大的命令集,没有列目录的功能,也不能对用户进行身份鉴别。

TFTP 的主要优点有两个:

(1)TFTP 可用于 UDP 环境。例如,当需要将程序或文件同时向多台机器下载时就往往需要使用 TFTP。

(2)TFTP 代码所占的内存较小。这对较小的计算机或某些特殊用途的设备是很重要的。这些设备不需要硬盘,只需要固化了 TFTP、UDP 代码的小容量只读存储器即可。接通电源后,设备执行只读存储器中的代码,在网络上广播一个 TFTP 请求。网络上的 TFTP 服务器就发送响应,其中包括可执行二进制程序。设备收到此文件后将其放入内存,然后开始运行程序。这种方式增加了灵活性,也减小了开销。

TFTP 的主要特点是:

(1)每次传送的数据包文中有 512 字节的数据,但最后一次可不足 512 字节。

(2)数据包文按序编号,从 1 开始。

(3)支持 ASCII 码或二进制传送。

(4)可对文件进行读或写。

(5)使用很简单的首部。

TFTP 的工作很像停止等待协议。发送完一个文件块后就等待对方的确认,确认时应指明所确认的块编号。发完数据后在规定时间内收不到确认就要重发数据。发送确认的一方若在规定时间内收不到下一个文件块,也要重发确认。这样就可保证文件的传送不致因某一个数据包的丢失而失败。

在一开始工作时,TFTP 客户进程发送一个读请求报文或写请求报文给 TFTP 服务器进程,其默认端口为熟知端口 69。TFTP 服务器进程要选择一个新的端口和 TFTP 客户进程进行通信。若文件长度恰好为 512 字节的整数倍,则在文件传送完毕后,还必须在最后发送一个只含首部而无数据的数据包文。若文件长度不是 512 字节的整数倍,则最后传送数据包文中的数据字段一定不满 512 字节,这正好可作为文件结束的标志。

6.3 动态主机配置协议(DHCP)

在网络协议的设计、开发过程中,为了把协议软件做成通用的和便于移植的,协议软件的编写者不会把所有的细节都固定在源代码中。相反,他们把协议软件参数化。这就使得在多台计算机上有可能使用同一个经过编译的二进制代码。不同计算机的使用,可以通过设置一些不同的参数来实现。在协议软件运行之前,必须给每一个参数赋值。

在协议软件中给这些参数赋值的动作叫作协议配置。一个协议软件在使用之前必须是已正确配置的。具体的配置信息,则取决于该协议栈。例如,连接到互联网的计算机的协议软件需要配置的项目包括:

(1)IP 地址。

(2)子网掩码。

(3)默认路由器的 IP 地址。

(4)域名服务器的 IP 地址。

为了省去给计算机配置 IP 地址的麻烦,我们能否在计算机硬件的生产过程中,事先给每一台计算机配置好一个唯一的 IP 地址呢(如同每一个以太网适配器拥有一个唯一的硬件地址)?这显然是不行的。这是因为 IP 地址不仅包括了主机号,而且还包括了网络号。一个 IP 地址指出了一台计算机连接在哪一个网络上。当计算机还在生产时,无法知道它在出厂后将被连接到哪一个网络上。因此，需要连接到互联网的计算机，必须对 IP 地址等项目进行协议配置。

而使用人工手动进行协议配置很不方便，而且容易出错，特别是一些对计算机知识不了解的人更是无从下手。因此，应当采用自动协议配置的方法，由软件自动实现，无须人工参与才是首选。互联网现在广泛使用的是动态主机配置协议(Dynamic Host Configuration Protocol，DHCP)，它提供了一种机制，称为即插即用联网(Plug-and-Play Networking)。这种机制允许一台计算机加入新的网络和获取 IP 地址而不用手工参与。

DHCP 对运行客户端软件和服务器端软件的计算机都适用。当运行客户端软件的计算机移至一个新的网络时，就可使用 DHCP 获取其配置信息而不需要手工干预。对于服务器端计算机，DHCP 可以给位置固定的计算机指派一个永久地址，使计算机重新启动时其地址不改变。

DHCP 使用 C/S 工作模式。需要配置 IP 地址的主机在启动时就向 DHCP 服务器广播发送发现报文(DHCP Discover)(将目的 IP 地址置为全 1，即 255.255.255.255)，这时该主机就成为 DHCP 客户。发送发现报文是因为现在还不知道 DHCP 服务器在什么地方，因此要发现(Discover)DHCP 服务器的 IP 地址。这台主机目前还没有自己的 IP 地址，因此它将 IP 数据包的源 IP 地址设为全 0。这样，在本地网络上的所有主机都能够收到这个广播报文，但只有 DHCP 服务器才对此广播报文进行回答。DHCP 服务器先在其数据库中查找该计算机的配置信息。若找到，则返回找到的信息。若找不到，则从服务器的 IP 地址池(Address Pool)中取一个地址分配给该计算机。DHCP 服务器的回答报文叫作提供报文(DHCP Offer)，表示“提供”了 IP 地址等配置信息。

但是我们并不愿意在每一个网络上都设置一个 DHCP 服务器，因为这样会使 DHCP 服务器的数量太多，合理的方法是使每一个网络至少有一个 DHCP 中继代理(Relay Agent)(通常是一台路由器，图 6-7)，它配置了 DHCP 服务器的 IP 地址信息。当 DHCP 中继代理收到主机 A 以广播形式发送的报文后，就以单播方式向 DHCP 服务器转发此报文，并等待其回答。收到 DHCP 服务器回答提供的报文后，DHCP 中继代理再把此提供报文发回给主机 A。需要注意的是，图 6-7 只是一个示意图。实际上，DHCP 报文只是 UDP 用户数据包的数据，它还要加上 UDP 首部、IP 数据包首部，以及以太网的 MAC 帧的首部和尾部后，才能在链路上传送。

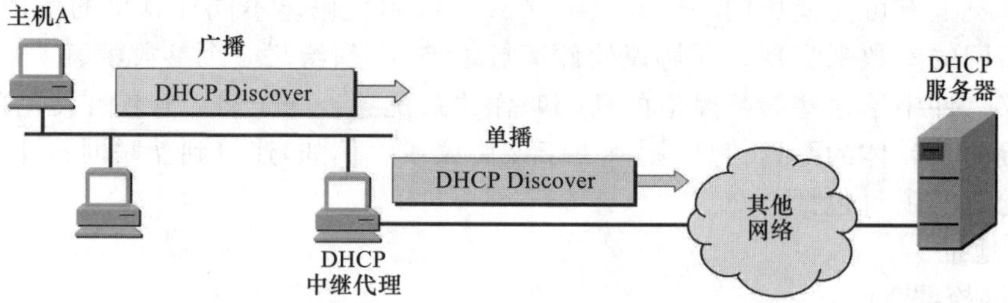

图 6-7　DHCP 中继代理以单播方式转发发现报文

DHCP 服务器分配给 DHCP 客户的 IP 地址是临时的，因此 DHCP 客户只能在一段有限的时间内使用这个分配到的 IP 地址。DHCP 协议称这段时间为租用期(Lease Period)，但并没有具体规定租用期多久或至少多久，这个数值由 DHCP 服务器自己决定。例如，一个校园网的 DHCP 服务器可将租用期设定为 1 小时。DHCP 服务器在给 DHCP 发送的提供报文的选项中给出租用期的数值。按照 RFC 2132 的规定，租用期用 4 字节的二进制数字表示，单位是秒。因此可供选择的租用期范围从 1 秒到 136 年。DHCP 客户也可在自己发送的报文中（例如，发现报文）提出对租用期的要求。

DHCP 协议的工作过程如图 6-8 所示。DHCP 客户使用的 UDP 端口是 68，而 DHCP 服务器使用的 UDP 端口是 67。这两个 UDP 端口都是熟知端口。

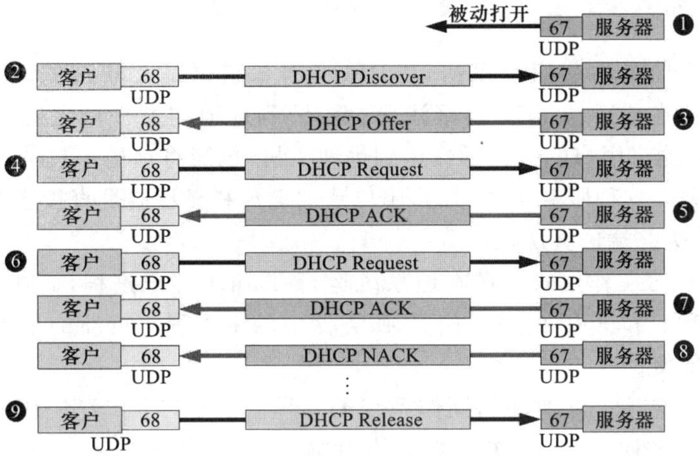

图 6-8　DHCP 协议的工作过程

下面对图 6-8 中的注释编号（①至⑨）进行简单的解释。

①DHCP 服务器被动打开 UDP 端口 67，等待客户端发来报文。

②DHCP 客户从 UDP 端口 68 发送 DHCP 发现报文。

③凡收到 DHCP 发现报文的 DHCP 服务器都发出 DHCP 提供报文，因此 DHCP 客户可能收到多个 DHCP 提供报文。

④DHCP 客户从多个 DHCP 服务器中选择一个，并向所选择的 DHCP 服务器发送 DHCP 请求报文（DHCP Request）。

⑤被选择的 DHCP 服务器发送确认报文（DHCP ACK）。从这时起，DHCP 客户就可以使用这个 IP 地址了。这种状态叫作已绑定状态，在 DHCP 客户端的 IP 地址和硬件地址完成绑定，可以开始使用这个临时 IP 地址。

DHCP 客户现在要根据服务器提供的租用期 T 设置两个计时器 T1 和 T2，它们的超时时间分别是 0.5T 和 0.875T。当超时时间到了就要请求更新租用期。

⑥租用期过了一半（T1 时间到），DHCP 发送请求报文要求更新租用期。

⑦DHCP 服务器若同意，则发回确认报文。DHCP 客户得到新的租用期，重新设置计时器。

⑧DHCP 服务器若不同意，则发回否认报文（DHCP NACK）。这时 DHCP 客户必须立即停止使用原来的 IP 地址，重新申请（回到步骤②）。

若 DHCP 服务器不响应步骤⑥的请求报文，则在租用期过了 87.5%（T2 时间）时，DHCP 客户必须重新发送请求报文（重复步骤⑥），然后继续后面的步骤。

⑨DHCP 客户可以随时提前终止服务器所提供的租用期，这时只需向 DHCP 服务器发送释放报文（DHCP Release）即可。

DHCP 很适合于经常移动位置的计算机。当计算机使用 Windows 操作系统时，打开“Internet 协议属性”对话框，若选择“自动获得 IP 地址”和“自动获得 DNS 服务器地址”，就表示是使用 DHCP 协议。

6.4 远程登录协议(Telnet)

Telnet 是一个简单的远程登录协议[RFC 854],它也是互联网的正式标准。用户用 Telnet 就可在其所在地通过 TCP 连接注册(登录)到远地的另一台主机上(使用主机名或 IP 地址)。Telnet 能将用户的键盘操作传到远地主机,也能将远地主机的输出通过 TCP 连接返回到用户屏幕。这种服务是透明的,用户感觉键盘和显示器是直接连在远地主机上的。因此,Telnet 又称为终端仿真协议。

Telnet 使用 C/S 工作模式。在本地系统运行 Telnet 客户进程,而在远地主机则运行 Telnet 服务器进程。和 FTP 的情况相似,服务器中的主进程等待新的请求,并产生从属进程来处理每一个连接。

Telnet 能够适应计算机硬件和操作系统的差异。例如,对于文本中一行的结束,有的系统使用 ASCII 码的回车(CR),有的系统使用换行(LF),还有的系统使用两个字符,回车-换行(CR-LF)。又如,在中断一个程序时,许多系统使用 Control-C(^C),但也有系统使用 Esc 键。为了适应这种差异,Telnet 定义了数据和命令应怎样通过互联网传输。这些定义就是网络虚拟终端(Network Virtual Terminal,NVT)。图 6-9 说明了 NVT 的意义。客户端软件把用户的键盘操作和命令转换成 NVT 格式,并送交服务器。服务器端程序把收到的数据和命令从 NVT 格式转换成远程系统所需的格式。向用户返回数据时,服务器把远程系统的格式转换为 NVT 格式,本地客户再将 NVT 格式转换为本地系统所需的格式。

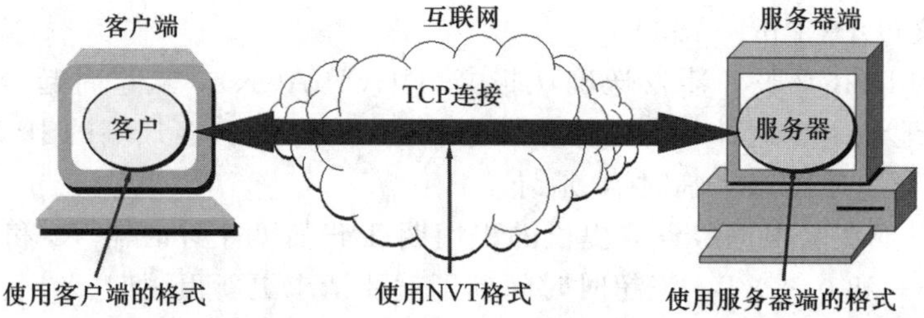

图 6-9 Telnet 工作原理

NVT 的格式定义很简单。所有的通信都使用 8 位(1 字节)。在运转时,NVT 使用 7 位 ASCII 码传送数据,当高位置 1 时用作控制命令。ASCII 码共有 95 个可打印字符(如字母、数字、标点符号)和 33 个控制字符。所有可打印字符在 NVT 中的意义和在 ASCII 码中一样。但 NVT 只使用了 ASCII 码控制字符中的几个。此外,NVT 还定义了两字符的 CR-LF 为标准的行结束控制符。当用户按 Enter 键时,Telnet 的客户就把它转换为 CR-LF 再进行传输,而 Telnet 服务器要把 CR-LF 转换为远地主机的行结束控制符。

Telnet 并不复杂,以前使用得很多。现在由于计算机的功能越来越强,用户已较少使用了,替代的远程访问有加密的 Telnet,即 SSH;带图形功能的远程桌面(VNC)等。

6.5 电子邮件(E-mail)

电子邮件,即 E-mail,已经使用几十年了。由于比纸质信件更快、更便宜,电子邮件成为自早期 Internet 出现以来最广泛的应用。在 1990 年以前,它主要被用于学术界,在整个 20 世纪 90 年代,它变得普及起来并呈指数形式增长,现在每天发送的电子邮件数量远远超过了传统的纸质邮件数量。其他形式的网络通信,比如即时消息和 IP 语音在最近十几年也有了极大的发展,但是电子邮件仍然是网络通信的主要负载之一。

电子邮件广泛地用于业界公司内部的通信,例如,分散在世界各地的员工们就一个复杂项目进行协同。

电子邮件协议在其使用期间经历了很大的演变。第一个电子邮件系统简单地由文件传输协议和约定组成,约定规定每个邮件的第一行必须给出收件人地址。随着时间的推移,文件传输和电子邮件分歧越来越大,最终电子邮件从文件传输中分离出来并增加了许多功能,例如发送一个邮件给一组收件人的功能。20 世纪 90 年代,多媒体功能变得非常重要,电子邮件实现了传输图像和其他非文字材料的功能。相应地,阅读电子邮件的程序也变得更为复杂,从单纯的基于文本阅读转变成图形用户界面,并且为用户增加了在任何地方通过笔记本电脑访问邮件的能力。随着垃圾广告邮件的盛行,邮件阅读器和邮件传输协议现在必须具备发现这些不想要的邮件并删除它们的能力。

6.5.1 体系结构和服务

本节将说明电子邮件系统如何进行组织以及这些组织可以做什么。电子邮件系统的体系结构如图 6-10 所示。它包括两类子系统:用户代理(User Agent)和邮件传输代理(Message Transfer Agent)。人们通过用户代理阅读和发送电子邮件;邮件传输代理负责将用户邮件从源端移动到目的地。我们把邮件传输代理非正式地称为邮件服务器。

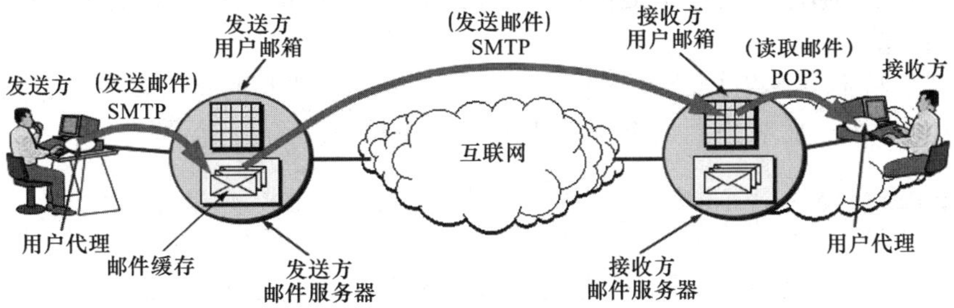

图 6-10 电子邮件系统的体系结构

用户代理是一个程序,用户通过它与电子邮件系统交互。用户代理提供了一个图形界面,有时是一个基于文本和基于命令的接口。它包括撰写邮件、回复邮件、显示进入邮件信息的手段,同时还提供过滤、搜索和删除邮件的组织方式。把新邮件发送给邮件系统,并通过它传递的行为称为邮件提交(Mail Submission)。

有些用户代理可能会自动完成对邮件的处理,预测用户想要什么。例如,为了提取出或者降低可能是垃圾邮件的优先级，进入邮件可能会先被过滤。某些用户代理还包括一些先进功能，比如安排电子邮件的自动回复“现在我正在度一个美妙假期，我回去后将立即给您回复”。用户代理运行在用户阅读邮件的计算机上，只是一个程序（如 Outlook），一般需要的时候才运行。

邮件传输代理通常是系统进程。它们运行在邮件服务器的后台，并始终保持运行状态。它们的工作是通过系统自动将电子邮件从发送方移动到接收方，采用的协议是简单邮件传输协议（Simple Mail Transfer Protocol，SMTP）。这是邮件传输的必经之路。

SMTP 最早由 RFC 821 说明，之后被修订成为当前的 RFC 5321。它通过一个连接发送邮件、返回传递状态和任何错误的报告。对许多应用来说，确认交付非常重要，甚至可能具有法律上的意义。

邮件传输代理还实现了邮件列表（Mailing List）功能，一封邮件以副本形式被完全相同地传递到电子邮件列表中的每个人。其他先进的功能包括抄送、秘密抄送、高优先级电子邮件、秘密（加密）电子邮件；如果主要收件人当前不方便接收邮件，那么可指定另一个接收者，以及阅读老板邮件并代替回复邮件的辅助能力。

将用户代理和邮件传输代理衔接起来的是邮箱，以及电子邮件的标准格式。

邮箱（Mail Box）存储用户收到的电子邮件。邮箱由邮件服务器负责维护，用户代理只需向用户展示邮箱中的内容即可。要做到这一点，用户代理向邮件服务器发送操纵邮箱的命令，包括检查邮箱内容、删除邮件等。在这样的体系结构下，一个用户可以在多台计算机上使用不同的用户代理来访问同一个邮箱。

在两个邮件传输代理之间发送的邮件具有标准的格式。原来由 RFC 822 规定的格式已被修订为当前的 RFC 5322，并且扩展支持多媒体内容和国际文本。这个方案称为 MIME，后面将对此进行讨论。电子邮件系统的一个关键思想是将信封（Envelope）与邮件内容区分开来。信封将消息封装成邮件，它包含了传输消息所需要的所有信息，例如目标地址、优先级和安全等级，所有这些都有别于消息本身。消息传输代理根据信封来进行路由，就好像邮局的做法一样。

信封内的消息由两部分组成：邮件头（Header）和邮件体（Body）。邮件头包含用户代理所需的控制信息。邮件体则完全提供给收件人，用户代理和邮件传输代理都不在意邮件体包含了什么信息。

下面，我们按照一个用户给另一个用户发送电子邮件涉及的每个步骤，来详细考查这种体系结构下的每个组成部分。这个考查从用户代理开始。

6.5.2 用户代理

用户代理是一个程序（有时也称为电子邮件阅读器），它接收各种各样的命令，这些命令包括从接收和回复邮件到操纵邮箱。目前流行的用户代理有很多，包括 Foxmail、谷歌 Gmail、微软的 Outlook、Mozilla 的 Thunderbird 等。这些用户代理在外形上相差很大。

大多数用户代理有一个菜单或图标驱动的图形界面，需要使用鼠标进行操作；在小型移动设备上通常是触摸界面。旧的用户代理，比如 Elm、mh 和 Pine 提供的是基于文本的界面，期望用户从键盘输入一个字符命令。从功能上看，这些界面都相同，至少对文本消息是一样的。

当用户代理被启动时，它一般会给出用户邮箱内邮件的摘要信息。通常情况下，摘要信息是每个邮件占一行，并且按照某种顺序排列。摘要突出的是从邮件信封或邮件头中提取出来的一些关键字段。每一行使用了发件人、标题和接收时间三个字段，显示的顺序可以按照邮件的发送者、邮件的标题或邮件的接收时间来排列。所有信息的格式都以用户友好的方式呈现，而不是显示消息字段的文字内容，但无论采用什么方式都必须基于邮件字段。因此，如果人们在发送邮件时不包括标题字段，那么他们常常会发现针对该电子邮件的回复通常得不到最高优先级。

摘要中也可能包括许多其他字段或指示信息。邮件标题旁边的图标可能表明未读邮件（信封）、有附件（回形针）和重要邮件（感叹号）。

还可以按照其他规则进行邮件的排序。最常见的是根据接收的时间，将最近收到的邮件优先显示，同时还使用一些图标来指示消息是新的还是已被用户读取过。在邮件摘要显示的字段和排序方式上用户可以根据自己的喜好定制。

需要时，用户代理要能够显示进入邮件信息，方便人们阅读他们的电子邮件。通常系统会提供一个短消息预览，帮助用户决定是否进一步阅读该邮件。预览可以使用小图标或图像来描述邮件的内容。用户代理还提供其他表示的处理方式，包括重新格式化邮件来适应当前的显示，或者将邮件内容翻译或转换成更便利的显示格式（例如，可识别文本的数字化语音）。

邮件被阅读过后，用户可以决定用它来做什么。这就是邮件处置（Message Disposition）。邮件处置选项包括删除邮件、回复邮件、把邮件转发给另一个用户及保存邮件供日后使用。大多数用户代理可以用多个文件夹保存一个邮箱的进入邮件。文件夹允许用户根据发件人、标题或一些其他分类方法来保存消息。

在用户阅读邮件之前，用户代理可以自动完成邮件的归档。例如，系统检查邮件的字段和内容，根据有关以前邮件的用户反馈，使用邮件字段和内容来确定是否可能是垃圾邮件。可以为用户节省从垃圾邮件中分离出有用信息的大量工作。

用户代理还为用户提供了丰富的搜索邮箱功能。搜索为用户提供了快速查找邮件的手段，比如上个月有人发送的有关“在哪里买华为手机”的邮件。

一个有用的功能是用户代理能够自动响应邮件，例如，自动响应的休假代理（Vacation Agent）。这是一个程序，它首先检查每个进入消息，然后给发件人回送一个自动答复（Auto Reply），比如：“嗨。我在度假。我将于 8 月 24 日回来后立即联系你。”这样的答复也可以指定如何处理在此期间发生的紧急事项，或者针对某人就某个特殊问题的邮件给予回复等。大多数休假代理可以跟踪它们已经给哪些用户发过这种自动回复，以免给同一人重复发送相同的回复。

发往邮件系统的邮件遵循一个标准格式，这个格式的创建基于提供给用户代理的信息。传输消息最重要的部分是信封，信封中最重要的是目的地址。邮件目的地址必须是邮件传输代理可以处理的格式，标准的地址格式是用户@DNS 地址（user@dns-address）。

最后一点与发送邮件有关的是邮件列表，即允许用户通过一个命令把相同的邮件发送给群发列表中的每个人。有两种维护这个邮件列表的方法。一种是可以由用户代理在本地维护。在这种情况下，用户代理只是给每个目标收件人发送一个单独的邮件。另一种是远程维护一个在邮件传输代理上的群发名单。然后，邮件在整个邮件传输系统中被扩散，等同于多个用户给群发列表中的用户发送邮件的作用。例如，一群观鸟者有一个称为 briders 的邮件列表，该群发列表安装在传输代理 mail. xmu. edu. cn 上，那么任何发送到 briders@mail. xmu. edu. cn 的邮件都将被路由到厦门大学，并在那里被进一步扩散到邮件列表中的所有成员，这些成员可能分布在世界的任何地方。

6.5.3 SMTP 协议

前面已经讲述了用户代理和邮件消息,接下来考查邮件传输代理如何将邮件从发件人发送给收件人。邮件传送采用的协议是 SMTP。

移动邮件最简单的方法是建立一个从源机器到目标机器的传输连接,然后在该连接上传输邮件。这是 SMTP 最初的工作方式。经过多年的发展,邮件的传输逐步区分出了两种使用 SMTP 的方式。第一种使用方式是邮件提交(Mail Submission),这一步表示用户代理把邮件提交给邮件系统。第二种使用方式是邮件传输代理之间的邮件传送,这个过程将邮件从发送邮件传输代理传递到接收邮件传输代理,全程只有一跳。完成最终邮件的交付使用了不同的协议,我们将在下一节中描述。

在本小节,我们将描述基本的 SMTP 协议和它的扩展机制。然后,我们将讨论如何利用它完成邮件提交和邮件传送。

在 Internet 上,发送电子邮件的计算机首先与目标计算机的 25 号端口建立一个 TCP 连接,然后在此连接上传送电子邮件。在这个端口上监听的是邮件服务器,它遵守 SMTP。邮件服务器接收进入连接请求、执行某些安全检查,并接收传递过来的邮件。如果一个邮件无法被投递,则向邮件发送方返回一个错误报告,该错误报告包含了无法投递邮件的第一部分。

SMTP 是一个简单的 ASCII 协议。使用 ASCII 文本,使得协议更加易于开发、测试和调试。通过手动发送命令就可以进行测试,而且记录的消息易于阅读。现在大多数应用程序级的 Internet 协议都是以这种方式工作的(比如 HTTP)。

以下是负责传递消息的邮件服务器完成一个简单邮件的传输过程。在建立了与 25 端口的 TCP 连接后,作为客户端的发送方计算机等待接收方计算机首先“说话”,这个接收方计算机是作为服务器运行的。服务器首先发送一个文本行给客户端,该行表明了自己的标识,并告诉客户机是否已经准备好接收邮件。如果服务器没有这样做,那么客户端就释放连接,稍后再次尝试与服务器联系。

如果服务器愿意接收电子邮件,则客户端声明这封电子邮件来自谁及将要交给谁。如果接收方确实存在这样的收件人,则服务器指示客户端发送邮件;然后客户端发送邮件,服务器予以确认。因为 TCP 提供了可靠的字节流传输,所以这里不需要校验和。如果还有更多的电子邮件需要传输,那么现在可以继续发送。当两个方向上所有的电子邮件都交换完毕后,连接被释放。

虽然 SMTP 运作良好,但它仍存在一些不足之处。首先它不包括认证,这意味着邮件的 FROM 命令可以为所欲为地给出任何发件人的地址,这个特性对于发送垃圾邮件相当有用。其次,SMTP 传输的是 ASCII 消息而不是二进制数据,这就是为什么需要 Base64 MIME 内容传送编码方案,然而使用该编码的邮件在传输时带宽使用效率低,这对传输大邮件是个问题。最后,SMTP 发送的邮件以明文形式出现,它没有任何加密功能可用来提供防止窥探隐私的措施。

为了处理这些及其他与邮件处理相关的问题,SMTP 已经被修订过,增加了一个扩展机制。这个机制是 RFC 5321 标准的强制性执行部分。带有扩展功能的 SMTP 就称为扩展的 SMTP (Extended SMTP,ESMTP)。

想要使用扩展版本的客户端必须发送 EHLO 消息,而不是原先的 HELO 消息。如果该消息遭到了服务器的拒绝，那么说明对方是一个普通的 SMTP 服务器，客户端应该以从前的方式与其交互。如果 EHLO 消息被服务器接收，服务器就用它支持的扩展给予回复。然后客户端可以使用这些扩展功能中的任何一种。表 6-3 给出了常见扩展机制所用的关键字，以及这些关键字具有的新功能说明。

表 6-3　　某些 SMTP 扩展功能

关键字	描述
AUTH	客户认证
BINARYMIME	服务器接收二进制邮件
CHUNKING	服务器接收巨型邮件
SIZE	在发送前检查邮件大小
STARTTLS	切换至安全传输
UTF8SMTP	国际化地址

为了更好地理解 SMTP 协议和本章描述的其他协议是如何工作的，在 shell 中输入：

telnet　mail. isp. com　25

请根据实际邮件服务器地址修改。在 Windows 10 操作系统中，必须首先安装 telnet 程序(或等价的其他程序)，然后启动该程序运行。这条命令将与服务器的 25 端口建立一个 telnet(也就是 TCP)连接。25 号端口是 SMTP 端口。可能会得到以下类似的回应：

Trying 192. 30. 200. 66...

Connected to mail. isp. com

Escape character is '^]'.

220 mail. isp. com Smail ＃74 ready at Thu，25 Apir 2019 09:26 ＋0800

前三行来自 Telnet，告诉你它在做什么。最后一行来自远程机器上的 SMTP 服务器，声明它愿意与你通话，并愿意接收电子邮件。为了找出该 SMTP 服务器可以接收哪些命令，请输入：

HELP

如果服务器愿意接收你的邮件，那么你就可以看到表 6-3 中的命令序列。

然而，ISP 或公司通常不希望任何远程用户将邮件提交给它的邮件服务器后再传递到其他地方。ISP 或公司并没有为了提供公共服务而运行邮件服务器。此外，这种开放邮件中继会吸引垃圾邮件发送者，因为这种方式提供了一种清洗原始发件人的方法，从而使得邮件更难以被识别为垃圾邮件。

鉴于这些因素，SMTP 通常被用在提交电子邮件时启用了 AUTH 扩展的情况。AUTH 扩展可以让服务器检查客户端的凭据(用户名和密码)，以便确认自己是否应该为该客户提供邮件服务。

在 SMTP 提交邮件的方式上还存在几个其他方面的差异。例如，587 端口优先于端口 25，SMTP 服务器可以检查和纠正由用户代理发送的邮件格式。有关更多使用 SMTP 提交邮件的限制，请参阅 RFC 4409。

6.5.4　POP 协议和 IMAP 协议

常用的邮件接收协议是 POP 协议(Post Office Protocol)。POP 适用于 C/S 工作模式的脱机模型的电子邮件协议，目前已发展到第三版，简称 POP3。POP 不支持对服务器邮件进行扩展操作，此过程需要更高级的 IMAP4 协议来完成。POP 协议使用 ASCII 码来传输数据消息，这些数据消息可以是指令，也可以是应答。

POP 协议支持“离线”邮件处理。其具体过程是：邮件发送到服务器上，电子邮件客户端调用邮件客户机程序以连接服务器，并下载所有未阅读的电子邮件，这种离线访问模式是一种存储-转发服务，将邮件从邮件服务器端发送到个人终端机器上。

目前大多数 POP 客户端和服务器端都是采用 ASCII 码来明文发送用户名和密码，在认证状态下，服务器端等待客户端连接时，客户端发出连接请求，并把由命令构成的 username/password 用户身份信息数据明文发送给服务器端。POP3 协议的命令码见表 6-4。

表 6-4　　POP3 协议的命令码

命令	描述
USER [username]	处理用户名
PASS [password]	处理用户密码
APOP [Name, Digest]	认可 Digest 是 MD5 消息摘要
STAT	处理请求服务器发回关于邮箱的统计资料，如邮件总数和总字节数
UIDL [Msg#]	处理返回邮件的唯一标识符，POP3 会话的每个标识符都将是唯一的
LIST [Msg#]	处理返回邮件数量和每个邮件的大小
RETR [Msg#]	处理返回由参数标识的邮件的全部文本
DELE [Msg#]	处理服务器将由参数标识的邮件标记为删除，由 quit 命令执行
RSET	处理服务器将重置所有标记为删除的邮件
TOP [Msg# n]	处理服务器将返回由参数标识的邮件前 n 行内容
NOOP	处理服务器返回一个肯定的响应
QUIT	终止会话

服务器端确认客户端身份以后，连接状态由认证状态转入处理状态，为了避免发送明文口令的安全问题，有一种新的更为安全的认证方法，名为 APOP，使用 APOP，口令在传输之前就被加密，当客户端与服务器端第一次建立连接时，POP3 服务器向客户端发送一个 ASCII 码文本的问候，这个问候是由一串字符组成的，对每个客户端都是不一样的，内容一般都是当地时间之类的。然后客户端把它的纯文本口令附加到刚才接收的字符串之后，接着计算出新的字符串的 MD5 散列函数值的消息数据，最后把用户名和 MD5 加密后的消息摘要作为 APOP 命令的参数一起发送到服务器。但是目前大多数 Windows 操作系统上的邮件客户端不支持 APOP 协议。

IMAP4 协议与 POP3 协议一样也是规定个人计算机如何访问电子邮件的服务器，进行收发邮件的协议，但是 IMAP4 协议比 POP3 协议更高级。IMAP4 协议支持客户端在线或者离线访问并阅读服务器上的邮件，还能交互式地操作服务器上的邮件。IMAP4 协议更人性化的地方是不需要像 POP3 协议那样把邮件下载到本地，用户可以通过客户端直接对服务器上的邮件进行操作（这里的操作是指在线阅读邮件，在线查看邮件主题、大小、发件地址等信息）。用户还可以在服务器上维护自己的邮件目录（维护是指移动、新建、删除、重命名、共享、抓取文本等操作）。IMAP4 协议弥补了 POP3 协议的很多缺陷，由 RFC 3501 定义。该协议是用于客户端远程访问服务器上电子邮件，它是邮件传输协议新的标准。IMAP4 协议的工作原理如下：

（1）IMAP4 协议适用于 C/S 工作模式下，IMAP4 协议和 POP3 协议都是规定个人计算机如何连接到互联网上的邮件服务器进行收发邮件的。IMAP4 协议支持对服务器上的邮件进行扩展性操作，IMAP4 协议也支持 ASCII 码明文传输密码。

(2)与 POP3 协议不同的是，IMAP4 协议能支持离线和在线两种模式来传输数据。

①在离线方式中，客户端程序会不间断地连接服务器，下载未阅读过的邮件到本地磁盘，当客户端需要接收或者发送邮件时才会与服务器建立连接，这就是离线访问模式。POP3 协议是典型的以离线方式工作的协议。

②在线模式中，一直都是由客户端程序来操作服务器上的邮件，不需要像离线模式那样把邮件下载到本地才能阅读(即使用户把邮件下载到本地，服务器上也会存一份副本，而不会像 POP 协议那样把邮件删除)。用户可以通过客户端程序或者 Web 在线浏览邮件(IMAP4 协议提供的浏览功能可以让你在线阅读所有的邮件到达时间、主题、发件人、大小等信息，同时还可以享受选择性下载附件的服务)。一些 POP3 服务器也提供了在线功能，但是，它们没有达到 IMAP4 协议的浏览功能的级别。

(3)IMAP4 是分布式存储邮件方式。本地磁盘上的邮件状态和服务器上的邮件状态，可能和以后再连接时不一样，IMAP4 协议的分布式存储机制解决了这个问题。IMAP4 协议的客户端软件能够记录用户在本地的操作，当他们联入网络后，软件会把这些操作传送给服务器。当用户离线的时候服务器端发生的事件，服务器也会在客户联网后告诉客户端软件，比如有新邮件到达等，以保持服务器和客户端同步。

(4)IMAP4 协议处理线程都处于四种处理状态中的一种。大部分的 IMAP4 命令都只会在某种处理状态下才有效。如果 IMAP4 客户端软件企图在不恰当的状态下发送命令，则服务器将返回协议错误的失败信息，如 BAD 或 NO 等。

非认证状态：在这个状态下，客户软件必须发出认证请求命令。在 IMAP4 协议连接建立时，服务器处理线程自动进入这个状态。

认证状态：在认证状态下，客户软件必须选择一个邮箱。这个状态在认证请求命令得到确认答复后进入，或在预认证连接建立后直接进入。

已选择状态：这个状态表示 IMAP4 客户软件已经选择了某一 Folder。在这个状态下可以发送所有检索邮件内容的命令。

离线状态：在这个状态，连接已经终止，服务器将关闭这个连接。客户端软件可以发出命令或由服务器强制进入这个状态。

不像大多数旧的 Internet 协议，IMAP4 协议支持加密注册机制，同时也支持明文传输密码。使用加密机制时需要客户端和服务器一致，而明文密码可以在客户端和服务器类型不同的情况下使用(例如 Windows 客户端和非 Windows 服务器)。使用 SSL 也可以对 IMAP4 协议的通信进行加密，将在 SSL 上的 IMAP4 通信通过 993 端口传输。

6.5.5 Webmail

一种日益流行可提供电子邮件服务的是 Webmail，它可以利用其接口来发送和接收邮件，这种方式有望替代 IMAP 和 SMTP。目前被广泛使用的 Webmail 系统包括网易 126、谷歌 Gmail、微软 Hotmail 和 QQ Mail。Webmail 是一个软件实例(在这种情况下，就是邮件用户代理)，它利用 Web 为用户提供邮件服务。

在这样的体系结构中，为了接收来自端口 25 并且使用 SMTP 的用户邮件，服务提供商照常运行邮件服务器。然而，此时的用户代理与以前是不同的。它不再作为一个独立的程序运行，而是通过网页提供一个用户界面。这意味着用户可以使用自己喜欢的任何浏览器来访问他们的邮件，以及发送新邮件。

下一节才开始学习 Web，在这里先给出一个关于它的简短介绍。当用户进入服务提供商的电子邮件网页时，会看到一个表单，要求用户输入登录名和密码。然后登录名和密码被发送到服务器，在服务器端进行验证。如果登录成功，那么服务器会找出用户的邮箱，并建立一个网页，该网页列出了邮箱的大致内容；然后将该网页发送到用户的浏览器显示出来。

页面上显示的许多邮箱表项都是可单击的，因此邮件可以被读取、删除等。为了使界面对用户的行为有所反应，网页往往包括 JavaScript 程序。这些程序运行在本地客户端，以便响应任何一个本地事件(比如鼠标单击)、在后台下载或上传邮件，或者提交一个新邮件。在这种模型中，邮件提交采用了普通的 Web 协议，把数据张贴到 URL。Web 服务器负责将邮件注入传统的邮件传递系统中。出于安全方面的考虑，可使用标准的 Web 协议。这些协议本身涉及加密网页，而不管网页的内容是不是一个邮件消息或一般网页内容。

6.6 万维网(WWW)和超文本传输协议(HTTP)

WWW概念

Web 是万维网(World Wide Web，WWW)的俗称，它是一个体系结构框架。该框架把分布在整个 Internet 数千万台机器上的内容链接起来供人们访问。Web 刚出现时，在瑞士被科研人员用来协同设计高能物理实验，仅十几年时间，它就演变成今天被数百万人认可的“Internet”应用。它的迅速普及和流行源自它易于初学者使用并且提供了丰富多彩的图形界面。通过这些界面用户可以访问巨大的信息财富，内容几乎覆盖了每一个可以想到的主题。

Web 诞生于 1989 年的欧洲原子能研究中心(CERN)。最初的想法是帮助大型研究组成员通过修改报告、计划、绘图、照片和其他文档的方式来进行合作，这些文档由粒子物理实验产生，并且研究组的成员通常分散在好几个国家或好几个时区。将文档链接成 Web 的提议由 CERN 物理学家 Tim Berners-Lee 提出，18 个月后第一个(基于文本的)原型系统投入运行。该系统的公开文档发表在 Hypertext'91 会议，它立即引起了另一个研究组的注意，该研究组由伊利诺伊大学的 Marc Andreessen 领导，他最终开发了第一个图形浏览器。这就是 Mosaic 浏览器，正式发布于 1993 年 2 月。

Mosaic 十分受欢迎，1 年后，Andreessen 离开学校组建了网景通信公司(Netscape Communications Corp)，公司目标是开发 Web 软件。接下来的 3 年，网景的 Netscape Navigator 和微软的 IE 浏览器展开了一场浏览器大战，每一个都试图抓住这个新兴市场的更大份额，为此疯狂地加入比对手更多的功能(甚至导致了更多的错误)。

从 20 世纪 90 年代到 21 世纪初，网站和网页(称为 Web 内容)成指数倍地增长，直到达到数千万计网站和数十亿网页的规模。这些网站中的一小部分盛极一时，网站和它们背后的公司主要定义了 Web，正如今天人们所体验的那样。新的想法仍然丰富着 Web 世界，许多新想法来自年轻的学生。例如，Mark Zuckerberg 创建 Facebook 时，他还只是哈佛大学的学生，Sergey Brin 和 Larry Page 创建 Google 时是斯坦福大学的学生。

1994 年，CERN 和 MIT 签署了建立万维网联盟（World Wide Web Consortium，W3C）的协议。W3C 是一个组织，它致力于进一步开发 Web、对协议进行标准化，并鼓励站点之间实行互操作。Berners-Lee 担任了联盟的主管。目前已经有几百所大学和公司加入了该联盟。尽管现在关于 Web 的书籍数不胜数，但获取关于 Web 最新信息的最佳之处还是在 Web 本身。W3C 联盟的主页是 www. w3. org，感兴趣的读者可以从那里找到该联盟所有文档和活动的页面链接。

6.6.1 Web 体系结构概述

站在用户的角度看，Web 由大量分布在全球的内容组成，这些内容以 Web 页面（Web Page）或简称为页面（Page）的形式表示。每个页面可以包含指向其他页面的链接（Link），这些页面可以分布在全球任何地方。用户单击一个链接就可以跟随这个链接来到它所指向的页面。这个过程可无限地重复下去。一个页面指向另一个页面，称为超文本（Hypertext），这个想法在 1945 年由一个 MIT 电子工程系教授 Vannevar Bush 提出（Bush，1945），也就是说，早在 Internet 被发明出来之前就已经有了 Web。事实上，它在商业计算机发明之前就已经存在了，虽然几所大学生产出来的粗糙原型机能填满大型会议室，而且能力还不及一个现代化的袖珍计算器。

浏览页面的程序称为浏览器（Browser），Firefox、Internet Explorer 和 Chrome 是比较流行的浏览器。浏览器取回所请求的页面，对页面内容进行解释，并在屏幕上以恰当的格式显示出来。页面内容本身可能是文本、图像和格式化的命令混合体，表现的形式多种多样：可以表现成传统的文档形式，或者表现成视频形式，或者是一个能产生图形界面的程序，用户通过该界面实行与网页的交互方式。

Web 体系结构如图 6-11 所示，这是某网站的一个页面。这个页面显示了文本和图形元素。页面中的某些部分与指向其他页面的链接有关。与另一个页面相关的一段文字、一个图标、一个图像等都称为超链接（hyperlink）。用户将鼠标光标放在页面区域的链接部分（这会使光标发生变化），然后单击链接即可打开这个链接。单击链接只是告诉浏览器去获取另一个页面的简单方式。在 Web 初期，链接通过下划线和彩色文本来突出强调，以便使它们醒目。如今，Web 页面的创作者已经有各种方法来控制链接区域的外表，因此一个链接可能会作为一个图标出现或当鼠标滑过它时改变外观。

图 6-11　某网站页面

打开网页，客户端浏览器显示出一个 Web 页面。每一页的抓取都是通过发送一个请求到一个或多个服务器，服务器以页面的内容作为响应。抓取网页所用的“请求-响应”协议是一个简单的基于文本协议，它运行在 TCP 之上，就像 SMTP 一样。这个协议就是所谓的超文本传输协议(HyperText Transfer Protocol，HTTP)。内容可能只是一个磁盘读取的文档，或者是数据库查询和程序执行的结果。如果每次显示的是相同的文档，则称该网页为静态页面(Static Page)。相反，如果每次显示的是程序按需产生的内容，或者页面本身包含了一个程序，则称该网页为动态页面(Dynamic Page)。

一个动态的页面每次显示时本身表现可能是不同的。网站首页可能对每个访问者显示的内容不尽相同。如果一个书店的顾客在过去买了一些推理小说，那么当这位顾客再次访问商店的主页后，可能会看到突出显示的新的推理小说，而另一位更喜欢烹饪的顾客可能首先映入眼帘的是新的烹饪书籍。网站如何跟踪每位顾客的喜好呢？答案就是 Cookie。

下面从访问网站的流程来详细说明 Web 体系结构。

1. 客户端

从图 6-11 可以看出，Web 浏览器是一个程序，它可以显示 Web 页面并且捕获鼠标在显示页面上单击的表项。当一个表项被单击时，浏览器就跟踪相应的超链接并获取被选中的页面。

Web 最初被建立时，为了让一个页面指向另一个页面，需要某些机制来命名和定位页面。尤其是，在显示一个被选中的页面之前，必须先回答以下三个问题：

(1)这个页面叫什么？

(2)这个页面在哪里？

(3)如何访问这个页面？

如果每个页面都以某种方式被分配了一个唯一的名字，那么在标识页面时就不会存在任何歧义。以身份证为例，在中国，每个人都有一个身份证号，因此身份证号是一个具有唯一性的标识符。然而，如果你仅仅知道一个身份证号，你是无法找到所有者的地址的。Web 基本上也有同样的问题。

Web 选择的解决方案是用一种能同时解决上述三个问题的方式来标识页面。每个页面被分配一个统一资源定位符(Uniform Resource Locator，URL)，用来有效地充当该页面在全球范围内的名字。URL 包括三个部分：协议，也称为方案(Scheme)，页面所在机器的 DNS 名字，以及唯一指向特定页面的路径(通常是读取的一个文件或者运行在机器上的一个程序)。一般情况下，路径是一个模仿文件目录结构的层次名字。然而，如何解释路径是服务器的事，而且路径可能反映了实际的目录结构，也可能不反映。例如，图 6-11 显示的页面的 URL 是：

https://www. sina. com. cn/index. htm

这个 URL 由三部分组成：协议(https)、主机的 DNS 域名(information. xmu. edu. cn)和路径名(index. html)。

打开页面的过程：

(1)浏览器确定 URL。

(2)浏览器请求 DNS 查询服务器 information. xmu. edu. cn 的 IP 地址。

(3)DNS 返回 210. 34. 0. 25。

(4)浏览器与 210. 34. 0. 25 机器的 443 端口建立一个 TCP 连接，443 端口是 HTTPS 协议的默认端口。

(5)浏览器发送 HTTP 报文，请求 index. htm 页面。

(6) information. xmu. edu. cn 服务器发回页面作为 HTTP 响应，例如发送文件/index. html。

(7)如果该页面包括需要显示的 URL，那么浏览器经过同样的处理过程获取其他链接的信息。

(8)浏览器显示 index. html 页(图 6-11)。

(9)如果短期内没有向同一个服务器发出其他请求，那么释放 TCP 连接。

许多浏览器会在状态栏中显示它们目前正在执行哪一步。

URL 设计是开放式的，在某种意义上它很简单，它允许浏览器使用多种协议去获得各种资源。事实上，已经定义了针对各种协议的 URL。表 6-5 列出了某些公共的 URL 方案。

表 6-5　　某些公共的 URL 方案

名字	用途	实例
http	超文本传输协议	http://www. chaoxing. com/
https	安全的超文本传输协议	https://www. baidu. com/
ftp	FTP 传输协议	ftp:// anonymous@m. ireadji. com
file	本地文件	file://usr/suzanne/prog. c
mailto	发送邮件	mailto: service@qq. com
rtsp	流媒体协议	rtsp://youtube. com/python. mpg
sip	多媒体呼叫	sip: eve@adversary. com
about	浏览器信息	about: plugins

http 协议是 Web 的母语，即 Web 服务器的语言。HTTP 代表超文本传输协议(HyperText Transfer Protocol)。我们将在本节后面详细讨论它。

ftp 协议用于通过 FTP 访问文件。

使用 file 协议只需给出一个文件名就有可以通过 Web 页面来访问本地文件。这种方法并不需要服务器。当然，它仅适用于本地文件，而不能用于远程文件。

mailto 协议并没有真正抓取网页。它允许用户从 Web 浏览器发送电子邮件。大多数浏览器针对一个 mailto 链接会以启动用户的邮件代理作为回应，返回一个已填写好地址字段的邮件。

rtsp 协议和 sip 协议用于创建流媒体会话和多媒体呼叫。

about 协议是一种常用方式，主要用来提供有关浏览器的信息。例如，about: plugins 链接会使大部分浏览器显示一个网页，该网页列出它们利用浏览器扩展可以处理的 MIME 类型，这种浏览器扩展称为插件(plug-in)。

总之，URL 的设计不仅允许用户浏览网页，而且允许用户运行一些旧的协议，比如 FTP 和电子邮件，以及涉及音频和视频的新协议；除此之外，还提供了访问本地文件和浏览器信息的便利方法。URL 方法不需要专门为其他服务设计特殊的用户界面程序，而是把几乎所有的 Internet 访问集成到单一的程序：Web 浏览器。

2. MIME 类型

为了能够显示新页面(或任何页面)，浏览器必须了解其格式。为了让所有的浏览器都了解所有网页，网页必须以一种标准化的语言编写，这个语言就称为 HTML，它是 Web 目前的通用语。

虽然浏览器基本上是一个 HTML 解释器，但大多数的浏览器仍然有众多的按钮来帮助用户更容易地浏览网页。大多数浏览器都有一个返回到前一页、前进到下一页的按钮，和一个直接通往首页的按钮。大多数浏览器还有一个按钮或菜单项用来为给定页面设置书签,而且还提供了用来显示书签列表的按钮或菜单项。

HTML 页面包含了丰富的内容元素,而不只是简单的文本和超文本。为了增加通用性,并不是所有的页面都需要包含 HTML。一个页面可能由一段 MPEG 格式的视频、一个 PDF 格式的文件、一张 JPEG 格式的照片、一首 MP3 格式的歌曲,或任何其他文件类型的内容组成。由于标准的 HTML 页面可以链接到任何一种格式的内容,因此当浏览器要打开一个它不知道如何解释的页面时,问题就产生了。

大多数浏览器都选择了一个更为一般性的解决方案。当一台服务器返回一个页面时,它同时也返回了一些关于此页面的其他信息。这些信息包括页面的 MIME 类型。具有 text html 类型的页面可被直接显示,就像其他一些内置类型的网页一样。

如果 MIME 类型不是一个内置的类型,那么有两种可能的解决方式:插件和辅助应用程序。

插件是一个第三方代码模块,作为扩展被安装到浏览器中。常用的插件程序有 PDF、Flash 和 Quicktime 等,主要用来呈现文档和播放音、视频。由于插件运行在浏览器内部,因此它们可以访问当前的页面,也可以修改页面的外观。

每种浏览器都有一组过程,所有的插件必须实现这些过程,这样浏览器才可以调用插件。例如,通常浏览器的基本代码会调用一个专门过程,将待显示的数据传递给插件。这组过程就是插件的接口,它与特定的浏览器相关。

另外,浏览器也为插件提供了一组它自己的过程,以便向插件提供服务。浏览器接口较为典型的过程包括申请和释放内存、在浏览器的状态栏上显示一条消息,以及向浏览器查询有关的参数。

在一个插件被使用以前,首先必须安装该插件。用户到 Web 站点下载插件的安装文件。安装插件,执行适当的调用以便注册该插件的 MIME 类型,并将浏览器与该插件关联起来。浏览器通常预加载了一些流行的插件。

扩展浏览器的方式是使用一个辅助应用程序(Helper Application)。因为辅助应用程序是独立运行的程序,因此接口与浏览器非常靠近。它通常只是接收一个存储了待显示内容的临时文件,然后打开该文件并显示其内容。辅助应用程序是一些独立于浏览器而存在的大型程序,比如 Word 或者 PowerPoint。

许多辅助应用程序使用 MIME 的 Application 类型。因此,目前已经定义了相当多的子类型,例如,application/vnd. ms-powerpoint 表示 PowerPoint 文件。Vnd 代表特定于开发商的格式。通过这种方式,URL 就可以直接指向一个 PowerPoint 文件,并且当用户单击它时,浏览器自动启动 PowerPoint,并将待显示的内容传递给它。辅助应用程序并不受限于只能使用 MIME 的这种类型。例如,image/X-photoshop 代表 Adobe Photoshop。

因此,可以将浏览器配置成能处理多种文档的类型,而且无须改变浏览器本身。现代 Web 服务器常常被配置成具有数百种“类型/子类型”的组合,每当安装一个新程序时,新的类型/子类型组合也随之被加入进来。

浏览器也能够打开本地的文件,而不一定非得从远程的 Web 服务器上取回文件。然而,浏览器需要某种方式来确定文件的 MIME 类型。标准的方式是操作系统将文件的扩展与 MIME 类型关联起来。在典型的配置中，当浏览器打开 foo. pdf 时，它就会调用 application/pdf 插件，而当打开 bar. doc 文件时则通过 application/msword 辅助应用程序调用 Word。

3. 服务器端

正如我们在前面所看到的，当用户键入一个 URL 或者单击一行超文本时，浏览器会解析 URL，并且查找 DNS 名字。有了服务器的 IP 地址以后，浏览器与该服务器的端口 80 建立一个 TCP 连接；然后它发送一条命令，其中包含了 URL 的剩余部分，即该服务器上某个页面的路径；最后服务器返回该页面供浏览器显示。在这种情况下，服务器在它的主循环中执行如下步骤：

(1)接受来自客户端(浏览器)的 TCP 连接。

(2)获取页面的路径，即被请求文件的名字。

(3)从磁盘上获取文件。

(4)将文件内容发送给客户。

(5)释放该 TCP 连接。

现代的 Web 服务器具有更多的功能，但本质上这就是 Web 服务器在最简单情况下所做的工作，即获取一个包含网页内容的文件。对于动态网页，第 3 步要替换成运行一个程序(由路径确定)，该程序能返回网页的内容。

然而，为了单位时间处理多个请求，Web 服务器的实现具有不同的设计。简单设计的一个问题是文件访问通常成为瓶颈。另一个问题是一次只能处理一个请求。

Web 服务器采用在内存中维护一个缓存来改进上述问题。缓存着 n 个最近使用过的文件或者数千兆的内容。服务器在从磁盘读取文件之前，首先检查缓存。如果缓存中有该文件，则直接从内存中取出文件，从而省去了访问磁盘的时间。

为了解决一次只能服务一个请求的问题，策略是将服务器设计成多线程模式(Multithreaded)。在其中一种设计方案中，服务器由一个前端模块(Front-end Module)和 k 个处理模块(Processing Module)组成，如图 6-12 所示。前端模块接收所有进入请求；$k+1$ 个线程全部属于同一个进程，这样所有处理模块都可以访问当前进程地址空间中的缓存。当一个请求到达时，前端模块接收它，并为其创建一条描述该请求的简短记录，然后将该记录递交给其中一个处理模块。

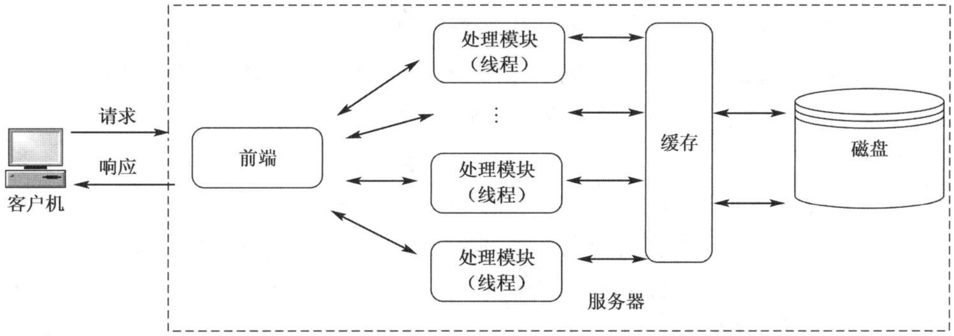

图 6-12　具有一个前端和若干个处理模块的多线程 Web 服务器

处理模块首先检查缓存，查看其中是否有所需的文件。如果缓存中有该文件，则处理模块修改记录，在记录中增加一个指向该文件的指针；如果缓存中没有该文件，则处理模块执行一次磁盘操作，将该文件读入缓存(可能要丢弃一些其他缓存的文件，以便腾出空间)。从磁盘上读取文件后，将该文件放入缓存，同时把它发送给客户。

这种方案的优点是当一个或多个处理模块因为等待磁盘操作或者网络操作的完成而被阻塞时(因此不占用 CPU 时间)，其他模块可以继续处理其他的请求。有了 k 个处理模块，吞吐量可以达到单线程服务器下的 k 倍。当然，当磁盘或者网络成为受限因素时，必须使用多个磁盘或者更快的网络才能实质性地获得提高。

现代 Web 服务器所做的不只是接收文件和返回文件。事实上，每个请求的实际处理过程可能非常复杂。基于此，在许多服务器中，每个处理模块要执行一系列步骤。前端将每个入境请求传递给第一个可用模块，然后该模块根据这个特定请求的需要，执行下列步骤中的某个子集。这些步骤发生在 TCP 连接和任何安全传输机制建立之后。

(1)解析被请求的 Web 页面的名字。

(2)执行对该页面的访问控制。

(3)检查缓存。

(4)从磁盘上获取请求的页面或者运行一个创建页面的程序。

(5)确定响应中的其余部分(比如要发送的 MIME 类型)。

(6)把响应返回给客户。

(7)在服务器的日志中增加一个表项。

第(1)步是必需的，因为被请求 Web 页面可能并没有包含文件或者程序的实际名字。它或许包含了需要转换的内置缩写。例如，http://www.cs.vu.nl 中的文件名是空的。在这种情况下，有必要将它扩展到某个默认的文件名，通常是 index.html。一个常用的规则是将～user/映射到 user 的 web 目录。这些规则可以联合使用。

第(2)步检查是否存在与该页面关联的任何访问限制。并非所有的网页都向公众开放。确定客户端是否有权限获取一个页面可能依赖于客户端的身份(例如，给出用户名和密码)，或者客户端在 DNS 或 IP 地址空间的位置。例如，一个页面可能被限制于只向公司内部的员工开放。如何实现这一点则取决于服务器的设计。例如，对于流行的 Apache 服务器，惯用的做法是把后缀名为.htaccess 的文件放置在被限制访问的页面所在的目录，该文件列出了对页面的访问限制。

第(3)步和第(4)步是页面的获取。是否可以从缓存中获取页面取决于处理规则。例如，因为程序每次运行都可能产生不同的结果，因此由正在运行的程序创建的页面并不总是可以被缓存。甚至文件也需要偶尔被检查一下，看看它们的内容是否已经发生改变，以便将旧的内容从缓存中删除。如果页面需要运行一个程序，那么还存在一个设置程序参数或输入的问题。这些数据来自请求的路径或请求中的其他部分。

第(5)步确定响应页面内容时有关的其他部分。MIME 类型就是一个例子。它可能来自文件的扩展名、一个文件的前几个字或程序的输出、一个配置文件。

第(6)步通过网络返回页面。为了提高性能，一个 TCP 连接可以被客户端和服务器用来获取多个页面。这种连接的重用性意味着需要一些逻辑，将一个请求映射到一个共享的连接并且返回请求的每个响应，以便使它与正确的请求关联。

第(7)步是为了行政管理的需要，在系统日志中增加一个选项反映此次访问，同时还记录任何其他重要的统计数据。这种日志可以在日后被用来挖掘出有关用户行为的有价值的信息，例如，人们访问网页的次数。

4. Cookie

Cookie(复数形态 Cookies)，又称为“小甜饼”。类型为“小型文本文件”，指某些网站为了辨别用户身份而储存在客户端上的数据(通常经过加密)。由网景公司的前雇员卢・蒙特利在 1993 年 3 月发明。当前使用最广泛的 Cookie 标准是在网景公司制定的标准上进行扩展后的产物。

Cookie 总是保存在客户端中，按在客户端中的存储位置，可分为内存 Cookie 和硬盘 Cookie。

内存 Cookie 由浏览器维护，保存在内存中，浏览器关闭后就消失了，其存在时间是短暂的。硬盘 Cookie 保存在硬盘里，有一个过期时间，除非用户手工清理或到了过期时间，硬盘 Cookie 不会被删除，其存在时间是长期的。所以，按存在时间，可分为非持久 Cookie 和持久 Cookie。

因为 HTTP 协议是无状态的，即服务器不知道用户上一次做了什么，这严重阻碍了交互式 Web 应用程序的实现。在典型的网上购物场景中，用户浏览了几个页面，买了一盒饼干和两瓶饮料。最后结账时，由于 HTTP 的无状态性，不通过额外的手段，服务器并不知道用户到底买了什么，所以 Cookie 就是用来绕开 HTTP 的无状态性的“额外手段”之一。服务器可以设置或读取 Cookies 中包含信息，借此维护用户跟服务器会话中的状态。

在刚才的购物场景中，当用户选购了第一项商品，服务器在向用户发送网页的同时，还发送了一段 Cookie，记录着那项商品的信息。当用户访问另一个页面，浏览器会把 Cookie 发送给服务器，于是服务器知道他之前选购了什么。用户继续选购饮料，服务器就在原来那段 Cookie 里追加新的商品信息。结账时，服务器读取发送来的 Cookie 就行了。

Cookie 另一个典型的应用是当登录一个网站时，网站往往会请求用户输入用户名和密码，并且用户可以勾选“下次自动登录”。如果勾选了，那么下次访问同一网站时，用户会发现没输入用户名和密码就已经登录了。这正是因为前一次登录时，服务器发送了包含登录凭据(用户名加密码的某种加密形式)的 Cookie 到用户的硬盘上。第二次登录时，如果该 Cookie 尚未到期，浏览器会发送该 Cookie，服务器验证凭据，于是不必输入用户名和密码就让用户登录了。

如果在一台计算机中安装多个浏览器，每个浏览器都会以独立的空间存放 Cookie。因为 Cookie 中不但可以确认用户信息，还能包含计算机和浏览器的信息，所以一个用户使用不同的浏览器登录或者用不同的计算机登录，都会得到不同的 Cookie 信息，另外，对于在同一台计算机上使用同一浏览器的多用户群，Cookie 不会区分他们的身份，除非他们使用不同的用户名登录。

虽然 Cookies 没有中计算机病毒那么危险，但它仍包含了一些敏感消息：用户名、计算机名、使用的浏览器和曾经访问的网站。用户不希望这些内容泄漏出去，尤其是当其中还包含有私人信息的时候。这并非危言耸听，跨站点脚本(Cross site scripting)可以达到此目的。在受到跨站点脚本攻击时，Cookie 盗贼和 Cookie 毒药将窃取内容。一旦 Cookie 落入攻击者手中，它将会重现其价值。

Cookie 盗贼：搜集用户 Cookie 并发给攻击者的黑客，攻击者将利用 Cookie 消息通过合法手段进入用户账户。

Cookie投毒：一般认为，Cookie在储存和传回服务器期间没有被修改过，而攻击者会在Cookie送回服务器之前对其进行修改，达到自己的目的。例如，在一个购物网站的Cookie中包含了顾客应付的款项，攻击者将该值改小，达到少付款的目的。

鉴于Cookie的局限，目前有如下替代方法：

(1)Brownie方案是一项开放源代码工程，由SourceForge发起。Brownie曾被用以共享在不同域中的接入，而Cookies则被构想成单一域中的接入。

(2)P3P让用户获得更多控制个人隐私权利的协议。在浏览网站时，它类似于Cookie。

(3)在与服务器传输数据时，通过在地址后面添加唯一查询串，让服务器识别是否合法用户，也可以避免使用Cookie。

6.6.2 静态Web页面

Web的基础是将Web页面从服务器端传输到客户端。在最简单的形式中，Web页面是静态的。也就是说，它们就是存放于服务器上的文件，每次被客户端获取和显示的内容都是一样的。然而，静态页面并不意味着页面在浏览器上显示得很呆板，静态页面也可以包含图像、音频、视频、动画等多媒体内容。

1.超文本标记语言(HTML)

Web引入了一种称为超文本标记语言(HyperText Markup Language，HTML)的页面语言。HTML允许用户生成一个包含了文本、图形和超链接。HTML是一种标记语言，或一种描述如何格式化文档的语言。“标记”这个术语来自过去，那时编辑在要印刷的文档上实际标记出有关信息，告诉印刷工人应该使用什么字体等。因此，标记语言包含了格式化的各种命令。例如，在HTML中，<b>意味着粗体字型的开始，</b>表示粗体字型的结束。

相对于其他无显式标记的语言，标记语言的优点是将内容与格式分离。如此一来，编写浏览器就非常简单：浏览器只需理解标记命令，并将这些命令应用于内容即可。在每个HTML文件中嵌入的标记命令都以标准化格式标记，使得任何一个Web浏览器都可以读取任何Web页面，并对页面重新格式化，因为一个页面有可能是在一台具有1 600×1 200大小、24位颜色窗口的高端计算机上被设计出来的，但它必须能在一个手机只有1 280×720大小、16位颜色的窗口中显示。

可以用任何一个纯文本编辑器来编写HTML文档，也可以使用文字处理器或者专用的HTML编辑器来编写。

图6-13所示为一个以HTML编写的简单Web页面及其在浏览器上的实际页面效果。一个Web页面由一个头部和一个主体组成，它们都被包括在<html>和</html>标签(Tag)之间，这些标签就是格式化命令。如图6-13(a)所示，头部由<head>和</head>标签括起来，而主体部分则由<body>和</body>标签括起来。标签中的字符串称为指示符(Directive)，大多数HTML标签都采用这种格式。即用<something>标注something的开始，而用</something>标注something的结束。

标签既可以是小写也可以是大写。因此<head>和<HEAD>含义相同，但为了兼容，最好采用小写。HTML文档的实际布局结构无关紧要。HTML解析器将忽略额外的空格和回车，因为浏览器需要重新对文本进行格式化，以便使得这些文本适合当前的显示区域。

```
<HTML>
<HEAD><TITLE>一个 HTML 的例子
</TITLE></HEAD>
<BODY>
<P><br><div id="time" align="center">
<script>setInterval("time.innerHTML=newDate().
toLocaleString()+' 星期'+'日一二三四五六'.charAt(new
Date().getDay());",1000);</script>
</div></P>
<H2 align="center"><font color="0000FF">
HTML 语言其实很容易掌握
</font><br></H2>
<P align="center"><font size=4>厦门大学<br>
<img src=xd.jpeg style=width:400></font>
</P>
</BODY>
</HTML>
```

(a)一个 Web 页面的 HTML

(b)实际页面效果

图 6-13　一个简单的 web 页面

有些标签带有参数，这些参数称为属性(Attribute)。例如，在图 6-13 中，标签<img>被用来在文字里内嵌一个图片。它有两个属性，分别是 src 和 alt。src 属性给出了图片的 URL，alt 属性给出了在图像无法显示时的替代文字。对于每个标签，HTML 标准给出了一个允许的参数列表，包括参数及其含义。由于每个参数都有名字，因而参数的出现顺序不影响页面的显示效果。

从技术上讲，HTML 文档是用 ISO 8859-1(已废止) Latin-1 字符集编写的，但是如果用户的键盘只支持 ASCII 字符，则需要用转义字符来代表特殊的字符，它们都以“&”符号作为开头，以“;”作为结束。例如， 表示空格而 é表示 é。由于<、>、& 有特殊的含义，所以只能用转义字符来表示，分别是 &alt;、>和 &。

头部中的主要内容是标题，它由<title>和</title>来定界。图 6-13 的标题内容是“一个 HTML 的例子”。标题本身不显示在页面上。有些浏览器用它来标记页面的窗口。

图 6-13 使用了一种头的表示。每个头由<Hn>标签生成，其中 n 是一个 1～6 的数字。因此，<H1>是最重要的标题；<H6>是最不重要的标题。如何在屏幕上突出这些标题是浏览器的责任。通常较小数字的标题会采用较大和较重的字体来显示。浏览器也可能为每种级别的标题选择使用不同的颜色。一般来说，<H1>标题的字体较大较粗，并且在标题的上方和下方至少有一个空行。相对地，<H2>标题较小，且上方和下方只有较少的空白。

标签<b>和<i>分别用来表示进入粗体和斜体模式。<hr>标签强制中断，并画一条横跨屏幕的水平线。

<p>标签表示一个段落，浏览器可能会显示插入一个空行和一些缩进量。有趣的是为了标志一个段落结束的</p>常常被懒惰的 HTML 程序员忽略。HTML 提供了许多机制来构造列表，包括嵌套列表、未排序的列表。

在这个简单例子中我们没有看到许多其他的 HTML 标记和属性。例如，<a>标签可以带一个参数 name，该参数设置一个超链接，允许一个超链接指向一个页面的中间。这个参数非常有用，例如，对于那些由可单击表格内容启动的 Web 页面。用户通过单击表格的内容中的一个表项，就可以跳转到同一页面的相应部分。
标签使浏览器回车并开始新的一行。

了解标签的最好办法是看它们如何发挥作用。可以选择一个 Web 页面，然后查看浏览器中的 HTML 页面具体内容。大多数浏览器有一个查看源文件的菜单项(Chrome 浏览器可以按 F12),选择该项目显示当前页面的 HTML 源代码,而不是它的格式化输出。

目前常用的 HTML 版本是 4.0 和 5.0。在 HTML 4.0 中,增加了许多新的功能。包括残障用户的访问功能、对象嵌入(由＜img＞标签生成,因此其他对象也可以被嵌入页面)、支持脚本语言(允许显示动态的内容)及更多的辅助功能。

HTML 5.0 包含了许多功能来处理富媒体。页面可以包括视频和音频,并且浏览器可以正常播放而无须用户安装插件。画画作为矢量图形可内置在浏览器中,而不必使用位图图像格式(如 JPEG 和 GIF)。还支持在浏览器中运行复杂的脚本,如计算和存储访问的后台线程。所有这些功能有助于支持 Web 页面比文档看起来更像一个具有用户接口的传统应用,这是 Web 发展的方向。

2. 输入和表单

早期的 HTML 1.0 是单向的。用户可以从服务器获取网页,但很难将信息发送给服务器。然而,双向通信的需求很常见,比如允许通过网页提交产品订货单、在线填写注册资料、输入搜索的词语等。

将用户的输入发送到服务器(通过浏览器)需要两种支持。首先,它要求 HTTP 可以在这个方向携带数据。第二个要求是页面元素可以收集和封装输入的数据。HTML 2.0 具备这种功能,最常用的方式是表单。

表单包含输入框和按钮,允许用户填写信息后提交,将信息发送回服务器。如图 6-14 所示,表单的编写属于 HTML 的一部分,表单仍然是静态内容。无论谁使用,都显示相同的内容。

```
〈! DOCTYPE html〉
〈html〉
〈body〉
〈form action="/demo/demo_form. asp"〉
姓名:〈input type="text"name="姓名"size=20〉〈br〉
地址:〈input type="text" name="地址"size=50〉〈br〉
省份:〈input type="text" name="省份"size=10〉
城市:〈input type="text" name="城市"size=10〉
区/县:〈input type="text" name="区/县" size=10〉〈br〉
性别:〈input type="radio" name="性别" value="男"〉男
<input type="radio" name="性别"value="女">女
爱好:〈input type="checkbox" name="爱好"value="读书"〉读书
〈input type="checkbox" name="爱好" value="写作"〉写作
〈input type="checkbox" name="爱好" value="音乐"〉音乐〈br〉
〈input type="submit" value="提交"〉
〈/form〉
〈/body〉
〈/html〉
```

(a)表单的 HTML

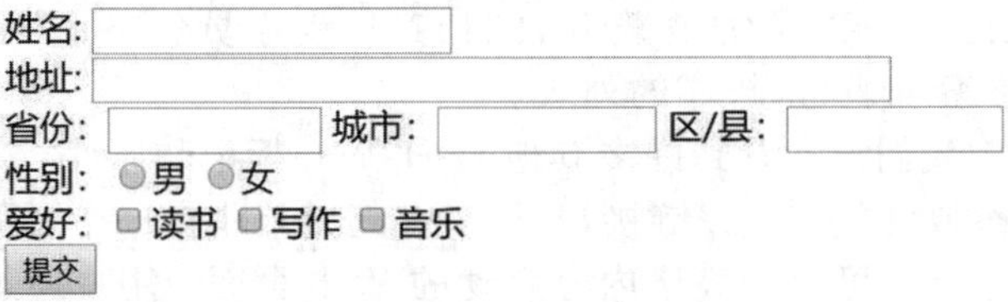

(b)表单的实际显示效果

图 6-14　一个简单的表单

像所有的表单一样，这个表单被包含在<form>和</form>标签之间。这个标签的属性说明了针对数据输入应该做什么，在这种情况下，使用 POST 方法将数据发送到指定的服务器。一个表单中允许出现所有常见的标签，以便控制表格在屏幕上的外观。

这张表使用了三种输入框，每个输入框使用了<input>标签。它有各种参数来确定显示框的大小、性质和用法。最常见的形式是空白字段，用来接收用户输入的文本框，被检查之后，按下“提交”按钮，把用户输入的数据发送给服务器。

第一种输入框是 text(文本)框，出现在文本“姓名”之后。这个框有 20 个字符宽，并等待用户输入一个字符串，然后这个字符串被存储在“姓名”变量中。

表单的下一行要求输入用户的地址，它宽 50 个字符。接着下面一行是省份、城市、区/县。在之后，设置了一个性别的选择，这是一个新的特性：单选按钮(Radio Button)。当用户必须在两个或者更多个选项中选择其中之一时，需要用到单选按钮。Value(值)参数用来指示按下了哪个单选按钮。例如，根据用户选择的是“男”还是“女”。

在两组单选按钮之后是兴趣选项，它用复选框(Checkbox)表示。单选按钮必须选中一个，而复选框都可以被选中也可以未被选中，相互之间完全独立。

最后，就是表单提交(Submit)按钮。value 字符串就是按钮的标签，并且显示在按钮上。当用户单击“提交”按钮时，浏览器将收集到的信息打包成一个很长的行，并将其发送回服务器；该服务器由作为<form>标签一部分的 URL 提供。发送时要用到一个简单的编码，“&”用来分隔字段，“+”用来表示空格。对于示例的表单，发送的行如图 6-15 所示。

```
%D0%D5%C3%FB=%BC%C6%CB%E3%BB%FA%&B5%D8%D6%B7=%CB
%BC%C3%F7%C4%CF%C2%B7433%BA%C5&%CA%A1=%B8%A3%BD
%A8%CA%A1&%CA%D0=%CF%C3%C3%C5%CA%D0&%C7%F8=%CB
%BC%C3%F7%C7%F8%D0%D4%B1%F0=%C4%D0&%B0%AE%BA%C3=%
B6%C1%CA%E9&%B0%AE%BA%C3=%D0%B4%D7%F7
```

图 6-15　浏览器发出的编码信息

还可以有其他类型的输入，在这个简单的例子中没有显示出来，例如 password(密码)和 textarea(文本区域)。password 框与 text 框相同，只有一点除外，那就是在输入字符时并不显示出来，而是以＊＊＊＊显示。textarea 框也与文本框相同，但是它可以包含多行。

对于那些必须从中选择的长列表，可以用<select>和</select>标签将一系列替代品清单包括起来。这个列表经常呈现为一个下拉菜单。下拉菜单的语义就是那些单选按钮的语义，除非给出多个参数，在这种情况下语义变成复选框的语义。

最后，还可以设置默认或初始值。例如，一个 text 框给出了一个 value 字段，那么表单中的内容会默认显示 value 字段，以便用户编辑或删除。

3. 层叠样式表(CSS)

HTML 的最初目标是指定文档的结构，而不是文档的外观。例如：

<h1> 达·芬奇的画</h1>

表示浏览器要强调标题，但没有说明有关字体、大小或颜色等任何信息。标题的外观如何显示是浏览器考虑的问题，因为浏览器知道显示器的属性。然而，许多网页设计者希望能绝对控制自己设计的网页外观，因此新的标签被添加到 HTML 中以便控制页面的外观，例如：

<font face-"helvetica" size-"24" color-"red">达·芬奇的画</font>

还添加了在屏幕上准确定位的控制方法。这种方法的问题在于它既乏味，又产生不可移植的 HTML。一个页面可能在某浏览器上表现非常完美，但它可能在另一个浏览器、或

浏览器的不同版本、或在不同分辨率的显示器上表现得一塌糊涂。

一种更好的解决方案是使用样式表(Style Sheet)。编辑器中的样式表将文本与逻辑风格关联,而不是与物理风格相关。每种风格的外观单独定义,通过这种方式,如果决定改变以蓝色 14 点斜体表示的初始段改用粉红色粗体 18 点表示,那么所需要做的只是改变转换整个文档的一个定义。

层叠样式表(Cascading Style Sheets,CSS)将样式表引入 HTML 4.0 的 Web。CSS 定义了一种简单的语言,用来描述控制标签内容外观的规则。例如,我们希望时髦的网页用乳白色的背景,以 Arial 字体显示海军文本,而且每个级别的标题将文本分别放大 200% 和 150%。图 6-16 中的 CSS 定义给出了这些规则。

```
body{background-color:linen;color:navy;font-family:Arial;}
h1 {font-size:200%;}
h2 {font-size:150%;}
```

图 6-16　一个 CSS 例子

可以看出样式的定义很紧凑。每一行选择一个它适用的元素并且给出属性值。一个元素的属性作为默认值适用于所有它包含的其他 HTML 元素。因此,body 的式样设置了主体中文本段落的样式。任何没有定义的样式都以浏览器的默认值填充,这种行为使得样式表的定义成为可选,没有定义也可以产生某种合理的表现。

样式表可以被放置在 HTML 文件中(使用<style>标签),但更常见的做法是将它们放置在一个单独的文件中,然后引用它们。例如,页面的<head>标签可以修改成引用文件 style1.css 中的样式表,如图 6-17 所示。这个例子还显示了 CSS 文件的 MIME 类型是 text/css。

```
<head>
<title>我们的一个测试页面</title>
<link rel="stylesheet" type="text/css" href="style1.css" />
</head>
```

图 6-17　一个 CSS 样式表

这种策略有两大优势。首先,它可以使得一组样式被应用到一个网站上的许多网页。这样页面外观上显示一致,即使这些页面在不同的时间由不同的作者开发;而且可以通过编辑一个 CSS 文件而不是 HTML 来改变整个网站的外观。其次是下载的 HTML 文件可以很小。这是因为浏览器可以下载 CSS 文件的一个副本,供所有引用它的页面使用,浏览器并不需要为每个网页的定义下载一份新副本。

6.6.3　动态 Web 页面和 Web 应用

围绕着 Web 的许多应用在于可将它用作应用程序和服务。应用例子包括在电子商务网站购买产品、检索图书馆目录、探索地图、阅读和发送电子邮件,以及进行文档编写等。

这些新的用途犹如传统的应用软件(例如,邮件阅读器和文字处理器)。改变的只是这些应用程序运行在浏览器内部,而用户数据存储在网络数据中心的服务器上。它们利用 Web 协议通过网络访问信息,浏览器显示用户界面。这种方法的优点是用户不需要安装单独的应用程序,几乎可以和传统的应用软件相媲美。这些应用程序由大型服务提供商免费提供,有助于推动应用的进一步展开。这种模式就是云计算(Cloud Computing)的普遍形式,它将计算从个人台式电脑转移到网络上的共享服务器集群。

为了运行应用程序,Web 页面不能再是静态形式,必须采用动态形式。例如,一个图书馆目录的页面应该反映出哪些书籍当前可借,哪些书籍已经借出等状态。类似地,一个股票市场页面允许用户与页面交互,以便查看不同股票的实时价格,以及计算利润和亏损。这些事例表明,动态内容可以由服务器上或浏览器内或者同时运行在两个地方运行的程序产生。

图 6-18 所示是一个地图服务:用户输入一个地址,服务器给出相应位置的地图。输入一个位置请求,Web 服务器使用一个程序来创建一个页面,该页面显示了该地址在地图上的对应位置,而位置信息则是从一个数据库和其他地理信息数据库中提取出来的。这一系列动作反映在图中的第 1~3 步。用户发请求(第 1 步),服务器上运行一个程序查询数据库以便生成相应的页面(第 2 步),将该页面返回给浏览器(第 3 步)。

图 6-18 动态页面

返回的页面本身还可能包含着浏览器中运行的程序。以地图为例,该程序将允许用户规划一条路线,以及不同详细程度地探索周围的区域。它会更新页面,跟随用户的指示缩小或放大(第 4 步)。为了处理一些交互事件,该程序可能需要从服务器端获取更多的数据。在这种情况下程序将给服务器发送一个请求(第 5 步),服务器从数据库中检索出更多的信息(第 6 步),并且给浏览器返回一个响应(第 7 步)。然后,该程序将继续更新页面(第 4 步)。请求和响应都发生在后台,用户甚至可能根本意识不到它们的存在,因为页面的 URL 和标题通常不会改变。

1. 服务器端动态 Web 页面生成

下面更详细地来看服务器端是如何生成动态页面内容的。回到图 6-14 所示的例子中,考虑用户填写了表单,如图 6-14(b)所示,然后单击"提交"按钮。当用户单击该按钮后,一个请求就被发送到由 URL 指定的服务器,请求包含表单及用户填写的表单内容(到 http://widget.com/cgi-bin/order.cgi 的 POST)。这些数据必须由某个程序或脚本来处理。因此,该 URL 指定了要运行的程序,提供的数据作为该程序的输入。在这种情况下,处理将涉及在服务器的内部系统输入用户信息和兴趣爱好。这个请求返回的页面将取决于处理过程中发生的事情，它并不像一个静态页面那样固定不变。如果表单提交成功，返回的页面可能提示用户提交成功，下一步需要做的事情；如果订单不成功，返回的页面可能会给出失败的原因，比如信息填写不完整等有关信息。

为了让 Web 服务器能够调用程序，已经开发出了标准的 API。这些接口的存在使得开发人员更加容易地把不同的服务器扩展到 Web 应用程序。下面通过两个 API，来查看 API 是如何工作的。

第一种处理动态页面请求的方法称为公共网关接口（Common Gateway Interface，CGI），由 RFC 3875 定义，这是自从有了 Web 就一直可用的方法。CGI 提供了一个接口，允许 Web 服务器与后端程序及脚本通信；这些后端程序和脚本接收输入信息（如来自表单），并生成 HTML 页面作为响应。通常，这些后端程序可以用任何一种语言编写。可以选择 Python、Ruby、Perl 或任何你喜欢的语言。

按照惯例，通过 CGI 调用的程序常驻在一个称为 cgi-bin 的目录下，该目录在 URL 中可以看到。服务器将一个请求映射到这个目录下的一个程序名，并且以一个单独的进程执行该程序。它把与请求一起发送过来的数据作为程序的输入，而程序的输出则提供了一个返回给浏览器的网页。

在上例中，调用的程序是 order. cgi，它以图 6-15 所示形式的编码作为输入，解析参数并处理表单。同时规定，如果没有提供表单的输入数据，那么该程序将返回订单 HTML。

第二种常见的 API 方法是在 HTML 页面中嵌入少量的脚本，然后让服务器来执行这些脚本以便生成最终发送给用户的页面。编写这些脚本的一种常用语言是超文本预处理器（Hypertext Preprocessor，PHP）。为了使用 PHP，服务器必须能够理解 PHP，就好像浏览器必须理解 CSS 才可以解释样式表的 Web 页面一样。通常，服务器用文件扩展名 php 来标识包含 PHP 的 Web 页面。

PHP 的使用类似于 CGI。图 6-19 所示是 PHP 如何处理表单的例子。此图的顶部包含了一个含有简单表单的普通 HTML 页面。这时，<form>标签指明当用户提交表单后调用 action. php 文件来处理参数。该页面显示了两个文本框，一个要求输入名字，另一个要求输入年龄。当用户填写了这两个框并且表单被提交后，服务器解析类似于图 6-15 所示的字符串，并且把名字放到 name 变量中，把年龄放到 age 变量中；然后，作为应答，服务器开始处理 action. php 文件，如图 6-20 所示。在处理这个文件的过程中，要执行 php 命令。如果用户在框中输入的是“Barbara”和“32”，那么返回的 HTML 文件将如图 6-21 所示。使用 PHP 处理表单变得非常简单。

```
<html>
<body>
<form action="Action. php> method="post"
<p> Please enter your name:<input type="text" name="name"></p>
<p> Please enter your age:<input type="text" name="age"> </p>
<input type="submit">
</form>
</body>
</html>
```

图 6-19　包含了一个表单的 Web 页面

```
<html>
<body>
<h1> Reply:</h1>
Hello <? php echo $ name;? >
Prediction:next year you will be <? php echo $ age+1;? >
</body>
</html>
```

图 6-20 处理该表单输出的 PHP 脚本

```
<html>
<body>
<h1> Reply:</h1>
Hello Barbara.
Prediction:next year you will be 33 </body>
</html>
```

图 6-21 当输入分别是 Barbara 和 32 时 PHP 脚本的输出

PHP 非常易于使用，它是一种功能强大的程序设计语言，是 Web 页面和服务器数据库的接口。它可以传递变量、字符串、数组，以及在 C 语言中的绝大多数控制结构，而且它还有比 printf 更强大的 I/O 功能。PHP 是开放源码，可以免费获取，用途广泛。经过精心设计，PHP 能与 Apache 服务器很好地协同工作；而 Apache 也是开放源码的，是世界上使用最为广泛的 Web 服务器之一。

除 CGI 和 PHP 之外，还有几种其他的动态页面技术。Java 服务器页面(Javaserver Pages,JSP)与 PHP 非常相似，只不过页面中的动态部分是用 Java 语言编写的。使用这种技术的页面具有文件扩展名.jsp。活动服务器页面(Active Server Page,ASP)是 Microsoft 版本的 PHP 和 JSP。它使用 Microsoft 专用的.NET 网络应用框架来生成动态内容。使用这种技术的页面具有文件扩展名.aspx。在这三种技术中，究竟选择哪种通常更多地与策略有关(开放源码与 Microsoft)而并非取决于技术，因为这三种语言旗鼓相当。

2. 客户端动态 Web 页面生成

PHP 和 CGI 脚本解决了处理表单输入以及服务器与数据库的交互问题。它们都可以接收来自表单的信息，查询一个或多个数据库，然后利用查找结果生成 HTML 页面。它们所不能做的是响应鼠标移动事件，或者直接与用户交互。为了达到这个目的，需要在 HTML 页面中嵌入脚本，而且这些脚本必须运行在客户机上而不是在服务器上。从 HTML 4.0 开始，可以通过<script>标签来启用这样的脚本。用来产生这种交互式 Web 页面的技术统称为动态 HTML(Dynamic HTML)。

最流行的客户端脚本语言是 JavaScript，虽然名字看起来有些类似，但 JavaScript 与 Java 编程语言完全不同。与其他脚本语言一样，JavaScript 是一种非常高级的语言。例如，仅仅只要一行 JavaScript 代码就可以弹出一个对话框，等待文本输入，然后将结果字符串存放到一个变量中。这种高级特性使得 JavaScript 非常适合于设计交互式 Web 页面。

图 6-22 所示为使用 JavaScript 完成一个表单，要求输入名字和年龄，并且预测这个人明年的年龄。主体部分基本上与 PHP 相同，主要的区别在于 submit 按钮的声明，以及其中的赋值语句。赋值语句告诉浏览器，当按钮被单击时调用 response 脚本，并且将表单作为一个参数传递给它。

```
<head>
<script language="javascript> type=<text/javascript>
function response (test#form) {
<var person=test#form.name.value;
var years=eval (test#form.age.value)+1;
document.open()
document.writeln ("<html><body>");
document.writeln("Hello"+person+".<br>");
document.writeln("Prediction:next year you will be+years+".");
document.writeln ("</body></html>");
document.close();
</script>
</head>
<body>
<form>
please enter you name:<input type="text" name="name">
please enter you age:<input type="text" name="age">
<input type="button" value="submit" onclick="response (this.form)">
</form>
</body>
</html>
```

图 6-22 使用 JavaScript 处理表单

这里全新的部分在于 HTML 文件头部对 JavaScript 函数 response 的声明，HTML 文件的头部通常包含标题、背景颜色等信息。这个 response 函数从表单的 name 字段提取出相应的值，作为一个字符串存放在 person 变量中。它还提取出 age 字段的值，通过 eval 函数将该值转化为一个整数，然后加 1，并把结果存放在 years 变量中。接着，打开一个用于输出的文档，利用 writeln 方法向这个文档做了四次写操作，然后关闭文档。

PHP 和 JavaScript 看上去很相似，它们都是嵌入在 HTML 文件中的代码，但它们的处理方式完全不同。在图 6-19 至图 6-21 所示的 PHP 例子中，当用户单击 submit 按钮后，浏览器将表单中的信息收集到一个长字符串中，然后将它发送给服务器，请求一个 PHP 页面。服务器加载该 PHP 文件，并且执行内嵌的 PHP 脚本，由此产生一个新的 HTML 页面。然后该页面送回给浏览器显示出来。浏览器不能确定这是由一个程序生成的。

在图 6-22 所示 JavaScript 示例中，当用户单击 submit 按钮，浏览器解释该页面中包含的一个 JavaScript 函数。所有的工作都在本地完成，即在浏览器内部完成，没有与服务器联系，因此，结果几乎在瞬间就显示出来，而用 PHP 生成的 HTML 可能有几秒的延迟。

这种区别并不意味着 JavaScript 比 PHP 更好，它们的用途完全不同。PHP(或者 JSP、ASP)用在 Web 页面与远程数据库进行交互；而 JavaScript 则用在客户端计算机与用户交互。

JavaScript 并不是使 Web 页面具备高度交互性的唯一方法。另外一种适用于 Windows 平台的方法是 VBScript，它基于 VisualBasic。还有另一种跨平台的流行方法是使用小程序(Applet)。这些 Java 小程序已经被编译成一种虚拟机的机器指令，这种虚拟机被称为 Java 虚拟机 Java Virtual Machine，(JVM)。Applet 可以被嵌入 HTML 页面(在<applet>和</applet>之间)，并被具有 JVM 能力的浏览器解释执行。

3. AJAX——异步 JavaScript 和 XML

引人注目的 Web 应用程序需要用户界面具有可响应能力，而且能无缝访问存储在远程 Web 服务器上的数据。客户端上的脚本（如 Javascript）和服务器上的脚本（如 PHP）只是提供某种解决方案的基本技术，这些技术通常与其他几个关键技术结合起来一起使用，这些技术的组合称为异步 JavaScript 和 XML（Asynchronous JavaScript and Xml，AJAX）。许多全功能的 Web 应用，比如谷歌的 Gmail、地图和文档都是以 AJAX 编写的。

AJAX 有点混乱，因为它不是一种语言，它是一组需要一起协同工作的技术，正是这些技术使得 Web 应用程序和传统的桌面应用一样能响应用户的每个动作。这些技术包括：

(1)用来表现页面信息的 HTML 和 CSS。

(2)浏览时改变部分页面的 DOM(Document Object Model)。

(3)使得程序与服务器交换应用数据的 XML(Extensible Markup Language)。

(4)程序发送和检索 XML 数据的异步方式。

(5)将所有功能组合在一起的 JavaScript。

Ajax 在本质上是一个浏览器端的技术，使用 Ajax 的最大优点，就是能在不更新整个页面的前提下维护数据。这使得 Web 应用程序更为迅捷地回应用户动作，并避免了在网络上发送那些没有改变的信息。

Ajax 不需要任何浏览器插件，但需要用户允许 JavaScript 在浏览器上执行。就像 DHTML 应用程序那样，Ajax 应用程序必须在众多不同的浏览器和平台上经过严格的测试。随着 Ajax 的成熟，一些简化 Ajax 使用方法的程序库也相继问世。同样，也出现了另一种辅助程序设计的技术，为那些不支持 JavaScript 的用户提供替代功能。

6.6.4 超文本传输协议(HTTP)

前面介绍了 Web 内容和应用，本小节讲述在 Web 服务器和客户之间传输这些信息的协议，这就是超文本传输协议。

HTTP 是一个简单的请求-响应协议，它指定了客户端可能发送给服务器端什么样的消息以及得到什么样的响应。请求和响应消息的头以 ASCII 码的形式给出，就像 SMTP 一样；而消息内容则具有一个类似 MIME 的格式。这个简单模型是早期 Web 成功的有功之臣，因为它使得开发和部署都简单明了。

HTTP 是一个应用层协议，它运行在 TCP 之上，并且与 Web 密切相关。然而，HTTP 变得越来越像一个传输层协议，它给进程之间跨越不同网络进行通信提供了一种方式。这些进程不一定是 Web 浏览器和服务器。媒体播放器可以使用 HTTP 与服务器通信并请求专属信息。防病毒软件可以使用 HTTP 来下载最新的病毒库更新。开发人员可以使用 HTTP 来获取项目文件。机器与机器之间的通信越来越多地通过 HTTP 运行，伴随着 HTTP 的使用而不断扩大。

1. 连接

浏览器与服务器联系最常用的方法是与服务器上的端口 80 建立一个 TCP 连接。使用 TCP 的意义在于浏览器和服务器都不需要担心如何处理长消息、可靠性或拥塞控制，这些事情都由 TCP 实现负责处理。

在 HTTP 0.9 和 1.0 中，TCP 连线在每一次请求/回应对方之后关闭。在 HTTP 1.1 中，引入了保持连接的机制，一个连接可以重复在多个请求/回应中使用。持续连接的方式可以大大减少等待时间，因为在发出第一个请求后，双方不需要重新运行 TCP 握手程序。多次连接与持续连接如图 6-23 所示。

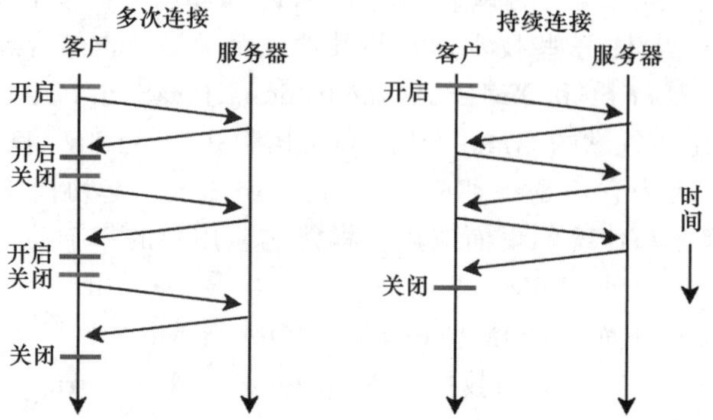

图 6-23 多次连接与持续链接

2. 方法

尽管 HTTP 是为 Web 设计的，但出于放眼未来面向对象的使用，它被设计得比 Web 更加通用。HTTP 不仅支持请求一个 Web 页面，而且支持操作，称为方法(Method)。这种通用性是 SOAP 得以存在的主要原因。

每个请求由一行或多行 ASCII 文本组成，其中第一行的第一个词是被请求的方法名字。表 6-6 列出了内置的请求方法，方法名区分大小写，GET 是合法的，而 get 不合法。

表 6-6　　内置 HTTP 请求方法

请求方法	描述
GET	读取一个 Web 页面
HEAD	读取一个 Web 页面的头
POST	附加一个 Web 页面
PUT	存储一个 Web 页面
DELETE	删除一个 Web 页面
TRACE	回应入境请求
CONNECT	通过代理连接
OPTIONS	一个页面的查询选项

GET 方法请求服务器发送页面，该页面被编码成 MIME。大部分发送给 Web 服务器的请求都是 GET 方法。GET 的通用形式是：

GET filename HTTP:1.1

其中 filename 是预取的页面名字，1.1 是协议版本号。

HEAD 方法只请求消息头，不需要真正的页面。这个方法可以收集建立索引所需要的信息，或者只是测试 URL 的有效性。

当提交表单时需要用到 POST 方法。POST 方法与 GET 方法都可被用作 S0AP Web 服务。与 GET 类似，它也携带一个 URL，但不是简单地请求一个页面，而是上传数据到服务器(表单的内容或者 RPC 参数)。然后，服务器利用这些数据做某件事，具体取决于 URL 的内容，将数据“附加”到对象上。效果或许是填写一个表项，或者调用一个过程。最后，方法返回一个结果的页面。

其余的方法对于浏览 Web 并不常用。PUT 方法与 GET 方法相反，它不是读取页面，而是写入页面。通过这个方法可以在远程服务器上建立起一组 Web 页面。

DELETE 方法,删除页面,或者指出 Web 服务器已经同意删除该页面。与 PUT 方法类似,认证和许可机制在这里起到了很重要的作用。

TRACE 方法用于调试,它指示服务器发回收到的请求。当请求没有被正确地处理,而客户端希望知道服务器实际得到的是什么样的请求时,这个方法非常有用。

CONNECT 方法使得用户通过一个中间设备(比如 Web 缓存)与 Web 服务器建立一个连接。

OPTIONS 方法提供了一种办法让客户向服务器查询一个页面,并且获得可用于该页面的方法和头。

每个请求都会得到一个响应,每个响应消息由一个状态行及可能的附加信息(例如全部或者部分 Web 页面)组成。状态行包括一个 3 位数字的状态码,该状态码指明了这个请求是否被满足,如果没有满足,那么原因是什么。第一个数字把响应分成 5 大组,见表 6-7。1××码实际上很少被使用。2××码意味着这个请求被成功地处理,并且返回了相应的内容(如果有的话)。3××码告诉客户应该检查其他地方:使用另一个不同的 URL,或者在它自己的缓存中查找(后面讨论)。4××码意味着由于客户错误而导致请求失败,比如无效请求或者不存在的页面。最后,5××码意味着服务器自身出现内部问题,有可能是服务器代码中有错误,也可能是临时负载过重。

表 6-7　　相应组的状态码

代码	含义	例子
1××	信息	100=服务器同意处理客户请求
2××	成功	200=请求成功;204=没有内容
3××	重定向	301=移动页面;304=缓存的页面仍然有效
4××	客户错误	403=禁止页面;404=页面没找到
5××	服务器错误	500=服务器内部错误;503=稍后再试

3. 消息头

请求行(例如 GET 方法的行)后面可能还有额外的行,其中包含了更多的信息。它们统称为请求头(Request Header)。这些信息可以与一个过程调用的参数相类比。响应消息也有响应头(Response Header)。有些头可以用在两个方向上。表 6-8 列出了一些重要的消息头,每个请求和响应通常具有不同的头。

表 6-8　　某些 HTTP 消息头

协议头字段名	类型	内容说明
User-Agent	请求	有关浏览器及其平台的信息
Accept	请求	能够接受的回应内容类型(Content-Types)
Accept-Charset	请求	能够接受的字符集
Accept-Encoding	请求	能够接受的编码方式列表
Accept-Language	请求	能够接受的回应内容的自然语言列表
Authorization	请求	用于超文本传输协议的认证信息
Cookie	请求	之前由服务器通过 Set-Cookie 发送的一个超文本传输协议
Host	请求	服务器的域名,以及服务器所监听的传输控制协议端口号

（续表）

协议头字段名	类型	内容说明
If-Modified-Since	请求	允许在对应的内容未被修改的情况下返回 304 未修改
Server	响应	关于服务器的信息
Content-Encoding	响应	在数据上使用的编码类型
Content-Language	响应	内容所使用的语言
Content-Length	响应	回应消息体的长度
Content-Location	响应	所返回的数据的一个候选位置
Content-Range	响应	这条部分消息是属于某条完整消息的哪个部分
Content-Type	响应	当前内容的 MIME 类型
Expired	响应	页面不再有效的时间和日期
Last-Modified	响应	页面最后修改的时间和日期
Location	响应	告诉客户向谁发送请求
Cache-Control	请求/响应	指示如何处理缓存
Date	请求/响应	发送该消息的日期和时间
ETag	请求/响应	对于某个资源的某个特定版本的一个标识符
Range	请求/响应	仅请求某个实体的一部分
Upgrade	请求/响应	要求服务器升级到另一个协议

4. 缓存

浏览时，经常会返回到以前浏览过的 Web 页面，而且相关的网页往往具有相同的嵌入式资源。比如有些页面包括整个网站导航的图像，以及常见的样式表和脚本。如果每次显示这些页面都要去服务器获取全部的资源，将非常浪费。

积攒已经获取的网页供日后使用的处理方式称为缓存(Caching)。其优点是当缓存的页面被重复使用时，没有必要进行重复传输。HTTP 内置了一种技术支撑，帮助客户标识他们何时可以放心地重用页面，从而减少了网络流量和延迟，提高了性能。

HTTP 缓存的问题是如何确定以前缓存的页面和将要重新获取的页面是相同的，这个不能仅由 URL 来确定。

HTTP 使用两种策略来解决这个问题。这些策略如图 6-24 所示，作为请求(第 1 步)和响应(第 5 步)之间的处理形式。第一种策略是页面验证(第 2 步)。访问高速缓存，如果对所请求的 URL 有该页面的副本，而且该副本已知是最新的(仍然有效)，那么就没有必要从服务器重新获取。此时，直接返回缓存的页面。该缓存页面最初获取时返回的 Expires 头以及当前的日期和时间可以用于判断该副本是否有效。

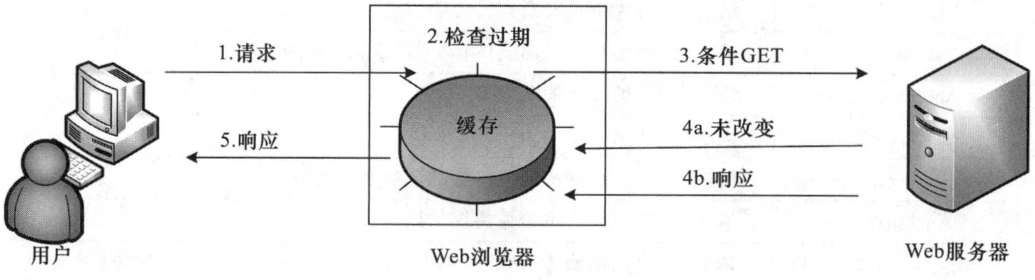

图 6-24 HTTP 缓存

然而，并非所有的网页都有个方便的 Expires 头来告诉你何时必须重新获取网页。这时，浏览器可使用启发式的方法来做出决策。例如，页面在过去的一年尚未修改（从 Last-Modified 头获知），那么它极有可能在接下来的一个小时里不会有所改变，这或许是一个相当安全的预测。然而，这里没有任何保证，也许是个错误的预测。例如，股市已经关闭一天，因此该页面数个小时都不曾改变，但下一个交易时段开始后它会迅速改变。因此，一个页面的缓存特性随着时间的推移可能变化很大。基于这个原因，应谨慎使用启发式策略，尽管它们很多时候工作得挺好。

第二种策略，它询问服务器缓存的副本是否仍然有效。这个请求是条件 GET（Conditional GET），如图 6-24 中第 3 步所示。如果服务器知道缓存的副本仍然是有效的，它可以发送一个简短的答复说是的（第 4a 步）。否则，它必须发送完整的响应消息（第 4b 步）。

更多的头字段可用来让服务器检查一个缓存的副本是否仍然有效。客户端从 Last-Modified 头可以获知缓存页面的最后更新时间。可以使用 If-Modified-Since 头将该时间发送给服务器，询问服务器所请求的页面在此期间是否发生过改变。

这两种缓存策略都可以被 Cache-Control 头携带的指令所覆盖。当页面不需要缓存时，这些指令可以被用来限制缓存。

关于如何缓存的方法有很多，下面主要介绍两个要点。首先，缓存可以设置在除浏览器之外的其他地方。一般情况下，HTTP 请求可以通过一系列的缓存路由。使用浏览器之外的外部高速缓存方法称为代理缓存（Proxy Caching）。每增加一个缓存级别可有助于进一步减少请求链接。ISP 和企业这些组织经常使用这种缓存方法，它们运行代理缓存大大缩短用户的访问响应时间。

其次，高速缓存可以提升性能。在网络上有很多大文档（如视频），这些大文档占用了缓存空间，缓存能处理的请求数量随着高速缓存大小的增加而增长缓慢，能够处理的请求数量可能总是达不到全部请求数量的一半。

5. 协议示例

下面是一个 HTTP 客户端与服务器端之间会话的例子，运行于 www. google. com。

(1)请求信息

发出的请求信息（message request）包括以下几个：

• 请求行（例如 GET /images/logo. gif HTTP/1. 1，表示从/images 目录下请求 logo. gif 这个文件）

• 请求头（例如 Accept-Language：en）

• 空行

• 其他消息体

请求行和标题必须以＜CR＞＜LF＞作为结尾。空行内必须只有＜CR＞＜LF＞而无其他空格。在 HTTP/1. 1 协议中，所有的请求头，除 Host 外，都是可选的。

(2)客户端请求

GET / HTTP/1. 1

Host：www. google. com

（末尾有一个空行。第一行指定方法、资源路径、协议版本；第二行是在 1. 1 版里必带的一个 header 作用指定主机）

(3)服务器应答

HTTP/1. 1 200 OK

Content-Length：3059

Server：GWS/2.0

Date：Sat，11 Jan 2019 02:44:04 GMT

Content-Type：text/html

Cache-control：private

Set-Cookie：PREF=ID=73d4aef52e57bae9:TM=1042253044:LM=1042253044:S=SMCc_HRPCQiqy

X9j；expires=Sun，17-Jan－2038 19:14:07 GMT；path=/；domain=.google.com

Connection：keep-alive

（紧跟着一个空行，并且由 HTML 格式的文本组成了 Google 的主页）

批量多请求时，同一 TCP 连接在活跃（Keep-Live）间期内复用，避免重复 TCP 初始握手活动，减少网络负荷和响应周期。此外支持应答到达前继续发送请求（通常是两个），称为"流线化"（Stream）。

6.7 简单网络管理协议(SNMP)

6.7.1 网络管理的基本概念

网络管理包括对硬件、软件和人力的使用、综合与协调，以便对网络资源进行监、测试、配置、分析、评价和控制，以合理的价格满足网络的一些需求，如实时运行性能、服务质量等。网络管理通常简称为网管。

常见的网络管理模型如图 6-25 所示，管理站又称为管理器，是整个网络管理系统的核心，它通常是个有着良好图形界面的高性能计算机，由网络管理员直接操作和控制。所有向被管设备发送的命令都是从管理站发出的。管理站的所在部门常称为网络运行中心（Network operations Center，NOC），管理站中的关键构件是管理程序（图 6-25 中的椭圆形图标）。管理站（硬件）或管理程序（软件）都可称为管理者（Manager）或管理器，所以这里的 Manager 不是指人而是指机器或软件，网络管理员（Administrator）才是指人。大型网络往往实行多级管理，因而有多个管理者，而一个管理者一般只管理本地网络的设备。

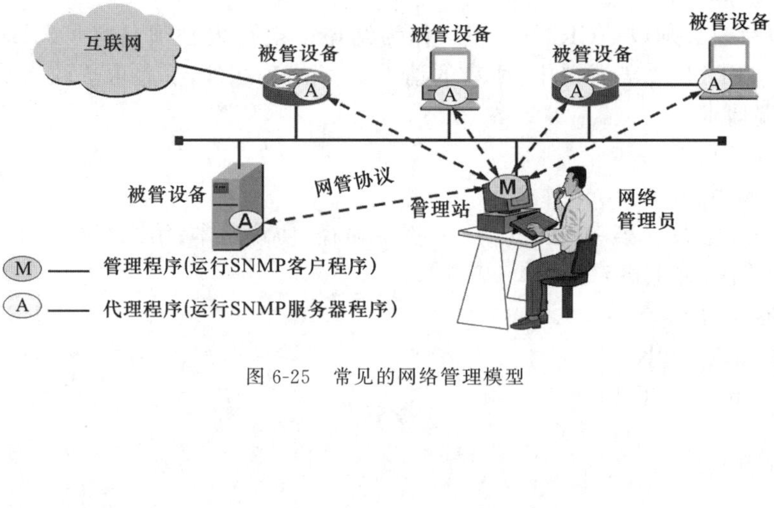

图 6-25 常见的网络管理模型

在被管网络中有很多的被管设备(包括设备中的软件)。被管设备可以是主机、路由器、打印机、集线器、网桥、交换机或调制解调器等。在每一个被管设备中可能有许多被管对象(Managed Object)。被管对象可以是被管设备中的某个硬件(如一块网络接口卡),也可以是某些硬件或软件(如路由选择协议)配置参数的集合。被管设备有时称为网络元素或简称为网元。

在每一个被管设备中都要运行一个程序和管理站中的管理程序进行通信。这些运行着的程序叫作网络管理代理程序,或简称为代理(Agent)。代理程序在管理程序的命令和控制下,在被管设备上执行本地的操作。还有一个重要构件是网络管理协议,简称为网管协议。

简单网络管理协议(Simple Network Management Protocol,SNMP)中的管理程序和代理程序按 C/S 模式工作。管理程序运行 SNMP 客户程序,而代理程序运行 SNMP 服务器程序。在被管对象上运行的 SNMP 服务器程序不停地监听来自管理站的 SNMP 客户程序的请求(或命令)。一旦发现新请求,就立即返回管理站所需的信息,或执行某个动作(如更新某个参数值)。在网管系统中往往是一个(或少数几个)客户程序与很多的服务器程序进行交互。

网络管理有一个基本原理,若要管理某个对象,就必然会给该对象添加一些软件或硬件,但这种“添加”对原有对象的影响必须尽量小些。

SNMP 正是按照这样的基本原理来设计的。SNMP 发布于 1988 年。OSI 在这之前就已制定出许多的网络管理标准,但当时却没有符合 OSI 网管标准的产品。SNMP 最重要的指导思想就是尽可能简单。SNMP 的基本功能包括监视网络性能、检测分析网络差错和配置网络设备等。在网络正常工作时,SNMP 可实现统计、配置和测试等功能。当网络出故障时,可实现各种差错检测和恢复功能。经过三十多年的使用,SNMP 不断修订完善,较新的版本是 SNMPv3,现在 SNMpv3 已成为联网标准(STD 62)。SNMPv3 最大的改进就是安全特性,只有被授权的人员才有资格执行网络管理的功能(如关闭某一条链路)和读取有关网络管理的信息(如读取一个配置文件的内容)。然而 SNMP 协议已相当庞大,一点也不“简单”,整个标准共有八个 RFC 文档[RFC 3411～3418]。

SNMP 的网络管理由三个部分组成,即 SNMP 本身、管理信息结构(Structure of Management Information,SMI)和管理信息库(Management Information Base,MIB)。

(1)SNMP 定义了管理站和代理之间所交换的分组格式。包含各代理中的对象(变量)名及其状态(值)。SNMP 负责读取和修改这些数值。

(2)SMI 定义了命名对象和定义对象类型(包括范围和长度)的通用规则,以及把对象和对象的值进行编码的规则,确保网络管理数据的语法和语义无歧义性。

(3)MIB 在被管理的实体中创建了命名对象,并规定了其类型。

6.7.2 管理信息结构 SMI

管理信息结构 SMI 是 SNMP 的重要组成部分。SMI 的功能有三个,即规定:

(1)被管对象应怎样命名。

(2)用来存储被管对象的数据类型有哪些。

(3)在网络上传送的管理数据应如何编码。

1. 被管对象的命名

SMI 规定,所有的被管对象都必须处在对象命名树(Object Naming Tree)上。如

图 6-26 所示，为对象命名树的一部分。对象命名树的根没有名字，它的下面有三个顶级对象，都是世界著名的标准制定单位，即 ITU-T（过去叫作 CCITT）、ISO 以及这两个组织的联合体，它们的标号分别是 0 到 2。图中的对象名通常用英文小写表示。在 ISO 的下面的一个标引 3 的节点是 ISO 认同的组织成员 org。在其下面有一个国防部 dod（Department of Defense）的子树（标号为 6），再下面就是 internet（标号为 1）。在只讨论 internet 中的对比可只画出 internet 以下的子树，并在 internet 节点旁边写上对象标识符 1.3.6.1 即可。

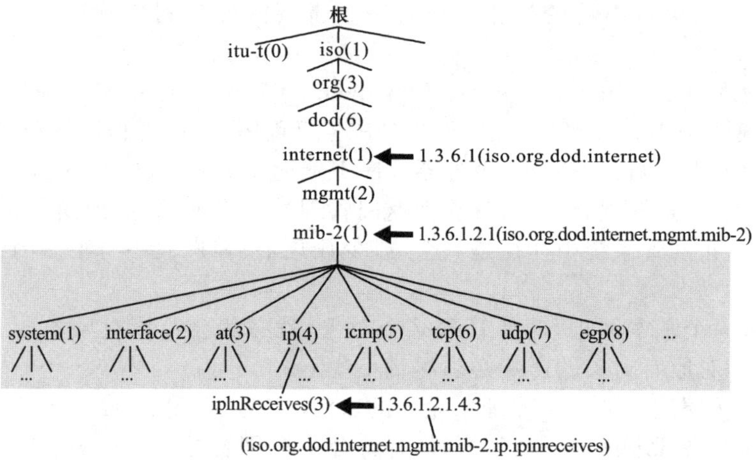

图 6-26　SMI 规定所有被管对象必须在命名树上

在 internet 节点下面的标号为 2 的节点是 mgmt（管理）。再下面只有一个节点，即管理信息库 mib-2，其对象标识符为 1.3.6.1.2.1。在 mib-2 下面包含了所有被 SNMP 管理的对象。

2. 被管对象的数据类型

SMI 使用基本的抽象语法记法 1（180 制定的 ASN.1）来定义数据类型，但又增加了一些新的定义。因此 SMI 既是 ASN.1 的子集，又是 ASN.1 的超集。ASN.1 的记法严格，它使得数据的含义不存在任何可能的歧义性。例如，使用 ASN.1 时不能简单地说“一个具有整数值的变量”，而必须说明该变量的准确格式和整数取值的范围。当网络中的计算机对数据项并不都使用相同的表示时，采用这种精确的记法就尤其重要。

任何数据都具有两种重要的属性，即值（value）与类型（type）。这里“值”是某个值集合中的一个元素，而“类型”则是值集合的名字。如果给定一种类型，则这种类型的一个值就是该类型的一个具体实例。

SMI 把数据类型分为两大类：简单类型和结构化类型。简单类型是最基本的、直接使用 ASN.1 定义的类型。SMI 定义了两种结构化数据类型，即 sequence 和 sequence of。

数据类型 sequence 类似于 C 语言中的 struct 或 record，它是一些简单数据类型的组合（不一定要相同的类型）。而数据类型 sequence of 类似于 C 语言中的 array，它是同类型的简单数据类型的组合，或同类型的 sequence 数据类型的组合。

3. 编码方法

SMI 使用 ASN.1 制定的基本编码规则（Basic Encoding Rule，BER）进行数据的编码。BER 指明了每种数据的类型和值。在发送端用 BER 编码，可把使用 ASN.1 所表述的报文转换成唯一的比特序列。在接收端用 BER 进行解码，就可得到该比特序列所表示的 ASN.1 报文。

初看起来，或许用两个字段就能表示类型和值。但由于表示值可能需要多个字节，因此还需要一个指出“要用多少字节表示值”的长度字段。因此 ASN.1 把所有的数据元素都表示为 T-L-V 三个字段组成的序列(图 6-27)。T 字段(Tag)定义数据的类型，L 字段(Length)定义 V 字段的长度，而 V 字段(Value)定义数据的值。

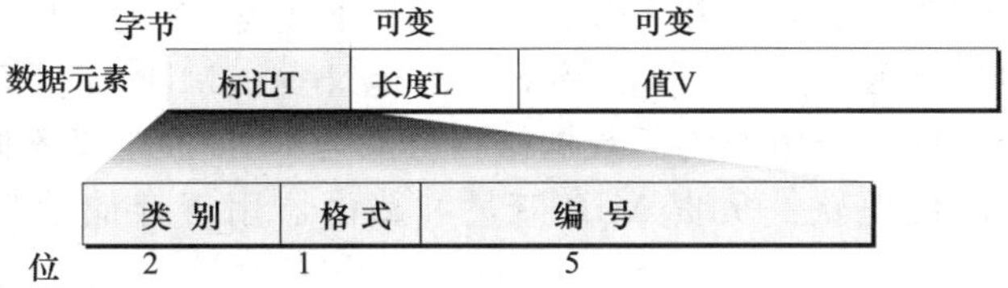

图 6-27 用 TLV 方法进行编码

(1)T 字段又叫作标记字段，占 1 字节。T 字段比较复杂，因为它要定义的数据类型较多。T 字段又再分为以下三个子字段：

• 类别(2 位)共四种：通用类(00)，即 ASN.1 定义的类型；应用类(01)，即 SMI 定义的类型；上下文类(10)，即上下文所定义的类型；专用类(11)，保留为特定厂商定义的类型。

• 格式(1 位)共两种，指出数据类型的种类：简单数据类型(0)，结构化数据类型(1)。

• 编号(5 位)用来标志不同的数据类型。编号的范围一般为 0～30。当编号大于 30 时，T 字段就要扩展为多个字节(这种情况很少用到，可参考 ITU-T X.209)。

(2)L 字段又叫作长度字段(单字节或多字节)。当 L 字段为单字节时，其最高位为 0，后面的 7 位定义 V 字段的长度。当 L 字段为多个字节时，其最高位为 1，而后面的 7 位定义后续字节的字节数(用二进制整数表示)。这时，所有的后续字节的二进制整数定义 V 字段的长度。

(3)V 字段又叫作值字段，用于定义数据元素的值。

TLV 方法中的 V 字段还可嵌套其他数据元素的 TLV 字段，并可多重嵌套。

6.7.3 管理信息库 MIB

所谓“管理信息”，就是指在互联网的网管框架中被管对象的集合。被管对象必须维持可供管理程序读写的若干控制和状态信息。这些被管对象构成了一个虚拟的信息存储器，所以才称为管理信息库 MIB。管理程序就使用 MIB 中这些信息的值对网络进行管理(如读取或重新设置这些值)。只有在 MIB 中的对象才是 SNMP 所能够管理的。例如，路由器应当维持各网络接口的状态、进出分组的流量、丢弃的分组和有差错的报文等统计信息，而调制解调器则应当维持发送和接收的字符数、码元传输速率和接收的呼叫等统计信息。因此在 MIB 中就必须有上面这样一些信息。

再看前面的图 6-26，可以找到节点 mib-2 下面的部分是 M1 日子树。我们可以用个简单例子进一步说明 MIB 的意义。例如，图 6-26 中，对象 IP 的标号是 4，所有与 IP 有关的对象都从前缀 1.3.6.1.2.1.4 开始。

(1)在节点 IP 下面有个名为 ipInReceives 的 MIB 变量，表示收到的 IP 数据包数。这个变量的编号是 3，变量的名字是：Iso.org.dod.internet.mgmt.min.ip.ipInReceives，而相应的数值表示值为：1.3.6.1.2.1.4.3。

(2)当 SNMP 在报文中使用 MIB 变量时,对于简单类型的变量,后缀 0 指具有该名字的变量的实例。因此,当这个变量出现在发送给路由器的报文中时,iplnReceives 的数值表示(变量的一个实例)就是:1.3.6.1.2.1.4.3.0。

(3)对于分配给一个 MIB 变量的数值或后缀是完全没有办法进行推算的,必须查找已发布的标准。

MIB 也定义了更复杂的结构。例如,MIB 变量 ipRouting Table 定义一个完整的路由表。还有其他一些 MIB 变量定义了路由表其他项目的内容,并允许网络管理协议访问路由器中的单个项目,包括前缀、地址掩码以及下一跳地址等。MIB 变量只给出了每个数据项的逻辑定义,而一个路由器使用的内部数据结构可能与 MIB 的定义不同。当一个查询到达路由器时,路由器上的代理软件负责 MIB 变量和路由器用于存储信息的数据结构之间的映射。

6.8 云计算

6.8.1 云计算的基本概念

云计算的概念可以追溯到 20 世纪 50 年代,但云计算服务开始应用则是在 21 世纪初,以大型企业为服务对象,之后,云计算扩展到小型和中型商业,并且迅速扩展到普通消费者。

云计算这是一个定义宽泛的术语,是指经过互联网提供接入处理能力、存储、软件或其他计算服务的任何系统,通常使用 Web 浏览器接入。美国国家标准和技术局(National Institute of Standards and Technology,NIST)定义云计算:一种支持对共享的可配置计算资源池(如网络、服务器、存储、应用及服务等)进行泛在、方便、按需网络接入的模型,这里的计算资源可以在最少的管理工作或服务提供商参与下快速地分配和释放。这一云模型提升了可用性,并包括 5 种基础特征、3 种服务模型及 4 种部署模型(图 6-28)。

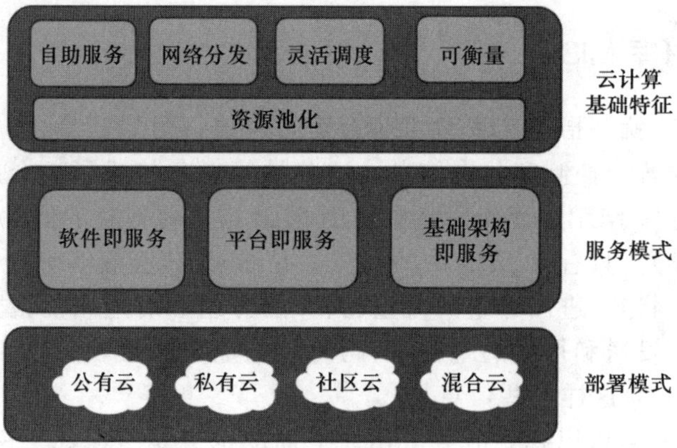

图 6-28 云计算的组成部分

NIST 定义了如下的云计算基本特征:

自助服务:消费者能够自动地根据需求单方面地留出计算能力,例如服务器时间和网络存储,而不要求人与每个服务提供商交互。因为服务是按需的,这些资源一不是 IT 基础设施的永久部分。

网络分发：借助网络和通过标准机制接入可供使用的能力，促进了由异构的瘦或胖客户程序平台（例如移动电话、便携机和个人数字助理）以及其他传统的或基于云的软件服务的使用。

灵活调度：云计算能够根据特定服务需求扩展和减少资源。例如，用户可能在特定的任务期间需要大量的服务器资源，一旦该任务完成则能够释放这些资源。

可衡量：云系统自动地控制和优化资源使用，通过适合服务类型的某种层次的抽象改变计量能力，这些服务如存储、处理、带宽和主动用户账户等。能够监视、控制和报告资源使用，对提供商和使用服务的消费者提供透明性。

资源池化：使用多租户模式服务于多个消费者，提供商的计算资源被池化，不同的物理和虚拟资源动态分配并根据消费者的需求重新分配。有某种程度的位置无关性，即消费者通常不控制或没有提供商资源的准确知识，但可能在较高层次的抽象上指定位置（例如国家、州或数据中心）。资源的例子包括存储、处理、内存、网络带宽和虚拟机。甚至专用云在同一组织的不同部分之间也趋向于池化资源。

可以把云计算看作是一个无边无际的虚拟空间，其中存储着各种各样的数据和应用程序。其中最关键、最核心的关键词就是“虚拟”，也就是将存储、计算、网络和应用全部虚拟化，使其看起来像是多个逻辑上独立的实体，而实际上是在共享的物理资源上运行，如图 6-29 所示。

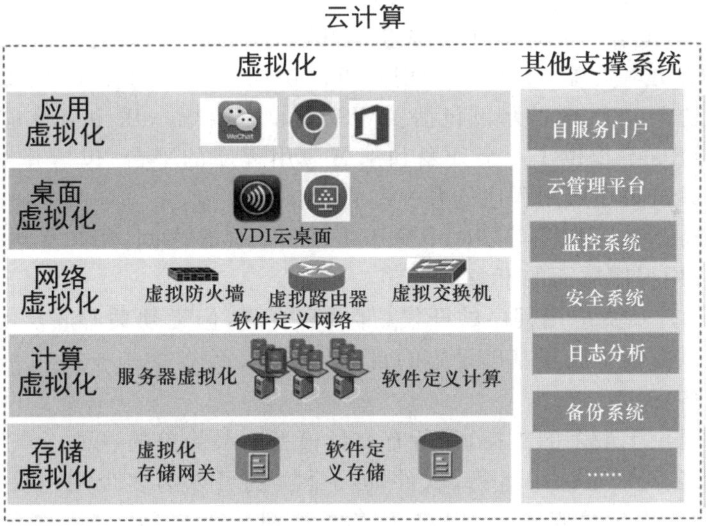

图 6-29　云计算的虚拟化

没有云计算，一家公司要建信息系统来支撑自身业务，要自己建机房、买服务器、搭系统、开发出各类应用程序，设专人维护。这种传统的信息系统，其一，一次性投资成本很高；其二，公司业务扩大的时候，很难进行快速扩容；其三，对软硬件资源的利用效率低下；其四，平时维护麻烦。

云计算的出现可以很好地解决上述问题，云计算首先提供了一种按需租用的业务模式，客户需要建信息系统，只需要通过互联网向云计算提供商（比如华为云）租他想要的计算资源就可以了，而且这些资源是可以精确计费的。打个比方，云计算就像水厂一样，企业喝水再不用自己打井，接上管子就可以直接购买水厂的水。

总之，云计算不是一种全新的网络技术，而是一种全新的网络应用概念，云计算的核心概念就是以互联网为中心，在网站上提供快速且安全的云计算服务与数据存储，让每一个使用互联网的人都可以使用网络上的庞大计算资源与数据中心。

6.8.2 云计算的服务模型

NIST 定义的云计算的服务模型常用的有 3 种，基础设施即服务（IaaS）、平台即服务（PaaS）、软件即服务（SaaS）。

1. 基础设施即服务（IaaS）

利用 IaaS，云服务提供商可以拥有并管理那些运行软件堆栈的硬件，包括服务器、网络和存储。

提供的功能：IaaS 提供了基本的计算资源，如虚拟机、存储、网络等。用户可以在这些资源上创建和管理自己的操作系统、应用程序和数据。

抽象层级：IaaS 在云服务的层次中较低，用户需要管理操作系统和应用程序，以及与虚拟机、存储和网络的交互。

用户责任：用户需要负责操作系统的安装、配置、维护，以及应用程序的部署和管理。云提供商负责基础设施的维护和管理。

2. 平台即服务（PaaS）

PaaS 与 IaaS 相似，区别在于云服务提供商还提供了操作系统和数据库。

PaaS 为用户提供了一个简单、可扩展的应用程序构建平台。它与 IaaS 非常相似，用户可以根据需要购买更多资源。由于多个用户可以访问开发应用程序，因此 PaaS 可以简化工作流程并加强协调。PaaS 的示例包括 AWS Elastic Beanstalk 和谷歌应用程序引擎。

提供的功能：PaaS 提供了一个开发和部署应用程序的平台，包括开发工具、运行时环境和服务。用户只需关注应用程序的开发和管理。

抽象层级：PaaS 在云服务的层次中介于 IaaS 和 SaaS 之间，用户无须管理底层基础设施，但需要处理应用程序层面的事务。

用户责任：用户负责应用程序的开发、部署和管理，但无须关心底层的操作系统、服务器等细节。云提供商负责底层基础设施的自动化管理。

3. 软件即服务（SaaS）

为最终用户提供了最多的支持，是所有交付模型中最简单的一种。

SaaS 可以在多租户架构中运行，软件的一个实例可以为多个用户提供服务。一般来说，SaaS 产品不需要下载或安装，用户不需要管理软件更新，只需要负责自己的数据。SaaS 的常见示例包括 CRM 软件、基于云的文件存储和电子邮件。

提供的功能：SaaS 提供完整的应用程序，用户可以直接通过网络访问和使用这些应用程序，无须安装和维护任何软件。

抽象层级：SaaS 在云服务的层次中最高，用户只需使用应用程序，而无须关心底层的基础设施和操作系统。

用户责任：用户只需使用应用程序，无须关心应用程序的维护、更新和安全性等。云提供商负责应用程序的管理和维护。

4. 其他云服务

除了 IaaS、PaaS 和 SaaS 之外，还有几种其他类型的云服务模型。

功能即服务（FaaS），提供更深层次的服务。使用 FaaS，用户只需管理功能和数据。云服务提供商则管理用户使用的应用程序。这种选项在开发者中特别常见，因为用户无须在代码未运行时为服务付费。常见功能包括数据处理、数据验证或分类，以及移动和物联网应用程序的后端。FaaS 供应商包括 AWS * Lambda、Azure Functions 和谷歌云 Functions。

裸机即服务（BMaaS），一些企业不喜欢将工作负载迁移到与其他客户共享的虚拟化云环境中，使用 BMaaS 方案来替代 IaaS 和 PaaS。它为企业提供了专用服务器环境来补充虚拟化云服务，且该专用服务器环境与云具有相同的敏捷性、可扩展性和效率。特别是，对于需要在没有延迟或延时开销的情况下执行短期数据密集型处理（例如媒体编码或渲染农场）的企业来说，BMaaS 是一个不错的选择。

数据库即服务（DBaaS），这是一种提供数据库访问权限的 PaaS。DBaaS 是一种很好的启用混合云的方法，因为应用程序可以在本地和云基础设施之间移动，但对最终用户没有任何影响。通过 DBaaS 集成新技术也简单得多，因为应用程序开发者不需要任何额外资源即可使用新技术。DBaaS 的一个示例是微软 Azure SQL 数据库。

综合来看，IaaS、PaaS 和 SaaS 是云计算中的三个主要服务模型，它们分别在基础设施、平台和应用程序层次上提供了不同层次的服务，满足了不同用户的需求。企业和开发者可以根据自身需求选择合适的服务模型，从而更加灵活地利用云计算的优势。三种服务模型提供了不同层次的抽象和自动化，使用户能够根据需求选择适合的服务模型。IaaS 适用于需要更大控制权和自定义性的情况，PaaS 适用于快速开发和部署应用程序的场景，而 SaaS 则适用于无须关心底层细节，只需使用应用程序的用户。

6.8.3 云部署模型

云计算的主要部署模式分为 4 种：公有云（Public Cloud）、私有云（Private Cloud）、社区云（Community Cloud）、混合云（Hybrid Cloud）。

（1）公有云，云端资源开放给社会公众使用。云端的所有权、日常管理和操作的主体可以是一个商业组织、学术机构、政府部门或者它们其中的几个联合。云端可能部署在本地，也可能部署于其他地方，比如郑州市民公有云的云端可能就建在郑州，也可能建在洛阳。公有云主要为外部客户提供服务的云，它所有的服务是供别人使用，而不是自己用。目前，典型的公有云有微软的 Windows Azure Platform、亚马孙的 AWS、Salesforce .com 及国内的阿里巴巴、用友伟库等。公有云结构如图 6-30 所示。

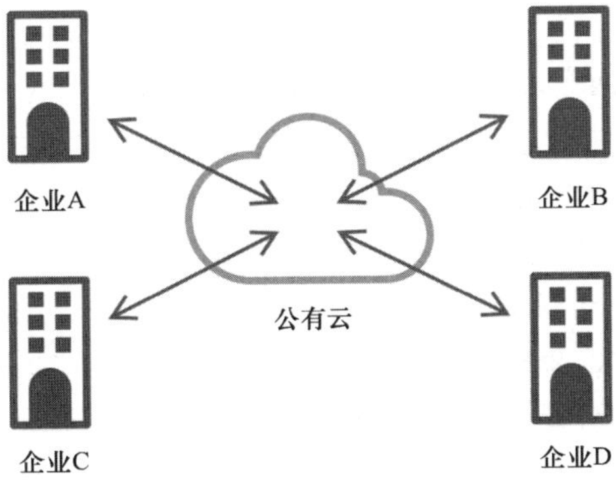

图 6-30 公有云结构

对于使用者而言，公有云的最大优点是，其所应用的程序、服务及相关数据都存放在公有云的提供者处，自己无须做相应的投资和建设。目前最大的问题是，由于数据不存储在自己的数据中心，其安全性存在一定风险。同时，公有云的可用性不受使用者控制，这方面也存在一定的不确定性。

(2)私有云，云端资源所有的服务不是供别人使用，而是供自己内部人员或分支机构使用。这是私有云的核心特征。而云端的所有权、日常管理和操作的主体到底属于谁并没有严格的规定，可能是本单位，也可能是第三方机构，还有可能是二者的联合。云端位于本单位内部，也可能托管在其他地方。一般企业自己采购基础设施，搭建云平台，在此之上开发应用的云服务。私有云可充分保障虚拟化私有网络的安全，私有云的部署比较适用于有众多分支机构的大型企业或政府部门。随着这些大型企业数据中心的集中化，私有云将会成为他们部署 IT 系统的主流模式。私有云部署在企业自身内部，因此其数据安全性、系统可用性都可由自己控制。但其缺点是投资较大，尤其是一次性的建设投资较大。私有云结构如图 6-31 所示。

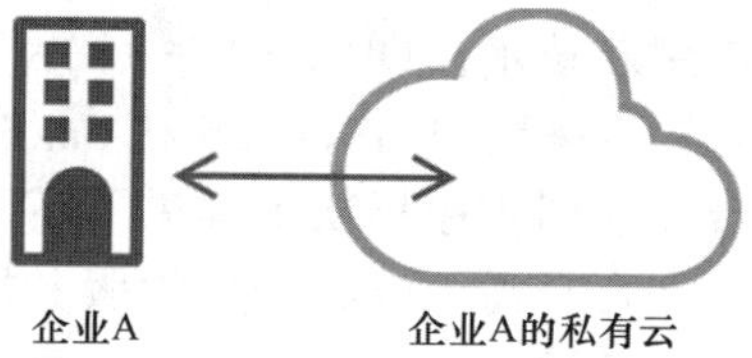

图 6-31　私有云结构

(3)社区云，云端资源专门给固定的几个单位内的用户使用，而这些单位对云端具有相同诉求(如安全要求、云端使命、规章制度、合规性要求等)。云端的所有权、日常管理和操作的主体可能是本社区内的一个或多个单位，也可能是社区外的第三方机构，还可能是二者的联合。云端可能部署在本地，也可能部署于他处。社区云结构如图 6-32 所示。

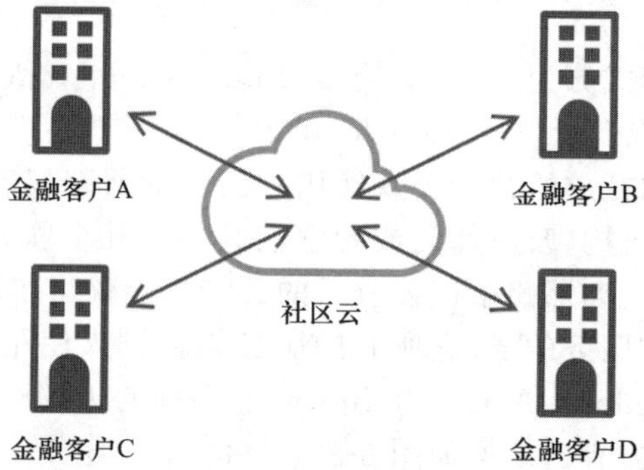

图 6-32　社区云结构

(4)混合云，由两个或两个以上不同类型的云(私有云、社区云、公有云)组成，它们各自独立，但用标准的或专有的技术将它们组合起来，而这些技术能实现云之间的数据和应用程序的平滑流转。由多个相同类型的云组合在一起属于多云的范畴，比如两个私有云组合在一起，混合云属于多云的一种。由私有云和公有云构成的混合云是目前最流行的，当私有云资源短暂性需求过大时，自动租赁公有云资源来平抑私有云资源的需求峰值。例如，网站在节假日期间点击量巨大，这时就会临时使用公共云资源来应急。混合云是供自己和客户共同使用的云，它所提供的服务既可以供别人使用，也可以供自己使用。相比较而言，混合云的部署方式对提供者的要求较高。混合云结构如图 6-33 所示。

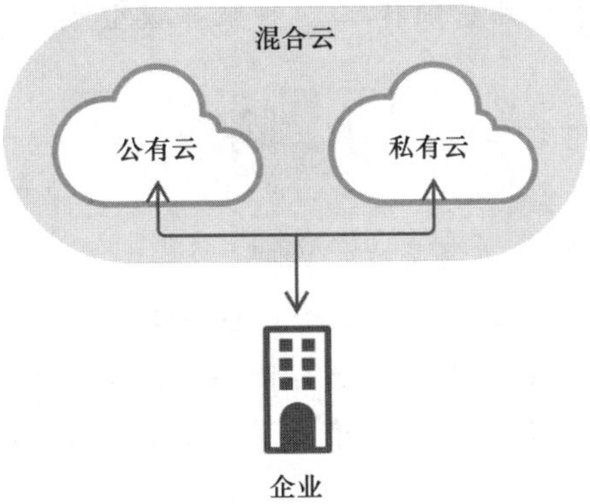

图 6-33 混合云结构

本章小结

本章首先介绍了应用层的概念：应用层协议是为了解决某一类应用问题，规定了应用进程在通信时所遵循的协议。

域名系统 DNS 是互联网使用的命名系统，用来把便于人们使用的机器名字转换为 IP 地址。域名到 IP 地址的解析是由分布在互联网上的许多域名服务器程序共同完成。目前互联网域名采用树状结构的命名方法，是一种层次结构的名字。

文件传送协议 FTP 使用 TCP 可靠传输，一个 FTP 服务器进程可同时为多个客户进程提供服务。在进行文件传输时，FTP 的客户与服务器之间要建立两个并行的 TCP 连接：控制连接和数据连接。实际用于传输文件的是数据连接。

动态主机配置协议 DHCP，可以省去给计算机配置 IP 地址的麻烦，有网络中的 DHCP 服务器自动完成。

TELNET 是一个简单的远程终端协议，用户使用 TELNET 可以在其所在地通过 TCP 连接到远程的另一台主机上，从而实现对远程主机的管理。

电子邮件是互联网上使用最多的和最受欢迎的应用之一。电子邮件把邮件发送到收件人使用的邮件服务器，并放在收件人的邮箱中，收件人可以随时上网到自己使用的邮件服务器进行读取。常用的发送邮件协议是 SMTP，接收邮件协议是 POP3 和 IMAP。

万维网 WWW 是一个大规模的、联机式的信息储藏所，可以非常方便地从互联网的一个站点链接到另一个站点。万维网使用统一资源定位符 URL 对文档进行定位，文档可分为静态文档和动态文档。客户端与服务端直接进行交互传输所使用的协议是超文本传输协议 HTTP，目前实际使用的大多数是加密的 HTTP 协议，即 HTTPS。

简单文件管理协议 SNMP 由三部分组成：SNMP 本身，负责读取和改变各代理中的对象名及其状态值；管理信息结构 SMI，定义命名对象和定义对象类型的通用规则；管理信息库 MIB，在被管理的实体中创建命名对象，并规定其类型。

云计算是一种支持对共享的可配置计算资源池（如网络、服务器、存储、应用及服务等）进行泛在、方便、按需网络接入的模型，计算资源可以在最少的管理工作或服务提供商参与下快速地分配和释放，并包括5种基础特征、3种服务模型及4种部署模型。

习 题

1. 连接在互联网上的主机名必须是唯一的吗？

2. 互联网的域名结构是怎样的？域名系统的主要功能是什么？域名系统中的本地域名服务器、根域名服务器、顶级域名服务器以及权限域名服务器有何区别？

3. 目前常用的顶级域名有哪些？假设有一天，顶级域名 com 的服务器瘫痪了，你还能使用百度搜索吗？解释原因。

4. ARP 和 DNS 是否有些相似？它们有何区别？

5. 文件传送协议 FTP 的主要工作过程是怎样的？控制连接和数据连接各起什么作用？

6. 简单文件传输协议 TFTP 和文件传送协议 FTP 的主要区别是什么？各用在什么场合？

7. 什么是 DHCP？在网络中有什么作用？可以自动设置哪些信息？

8. 试述 Telnet 的工作原理。

9. 试述电子邮件的最主要的组成部件。用户代理 UA 的作用是什么？没有 UA 行不行？

10. 电子邮件的地址格式是怎样的？请说明各部分的意思。

11. 试述邮局协议 POP 的工作过程。在电子邮件中，为什么需要使用 POP 和 SMTP 这两个协议？IMAP 与 POP 有何区别？

12. 简述 SMTP 通信三个阶段的过程。

13. SMTP 和 MIME 的关系是什么？

14. 什么是 Webmail？简述 Webmail 的工作原理。

15. 解释以下名词。各英文缩写词的原文是什么？WWW，URL，HTTP，HTML，JavaScript，浏览器，超文本，超媒体，超链接，静态页面，动态页面，搜索引擎。

16. 归纳一下 HTTP 协议的主要特点。

17. 当使用鼠标点取一个万维网文档时，若该文档除了有文本外，还有一个本地. gif 图像和两个远程. gif 图像。试问：需要使用哪个应用程序，以及需要建立几次 UDP 连接和几次 TCP 连接？

18. 某页面的 URL 为 http://www.abc.net/file/file.html。此页面中有一个网络拓扑结构图(map.gif)和一段简单的解释文字。现希望能够从这种简图或者从这段文字中的“网络拓扑”链接到该网络拓扑的详细情况的主页：http://www.xyz.com/index.html。试写出两种响应的 HTML 语句。

19. 写出鼠标点击网页 https://www.cnnic.net.cn/n4/2023/0828/c88－10829.html 后，客户机与服务器交互的全过程。

20. 什么是动态文档？试举出万维网使用动态文档的一些例子。

21. 什么是网络管理？为什么说网络管理是当今网络领域中的热门课题？

22. 解释下列术语：网络元素、被管对象、管理进程、代理进程、管理库。

23. SNMP 使用的传输层协议是什么？为什么？

24. 为什么 SNMP 的管理进程使用轮询掌握全网状态用于正常情况，而代理进程用陷阱向管理进程报告属于较少发生的异常情况？

25. 什么是云计算？按部署形式可以分为哪几类？

26. 云计算常见的服务模型有哪些？

27. 云计算有哪些优点？

第7章 网络安全

随着全球信息技术的发展，网络在各种信息系统中的作用变得越来越重要。网络对整个社会的科技、文化和经济带来了巨大的推动与冲击，同时也带来了许多挑战。随着网络应用的进一步加强，信息共享与信息安全的矛盾日益突出，人们也越来越关心网络安全问题。“网络安全”是“信息安全”的引申。“信息安全”是指对信息的保密性、完整性和可用性的保护。“网络安全”则是对网络信息保密性、完整性和网络系统的可用性的保护。如何有效地维护好网络系统的安全就成为计算机研究与应用中的一个重要课题。

本章首先介绍网络安全方面的基础知识，了解网络安全的属性、安全威胁和安全策略，以及可信计算机系统的安全评估标准，然后对防火墙技术、加密技术、反病毒技术和入侵检测技术等安全技术进行概括性的介绍，了解网络安全技术的发展和目前业界具有代表性的网络安全产品。

本章的主要内容：

1. 网络安全。
2. 密码学。
3. 对称加密
4. 非对称加密。
5. 数字证书和数字签名。
6. 网络基础设施安全。
7. 电子邮件安全性。
8. HTTP 和 Web 服务的安全性。
9. 社会工程学入侵及防护。

7.1 网络安全问题概述

开放的、自由的、国际化的 Internet 的发展给政府机构、企事业单位带来了改革开放，使得他们能够利用 Internet 提高办事效率和市场反应能力，以便更具竞争力。通过 Internet，他们可以从异地取回重要数据，但同时又要面对 Internet 开放带来的数据安全的新挑战和新危险。如何保护企业的机密信息不受黑客和工业间谍的入侵，已成为政府机构和企事业单位信息化健康发展所要考虑的重要问题之一。因而，学习和研究网络安全技术是十分必要和迫切的。

伴随网络的普及，安全日益成为影响网络效能的重要问题，而 Internet 所具有的开放性、国际性和自由性在增加应用自由度的同时，对安全提出了更高的要求，网络的安全属性主要表现在以下几个方面。

- 保密性(Secrecy)：信息不泄露给非授权的用户、实体或进程。
- 完整性(Integrity)：信息在存储或传输过程中保持不被修改、不被破坏和丢失的特性。
- 可用性(Available)：可被授权实体访问并按需求使用的特性。
- 真实性(Authenticity)(认证性、不可抵赖性)：在信息交互过程中，确信参与者的真实同一性，所有参与者都不能否认和抵赖曾经完成的操作和承诺。
- 可控性(Controllable)：对信息的传播路径、范围及其内容所具有的控制能力。

7.1.1 网络安全概念

网络安全是指保护网络系统中的软件、硬件及信息资源，使之免受偶然或恶意的破坏、篡改和泄露，保证网络系统的正常运行，保证网络服务不中断。网络安全有很多基本的概念，下面先来简单地介绍一下 OSI 安全体系结构。

1. OSI 安全体系结构

OSI 参考模型是研究设计新的计算机网络系统和评估改进现有系统的理论依据，是理解和实现网络安全的基础。

OSI 安全体系结构是在分析对开放系统威胁和其脆弱性的基础上提出来的。在 OSI 安全体系结构中主要包括安全服务(Security Service)、安全机制(Security Mechanism)和安全管理(Security Management)，并给出了 OSI 网络层次、安全服务和安全机制之间的逻辑关系。网络的安全服务包括以下几个：

(1)对等实体认证服务：实体的合法性、真实性确认。

(2)访问控制服务：防止对任何资源的非授权访问。

(3)数据保密服务：加密保护，防止被截获的数据泄密。

(4)数据完整性服务：使消息的接收者能够发现消息是否被修改，是否被攻击者用假消息换掉。

(5)数据源点认证服务：数据来自真正的源点，以防假冒。

(6)信息流安全服务：通过流量填充阻止非法流量分析。

(7)不可否认服务:防止对数据源,以及数据提交的否认。

为了实现这些安全服务,需要一系列安全机制作为支撑,包括以下几个方面:

(1)加密机制:应用现代密码学理论,确保数据的机密性。

(2)数字签名机制:保证数据的完整性和不可否认性。

(3)访问控制机制:与实体认证相关,但要牺牲网络性能。

(4)数据完整性机制:保证数据在传输过程中不被非法入侵和篡改。

(5)认证交换机制:实现站点、报文、用户和进程认证等。

(6)流量填充机制:针对流量分析攻击而建立的机制。

(7)路由控制机制:可以指定数据通过网络的路径。

(8)公证机制:用数字签名技术由第三方来提供公正仲裁。

2. 信息安全结构框架与评估标准

信息安全是网络安全体系结构的一个最重要的部分,主要涉及信息传输安全、信息存储安全和对网络传输信息内容的审计三方面,其结构框架见表 7-1。

表 7-1　　信息安全结构框架

信息安全	信息传输安全(动态安全)	数据加密	数据完整性的鉴别	防抵赖
	信息存储安全(静态安全)	数据库安全	终端安全	
	信息内容审计	信息的防泄密		

信息系统安全评估有许多标准,例如美国国防部计算机安全中心发布的《橘皮书》(Orange Book),即“可信计算机系统评估标准”。评估标准主要是基于系统安全策略的制定、系统使用状态的可审计性及对安全策略的准确解释和实施的可靠性等方面。

系统安全程度分为 A(验证保护级)、B(强制保护级)、C(自主保护级)、D(无保护级)。

(1)D 级:最低级的安全形势,无保护级,如 DOS。

(2)C1 级:操作系统上可用的安全级,如用户名和口令。

(3)C2 级:受控存取保护级,如身份验证和审核记录。

(4)B1 级:标志安全保护,分多级安全(秘密和绝密)。

(5)B2 级:结构化保护,系统中的所有对象都加标签。

(6)B3 级:安全域级别,安装硬件的办法。

(7)A 级:验证安全保护级。

7.1.2 网络安全威胁

网络安全威胁主要有四种:信息泄露、完整性破坏、拒绝服务和非法使用。主要的可实现的威胁包括:渗入威胁,如假冒、旁路和授权侵犯;植入威胁,如特洛伊木马和陷门。目前,计算机互联网络面临的安全性威胁表现形式主要有以下几个方面。

1. 非法访问和破坏(“黑客”攻击)

非法访问是指没有预先经过同意就使用网络或计算机资源,被当成非授权访问,如有意避开系统访问控制机制,对网络设备及资源进行非正常使用,或擅自扩大权限,越权访问信息。主要有以下几种形式:假冒、身份攻击、非法用户进入网络系统进行违法操作,以及合法用户以未授权方式进行操作等。操作系统总不免存在一些漏洞,一些人就利用系统的漏洞进行网络攻击,其主要目标就是对系统数据的非法访问和破坏。“黑客”攻击已有几十年的历史,黑客活动几乎覆盖了所有的操作系统,包括 UNIX、Windows 等。

2. 拒绝服务攻击(Denial Of Service Attack,DOS 攻击)

一种破坏性攻击,最早的拒绝服务攻击是“电子邮件炸弹”,它使用户在很短的时间内收到大量电子邮件,使用户系统不能处理正常业务,严重时会使系统崩溃,网络瘫痪。它不断对网络服务系统进行干扰,改变其正常的作业流程,执行无关程序使系统响应减慢甚至瘫痪,影响正常用户的使用,甚至使合法用户被排斥而不能进入计算机网络系统或不能得到相应的服务。

3. 计算机病毒

计算机病毒程序很容易做出,有着巨大的破坏性,其危害已被人们所认识。单机病毒就已经让人们“谈毒色变”了,而通过网络传播的病毒,无论是在传播速度、破坏性,还是在传播范围等方面都是单机病毒不能比拟的。

4. 特洛伊木马(Trojan Horse)

特洛伊木马的名称来源于古希腊的历史故事。特洛伊程序一般是由编程人员编制,它提供了用户所不希望的功能,这些额外的功能往往是有害的。把预谋的有害的功能隐藏在公开的功能中,以掩盖其真实企图。

5. 破坏数据完整性

破坏数据完整性指以非法手段窃取对数据的使用权,删除、修改、插入或重发某些重要信息,修改、销毁或替代网络上传输的数据,重复播放某个分组序列,改变网络上传输的数据包的次序,使攻击者获益,以干扰用户的正常使用。

6. 蠕虫(Worms)

蠕虫是一个或一组程序,它可以从一台机器向另一台机器传播。它同病毒不一样,它不需要修改宿主程序就能传播。

7. 陷门(Trap Doors)

为攻击者提供“后门”的一段非法的操作系统程序。一般是指一些内部程序人员为了特殊的目的,在所编制的程序中潜伏代码或保留漏洞。

8. 隐蔽通道

一种允许以违背合法的安全策略的方式进行操作系统进程间通信(IPC)的通道,它分为隐蔽存储通道和隐蔽时间通道。隐蔽通道的重要参数是带宽。

9. 信息泄漏或丢失

信息泄漏或丢失指敏感数据在有意或无意中被泄漏出去或丢失,通常包括:信息在传输中丢失或泄漏(如“黑客”利用电磁泄漏或搭线窃听等方式截获机密信息,或通过对信息流向、流量、通信频度和长度等参数的分析,推出有用信息,如用户口令、账号等),信息在存储介质中丢失或泄漏,以及通过建立隐蔽隧道等窃取敏感信息等。

在所有的操作系统中,由于 UNIX 系统的核心代码是公开的,这使其成为最易受攻击的目标。攻击者可能先设法登录到一台 UNIX 的主机上,通过操作系统的漏洞来取得特权,然后再以此为据点访问其余主机,这被称为“跳跃”。攻击者在到达目的主机之前往往会先经过几次这种跳跃。这样,即使被攻击网络发现了攻击者从何处发起攻击,管理人员也很难顺次找到他们的最初据点,而且他们在窃取某台主机的系统特权后,在退出时会删掉系统日志。用户只要能登录到 UNIX 系统,就能相对容易地成为超级用户。所以,如何检测系统自身的漏洞,保障网络的安全,已成为一个日益紧迫的问题。

7.1.3 网络安全策略

安全策略是指在一个特定的环境里，为保证提供一定级别的安全保护所必须遵守的规则。网络安全策略包括对企业的各种网络服务的安全层次和用户的权限进行分类，确定管理员的安全职责，如何实施安全故障处理、网络拓扑结构、入侵及攻击的防御和检测，以及备份和灾难恢复等内容。在本书中所说的网络安全策略主要指系统安全策略，主要涉及四个方面：物理安全策略、访问控制策略、信息加密策略和网络安全管理策略。

1. 物理安全策略

物理安全策略的目的是保护计算机系统、网络服务器和打印机等硬件实体和通信链路免受自然灾害、人为破坏和搭线攻击；验证用户的身份和使用权限，防止用户越权操作；确保计算机系统有一个良好的电磁兼容的工作环境；建立完备的安全管理制度，防止非法进入计算机控制室和各种偷窃、破坏活动的发生。

抑制和防止电磁泄漏（TEMPEST 技术）是物理安全策略的一个主要问题。目前主要的防护措施有两类。一类是对传导发射的防护，主要是对电源线和信号线加装性能良好的滤波器，减小传输阻抗和导线间的交叉耦合。另一类是对辐射的防护，这类防护措施又可分为以下两种。一是采用各种电磁屏蔽措施，如对设备的金属屏蔽和各种接插件的屏蔽，同时对机房的下水管、暖气管和金属门窗进行屏蔽和隔离；二是干扰的防护措施，即在计算机系统工作的同时，利用干扰装置产生一种与计算机系统辐射相关的伪噪声向空间辐射来掩盖计算机系统的工作频率和信息特征。

2. 访问控制策略

访问控制策略是网络安全防范和保护的主要策略，它的主要任务是保证网络资源不被非法使用和非法访问。它也是维护网络系统安全，保护网络资源的重要手段。各种安全策略必须相互配合才能真正起到保护作用，但访问控制策略可以说是保证网络安全最重要的核心策略。

（1）入网访问控制

入网访问控制为网络访问提供了第一层访问控制。它控制哪些用户能够登录到服务器并获取网络资源，控制准许用户入网的时间和准许他们在哪台工作站入网。

用户的入网访问控制分为三个步骤：用户名的识别与验证、用户口令的识别与验证，以及用户账号的默认限制检查。3 道关卡中只要任何一关未过，该用户便不能进入该网络。

对网络用户的用户名和口令进行验证是防止非法访问的第一道防线。用户注册时首先输入用户名和口令，服务器将验证所输入的用户名是否合法。如果验证合法，才继续验证用户输入的口令，否则，用户将被拒之网络之外。用户的口令是用户入网的关键所在。为保证口令的安全性，用户口令不能显示在显示屏上，口令应不少于 6 个字符，口令字符最好是数字、字母和其他字符的混合，用户口令必须经过加密，加密的方法很多，最常见的方法有：基于单向函数的口令加密，基于测试模式的口令加密，基于公钥加密方案的口令加密，基于平方剩余的口令加密，基于多项式共享的口令加密，以及基于数字签名方案的口令加密等。经过上述方法加密的口令，即使是系统管理员也难以得到它。用户还可采用一次性用户口令，也可用便携式验证器（如智能卡）来验证用户的身份。

网络管理员应该可以控制和限制普通用户的账号使用、访问网络的时间和方式。用户名或用户账号是所有计算机系统中最基本的安全形势。用户账号应只有系统管理员才能建立。

用户口令应是每个用户访问网络必须提交的“证件”,用户可以修改自己的口令,但系统管理员应该可以控制口令的以下几个方面:最小口令长度、强制修改口令的时间间隔、口令的唯一性,以及口令过期失效后允许入网的宽限次数。

用户名和口令验证有效后,再进一步履行用户账号的默认限制检查。网络应能控制用户登录入网的站点、限制用户入网的时间,以及限制用户入网的工作站数量。当用户对交费网络的访问“资费”用尽时,网络应能对用户的账号加以限制,使用户无法进入网络访问网络资源。网络应对所有用户的访问进行审计。如果多次输入口令不正确,则可能是非法用户的入侵,应给出报警信息。

(2)网络的权限控制

网络的权限控制是针对网络非法操作所提出的一种安全保护措施。用户或用户组被赋予一定的权限。网络控制用户和用户组可以访问哪些目录、子目录、文件和其他资源。可以指定用户对这些文件、目录和设备能够执行哪些操作。受托者指派和继承权限屏蔽可作为其两种实现方式。受托者指派控制用户和用户组如何使用网络服务器的目录、文件和设备。继承权限屏蔽相当于一个过滤器,可以限制子目录从父目录那里继承哪些权限。可以根据访问权限将用户分为以下几类。

①特殊用户(系统管理员)。

②一般用户,系统管理员根据他们的实际需要为他们分配操作权限。

③审计用户,负责网络的安全控制与资源使用情况的审计。用户对网络资源的访问权限可以用一个访问控制表来描述。

(3)目录级安全控制

网络应允许控制用户对目录、文件和设备的访问。用户在目录一级指定的权限对所有文件和子目录有效,用户还可进一步指定对目录下的子目录和文件的权限。对目录和文件的访问权限一般有八种:系统管理员权限(Supervisor)、读权限(Read)、写权限(Write)、创建权限(Create)、删除权限(Erase)、修改权限(Modify)、文件查找权限(File Scan)和存取控制权限(Access Control)。用户对文件或目标的有效权限取决于以下三个因素:用户的受托者指派、用户所在组的受托者指派和继承权限屏蔽取消的用户权限。一个网络系统管理员应当为用户指定适当的访问权限,这些访问权限控制着用户对服务器的访问。八种访问权限的有效组合可以让用户有效地完成工作,同时又能有效地控制用户对服务器资源的访问,从而加强了网络和服务器的安全性。

(4)属性安全控制

当使用文件、目录和网络设备时,网络系统管理员应给文件、目录等指定访问属性。属性安全控制可以将给定的属性与网络服务器的文件、目录和网络设备联系起来。属性安全在权限安全的基础上提供更进一步的安全性。网络上的资源都应预先标出一组安全属性。用户对网络资源的访问权限对应一张访问控制表,用以表明用户对网络资源的访问能力。属性设置可以覆盖已经指定的任何委托者指派和有效权限。属性往往能控制以下几个方面的权限:向某个文件写数据、复制一个文件、删除目录或文件、查看目录和文件、执行文件、隐含文件、共享和系统属性等。网络的属性可以保护重要的目录和文件,防止用户对目录和文件的误删除、修改和显示等。

(5)网络服务器安全控制

网络允许在服务器控制台上执行一系列操作。用户使用控制台可以装载和卸载模块,可以安装和删除软件等。网络服务器的安全控制包括:设置口令锁定服务器控制台,以防止非法用户修改或删除重要信息或破坏数据；设定服务器登录时间限制、非法访问者检测和关闭的时间间隔。

(6)网络监测和锁定控制

网络管理员应对网络实施监控，服务器应记录用户对网络资源的访问，对非法的网络访问，服务器应以图形、文字或声音等形式报警，以引起网络管理员的注意。如果不法之徒试图进入网络，网络服务器应会自动记录企图尝试进入网络的次数，如果非法访问的次数达到设定数值，那么该账户将被自动锁定。

(7)网络端口和节点的安全控制

网络中的服务器端口往往使用自动回呼设备和静默调制解调器加以保护，并以加密的形式来识别节点的身份。自动回呼设备用于防止假冒合法用户，静默调制解调器用以防范黑客的自动拨号程序对计算机进行攻击。网络还常对服务器端和用户端采取控制，用户必须携带证实身份的验证器(如智能卡、磁卡和安全密码发生器)。在对用户的身份进行验证之后，才允许用户进入用户端。然后，用户端和服务器端再进行相互验证。

(8)防火墙控制

防火墙是一种保护计算机网络安全的技术性措施，它是一个用以阻止网络中的黑客访问某个机构网络的屏障，也可称之为控制进/出两个方向通信的门槛。在网络边界上通过建立起来的相应网络通信监控系统来隔离内部和外部网络，以阻止外部网络的侵入。

3. 信息加密策略

信息加密的目的是保护网内的数据、文件、口令和控制信息，保护网上传输的数据。网络加密常用的方法有链路加密、端点加密和节点加密三种。链路加密的目的是保护网络节点之间的链路信息安全；端端加密的目的是对源端用户到目的端用户的数据提供保护；节点加密的目的是对源节点到目的节点之间的传输链路提供保护。用户可根据网络情况酌情选择上述加密方式。

信息加密过程是通过形形色色的加密算法来具体实现的，它以很小的代价提供很大的安全保护。在多数情况下，信息加密是保证信息机密性的唯一方法。据不完全统计，到目前为止，已经公开发表的各种加密算法多达数百种。如果按照收发双方密钥是否相同来分类，可以将这些加密算法分为常规密码算法和公钥密码算法。

在常规密码算法中，收信方和发信方使用相同的密钥，即加密密钥和解密密钥是相同或等价的。比较常见的常规密码算法有：DES、Triple DES、GDES、New DES、IDEA、RC4、RC5，以及以代换密码和转轮密码为代表的古典密码等。在众多的常规密码中影响最大的是 DES(Data Encryption Standard，数据加密标准)和 IDEA(International Data Encryption Algorithm，国际数据加密算法)密码。

常规密码算法的优点是有很强的保密强度，且能经受住长时间的攻击和时间的检验，但其密钥必须通过安全的途径传送。因此，其密钥管理成为系统安全的重要因素。

在公钥密码算法中，收信方和发信方使用的密钥不相同，而且几乎不可能从加密密钥推导出解密密钥。比较常见的公钥密码算法有 RSA、Diffe-Hellman、Rabin、Ong-Fiat-Shamir、零知识证明的算法、椭圆曲线和 EIGamal 算法等。最有影响力的公钥密码算法是 RSA，它能抵抗到目前为止已知的所有密码攻击。

公钥密码算法的优点是可以适应网络的开放性要求，且密钥管理问题也较为简单，尤其可方便地实现数字签名和验证。但其算法复杂，加密数据的速率较低。尽管如此，随着现代电子技术和密码技术的发展，公钥密码算法将是一种很有前途的网络安全加密体制。

当然在实际应用中人们通常将常规密码算法和公钥密码算法结合在一起使用，例如，利用 DES 或者 IDEA 来加密信息，而采用 RSA 来传递会话密钥。

如果按照每次加密所处理的比特来分类，可以将加密算法分为序列密码和分组密码。前者每次只加密一个比特，而后者则先将信息序列分组，每次处理一个组。

密码技术是网络安全最有效的技术之一。一个加密网络，不但可以防止非授权用户的搭线窃听和入网，而且也是对付恶意软件的有效方法之一。

4. 网络安全管理策略

在网络安全中，除了采用上述技术措施之外，加强网络的安全管理，制定有关规章制度，对于确保网络安全可靠地运行，也将起到十分有效的作用。安全管理策略是指在一个特定的环境里，为提供一定级别的安全保护所必须遵守的规则。该安全管理策略模型包括建立安全环境的三个重要组成部分。

（1）威严的法律：安全的基石是社会法律、法规与手段，这是建立一套安全管理的标准和方法。即通过建立与信息安全相关的法律、法规，使非法分子慑于法律，不敢轻举妄动。

（2）先进的技术：先进的技术是信息安全的根本保障，用户对自身面临的威胁进行风险评估，根据安全服务的种类，选择相应的安全机制，然后集成先进的安全技术。

（3）严格的管理：制定有关网络操作使用规程和人员出入机房的管理制度；制定网络系统的维护制度和应急措施等。各网络使用机构、企业和单位应建立相应的信息安全管理办法，加强内部管理，建立审计和跟踪体系，提高整体的信息安全意识。

网络的安全管理策略包括：确定安全管理等级和安全管理范围；制定有关网络操作使用规程和人员出入机房的管理制度；制定网络系统的维护制度和应急措施等。

7.2 密码学

7.2.1 密码学基本原理

密码学是以研究数据保密为目的，对存储或者传输的信息采取秘密的交换以防止第三者对信息的窃取的技术。被变换的信息称为明文（Plaintext），它可以是一段有意义的文字或者数据。变换后的形式称为密文（Ciphertext），密文应该是一串杂乱排列的数据，从字面上没有任何含义。从明文到密文的变换过程称为加密（Encryption），变换本身是一个以加密密钥 k 为参数的函数，记作 $E_k(P)$。密文经过通信信道的传输到达目的地后需要还原成有意义的明文才能被通信接收方理解，将密文 C 还原为明文 P 的变换过程称为解密或者脱密（Decryption），该变换是以解密密钥 k' 为参数的函数，记作 $D_k(C)$。密码学加密、解密模型如图 7-1 所示。

密码学研究包含两部分内容：一是加密算法的设计和研究，另外一部分是密码分析，也就是密码破译技术。在密码学模型中，假设进行密码分析的攻击者能够对密码通信进行攻击，它能够被动地监听通信信道上的所有信息，称为被动攻击；它还能够对通信信道上传输的消息进行截取、修改甚至主动发送信息，称为主动攻击。攻击者与报文接收方的区别在于它不知道解密密钥，因此无法轻易将密文脱密还原为明文。

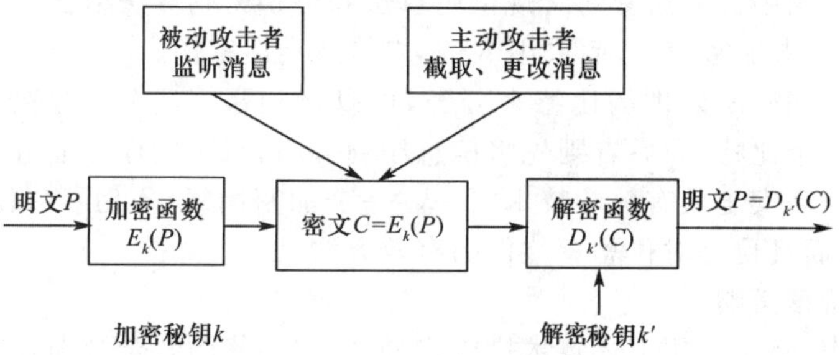

图 7-1 密码学加密、解密模型

在现代密码学研究中，对于加密和解密算法一般都是公开的，对于攻击者来说，只要知道解密密钥就能够破译密文，因此，密钥设计成为核心，密钥保护也成为防止攻击的重点。

对于密钥分析来说，对密钥进行穷举猜测攻击是任何密码系统都无法避免的，但是，当密钥长度足够大并且足够随机时，就会使得穷举猜测在实际上变得不可能。例如，密钥长度为 256 位的加密算法，密钥空间为 2^{256}，对应为 10^{77} 量级，如果一台计算机每秒可以对密钥空间进行 1 亿次搜索，那么，全部搜索一遍所需的时间将大于 10^{62} 年。如果密钥空间小或者分布具有一定可预见性，那么，攻击者就可能利用相关知识大大缩小搜索空间，从而破译密文。

7.2.2 基于密钥的密码系统分类

基于密钥的密码系统通常有两类：对称密钥密码体系(Symmetric Key Cryptography)和非对称密钥密码体系(Asymmetric Key Cryptography)，非对称密钥密码体系又称为公开密钥密码体系(Public Key cryptography)。相应的算法也有两类：对称加密算法(Symmetric-Key Cryptography 或 Symmetric Algorithms)和非对称加密算法。

对称加密算法有时又叫作传统密码算法，就是加密密钥能够从解密密钥中推算出来，反过来也成立。在大多数对称算法中，加、解密密钥是相同的，这些算法也叫秘密密钥算法或单密钥算法，它要求发信方和收信方在安全通信之前，商定一个密钥。对称加密算法的安全性依赖于密钥，泄漏密钥就意味着任何人都能对消息进行加密/解密。

对称加密算法有两种类型：分组密码(Block Cipher)和密钥流密码(Stream Cipher，或称序列密码)。

非对称加密算法：用作加密的密钥不同于用作解密的密钥，而且解密密钥不能根据加密密钥计算出来(至少在合理假定的有限时间内)。非对称加密算法也叫作公开密钥算法，是因为加密密钥能够公开，即陌生者能用加密密钥加密信息，但只有用相应的解密密钥才能解密信息。在这些系统中，加密密钥叫作公开密钥(简称公钥，Public Key)，解密密钥叫作秘密密钥(简称私钥，Private Key)。公钥算法在后续还要详细讨论。

7.3 对称加密算法

在对称加密算法中，对明文的加密和密文的解密采用相同的密钥。在应用对称加密的通信中，消息的发送者和接收者必须遵循一个共享的密钥。

在对称加密中，涉及对密钥的保护措施，即密钥管理机制。密钥管理必须应用于密钥的整个生存周期，需要保证密钥的安全，保护其免于丢失或损坏。在通信双方传输时，尤其需要保证密钥不会泄漏。

对称加密体制是从传统的置换密码、替代密码发展而来的，自 1977 年美国颁布 DES 密码算法作为美国数据加密标准以来，对称密钥密码体系得到了迅猛发展，在世界各国得到关注和使用。

目前流行的一些对称加密算法包括：DES、3-DES、AES、IDEA、BlowFish CAST、RC 系列算法等。

7.3.1 替代密码

替代密码（Substitution Cipher）的原理可用一个例子来说明。例如，将字母 a，b，c，d，…，w，x，y，z 的自然顺序保持不变，但使之与 D，E，F G，…，X，A，B，C 分别对应（相差 3 个字符，表 7-2）。

表 7-2 字母 a，b，c……与 D，E，F……相对应

a	b	c	d	e	f	G	h	i	j	k	l	m	n	o	p	q	r	s	t	u	v	w	x	y	z
D	E	F	G	H	I	J	K	L	M	N	O	P	Q	R	S	T	U	V	W	X	Y	Z	A	B	C

若明文为小写字母 caesar cipher，则对应的密文为大写字母 FDHVDU FLSKHU（此时密钥为 3，因为对应的大写字母位移了 3 个字母的位置）。由于英文字母中各字母出现的频度早已有人进行过统计，所以根据字母频度表可以很容易对这种替代密码进行破译。目前替代密码只是作为复杂的编码过程中的一个中间步骤。

7.3.2 置换密码

置换密码（Transposition Cipher）则是按照某一规则重新排列消息中的比特或字符的顺序。例如，以 CIPHER 作为密钥。根据在 26 个英文字母中的顺序，我们可以得出密钥中的每一个字母的相对先后顺序，例如，因为没有 A 和 B，因此 C 为 1。同理，E 为 2，H 为 3，…，R 为 6。于是得出密钥字母的相对先后顺序为 145326。形成密文的规律如下：若密钥中的数字 i 在密钥中的顺序是第 j 个，则表示第 i 次读取第 j 列的字符。具体来说，数字 1 在密钥中排为第 1 个，因此第 1 次读取第 1 列的字符 a b a。数字 2 在密钥中排在第 5 个，因此第 2 次读取第 5 列的字符 c n u。下面依次读取第 4 列、第 2 列、第 3 列和第 6 列。具体如下：

密钥	C	I	P	H	E	R	
顺序	1	4	5	3	2	6	（注：此顺序与密钥等价，但不如密钥便于记忆）
明文	a	t	t	a	c	k	（注：明文的意思是“4 时开始进攻”）
	b	e	g	i	n	s	
	a	t	f	o	u	r	

这样得出密文为 a b a c n u a i o t e t t g f k s r。接收者按密钥中的字母顺序按列写下，按行读出即得明文。由于这种密码很容易破译，所以置换密码也是作为加密过程中的中间步骤。

从得到的密文序列的结构来划分，则有序列密码与分组密码两种不同的密码体制。

序列密码一直是作为军事和外交场合使用的主要密码技术之一。它的主要原理是：将明文 X 看成是连续的比特流(或字符流)$x_1x_2\cdots$,并且用密钥序列 $K=k_1k_2\cdots$中的第 i 个元素 k_i 对明文中的 x_i 进行加密,即

$$E_K(X)=E_{k_1}(x_1)E_{k_2}(x_2)\cdots$$

如图 7-22 所示为序列密码的工作原理。在开始工作时种子 I_0 对密钥序列产生器进行初始化。

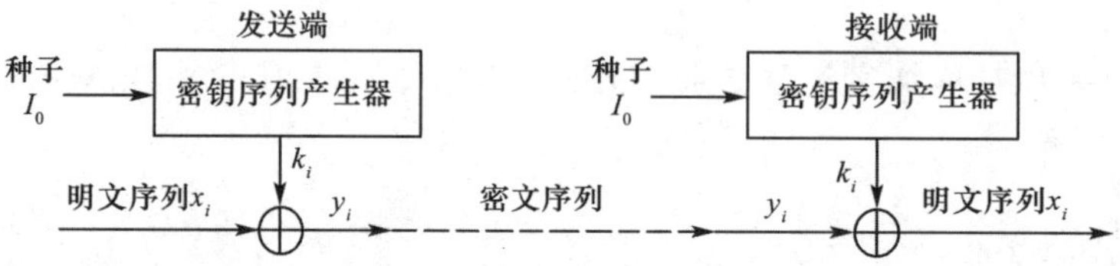

图 7-2 序列密码的工作原理

K_i、x_i 和 y_i 均为 1 bit(或均为 1 个字符),并按照模 2 进行运算,得出

$$y_i=E_{ki}(x_i)=x_i\oplus k_i \tag{7-1}$$

在接收端,对 y_i 的解密算法为

$$D_{ki}(y_i)=y_i\oplus k_i=(x_i\oplus k_i)\oplus k_i=x_i \tag{7-2}$$

序列密码的保密性完全在于密钥的随机性。如果密钥是真正的随机数,则这种体制就是理论上不可破的。这也可称为一次一密乱码本体制。

严格的一次一密乱码本体制所需的密钥量不存在上限,很难实用化。密码学家就试图以某种方法模仿这种体制。目前常使用伪随机序列作为密钥序列。关键是序列的周期要足够长,且序列要有很好的随机性(这很难寻找)。现在周期小于 10^{10} 的序列很少被采用,而周期长达 10^{50} 的序列也不罕见。这种伪随机序列一般用 n 级移位寄存器来构成。

分组密码与序列密码不同,它的工作方式是将明文划分成固定的 n 比特的数据组(块),然后以组为单位,在密钥的控制下进行一系列的线性或非线性的变化而得到密文,用同一组密钥和算法对每一块加密,输出也是固定长度的密文。分组密码的工作原理如图 7-3 所示。

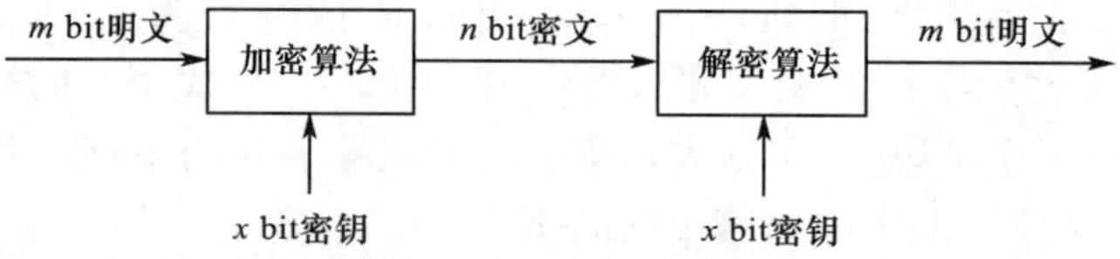

图 7-3 分组密码的工作原理

分组密码一次变换一组数据。分组密码算法的一个重要特点就是:当给定一个密钥后,若明文分组相同,那么所变换出的密文分组也相同。

设计分组密码算法的核心技术是:在相信复杂函数可以通过简单函数迭代若干圈得到的原则下,利用简单函数及对合等运算,充分利用非线性运算得出。以 DES 算法为例,它采用美国国家安全局精心设计的 8 个 S-Box 和 P 置换,经过 16 圈迭代,最终产生 64 位密文,每圈迭代使用的 48 位子密钥是由原始的 56 位密钥产生的。

分组密码的一个重要优点是不需要同步,因而在分组交换网中有着广泛的使用。分组密码中最有名的就是美国的数据加密标准 DES 和国际数据加密算法 IDEA。

7.3.3 DES 算法和 3-DES 算法

DES 于 1975 年由 IBM 提出，最初进行开发是因为当时的美国国家标准局（National Bureau of Standards，NBS）公开征集标准加密算法。NBS 与 NSA（National Security Association，美国国家安全局）联合对该算法的安全性进行了分析，最终将其采纳为美国联邦标准。

DES 算法是使用块加密方式进行加密。通常采用 64 位的分组数据块，默认采用 56 位的密钥长度。密钥与 64 位数据块的长度差用来填充奇偶校验位。DES 被认为是最早广泛用于商业系统的加密算法之一。

DES 算法加密时把明文以位为单位分成块，而后密钥把每一块明文转化成同样 64 位的密文块。DES 可提供 7.2×10^{16} 个密钥，用每微秒可进行一次 DES 加密的机器来破译密码需 2000 年。采用 DES 的一个著名的网络安全系统是 Kerberos，由 MIT 开发，是网络通信中身份认证的工业上的事实标准。

因为对称密钥密码体系具有加解密速度快、安全强度高等优点，在军事、外交以及商业应用中使用越来越普遍；由于存在密钥发行与管理方面的不足，在提供数字签名、身份验证等方面需要公共密钥密码体系共同使用，以达到更好的安全效果。

由于 DES 开发时间较早，且采用的 56 位密钥较短，因此目前已经开发出一系列用于破解 DES 加密的软件和硬件系统。DES 不应再被视为一种安全的加密措施。现代的计算机系统可以在少于 1 天的时间内通过暴力破解 56 位的 DES 密钥。如果采用其他密码分析手段可能时间会进一步缩短。

3-DES（triple DES）是 DES 的一个升级，主要用于对已有 DES 系统进行升级以替代不安全的 DES 系统，是 AES 标准推广间隙的一个可用的替代措施。

3-DES 加密算法使用两个或三个密钥来替代 DES 的单密钥，相当于使用三次 DES 算法实现多重加密。密钥长度可以达到 112 位（两个密钥）或 168 位（三个密钥）。而实现多重加密的方式也存在多种组合。例如：最简单的，可以对明文分别使用密钥 A、密钥 B、密钥 C 连续进行三次 DES 加密；也可以对明文使用密钥 A 加密，而后使用密钥 B 对第一次加密的密文进行一次解密运算，再使用密钥 C 对其进行一次加密运算。一般说来，3-DES 算法克服了 DES 算法中一些显著的弱点，如密钥长度短、加密过程轮数少等。但是 3-DES 的加密时间花费是 DES 的 3 倍，相应的，对处理器和存储空间的要求也更高。毕竟 3-DES 只是一个兼容性解决方案和过渡方案。随着 AES 的推广，3-DES 也逐步完成了其历史使命。

7.3.4 AES 算法

AES（Advanced Encryption Standard，高级加密标准）又称 Rijndael 加密法，由比利时密码学家 Joan Daemen 和 Vincent Rijmen 设计。这个标准用来替代原先的 DES，已经被多方分析且广为使用。经过五年的甄选流程，AES 由美国国家标准与技术研究院（NIST）于 2002 年被定为美国国家标准。AES 目前已然成为对称密钥加密中流行的算法之一。

AES 的数据块长度固定为 128 位，密钥长度则可以是 128 位、192 位或 256 位。AES 加密过程是在一个 4 B×4 B 的矩阵上运作，因此，在 32 位平台上通常只需要 4 KB 的内存空间就可以实现 AES。而 AES 算法实际上仍保留了较大的改进空间，可以实现更长的数据块长度和更长的密钥长度。

由于 AES 的分组长度和密钥长度，AES 的安全性相当好。目前为止已知的有效攻击是采用旁路攻击的方式，即不直接攻击加密系统，而攻击运行于不安全系统上的加密系统，通过同时获取明文和密文进行对照的方式获取密钥。

7.3.5 其他算法

1. RC 系列算法

RC(Rivest Cipher)是由密码学家 Ron Rivest 设计的几种算法的统称，具体已发布的算法包括 RC2、RC4、RC5 和 RC6。

RC2 算法最初作为 DES 算法的替代而设计，采用 64 位数据块分组，特点是支持可变长度的密钥，但是 RC2 的这一特点也为其带来了严重的安全漏洞。

RC4 是一种流加密式的加密算法，主要用于需要保证加密速度的环境中，在无线网络应用中使用较多。

RC5 于 1994 年提出，允许使用 32 位、64 位或 128 位的数据块分组，密钥长度最高允许 2 046 位，加密运算轮数允许 0～255 轮。一般建议采用 64 位分组、128 位密钥以及运算 12 轮以上。目前 RC5 的加密算法以及实现仍存在专利保护。就目前而言，RC5 算法中如果采用 12 轮以下的加密运算轮数，存在被攻破的可能性。如果使用高于 64 位的密钥长度和超过 18 轮的运算，可以认为目前无法被攻破。

RC6 类似于 RC5，是在 RC5 的基础上设计产生的，最初用于竞标 AES 算法。它使用 128 位的分组，允许使用 128 位、192 位或 256 位的密钥，加密运算轮数为 20 轮。就目前来看，未来一段时间内如果计算机运算能力不发生质变，RC6 都能提供足够的安全性。

2. CAST 算法

CAST 算法由 Carlisle Adams 和 Stafford Tavares 设计，类似于 DES，但是支持更长的密钥空间和分组长度。CAST-128 支持 40～128 位的密钥长度，加密运算 12 轮或 16 轮。而 CAST-256 支持 128 位、160 位、192 位、224 位或 256 位的密钥长度，运算 48 轮。在有足够长度的密钥的条件下，CAST 算法也被视为一种安全的算法。

3. Blowfish 算法

Blowfish 算法是在 1993 年由 Bruce Schneier 设计出来的。通常采用 64 位的分组，允许使用 32 位到 448 位长度的密钥，加密运算为 16 轮。其设计类似于 CAST，但是它为 32 位处理器进行优化，使其成为目前速度最快的分组加密算法之一。就安全性而言，目前仅能对较少运算轮数的加密系统变体进行攻击，对于 16 轮以上的运算则视为安全的。此外，Blowfish 算法的设计者放弃了他的专利权，将此算法公开。这使得 Blowfish 算法广泛应用于各类开源系统中，也为 Blowfish 算法的进一步研究以及密码学的发展起到了有益的效果。

4. IDEA 算法

IDEA 算法在 1992 年设计，使用 64 位分组和 128 位的密钥。就目前而言，唯一的弱点存在于实际使用中采用弱密钥(如全为 0 的密钥)。不过 IDEA 算法目前仍受到主要欧洲国家及美国、日本的专利保护，也进一步限制了它的应用范围。

5. 一次性密码

一次性密码(One Time Password)是指一条仅在很短时间段内使用的密码。密码仅在指定的时间段内有效，一旦超出该时间段，密码立即失效。针对以密码为目标的攻击手段，一次性密码能有效地提升系统的安全性并广泛应用于 Kerberos 认证系统中。例如网络中常见的“随机验证码”也可以归入一次性密码一类。

生成一次性密码主要有两种方式:基于计数的和基于时间的。基于计数的密码生成需要在服务器上维护一个计数表,密码的生成与计数表相关。而基于时间的密码生成方式需要用户端与服务器端进行时间同步,服务器端的密码生成与当前服务器时间相关。

一次性密码能有效地防止各类重放攻击,但是不能免于会话劫持或中间人攻击这些类型的攻击手段。

7.4 非对称加密算法

非对称加密算法是在密码体制中加密和解密采用不同的两个相关的密钥的技术,又称公钥加密技术是由 Diffie 与 Hellman 两位学者在 1976 年提出的,以单向函数与单向暗门函数为实现基础的一类加密算法。与对称加密算法相比,其最大的特点在于使用两个不同的密钥:加密密钥和解密密钥。前者公开,允许发布到任意地方,又称公开密钥或简称公钥。后者保密,又称私有密钥或简称私钥。这两个密钥是数学相关的,通常成对生成。

用某用户加密密钥加密后所得的信息只能用该用户的解密密钥才能解密。假设两个用户 A 和 B 需要进行加密的通信,首先需要 B 生成一对公钥和私钥,公钥为 c,私钥为 d。通信之前将公钥 c 公布,假设需要传输的明文为 x,则进行以下操作步骤:

步骤 1:A 使用公钥 c 对明文 x 进行加密形成密文 c(x),然后传输密文。

步骤 2:B 收到密文,用私钥 d 对密文进行解密 d(c(x)),得到要通信的明文 x。

这样,即使 A 通过不安全的网络传输密文,若攻击者能够截取密文,在没有私钥 d 的情况下,攻击者也不可能得知明文内容。

公钥加密的另一用途是进行身份验证:使用私钥加密的信息,可以用此人发布的公钥拷贝进行解密,接收者由此可知这条信息确实来自私钥拥有者,从而验证对方身份。

与对称加密算法相比,非对称加密算法的优点在于无须共享的用密钥,解密的私钥通常不会发往任何地方或任何用户。

非对称加密算法的工作原理通常都基于目前存在的尚未解决的数学难题。这一类问题具有一个共同的特征:在没有参考变量的条件下很难求解,但是在存在参考变量的条件下求解则非常容易。如最著名的 RSA 算法,其工作原理基于大素数的因数分解难题。

非对称加密密钥的优点还有,也许你并不认识某一实体,但只要你的服务器认为该实体证书权威(CA)是可靠的,就可以进行安全通信,而这正是 Web 商务业务所要求的,例如信用卡购物。

非对称加密算法比传统密钥算法计算复杂度高,相比于对称加密算法,其不足在于计算通常比较复杂,导致计算速度很慢。而且对于处理器的计算能力有相当的要求,难以在嵌入式系统或旧系统中实现。大量数据加密时对称加密算法的速度比非对称加密密算法快 100～1 000 倍。因此,非对称加密算法常被用来对少量关键数据(例如传统加密算法的密钥)进行加密,或者用于数字签名。

目前非对称加密算法有很多种,下面主要介绍几种:RSA 算法、Diffie-Hellman 算法、ElGamal 算法和 ECC 算法。

7.4.1 RSA 算法

使用最广的非对称加密算法是 RSA。RSA 算法是在 1977 年由 Ron Rivest、Adi Shamir 和 Leonard Adleman 一起提出的，RSA 就是他们三人姓氏开头字母拼在一起组成的。它可以实现加密和数字签名功能。

RSA 使用两个密钥，一个为公共密钥，一个为专用密钥。如其中一个加密，则可用另一个解密。密钥长度为 40 位到 2 048 位，加密时也把明文分成块，块的大小可变，但不能超过密钥的长度。RSA 算法把每一块明文转化为与密钥长度相同的密文块。密钥越长，加密效果越好，但加密、解密的开销也大，所以要在安全与性能之间折中考虑，一般 64 位是较合适的。RSA 的一个比较知名的应用是安全套接字层(SSL)，在美国和加拿大，SSL 用 128 位 RSA 算法。

RSA 算法的可靠性基于大素数的因数分解难题。只有在数论数学领域出现巨大的突破情况下，人们找到一种较好的因数分解方法的时候，RSA 加密信息的可靠性才可能极度下降，但找到这样算法的可能性非常小。就目前的计算技术而言，只有采用暴力破解的方式才能破解。只要其密钥的长度足够长，用 RSA 加密的信息实际上是不能被解破的。迄今为止，只有一些不太常用的短密钥 RSA 算法所使用的因数分解被暴力破解。如 RSA-200(因数为 2 个 100 位数)的因数分解所使用的素数及其乘积分别如下：

2799783391122132787082946763872260162107044678695542853756000992932612
8400107609345671052955360856061822351910951365788637105954482006576775
098580557613579098734950144178863178946295187237869221823983

=

3532461934402770121272604978198464368671197400197625023649303468776121
253679423200058547956528088349

×

7925869954478333033347085841480059687737975857364219960734330341455767
872818152135381409304740185467

这两个因数于 2005 年 5 月被找出。寻找因数所需计算能力相当于一台 2.2 GHz 主频的 AMD 四核 Opteron CPU 运算 75 年。不过这代表着低于 640 位的密钥已经不再是完全安全的了。因此在日常使用中，一般采用 1 024 位的密钥以确保其安全性，而需要特别安全的如证书发行机构(CA)等应使用 2 048 位密钥。除此之外，还有一些旁路攻击方式可能给 RSA 的安全带来危害。同时，RSA 算法实现中需要生成随机数，因此对于此随机数种子的生成方法研究，也是对 RSA 破解的一个突破点。

RSA 算法可以用作一般的加密，也可以用于数字签名。鉴于 RSA 算法的加密过程太慢，通常会与对称加密系统联合使用。将较慢的 RSA 应用于需要传输的对称加密系统的密钥进行加密，因为一般而言，此密钥不可能比传输内容更长。而使用较快的对称加密系统用于实际通信。这一过程称为电子密钥交换(Electronic Key Exchange)

7.4.2 Diffie-Hellman 算法

Whitefield Diffie 和 Martin Hellman 在 1976 年首次提出非对称加密的概念，并通过大素数幂值的模运算这样的单向函数作为算法基础，首次实现了非对称加密以及电子密钥交换。

Diffie-Hellman 算法实际上是一个密钥交换协议而非单纯的非对称加密算法。SSL、IPSec 协议和 SSH 协议中，都有 Diffie-Hellman 算法的使用。Diffie Hellman 算法用于建立共享密钥，没有签名也没有加密，一般与对称加密算法共同使用。这些算法复杂度各不相同，提供的功能也不完全一样。

7.4.3 ElGamal 算法

该算法由 Taher ElGamal 于 1984 年设计，它的原理类似于 Diffie-Hellman 算法。因为该算法未申请专利，因此可以免费使用，目前主要用于 PGP 的数字签名机制。El Gamal 和数字签名算法 DSS 实现签名但是没有加密。

7.4.4 ECC 算法

椭圆曲线加密算法(Elliptic Curve Cryptography，ECC)是一类加密算法的总称。这一类算法的基本原理是基于解决椭圆曲线离散对数问题的困难性上的。相比于 RSA 算法和 Diffie-Hellman 算法等基于因数分解系统或模整数离散对数系统的非对称加密算法来说，ECC 系统的运算速度相对较慢。不过，通常认为 ECC 系统所基于的数学问题更加复杂难解，因此 ECC 能使用小得多的密钥长度来提供同等的安全保障，ECC 实际使用中确实比 RSA 等更快。而到目前为止，已经公布的结果趋于支持这个经验性的结论。ECC 被广泛认为是在给定密钥长度的情况下，最强大的非对称算法，因此在对带宽要求十分高的连接中会十分有用。

推荐使用的 ECC 最小密钥长度要求是 160 位，相应的对称分组密码的密钥长度是 80 位。目前对 ECC 算法的挑战中，已经解决的最复杂的是 109 位的密钥，是在 2003 年初由一个研究团队破解的。破解密钥需要用超过 10 000 台奔腾级的计算机连续运行 540 天以上。而对于 ECC 推荐的最小密钥长度 160 位来说，当前估计需要的计算资源是 109 位问题的 100 倍。

7.5 数字签名

在现实生活中，许多法律、财务方面的文件的真实性、完整性和不可否认性是由签发者的亲笔签名来保证的。在文件上手写签名长期以来被用作作者身份的证明，或表示同意文件的内容。签名应满足以下特性：

(1)签名是可信的。文件的接收者相信签名者是慎重地在文件上签字的。

(2)签名不可伪造。证明是签字者而不是其他人在文件上签字。

(3)签名不可重用。签名是文件的一部分，不法之徒不可能将签名移到不同的文件上。

(4)签名的文件是不可改变的。在文件签名后，文件不能改变。

(5)签名是不可抵赖的。签名和文件是物理的东西，签名者事后不能声称他没有签过名。

我们在计算机上如何来实现数字签名呢？这还存在一些问题。首先，计算机文件易于复制，即使某人的签名难以伪造(例如，手写签名的图形)，但是从一个文件到另一个文件复制和有效的签名还是很容易的，这种签名并没有什么意义；其次，文件在签名后也易于修改，并且不会留下任何修改的痕迹。

密码学使得数字签名成为可能。用私钥加密信息，这时就称为对信息进行数字签名。将密文附在原文后，称为数字签名。其他人用相应的公钥去解密密文，将解出的明文与原文相比较，如果相同则验证成功，这称为验证签名。

现在，已有很多国家制定了电子签名法。《中华人民共和国电子签名法》已于 2004 年 8 月 28 日在第十届全国人民代表大会常务委员会第十一次会议上通过，并已于 2005 年 4 月 1 日开始施行。

7.5.1 数字签名的方法

基本的数字签名协议比较简单，例如：

(1)Diana 用她的私钥对文件加密，从而对文件签名。

(2)Diana 将签名的文件传给 Ben。

(3)Ben 用 Diana 的公钥解密文件，从而验证签名。

这个协议不需要第三方去签名和验证。甚至协议的双方也不需要第三方来解决争端。如果 Ben 不能完成第(3)步，那么他知道签名是无效的。

这个协议也满足我们期待的特征：

(1)签名是可信的。当 Ben 用 Diana 的公钥验证信息时，他知道是由 Diana 签名的。

(2)签名是不可伪造的。只有 Diana 知道她的私钥。

(3)签名是不可重用的。签名是文件的函数，并且不可能转换成另外的文件。

(4)被签名的文件是不可改变的。如果文件有任何改变，文件就不可能用 Diana 的公钥验证成功。

(5)签名是不可抵赖的。Ben 不用 Diana 的帮助就能验证 Diana 的签名。

在实际的实现过程中，采用公钥密码算法对长文件签名效率太低。散列函数值可以说是明文的一种“指纹”或是“摘要”，所以对散列值的数字签名就可以视为对此明文的数字签名。为了节约时间，数字签名协议经常和单向散列函数一起使用。例如，Diana 并不对整个文件签名，只对文件的散列值签名。在这个协议中，单向散列函数和数字签名算法是事先就协商好了的。

(1)Diana 产生文件的散列值。

(2)Diana 用她的私钥对散列值加密，凭此表示对文件签名。

(3)Diana 将文件和散列值签名送给 Ben。

(4)Ben 用 Diana 发送的文件产生文件的散列值，然后用 Diana 的公钥对签名的散列值解密。如果解密的散列值与自己产生的散列值相同，签名就是有效的。

通过上面的方法，计算速度大大地提高了，并且两个不同的文件有相同的 160 位散列值的概率为 $1/2^{160}$。因此，使用单向散列函数的签名和文件签名一样安全。如果使用非单向散列函数，可能很容易产生多个文件使它们的散列值相同，这样对某一特定的文件签名就可复制为对大量文件的签名。

这个协议还有其他好处。首先，签名和文件可以分开保存。其次，接收者对文件和签名的存储量要求大大降低。档案系统可用这类协议来验证文件的存在而无须保存它们的内容。中央数据库只存储各个文件的散列值，根本不需要看文件。用户将文件的散列值传给数据库，然后数据库对提交的文件散列值加上时间标记并保存。如果以后有人质疑某文件的存在，数据库可通过查找文件的散列值来解决争端。另外，不对消息本身签名，而对消息的散列值签名可以抵御某些攻击。

实际上，Ben 在某些情况下可以欺骗 Diana。他可能把签名和文件一起重用。如果 Diana 在合同上签名，这种重用不会有什么问题。但如果 Diana 在一张数字支票上签名，那样做就有问题了。

假若 Diana 交给 Ben 一张签名的数字支票，Ben 把支票拿到银行去验证签名，然后把钱从 Diana 的账户上转到自己的账户上。如果 Ben 心怀不轨，他保存了数字支票的副本。过了一星期，他又把数字支票拿到银行（也可能是另一家银行），银行验证数字支票并把钱转到他的账上。只要 Diana 不去对支票本清账，Ben 就可以一直干下去。

因此，数字签名经常包括时间标记。对日期和时间的签名附在信息中，并跟信息中的其他部分一起签名。银行将时间标记存储在数据库中。现在，当 Ben 第二次想支取 Diana 的支票时，银行就要检查时间标记是否和数据库中的一样。由于银行已经支付了带有这一时间标记的支票，于是就可以通知警方。

Diana 也有可能用数字签名来进行欺骗，并且无人能阻止她。她可能对文件签名，然后声称并没有那样做。首先，她按常规对文件签名，然后她以匿名的形式发布她的私钥，或者故意把私钥丢失在公共场所。这样，发现该私钥的任何人都可假冒 Diana 对文件签名，于是 Diana 就声明她的签名受到侵害，其他人正在假冒她签名，等等。她否认对文件的签名和任何其他的用她的私钥签名的文件，这叫作抵赖。

采用时间标记可以部分地限制这种欺骗，因为 Diana 总可以声称她的密钥在较早的时候就丢失了。如果 Diana 把事情做得很好，她可以对文件签名，然后成功地声称并没有对文件签名，这应该从法律或制度上来解决。丢失私钥造成的损失应该由私钥拥有者来承担，这就像公章丢失造成的损失应该由该单位来承担一样。

现在讨论一下多重签名。

采用单向散列函数，多重签名是容易的：

（1）Diana 对文件的散列值签名。

（2）Ben 对文件的散列值签名。

（3）Ben 将他的签名交给 Diana。

（4）Diana 把文件、她的签名和 Ben 的签名发给 Harry。

（5）Harry 验证 Diana 和 Ben 的签名。

Diana 和 Ben 能同时或顺序地完成步骤（1）和步骤（2），Harry 可以只验证其中一人的签名而不用验证另一人的签名。

7.5.2 对称密钥签名

用对称加密算法进行数字签名时，对称加密算法所用的加密密钥和解密密钥通常是相同的，即使不同也可以很容易地由其中的任意一个推导出另一个。在此算法中，加、解密双方所用的密钥都要保守秘密。由于计算速度快而广泛应用于对大量数据如文件的加密过程中，如 RD4 和 DES。

目前采用的对称加密算法，主要是 Lamport-Diffie 的对称加密算法，其签名和验证过程是利用一组长度为报文的比特数(n)两倍的密钥 A,来产生对签名的验证信息,即随机选择 $2n$ 个数组成 B,由签名密钥对 B 进行一次加密变换,得到另一组 $2n$ 个数 C。

(1)发送方从报文分组 M 的第 1 位开始,依次检查 M 的第 i 位,若为 0 时,取密钥 A 的第 i 位,若为 1 则取密钥 A 的第 $i+1$ 位;直至报文全部检查完毕。所选取的 n 个密钥位形成了最后的签名。

(2)接收方对签名进行验证时,也是首先从第 1 位开始依次检查报文分组 M,如果 M 的第 i 位为 0 时,它就认为签名中的第 I 组信息是密钥 A 的第 i 位,若为 1 则为密钥 A 的第 $i+1$ 位;直至报文全部验证完毕后,就得到了 n 个密钥,由于接收方具有发送方的验证信息 C,所以可以利用得到的 n 个密钥检验验证信息,从而确认报文是否是由发送方所发送。

这种方法它是逐位进行签名的,只要有一位被改动过,接收方就得不到正确的数字签名,因此其安全性较好,其缺点是:签名太长(对报文先进行压缩再签名,可以减小签名的长度);签名密钥及相应的验证信息不能重复使用,否则极不安全。

7.5.3 公开密钥签名

数字签名是目前电子商务、电子政务中应用最普遍、技术最成熟、可操作性最强的一种电子签名方法。数字签名主要是非对称密钥加密技术与数字摘要技术的应用。

目前,RSA 数字签名得到了广泛的应用。在前面介绍的 RSA 加密算法中,我们用接收方公钥对数据进行加密,接收方用私钥对接收到的数据进行解密。如果反过来用发送方的私钥对原始数据进行加密,而在接收方用发送方的公钥进行解密,算法依然成立。因为公钥是公开的,所以用私钥加密的数据在安全性上没有任何意义。但是它说明了这样一个问题:只要用发送方公钥能解密出来的东西一定是用发送方私钥加密的,而私钥只能由发送方自己保存,不可能泄露给第三方,从而可以确定发送方的身份。这种机制就可以作为数字签名来用,就如同一个人在支票上手写签名一样,不可能有人仿造出来。

因为公钥加密方法对于长报文来说效率很低,所以签名和验证过程都是针对消息摘要的。另外未被保护的报文很容易被别人修改,为了保护报文不被修改,使用散列函数生成消息摘要,也称为消息验证码(Message Authentication Code,MAC),这个摘要是独一无二的(防篡改),它能够被收发双方再生,并且对于给定的摘要并不能恢复出生成这个摘要的原始信息从而保证报文的完整性。

在进行 RSA 数字签名时,发送方用一个哈希函数从报文中计算得到一个固定位数的消息摘要,然后用自己的私钥对这个摘要进行加密,加密后的摘要作为报文的数字签名和报文一起发送给接收方,接收方用与发送方一样的哈希函数从接收到的原始报文中计算出消息摘要,接着再用发送方的公钥对报文附加的数字签名进行解密,如果这两个摘要相同,那么接收方就能确认该数字签名是发送方的。

下面具体通过图 7-4 为示例来说明,假设为你写的一封信:签名提供了原作者的证明,而信封提供了秘密性。

(1)Diana 用她的私钥对信息签名:$S_A(M)$。

(2)Diana 用 Ben 的公钥对签名的信息加密,然后发送给 Ben:$E_B(S_A(M))$。

(3)Ben 用他的私钥解密:$D_B(E_B(S_A(M)))=S_A(M)$。

(4)Ben 用 Diana 的公钥验证并且恢复出信息:$V_A(S_A(M))=M$。

加密前签名是很自然的。当 Diana 写一封信时,她在信中签名,然后把信装入信封中。

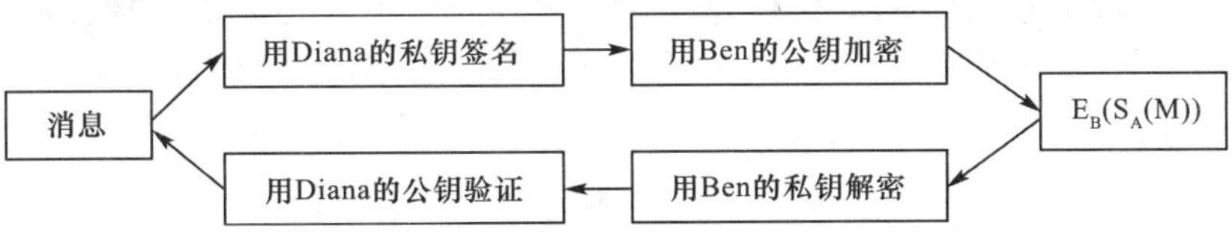

图 7-4 带加密的数字签名

如果她把没签名的信放入信封，然后在信封上签名，那么 Ben 可能会担心这封信是否被替换了。

在电子通信中也是这样，加密前签名是一种谨慎的习惯做法。这样做不仅更安全(其他人不可能从加密信息中把签名移走，然后加上他自己的签名)，而且还有法律的考虑：如果签名者不能见到被签名的文本，那么签名就不具法律效力。

Diana 没有理由必须把同一个公钥/钥密钥对用作加密和签名。她可以有两个密钥对：一个用作加密，另一个用作签名。分开使用有它的好处：她能够把她的加密密钥交给警察而不泄露她的签名，一个密钥被托管而不会影响到其他密钥，并且密钥能够有不同的长度，能够在不同的时间终止使用。当然，这个协议应该用时间标记来阻止信息的重复使用。

通过把公钥密码和数字签名结合起来，我们能够产生一个协议，可把数字签名的真实性和加密的安全性合起来。

7.5.4 数字证书

非对称加密算法使得密钥的分发比较容易，而且也减少了系统中密钥的数量。但是公开密钥分发也存在问题，因为系统中每个实体都可以把自己的公钥发布到一个公钥数据库中供其他实体查询使用，因此如果一个入侵者用自己的公钥替换掉某个实体的公钥，那么发往该实体的所有信息都会被入侵者截获并解密。因此要有一种机制来确保公钥不会被替换，或者被替换后，那么使用该公钥与之通信的实体也能被检测出来，数字证书就是这样一种机制。

数字证书如同日常生活中使用的身份证，它是持有者在网络上证明自己身份的凭证。数字证书是经过可信赖的数字证书认证机构(Certificate Authority，CA)使用自己的私钥对证书内容进行数字签名后颁发的，证书内容包含公钥拥有者信息、拥有者的公钥和加密算法、证书有效期、CA 的名称和 CA 使用的数字签名算法等信息。简单地说，证书是由一个公钥，再加上公钥所有者的标识以及 CA 对上述信息的数字签名构成的。证书的格式和内容是由国际电信联盟(ITU-T)制定的数字证书标准 X.509 定义。

CA 的数字签名保证了公钥及其所有者的对应关系，同时也保证了证书中的公钥信息不会被篡改。因为只有 CA 自己能够使用其私钥对数字证书进行数字签名，同时 CA 的公钥公布在其官方网站上，我们认为在官网上得到的 CA 的公钥是真实的，这就避免了数字证书被伪造或篡改的不法行为。

拥有数字证书的实体可以通过数字证书发布自己的公钥。需要此公钥的实体收到数字证书后为了验证公钥的真实性，用 CA 的公钥解密证书的数字签名，得到 CA 提供的证书摘要。然后再用 CA 使用的数字签名算法对收到的数字证书计算证书摘要，比较这两个摘要，如果相同就说明这个证书是有效的，从而验证了公钥的真实性。

但是如果一个入侵者冒充 CA，用自己的公钥替换掉 CA 的公钥，并用自己的私钥签发合法用户的数字证书，这又该如何处理呢？这个问题的解决涉及公钥基础设施（Public Key Infrastructure，PKI），每个CA的公钥由它的上一级CA签发，最高级是根CA，如图7-5所示。

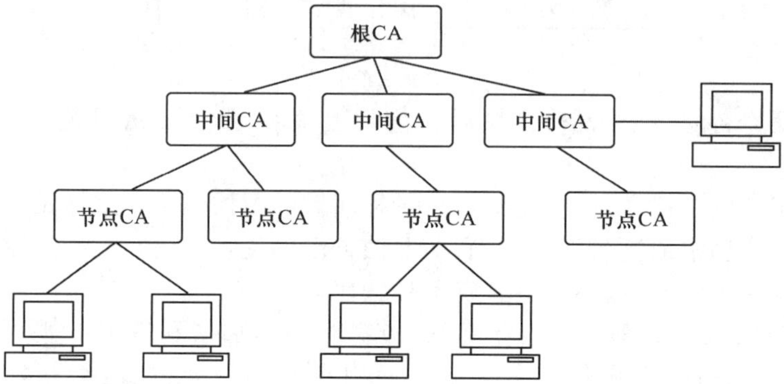

图7-5 CA的层次结构

根CA负责认证第一级CA，第一级CA负责认证第二级CA，以此类推，每一级都信任根CA。如果用户对签发证书的CA不信任，可以追溯到它的上一级CA，直到追溯到一个被广泛认为是安全、权威而足以信赖的根CA。

7.6 网络基础设施安全

网络基础设施指的是开展工作所需的所有网络基础的总称。网络基础设施中缺少任何一部分都将导致组织不能正常地开展工作。网络基础设施安全应对的是一些最基础的安全问题，大部分涉及的是物理安全的范畴，当然也有少部分涉及管理安全和操作安全。

网络基础设施的安全包括服务器和工作站的安全、网络和网络组件的安全以及如何准备这些设备并使其能够正常工作。网络基础设施上承载的是组织的信息流和工作流，因此网络基础设施的安全如果不能得到保障，则无法保证组织任何活动的安全。

7.6.1 网络硬件设施和通信基础

网络硬件设施包括诸如网卡、路由器、交换机等一系列的硬件设备，也包括如以太网、令牌网或光纤网等用于连接网络的硬件组件，同时网络的连接手段、连接方式和相应的软件也是不可或缺的一部分。在现代的网络环境中，一个组织——即使是一个很小的公司——可能也同时需要使用多种网络硬件设施来构建它的网络环境。

一个组织在接入互联网并部署其网络时应该经过详细的计划和评估。因为互联网尽管可以帮助组织获取或发布信息，但是互联网同时也是主要的威胁来源。而且来源于互联网的威胁难以查明身份和追究责任。

作为一个安全管理人员，在规划和管理网络基础设施时应该拥有由下面这些要求组成的一张列表。

①使用了多少台服务器，每台服务器提供什么样的功能，每台服务器分别需要何种级别的安全性？

②使用了多少工作站，工作站上运行哪些操作系统，运行何种软件，它们是如何连接到网络的（借助有线网络、无线网络还是使用拨号）？

③数据是如何在网络内流动的，需要经过哪些网络设备（路由器、网关），如何保证这些网络设备的安全，是否有防火墙，是否有设备能够监控和阻拦恶意的攻击？

④如何连接到 Internet，采用何种网络设备（调制解调器还是路由器），如何管理网络设备，能否通过网络直接访问和管理网络设备？

这样一张列表应该由管理员进行维护和更新，一方面，管理员能够利用它有效地管理网络，另一方面组织在对网络基础设施进行审计和资产评估时，同样也需要类似的列表。

作为系统管理员和安全人员，应对各类安全威胁不应该有“这不可能发生在我们身上”或者类似的思想，需要时刻准备好应对各类威胁。

现代网络中，主要使用以下几种网络设备。

1. 网卡（Network Interface Card，NIC）

网络接口卡简称网卡，网卡的功能是将工作站或服务器连接到网络。网卡上有专门用于连接不同类型网络所使用的连接接头插口。因为绝大部分局域网都采用以太网协议，因此最广泛使用的是 RJ-45 接口。此外，还有常用于调制解调器的电话线接口和同轴电缆接口。

网卡的作用在于支持 OSI 参考模型中有关底层的协议功能。网卡定义了物理层的连接类型，所以不同的网卡对应不同的物理层协议。网卡分为单插口卡和多插口卡。工作站大多数采用单插口卡，而服务器因为有提高进出网络数据吞吐量的需要，可能使用多个网卡或者使用多插口卡。

2. 集线器

集线器是一种网络连接设备，用于连接使用了相同 OSI 模型物理层协议的多个网络设备。集线器可以将局域网配置成为星型拓扑结构。不过，随着以太网的性能和带宽的提高，集线器已经逐步不适用于高性能以太网，而原本集线器的低成本优势，也随着交换机和路由器的成本降低不再明显。因此现代以太网中集线器已经不再常见。

3. 网桥

网桥指的是用于连接同一网络不同域部分。网桥也可以用于放大信号或者长距离的以太网连接。不过网桥只能减少以太网内的冲突，而不能完全消除冲突，因此在高性能网络中网桥的使用也逐渐减少。

4. 交换机

大多数现代以太网中交换机是一类基本的连接设备。随着交换机的价格降低，它也逐步取代了集线器和网桥的地位。交换机在现代网络中起到仅次于路由器的作用，而目前大部分网卡都支持全双工工作方式，也能够将交换机产生的通信冲突降到最低限度。在更新型的网络中，传统意义上一直工作在数据链路层的交换机已经介入 OSI 参考模型中的第 3 层，也就是网络层的工作。新型的第三层交换机已经能够在网络层上正常工作，并能够对网络层的路径选择进行相应的优化。从某些意义上说，交换机在第三层的工作已经取代了部分路由器的功能。

（1）交换机的安全性

交换机能交换数据包并将其发送至相应的物理设备，也能够在传输中将内部局域网转移至外部互联网，还能够对数据包包头进行处理和检查，并执行访问控制功能。在这种访问控制功能中，交换机同时充当防火墙的功能。

不过，由于 OSI 模型的第 2 层和第 3 层均不具有加密和隧道功能，因此交换机上流经的数据包能够被嗅探设备获取。尽管一般的嗅探设备仅能够获取有限的数据包，但是在通信协议未经加密的情况下，嗅探和旁路监听还是能够给通信的隐秘性带来威胁。

(2)交换机与 VLAN

VLAN 指的是虚拟局域网(Virtual Local Area Network)，VLAN 是交换网络中的广播域，即将一个大型的局域网划分成多个子域，广播消息只能在某一个特定的子域范围内传播。一般情况下可以设置子域与子域之间不能互相通信。因此，企业可以借助 VLAN 实现信息的分级与分层保护，也可以根据 RBAC(Rde-Based Access Control，角色的权限访问控制)模型对企业局域网进行划分和隔离，从而提高网络的吞吐量和安全程度。VLAN 能够有效提高企业的安全管理。例如，有经验的管理员会将未经使用的交换机插口配置成为一个空的 VLAN 并使其网络中隔离。这种方法可以有效地防止未授权的网络接入。

不过，由于 VLAN 必须在交换机或者路由器的交换装置上配置，因此交换机和路由器这类智能网络设备容易成为黑客攻击的目标。如果黑客入侵交换机并修改相应的参数，就有可能旁路窃听经过交换机的所有通信。而且，一般系统管理员需要远程管理这类网络设备，而使用的简单网络管理协议(Simple Network Management Protocol，SNMP)中，密码大多数以明文进行传输，因此是一个比较严重的安全隐患。另外，一旦攻击者能够物理接触到交换机设备，一旦交换机未设置密码或未更换默认密码，攻击者就有可能进入系统并进行窃听。因此，为了保证交换机的安全，管理员在配置交换机之前应该修改默认密码或设置一个较强的密码，在远程连接交换机时需要采用如 SSH 等安全通道或者安全协议进行远程管理。

5. 路由器

路由器是网络通信的管理设备，用于连接不同的网络或网络区段。它工作在 OSI 参考模型的第 3 层——网络层。使用网络地址(通常是 IP)和路由协议来决定网络中两个端点之间的最佳路由路径。路由器是网络的骨干设备，能够监听网络中的所有数据包。路由器能够拆开数据包并查看数据包的目的地址和来源地址。因此路由器中可以应用访问控制列表。

路由器的规格和尺寸各异，功能也不同。大型的路由器使用光纤连接，并能够达到吉字节级别的转发速率，而小型的路由器使用以太网电缆或同轴电缆连接，只能为单台计算机或数台计算机组成的局域网进行服务。

对于路由器的安全，与交换机类似，因为属于智能网络设备，所以攻击者可以登录路由器并篡改路由器设置或者进行旁路窃听。因此路由器本身的物理安全和管理员使用的密码需要保证较高的安全级别。路由器在地理上的分布比较分散，因此需要管理员进行远程访问和远程控制，在实施远程访问时需要使用加密隧道进行访问。另外，由于路由器通常管理较大范围的网络，因此必须设置强密码策略以防止密码被暴力破解或窃取，从而产生广泛的威胁。

保障网络基础设施的安全工作中，占据主要部分的是保障网络设备的安全。

7.6.2 防火墙

防火墙是网络基础设施中用于网络安全的设备，是用于网络安全的第一道防线。防火墙可以由硬件组成，也可以由软件组成，也可以是硬件和软件共同构成。防火墙的作用是检查通过防火墙的数据包并根据预设的安全策略决定数据包的流向。硬件防火墙可以集成在路由器或者网关中，借由路由器对网络的路由功能对流经的数据包进行分析和监控。

防火墙能够以物理的或虚拟的方式对单个计算机或计算机网络进行隔离。而它的主要目的是防止内部或私有的网络遭受外来的未经授权的访问，如图 7-6 所示。

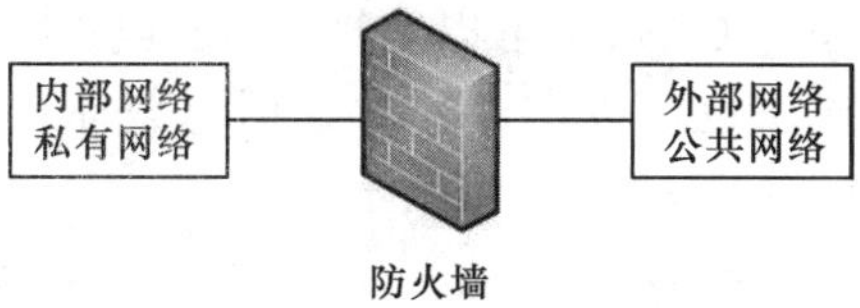

图 7-6 防火墙

1. 防火墙的工作

一般情况下，部署一个防火墙需要完成以下一些工作：

• 制定安全策略，一个详细有效的安全策略是保证组织安全的基础。

• 根据安全策略设计防火墙方案。

• 安装防火墙软件或硬件。

• 测试防火墙，如果部署防火墙但不适合使用，则不仅不能提高安全级别，反而会引发更多的安全威胁。

• 追踪安全威胁和安全技术，如果需要，对防火墙设施进行软件或硬件的升级。

作为公司安全管理的一部分，制定安全策略是一个必需的步骤。需要识别哪些资源必须进行保护，当前的 Web 服务、FTP 服务、电子邮件服务等服务器的组成，以及最常用的一些攻击方法，还有哪些人可能对组织的网络系统发动攻击，组织内部对网络的访问权限如何控制等问题。

防火墙的设计，主要需要回答三个问题：

• 组织提供哪些服务，哪些服务需要经过防火墙进行通信？

• 允许存取资源的是哪些用户，哪些是不允许的？

• 网络的管理者是谁，如何联系和通知？

2. 防火墙可以防范的攻击

防火墙可以防范有害的数据包或者未经授权的访问。其中，未经授权的访问包括外部网络未经授权访问内部局域网或站点，也包括内部主机或工作站未经授权访问 Internet。除此之外，经过良好配置的防火墙也能够防护 ping of death、DOS、Tear Drop、SYN Flood、Smurf、IP 欺骗。如果增加病毒扫描功能，也能够防止病毒木马等恶意软件。

不过基于网络的防火墙并不能阻止发自内部网络且攻击目标同处于内部网络的攻击。因为路由过程可能使得这一类数据包不流经防火墙而直接流向内部网络的其他主机。

3. 防火墙的分类

(1)包过滤防火墙(Packet-Filtering)

包过滤防火墙的原理主要是检查流经防火墙的数据包并根据固有规则对数据包进行判断从而决定其最终流向。包过滤指的是对数据包进行筛选和甄别的过程。只有符合规定条件的数据包才允许穿越防火墙并达到最终目的地。包过滤防火墙是最古老也是最简单的一类防火墙，它只能够分析数据包的包头信息(如 TCP 数据包包头或 UDP 数据包包头)，而不会分析数据包的数据段信息。包过滤防火墙能够识别的内容包括：来源地址、目的地址、使用的协议、使用的端口、来源路由信息等。

Linux 内核中采用的 Netfilter-Iptables 就是一种包过滤防火墙，经过简单的设置可以将 Iptables 配置为主机防护所使用的单机防火墙，也可以将装有 Iptables 软件的 Linux 服务器配置为更为复杂的防火墙网关或其他防火墙设备。

随着技术的进步,包过滤和包分析的功能也越来越强大。现代的包过滤防火墙除了能够对数据包进行一般性的包过滤之外,还能够实现一些更为复杂的功能。例如可以借助包过滤防火墙实现访问控制列表(ACL),也可以实现 NAT 或 PNAT,或者借助一些额外的软件实现带有状态分析的包过滤。也可以实现针对数据包载体内容的过滤和分析,借助包计数器实现简单的流量控制功能。

(2)代理防火墙(Proxy Firewall)

代理服务(Proxy)是一种重要的电脑安全功能,也是一种特殊的网络服务,它允许客户端通过它与另一个网络服务进行非直接的连接,也称网络代理。具体过程为:客户端首先与代理服务器建立连接,接着发出一个对其他目标服务器的文件或其他资源的连接请求,代理服务器通过与目标服务器连接或从缓存中取得请求的资源,并返回给客户端。提供代理服务的计算机或其他类型的网络节点称为代理服务器(Proxy Server),代理服务器中实现网络代理的应用软件称为代理软件。如果在提供代理服务的过程中,增加了数据传输的过滤或甄别功能,则可以在代理服务器的基础之上实现防火墙的功能,即代理防火墙。

代理防火墙由于通常运行在应用层,因此可以实现一些包过滤防火墙所不能完成的功能,如针对具体的应用层协议进行控制,或者依据访问控制列表针对用户进行 ACL,也可以针对数据包的具体内容进行内容控制或分级控制。但是代理防火墙的适用范围不够广,不能针对一些特定的低层协议或特定的攻击方式做出反应。

代理服务器在网络拓扑上通常处于网关的位置,如图 7-7 所示。但是,在服务器性能允许的条件下,也能够将代理服务器用于连接两个以上的不同网络。例如,双穴代理(Dual-Homed Proxy)就是利用两块以上的网卡,分别对不同的局域网网络提供代理服务。在实际应用中,可以使用双穴代理将两个孤立的网络连接在一起,可以在 VLAN 或 VPN 网络中起到连接不同私有网络的作用。双穴代理服务器的使用中,需要谨慎对待操作系统自带的 IP 转发功能和路由功能,因为这些功能会让数据包绕过代理软件直接进入网络,造成未经授权或不受管理的访问。而网络管理员也应该注意网络中不能出现普通用户私自建立双穴代理服务的行为。

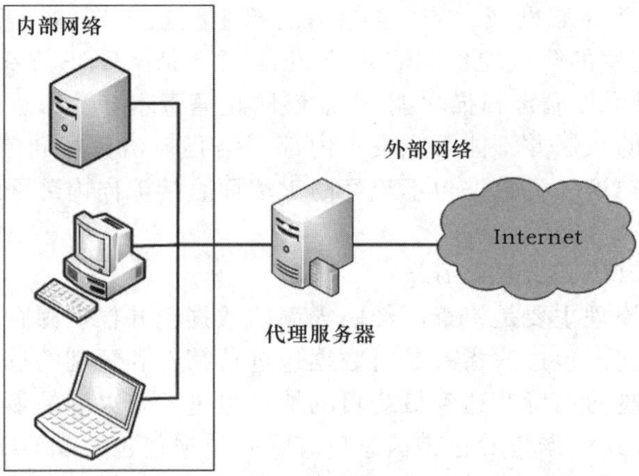

图 7-7 代理服务器

Microsoft 的 ISA Server(Internet Security and Acceleration, Server)是早期使用范围较广的一款代理防火墙软件,目前 Microsoft 的 Edge 浏览器可以用于波置代理服务器。而 Linux 中采用的 Squid 是一款免费的代理软件,经过设置也能够充当代理防火墙的功能。

一般的代理型防火墙需要代理服务器本身具有一定的网络吞吐能力和存储计算能力。尤其是需要进行内容分析或进行 ACL 的代理型防火墙,更是需要与用户列表/用户数据库或者文本分析器进行整合。因此,一般代理服务器都采用 PC 服务器或专用的网络设备,而不会像包过滤防火墙一样与路由器或者交换机进行集成。

除了以上两种防火墙以外,还可以根据防火墙在网络中的位置划分为内部防火墙和外部防火墙,或根据防火墙的功能划分为病毒防火墙和入侵检测防火墙等。

4. 防火墙中主要采用的技术

(1)NAT

网络地址转换(Network Address Translation,NAT)指的是将一种网络地址按照一定的规则转换成另一种网络地址的功能。目前的计算机网络中,主要是在 IP 数据包通过路由器或防火墙时重写源 IP 地址或目的 IP 地址的技术。这种技术被普遍使用在有多台主机但只通过一个公有 IP 地址访问互联网的私有网络中。开始,NAT 是作为一种解决 IPv4 地址短缺的方案而流行起来的,所以 NAT 就成了家庭和小型办公室网络连接上的路由器的一个标准特征,进而成为互联网的标准规范之一。

在一个典型的 NAT 配置中,一个本地网络使用一个专有网络的指定子网(如 192.168.1.0,即所谓的私有地址空间)和连在这个网络上的一个路由器/网关。这个路由器/网关占据同一段网络地址内的一个专有地址(如 192.168.1.1),同时它还通过一个或多个互联网服务提供商提供的公有 IP 地址(如 59.57.123.65)连接到互联网上。当信息由本地网络向互联网传递时,源地址被立即从专有地址转换为公用地址。由路由器/网关跟踪每个连接的目的地址和端口。当有回复返回至路由器/网关时,它通过输出阶段记录的连接跟踪数据来决定该转发给内部网的哪个主机,从而最终完成整个 NAT 功能。

有人认为 IPv6 的广泛采用将使得 NAT 不再有意义,因为 NAT 只是一个处理 IPv4 的地址空间不足的方法。同时 NAT 也让主机之间的通信变得复杂,导致通信效率降低。

NAT 除了带来方便和经济性(无须去申请多个公有 IP 地址)之外,NAT 还可以用于安全目的。NAT 依赖于路由器/网关与 Internet 上的主机进行连接,因此它可以阻止外部网络上的主机向内部局域网的主机发起的恶意活动。同时将本地局域网中的多台主机隐蔽在同一 IP 地址下,以提高本地系统的私密性。

NAT 主要分为简单 NAT 和端口转换 NAT。其中简单 NAT 只能够进行网络地址的转换,而端口转换 NAT 有时候也称为 PNAT 或 PAT。端口转换 NAT 除了能够进行网络地址转换以外,也能够完成端口转换和映射的功能,因此在实际使用中较为常见。支持端口转换的 NAT 又可以分为两类:源地址转换 NAT 和目的地址转换 NAT。源地址转换 NAT(Source NAT,SNAT)中发起连接的计算机的 IP 地址将会被重写,而目的地址转换 NAT(destination NAT,DNAT)中被连接计算机的 IP 地址将被重写。实际上,以上两种方式通常会一起使用以支持双向通信。

需要注意的是 NAT 并不是万能的,例如一些高层协议(如 FTP 等应用层协议)在设计中并没有考虑 NAT 的使用,由于地址转换或端口映射可能使接收方接收到的信息无效,需要运行一个相应的应用层网关(Application Layer Gateway,ALG)才能够修正这样的问题。而且每个存在问题的协议都需要有一个单独的 ALG,这会给运行 NAT 的网关或主机带来额外的负担。另一个 NAT 无法处理的问题是,如果通信双方采用了加密的通信协议或者建立起一条加密隧道时,NAT 是无法修改或处理加密的数据包的。在这些情况下,NAT 无法完成正常的地址或端口转换任务,而这种加密通信也无法正常地在带有 NAT 的网络上运行。

(2)状态包过滤

状态包过滤(Stateful Packet Filtering)是在基本包过滤的基础上发展而来的。基本包过滤只能对数据包的来源和目的地址、协议类型、端口、路由附加信息进行过滤,但是其过滤粒度不能进一步细化。而状态包过滤技术是针对 TCP 等协议本身的实现过程设计出来的更高层次的包过滤技术。众所周知,TCP 协议中建立连接需要进行三次握手,而所谓的状态(State),指的就是当前传输的数据包在 TCP 连接中所处的阶段。通过状态包过滤技术可以判断出经过过滤的数据包是 TCP 的哪一类数据包,并能够依据数据包序号和上下文数据包判断当前数据包是否处在恰当的位置。

状态包过滤可以应对如 IP 欺骗或者 SYN Flood 这类借助 TCP 协议本身缺陷而发动的攻击,也能够有效地维护一个 TCP 会话的状态和真实性,从而防止 TCP 会话劫持或重放攻击等攻击手段。

目前状态包过滤的功能已经普遍集成在包过滤防火墙中。不过相比于普通的包过滤,状态包过滤需要防火墙具有更高的运算能力和一定的存储能力。目前出现的一些自适应包过滤防火墙则增加了针对攻击数据包的状态学习功能,因此功能更加强大,也进一步提高了防火墙本身的软、硬件环境需求。与基本包过滤技术相似,状态包过滤同样不能应对如加密隧道或加密协议数据包等类似的加密传输。

(3)ACL

访问控制列表(Access Control List,ACL)是网络安全中常用的一种用户访问控制工具。在防火墙中,主要使用 ACL 鉴别用户访问网络和主机的权限。通常防火墙的 ACL 与用户数据库或者身份验证系统连接,对于包过滤防火墙来说,用户信息基本上等同于 IP 地址信息或 MAC 地址信息。而对于代理服务防火墙来说,可以直接识别连接的来源地址和来源用户身份,某些高级的代理服务软件能够支持在连接中使用用户身份验证或者使用电子证书。因此,ACL 主要在代理服务器防火墙中有较多的应用。

7.6.3 网络结构与 DMZ

1. 非军事区(De-Militarized Zone,DMZ)

在计算机安全领域中,非军事区的概念是网络结构中的一个物理子网或者逻辑子网,在其中放置能够对外部的不可信的网络——通常是互联网,提供公共服务的主机。非军事区这一名字来源于军事领域,有时也被称为数据管理区或外围网络。设置非军事区的目的是给网络增加一个安全层。

对于一个局域网网络来说,最容易受到攻击的是向外部用户提供服务的主机或服务器,如电子邮件服务器、Web 页面服务器、DNS 服务器等。由于传统网络结构中,这些服务器与内部网络的其他主机处于同一网络中。因此,一旦这些应用服务器被攻破会对整个网络的所有主机和服务器带来损害。而 DMZ 的网络中,非军事区中的主机不能直接建立与内部主机通信,因此一个外部攻击者对内部网络的攻击只能破坏处于非军事区的主机而不能破坏整个网络,从而能够实现更高级别的安全。

通常构建 DMZ 需要至少一个专用的防火墙设备。双防火墙构建的 DMZ 是比较普遍的做法,即内部网络连接到外部网络的路径上放置一前一后两个防火墙,两个防火墙中间围起的区域就是 DMZ,如图 7-8 所示。外部防火墙主要用于防范外部攻击者对内部网络和

DMZ 内主机的攻击，而内部防火墙用于防范由 DMZ 主机向内部网络发起的攻击。

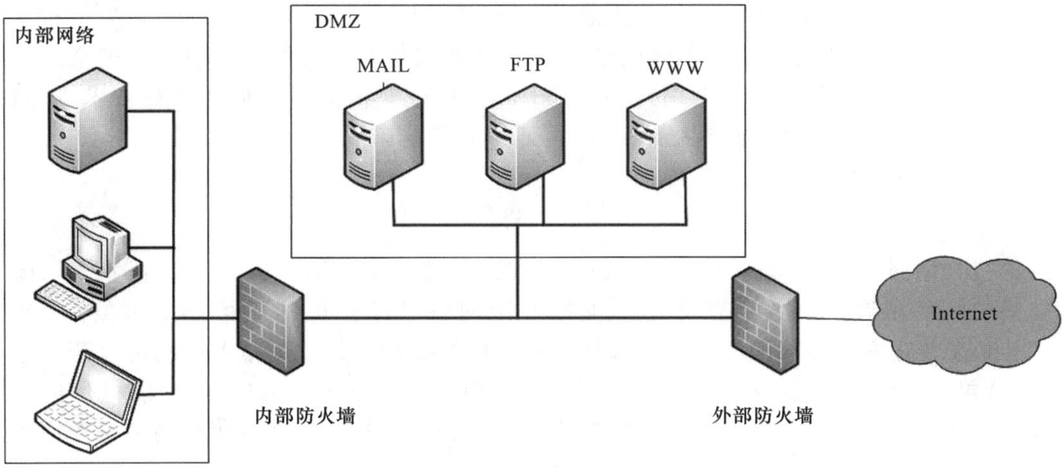

图 7-8　DMZ 与网络结构

一般而言，任何向外部网络用户提供的服务都可以放置在非军事区。其中最常用的服务器是 Web 服务器、邮件服务器、公开的 FTP 服务器、VoIP 服务器和 DNS 服务器。

现代的 Web 服务器，尤其是企业的 Web 服务通常都需要连接后台数据库。尽管 Web 服务器能够放置在 DMZ 中，但是数据库系统应禁止放置在 DMZ 中而必须放置在内部网络中。对于需要与数据库连接的 Web 服务而言，最好的方法是增加一层应用服务中间件来解决这个问题。

使用加密传输的 E-mail 不能放置在 DMZ 中，因为 DMZ 不能保证信息不被泄露。可以在 DMZ 中可以放置一个 E-mail 服务网关用于接收外部邮件服务器的邮件，而将实际的 E-mail 服务器置于内部网络用于发送邮件，通过 SMTP 转发或 POP 等方式实现 E-mail 服务器与 E-mail 网关的互通。

代理服务和反向代理服务器也能布设在 DMZ 中。这里的代理服务通常不是用于防火墙的作用而是用于普通的应用服务。而反向代理指的是允许外部 Internet 用户连接到 DMZ 甚至内部网络的服务器主机。

2. Internet、Intranet 和 Extranet

(1) Internet

Internet 是目前世界上最大范围的网络。它由一系列相互联系的网络组成，互联网的用户被赋予近乎无限的系统间通信能力。由于世界上所有人和设备都能够有机会访问到某台主机，在 Internet 上也无法实现任何强制性的安全策略，因此 Internet 被视为一种不被信任的网络。任何受信任网络在接入互联网之前需要考虑其安全性。

(2) Intranet

内联网 Intranet 指的是一个受信任的并能够连接到互联网的网络。内联网受到系统和网络管理员的安全控制，校园网和企业网就是内联网的典型。用户可以借助 Intranet 连入 Internet。但是如果需要从 Internet 连入 Intranet 则相对比较困难，需要借助反向代理服务才能实现。

(3) Extranet

Extranet 指的是一个企业内部网络有选择地向外延伸到外部合作伙伴的部分。通过统一的网络使得企业可以与客户、供应商、合作伙伴以及其他受信任的机构或个人进行信息共享。在 Extranet 上可以如 Intranet 一样使用企业的信息资源。因为需要保证不同地域或不同级别的用户连接到企业 Intranet,Extranet 通常使用 VPN 等技术。同时,为了在互联网上传输企业的敏感信息,Extranet 的通信要求具有相当的保密性。Extranet 安全的主要任务就是防止未授权的登录和使用行为。Extranet 的安全需要综合使用多种技术,如防火墙、远程访问、加密和解密、身份认证和鉴别、安全通信隧道等。

7.6.4 VPN

虚拟专用网络(Virtual Private Network,VPN)是一种常用于连接大型企业或团体与团体间的内部私有网络的通信方法。虚拟专用网络借助公用的不可靠的网络(通常是 Internet)来传送内部局域网需要保密和详细验证的数据和信息。虚拟专用网可以帮助远程用户、公司分支机构、商业伙伴及供应商同公司的内部网建立可信的安全连接,并保证数据的安全传输。一个企业的虚拟专用网解决方案将大幅度地减少花费在租用高带宽专用线路上的资金。同时,VPN 也能够简化网络的设计和管理,保护现有的网络投资。

VPN 的用户和服务器端都只需要分别连入本地。ISP 提供的 Internet 接入服务,省去了跨地区的专线网络的建立所需要的巨大成本和跨区域通信费用。同时,由于 VPN 在逻辑上将不同地域的主机连接在同一个局域网内,因此不同地域范围内的主机可以借助 VPN 实现局域网上才能够实现的应用服务,如图 7-9 所示。

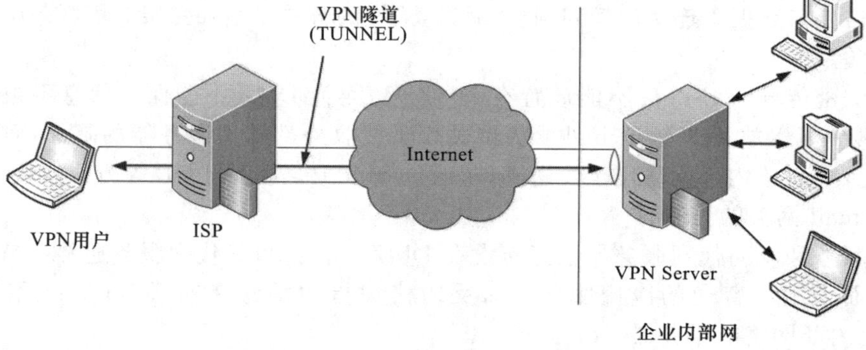

图 7-9 VPN 与企业网络

虚拟专用网络在技术上利用加密的隧道协议(Tunneling Protocol)来达到保密、传送端认证、信息准确性和不可否认性等安全目标。在经过良好配置的条件下,可以利用 VPN 在不安全的网络(如互联网)来传送可靠、安全的信息。需要注意的是,在现实网络基础设施安全中,VPN 是否对传输的信息进行加密是可以由管理员人工控制的。没有经过加密处理的 VPN 信息依然有被窃取的危险。

在 VPN 的定义中,虚拟专用网 VPN 至少应能提供如下功能:

- 加密数据,即保证通过公网传输的信息即使被他人截获也不会泄露。
- 信息认证和身份认证,即保证信息的完整性、合法性,并能鉴别用户的身份。
- 访问控制,即不同的用户有不同的访问权限。

1. VPN 的隧道协议

VPN 区别于一般网络互联的关键在于通信隧道(Tunnel)的建立。普通的数据包经过加密后,按隧道协议进行封装和传送以确保安全性。一般在数据链路层实现数据封装的协议称为第二层隧道协议，常用的有 PPTP、L2TP 等。在网络层实现数据封装的协议则称第三层隧道协议，如 IPSec。

2. PPTP 和 L2TP

PPTP(Point-to-Point Tunneling Protocol)是在 PPP(Point-to-Point Protocol)的基础上开发的，主要用于远程拨号连接中的隧道通信。PPP 本身可以支持多种高层的网络协议，可把 IP、IPX、AppleTalk 或 NetBEUI 的数据包封装在。PPP 数据包中，再将整个报文封装在 PPTP 隧道协议包中进行传输。PPTP 能够提供流量控制功能以减少拥塞的可能性，减少由于包丢弃而引发包重传的数量。PPTP 由 Microsoft 开发完成，最早集成于 Windows NT Server 4.0 操作系统中。PPTP 的加密方法采用 Microsoft 点对点加密(Microsoft Point-to-Point Encryption，MPPE)算法，可以选用较弱的 40 位密钥或强度较大的 128 位密钥。

而 L2TP(Layer 2 Tunneling Protocol)主要由 CISCO 提出的 L2F(Layer 2 Forwarding)隧道协议演化而来。L2F 协议主要用于 CISCO 的路由器和拨号访问服务器。而后设计者将 PPTP 和 L2F 协议的优点结合在一起，形成了 L2TP 协议。

L2TP 支持多种协议，可以实现和企业原有非 IP 网的兼容，同时还继承了 PPTP 的流量控制功能，支持将多个物理通道捆绑为单一逻辑信道。L2TP 隧道在两端的 VPN 服务器之间采用挑战握手协议(Challenge Handshake Authentication Protocol，CHAP)来验证对方的身份，是一种双向认证的形式。L2TP 因为其安全性受到了许多 VPN 用户的信赖，逐渐成为较为重要的 VPN 标准协议之一。

PPTP 和 L2TP 在安全性上仍旧存在一些不足之处。例如，将不安全的 IP 包封装在安全的 IP 包内，它们用 IP 数据包在两台计算机之间创建和打开数据通道，一旦通道建立就不再检查源主机和目的主机的用户身份，不再对两个节点间的信息传输进行监视或控制，这样可能带来会话劫持或者身份欺骗等问题。而 PPTP 和 L2TP 的认证和加密也受到限制，没有强加密和认证支持也是需要进行改进的地方。

3. IPSec 协议

由于 PPTP 和 L2TP 存在一些问题，通常并不单独使用，一般需要在网络层结合 IPSec 进行使用。IPSec(IP Security，IP 安全协议)是利用 IP 协议进行安全通信的标准，它主要功能是对 IP 协议分组进行加密和认证。

(1)IPSec 的概念

IPSec 是一种由 IETF 设计的端到端的确保 IP 层通信安全的机制。IPSec 不是一个单独的协议，而是一组协议，这一点对于认识 IPSec 是很重要的。IPSec 协议的定义文件包括了 12 个 RFC 文件和几十个 Internet 草案，已经成为工业标准的网络安全协议。

IPSec 是随着 IPv6 的制定而产生的，鉴于 IPv4 的应用仍然很广泛，所以后来在 IPSec 的制定中也增加了对 IPv4 的支持。IPSec 在 IPv6 中是必须支持的，而在 IPv4 中是可选的。

IP 协议在当初设计时并没有过多地考虑安全问题，而只是为了能够使网络方便地进行互联互通，因此 IP 协议从本质上就是不安全的。仅仅依靠 IP 首部的校验和字段无法保证 IP 包的安全，修改 IP 数据包并重新正确计算校验和是很容易的。

IPSec 协议可以为 IP 网络通信提供透明的安全服务，保护 TCP/IP 通信免遭窃听和篡改，保证数据的完整性和机密性，有效抵御网络攻击，同时保持易用性。

表 7-3 列出了 IPSec 相关的 RFC，如果想进一步了解 IPSec 的某些内容，请参考相关 RFC。

表 7-3　　定义 IPSec 协议簇的 RFC 文件

RFC	内　容
2401	IPSec 体系结构
2402	AH(authentication header)协议
2403	HMAC-MD5-96 在 AH 和 ESP 中的应用
2404	HMAC-SHA-1-96 在 AH 和 ESP 中的应用
2405	DES-CBC 在 ESP 中的应用
2406	ESP(encapsulating security payload)协议
2407	IPSec DOI
2408	ISAKMP 协议
2409	IKE(internet key exchange)协议
2410	NULL 加密算法及在 IPSec 中的应用
2411	IPSec 文档路线图
2412	0AKLEY 协议

(2)IPSec 的功能

IPSec 的功能基本上有以下几方面：

• 作为一个隧道协议实现了 VPN 通信。IPSec 作为第三层的隧道协议，可以在 IP 层上面创建一个安全的隧道，使两个异地的私有网络连接起来，或者使公网上的计算机可以访问远程的企业私有网络。这主要是通过隧道模式实现的。

• 保证数据来源可靠。在 IPSec 通信之前双方要先用 IKE 认证对方身份并协商密钥，只有 IKE 协商成功之后才能通信。第三方如果想冒充发送方，由于其不可能知道验证和加密的算法以及相关密钥，因此无法冒充，即使冒充，也会被接收方检测出来。

• 保证数据完整性。IPsec 通过验证算法功能保证数据从发送方到接收方的传送过程中的任何数据篡改和丢失都可以被检测。

• 保证数据机密性。IPSec 通过加密算法使只有真正的接收方才能获取真正的发送内容，而他人无法获知数据的真正内容。

7.6.5 无线网络安全性

无线连接和无线网络的传输介质主要以电磁波和不可见光波为主。

1. 红外线通信安全

红外通信不是一个安全的通信方式，红外线可以很轻易地被截获或被切断。只要将拦截装置置于通信双方之间就可以进行截获，而红外光光波可以被反射或者被不算厚的屏蔽层拦截。

2. 蓝牙通信安全

蓝牙(Bluetooth)是一种用于在不同的设备间进行无线连接的通信形式。借助一块较低成本的芯片，可以实现 1～100 m 的信号发射与接收。蓝牙广泛用于连接各类台式计算机、笔记本式计算机、掌上电脑、移动电话、打印机、鼠标、键盘、免提听筒等设备。由于这些设备往往都为个人所有或个人使用，因此也称为无线个人局域网。蓝牙于 2001 年正式成为 IEEE 标准，标准编号 802.15。蓝牙与无线局域网使用接近的无线电频段，但是两者的目的不同。蓝牙面向不同厂商的设备进行连接，而无线局域网用于构建一个无线的网络。

蓝牙设备使用电磁波作为传输介质，因此也容易受到干扰和窃听。最新的蓝牙协议中可以使用匿名方式保护硬件地址不被泄露，也可以使用自适应跳频的方式改善无线电干扰。

3. 无线电和微波通信

无线电波是频率介于 3 Hz 和 300 GHz 之间的电磁波，由于它是由振荡电路的交变电流而产生的，可以通过天线发射和吸收，故称之为无线电波。

射频(Radio Frequency，RF)，表示可以辐射到空间的电磁频率，频率范围为 300 kHz～300 GHz。射频就是射频电流，它是一种高频交流变化电磁波的简称。每秒变化小于 1 000 次的交流电称为低频电流，大于 10 000 次的称为高频电流，而射频就是这样一种高频电流。射频(300 KHz～300 GHz)是高频(大于 10 KHz)的较高频段，微波频段(300 MHz～300 GHz)又是射频的较高频段。

无线网络因其不受线缆束缚、可以移动应用而受到欢迎，用户可以获得更大的流动性。不过，无线网络由于使用微波等电磁波作为信息传输的载体，攻击者对传输媒介的窃听和监听成为很容易的一件事情。有线网络中的身份欺骗、中间人攻击、会话劫持等攻击方式都可以在无线网络中实现。此外，无线网络还有一些特有的攻击方式。

例如，普通用户或攻击者可以使用 War Driving 的方式搜索未经加密或不安全的无线接入点；攻击者可以借助社会工程学手段欺骗用户连接到伪装成合法 AP 的流氓 AP，并伺机窃取用户的机密信息。

(1)无线通信网络和 WAP

无线应用协议(Wireless Application Protocol，WAP)是一个开放性国际标准。主要用于无线通信环境中的应用层网络通信。它可以使得移动电话或 PDA 借助无线通信网络接入互联网。通过个人移动设备和支持 WAP 的浏览器，我们可以连接无线通信网络进行浏览网页、收发电子邮件等操作，只不过浏览器的功能相比于普通 Internet 接入的浏览器稍少。

(2)IEEE 802.11 协议组及 WEP、WPA/WPA2

①IEEE 802.11 系列标准是如今无线局域网通用的标准，它是由 IEEE 所定义的无线网络通信的标准。IEEE 802.11 除了一个基准标准以外，还衍生出一系列子标准，以最后一位的字母作为区别，如 IEEE 802.11a、IEEE 802.11b、IEEE 802.11g 等。

IEEE 802.11 系列的标准中，以下列三个子标准最为普及：

- 802.11a 标准工作在 5 GHz 频率上，能够实现 54 Mbit/s 的传输速率。
- 802.11b 标准工作在 2.4 GHz 频率上，能够实现 11 Mbit/s 的传输速率。
- 802.11g 标准工作在 2.4 GHz 频率上，能够实现 54 Mbit/s 的传输速率。

目前市面上主要的无线局域网都是根据以上三个标准建立。而更高级的标准中，理论速率能够达到 100 Mbit/s 以上。

②无线加密协议(Wireless Encryption Protocol，WEP)，同时也被称为无线等效加密协议(Wire Equivalent privacy，英文缩写同样也是 WEP)，是 1999 年 9 月通过的 IEEE 802.11 标准的一部分。因为它的目标是使无线网络能够达到与有线网络相同的加密性能，于是另一种命名是“有线等效加密”。WEP 使用 RC4 加密算法对信息进行加密，并使用 CRC-32 验证达到资料完整性。起草原始的 WEP 标准的时候采用的是 64 位密钥，而目前实用性的

WEP应用中，广泛采用128位的密钥长度。而目前已有厂商提供256位的密钥用于保证安全性。但是，实际使用中钥匙长度不是WEP安全性的主要因素，破解较长的密钥需要拦截较多的封包，某些主动式的攻击可以激发所需的流量。除此之外，WEP在应用中还有其他的弱点，包括密钥初始化串雷同的可能性和伪造的封包，在这些攻击手段中，密钥长度并不决定攻击的成功率。而更普遍的弱点，如设备默认不启动WEP或人为设置相同的密钥等做法，使得WEP的安全措施很轻易被攻破。

鉴于以上一些缺点，无线网络通常建议升级为WPA或WPA2安全标准。

③WPA(Wi-Fi Protected access，Wi-Fi访问控制协议)有WPAL和WPA2两个标准。它是应研究者在前一代的系统有线等效加密(WEP)中找到的几个严重的弱点而产生的。WPA实现了IEEE 802.11i标准的大部分要求，是在802.11i标准完备之前替代WEP的使用的一套过渡方案。WPA的设计可以用在所有的无线网卡上。而WPA2实现了完整的802.11i标准，这两个标准都能实现较好的安全性。

WPA使用128位的密钥和一个48位的初始化向量(IV)组成的完整密钥，使用RC4加密算法来加密。WPA相比于WEP的主要改进就是增加了可以动态改变密钥的“临时密钥完整性协议”(Temporal Key Integrity Protocol，TKIP)，还有使用了更长的初始化向量。除了认证跟加密过程的改进外，WPA对于所传输信息的完整性也提供了巨大的改进。WEP所使用的CRC(循环冗余校验)先天就不安全，在不知道WEP密钥的情况下，修改CRC校验码是可能的。而WPA使用了更安全的信息认证码(MIC)。进一步地，WPA使用的MIC包含了帧计数器，以避免WEP容易遭受的重放攻击。

④WPA2是经由Wi-Fi联盟验证过的IEEE 802.11i标准的认证形式。对比WPA而言，WPA中使用的MIC由更安全的CCMP信息认证码所取代，而加密使用的RC4算法也被更安全的AES所取代。

一般说来，WLAN可以有三个层次的接入安全级别。使用无认证和鉴别的匿名接入最不安全。其次是采用WEP或WPA为代表的服务器认证。如果使用WPA2等待有双向认证的接入则被认为是最为安全的接入方式。

综合各类连接和通信方式，都存在一定的安全威胁。对于连接媒介的攻击主要是利用窃听和中间人等手段实施身份欺骗、中间人攻击和重放攻击。对于这些攻击手段，一般认为光缆和光纤通信最为安全，双绞线次之，而各类无线传输最不安全。而双绞线中，STP因为有特制的屏蔽层，因此比UTP更能抵抗窃听或干扰类的攻击。

7.6.6 移动设备的安全

手机、掌上电脑、便携式计算机等移动设备随着技术的发展越来越多地进入人们的日常生活。移动设备往往在企业中广泛使用以方便员工在不同地点办公。

移动设备的安全首先需要注意的是移动设备本身的物理安全。因为通常移动设备都比较小巧，以方便个人携带，因此移动设备有可能遗失或被盗。一方面移动设备本身的价值不菲，另一方面移动设备中存储的信息可能会因为遗失设备而遭到泄漏。因此，企业的关键信息如果需要存储在移动设备中，需要设法对信息进行加密处理。

移动设备往往为了追求移动性能而广泛采用无线的连接，因此，对于移动设备的安全需要着重考虑移动设备在无线网络中的安全。一般应该对移动设备的无线连接进行有效的评估。在无线连接中使用已经经过认证的合法 AP 进行接入。

7.7 电子邮件安全性

7.7.1 电子邮件的安全

1. 传输安全

目前主流的电子邮件协议，如 SMTP、POP3、IMAP 等，都使用明文进行传输，传输过程可能被攻击者窃听和截获，从而引发信息泄漏、信息篡改、中间人攻击、欺骗攻击等情况的发生。为了应付这情况，主要有两种解决方法：

①用 SSL 连接，当前的两种邮件接收协议（POP3 和 IMAP）和一种邮件发送协议（SMTP）都支持使用安全的服务器连接。同时，在大多数流行的电子邮件客户端程序都集成了对 SSL 连接的支持。此外大多数 Web 电子邮件也支持使用 HTTPS 连接邮件服务器。

②将邮件加密之后，使用普通连接传输。例如可以利用 GnuPG 等加密软件在寄送前加密邮件，而 Microsoft Outlook 也集成了加密软件。不过，对于 Web 电子邮件，这种方法并不适用。

邮件完整性通常采用数字签名来进行保证。数字签名中可以嵌入邮件正文的 Hash 值以保证邮件本身不被篡改。当然，也可以使用安全性更高的 PKI 来保证邮件的安全。

2. 邮件储存安全

企业中对电子邮件的使用由来已久。企业邮件中有相当部分涉及企业的机密信息。因此除了对外发邮件进行限制外，在邮件服务器端应该对存储的历史邮件进行一定的保护。例如对邮件备份进行加密保存、邮件异地备份等。

3. 发送者身份确认

电子邮件的收发都是以电子邮件地址（用户名@主机名的形式）作为收发标识的，因此具有一定的匿名性。不过攻击者也会利用这一特性，例如借助电子邮件发送电脑病毒或恶意代码，也可以进行垃圾邮件的发送。发送者身份确认就是为了应对这些攻击手段而设计的解决方案。一般而言，电子邮件可以通过嵌入数字证书的方式实现发送者身份验证。而电子邮件服务器上也可以设置身份验证功能，在使用 SMTP 时用户需要进行必要的身份验证，从而将用户名与实际用户身份进行对应。

4. 接收者已收到确认

电子邮件中同样存在安全目标中的不可抵赖性要求。例如接收者可能抵赖说他/她并没有收到电子邮件。在电子商务应用中，电子邮件的不可抵赖性要求显得格外重要。

但是目前并没有一套普遍被采纳的解决方案。例如微软公司的 MS Exchange Sever 电子邮件服务器就提供 Delivery Receipt 用于判断用户是否确实收到邮件。

5. 拒绝服务攻击

拒绝服务攻击同样存在于电子邮件系统中。除了对电子邮件服务器进行攻击以外，早期也有为了妨碍某一用户正常使用电子邮件而对其邮箱发送大量的垃圾邮件直至将邮箱塞满。目前，对于电子邮件服务器的拒绝服务攻击并不常见，通常企业的关键电子邮件服务器都放置于企业内部网络中，而只在DMZ中设置一个SMTP转发服务器用于接收和发送外部邮件，使得直接攻击电子邮件服务器变得更为困难。此外，随着存储设备的成本降低，邮箱容量不断增大，使得塞满邮箱这样的攻击手段难以实现。

6. SMTP 转发

SMTP转发是邮件服务器与邮件服务器之间进行邮件交换的一种方式。但是，恶意攻击者借由SMTP转发实现一些攻击目的，如隐藏原始的发件地址和发件服务器。借助SMTP转发功能，攻击者可以攻击目标服务器或发送垃圾邮件，而进行转发的SMTP服务器，也可能因为被列入垃圾邮件发送者黑名单(Blacklist)而不能正常工作。为了防止SMTP转发，一般SMTP服务器如果不需要进行转发则尽量避免开放这一功能。而在必须要开放SMTP转发功能的场合里，务必要正确地配置SMTP服务，并运行垃圾邮件黑名单功能以阻止来源于垃圾邮件服务器的邮件投递。

7. 垃圾邮件与恶作剧邮件

垃圾邮件与恶作剧邮件的概念和危害在较早章节中有所介绍。一般认为，在电子邮件服务器端对垃圾邮件进行限制是较好的解决方案。目前已经有多种应对垃圾邮件的专用工具，也有相当多的垃圾邮件发送服务器列表供管理员使用。对于企业内部网络和内部电子邮件服务器来说，妥善设置SMTP转发和电子邮件服务器能够有效地减少垃圾邮件。而对员工施以持续的安全培训和安全教育，也能够有效抵御垃圾邮件和恶作剧邮件带来的社会工程学攻击。

7.7.3 邮件加密协议

1. S/MIME 协议

多用途互联网邮件扩展(Multipurpose Internet Mail Extensions，MIME)是一个互联网标准，它扩展了电子邮件标准，使其能够支持非ASCII字符、二进制格式附件等多种格式的邮件消息。MIME主要依靠标准化电子邮件报文头部的附加域(fields)而实现的，这些头部的附加域，可以描述新的报文类型的内容和组织形式。而S/MIME(Secure/multipurpose Internet Mail Extensions)协议是将公钥和数字签名封装在MIME中进行传送所使用的一种标准。借助S/MIME协议，可以实现基于公钥基础设施(PKI)的安全电子邮件传输。

因此，S/MIME协议可以实现电子邮件传输的隐秘性、发送者身份验证、不可抵赖性以及数据完整性。S/MIME协议所使用的证书是标准的X.509证书，兼容于符合标准的CA。不过，由于需要使用PKI以及CA，使得S/MIME协议的普及受到一定程度的限制。

2. PGP 协议

PGP(Pretty Good Privacy)协议是一种较为普及的加密和身份认证协议以及相应的软件。可以用来实现加密、解密和数字签名。PGP协议广泛采用了各类较为公开的加密算法进行加密和解密。同时，PGP协议与S/MIME协议所使用的X.509规格的数字证书不同，PGP协议有自身的一套证书格式。同时，并不采用如PKI中使用的树状信任结构，而是使用了网络状信任结构(Web of Trust)。任何通信的双方都能够信任对方，在PGP的环境中能够分别生成自身的证书并进行交换。这样，证书就形成一种“私下的”信任关系。而证书的真实性则需要由用户主动进行判断。PGP协议在电子邮件中同样可以实现传输的隐秘性、发送者身份验证、不可抵赖性和数据完整性。但是,由于 PGP 协议不需要 PKI 中的 CA 机构,因此任何人都可以生成自己的证书,这也方便了进行安全的电子邮件传输的用户。加之 PGP 协议存在一个主流的开源软件替代品(PnuPGP 软件),使得 PGP 协议的普及率远远超过 S/MIME 协议。

S/MIME 协议与 PGP 协议都是 IETF 认定的标准,都能够借助数字证书实现电子邮件的安全。不过它们之间仍存在一些显著的区别,见表 7-4。

表 7-4　S/MIME 协议和 PGP 协议对比

	S/MIME 协议	PGP 协议
证书类型	X.509	PGP
对称加密算法支持	3DES 、RC2	3DES、IDEA、CAST、Twofish、AES
非对称加密算法支持	Diffie-Hellman	ElGammal、RSA
Hash 算法支持	SHA-1	MD5、SHA-1
信任模型	树状(或称层次)	网状
密钥管理	PKI,CA 统一管理密钥。用户需要信任 CA	用户管理密钥。用户接收公钥则表明已信任对方。用户需自行判断证书真实性
证书管理	PKI 集中管理	分散管理
证书价格	证书须付费	用户自行生成证书,免费
兼容性	电子邮件必须支持 MIME	无论电子邮件是否支持 MIME 都能使用,但是需要安装 PGP 软件
易用性	必须向 CA 申请证书,部分商业电子邮件软件默认支持	必须安装 PGP 软件并自行生成证书

当然,对于用户来说无论选择哪一种都能实现安全的电子邮件传输。但是,PGP 协议与 S/MIME 协议之间并不兼容,因此不能混用。

7.8　HTTP 和 Web 服务的安全性

7.8.1　万维网与 HTTP

万维网是一个由许多互相链接的超文本文档组成的系统,可以通过 Internet 访问。在这个系统中,每个有用的事物,称为一个"资源",并且由一个全域"统一资源标识符"(URL)标识。这些资源通过超文本传输协议(HTTP)传送给使用者,而使用者通过单击链接来获得资源。借助 HTTP 除了可以传输文本形式的资源以外,还能够传输如图片、音频、视频等多媒体信息资源。多媒体信息为用户提供了更好的浏览感觉。

HTTP 是一个使用 TCP 协议的客户端/服务器端协议。客户端一般是终端用户,服务器端则是网站。客户端通过使用 Web 浏览器或者其他的工具,向服务器发起连接。所连接的服务器上存储着一些用户所需要的资源,如 HTML 文件和图像。借助 HTTP 连接,客户端可以下载服务器上的资源并展现给用户。在用户和服务器中间可能存在多个中间人,例如代理、网关或者通信隧道(Tunnels)。由于分层设计协议的关系,HTTP 协议并没有强制规定必须使用 TCP/IP 作为下层协议。事实上，HTTP 可以在任何其他网络上实现。HTTP 只假定下层协议能够提供可靠的传输，并借助下层协议实现连接。

通常，由 HTTP 客户端发起一个请求来建立一个到服务器指定端口（默认是 80 端口）的 TCP 连接。HTTP 服务器则在 80 端口监听多个客户端发送过来的请求。一旦收到请求，服务器向客户端发回一个类似于“HTTP/1.1 200 OK”的状态行，并且跟随响应消息（包括正常建立连接、出错、重新尝试等）。HTTP 使用 TCP 而不是 UDP 的原因在于打开一个 HTML 或其他类型的网页必须传送相当多的数据，而 TCP 协议能够提供必要的传输控制和错误纠正功能。

用户的客户端应用软件通常称之为网络浏览器（Web Browser），是目前计算机软件系统中非常重要的一项应用软件。最早的商业化网络浏览器是美国国家超级计算机应用中心（NCSA）开发的 Mosaic。而后，网景公司的 Netscape Navigator 浏览器在 Internet 标准方面起到了巨大的推动作用。目前，微软公司的 Internet Explorer 浏览器在浏览器市场上占据主要份额，而由 Netscape Navigator 演变而来的 Mozilla Firefox 浏览器和其他一些浏览器正在向 IE 浏览器的霸主地位提出挑战。

随着 Internet 的发展，上网浏览行为已经成为一个简单的计算机操作功能。加之企业对于 Internet 应用的推广，使得 Web 服务成为企业网络基础设施中一项重要的内容。Web 服务实际上是以 Web 的方式提供企业的服务，它的本质是使用一个开放的协议访问企业应用程序。这类 Web 服务由于其开放性和兼容性受到企业的青睐。不过，使用企业 Web 服务仍存在一些安全隐患。首先需要恰当处理企业信息的私密与公开之间的关系；其次，Web 服务器和企业应用程序的代码缺陷容易引发攻击，如常见的缓冲区溢出攻击或针对不正确的配置引发的攻击，应对这些攻击需要软件开发人员和系统管理员进行妥善的设计和管理。

7.8.2 SSL/TSL 协议

安全套接字协议（SSL）及其后继协议——传输层安全协议（Transport Layer Security，TLS）是在互联网上提供安全保密的通信协议，为诸如网站、电子邮件、网上传真等数据传输进行保密。两种规范大致相同，仅在部分细节上稍有区别。

SSL/TLS 利用密钥算法在互联网上提供端点身份认证与通信保密，其实现基础是公钥基础设施（PKI）。不过在实现配置中，只有网络服务提供者需要具有可靠的身份验证，而其客户端则没有强制规定。这是因为公钥基础设施的商业运营中，被普遍信任的电子签名证书要花大价钱购买，而对于客户端的普通大众来说，电子证书成本过高。因此，一般状态下，SSL/TLS 只进行单向的身份验证。

SSL/TLS 协议的设计在某种程度上使客户端/服务器应用程序通信能够预防窃听、恶意干扰（Tampering）、消息伪造、重放攻击、会话劫持和中间人攻击。

TLS 包含三个基本阶段：

①等协商通信中所使用的加密算法。

②基于公钥加密交换公钥或基于 PKI 证书的身份认证。

③基于私钥加密的数据传输保密。

在第一阶段，客户端与服务器协商所用密码算法。当前广泛实现的算法选择如下：

- 非对称加密算法：RSA、Diffie-Hellman、DSA 等。
- 对称加密算法：RC2、RC4、IDEA、DES、3DES 及 AES。

- Hash 算法：MD5 及 SHA 系列。

SSL/TLS 一般运行在 OSI 参考模型的会话层上，比 TCP/IP 所在的传输层高一个级别的层次。TCP/IP 能够实现两个计算机之间无差错的数据流传输，而 SSL/TLS 则可以在 TCP/IP 的基础之上实现对双方身份的认定和对所传输数据的加密。也正因为如此，SSL/TLS 广泛地应用在所有需要保持数据隐秘性的环境中，如电子商务和金融领域。

1. 基于 SSL 安全连接的 HTTP(HTTP over SSL/TLS，HTTPS)

SSL/TLS 运行在高于 TCP/IP 的层次，但是低于 HTTP 所在的应用层，因此，HTTP 可以在 SSL 连接的基础上建立连接，从而实现 HTTP 连接的安全性和保密性。因为使用这种 HTTP 连接时，所使用的 URL 为 https://，因此通常也称之为 HTTPS。严格的表述中，HTTPS 实际上是两个协议的结合，即传输层 SSL 加上应用层的 HTTP 一起使用。因此，HTTPS 默认使用 TCP 端口 443，而 HTTP 默认则是 TCP 端口 80。由于 SSL/TLS 的证书功能，要使 HTTPS 协议正常运作，至少服务器端必须存在 PKI 证书，向连接服务器的用户证明自己服务提供者的真实身份，而客户端则不一定——因为证书需要由 CA 颁发且需要收费，且用户端一般无须向服务端证明身份。

当建立 HTTPS 连接时，浏览器与 Web 服务器根据用户定义的安全级别进行协商，并完成证书的交换。一旦协商完成，则会话就能够使用密钥进行加密从而保护会话的内容。

不要混淆安全 HTTP(Secure-HTTP，S-HTTP)和 HTTPS。S-HTTP 与 HTTPS 是两种完全不同的独立的协议。S-HTTP 也可以进行系统之间加密的连接，但具体实现方法与 HTTPS 完全不同。S-HTTP 可以提供类似于 HTTPS 的功能，但是由于市场环境等，它并不是一个被广泛接受的协议。

2. 浏览器附加组件(Addin)的安全性

HTML 的安全性与 HTML 代码的复杂程度密切相关。当 HTML 允许嵌入多媒体信息和其他信息(如脚本、小程序、程序代码等)时，Web 页面的安全性大为降低。为了兼容这些嵌入的信息，用户使用的浏览器必须附加安装一系列相应的软件，称为附加组件(Addin)。附加的组件也会降低浏览器本身的安全性，给用户端主机带来威胁。同时，作为 Web 服务端提供的应用程序，也随着用户的要求而变得越来越复杂，这也进一步增大了服务器系统的危险性。

7.9 社会工程学入侵及防护

社会工程学指的是攻击者依靠非技术手段，欺骗合法用户以获得一般情况下无法获取的信息。从某种意义上说，社会工程学的攻击对象就是人。社会工程学攻击可能引起以下一些后果：诈骗、网络攻击、商业间谍活动、身份盗用和隐私窃取、毁坏设备或装备等。对于攻击者来说，安全系统暂时无法找到漏洞时通常会采取社会工程学攻击的方法来应对。

进行社会工程学攻击，一般需要攻击者与合法用户进行一定程度的接触(如谈话等行为)。如果攻击者的目标是网络与主机，也可能需要物理接触这些设备。因此，对于社会工程学入侵的防御，首要的步骤就是需要做好物理防护。不过，对于社会工程学入侵的防御，最重要的还是需要做好员工的教育和培训，培养其安全意识和安全理念，这样才能做到防患于未然。

7.9.1 物理防护手段

物理防护手段主要指建立物理屏障。这在前面已经有所讲述。这里着重说明一下物理屏障对于防止社会工程学攻击的作用。

物理屏障对应社会工程学攻击的主要手段是防止怀有恶意的人员进入或潜入组织内部。例如，Mantrap 这一装置的作用主要是在关键区域或关键房间之前，防止人员不经过身份验证或识别就进入这一房间。而各种生物识别的身份验证设备主要是为了验证用户的身份是否合法。社会工程学攻击一般需要以欺骗等方式获取合法用户的身份，但是攻击者不太容易获取合法用户的一些物理的身份识别设备，如身份卡或硬件令牌。

同样，攻击者也不能通过伪造来欺骗一些身份验证系统——如采用生物识别技术的身份验证系统——社会工程学攻击者不太可能伪造指纹或虹膜特征，即使他能够通过某些方式获得相关的数据。甚至，仅仅是带有照片的假证件都能够被富有责任心的警卫识别出来。

此外，物理屏障尽管同样也需要人来进行操作，不过一般管理和操作物理屏障的人员都是专业化的安全人员，如保安、警卫或安全管理员等。他们一般对进入者的鉴别能力要高于普通的企业员工，他们对攻击者的警惕性和安全意识都要高于普通员工。对于社会工程学攻击来说，假如攻击者面对这样的对手，实施攻击的难度会远远超过普通员工。

7.9.2 管理、教育和培训

一般而言，对社会工程学入侵，最为有效的防护方法莫过于提高企业员工的安全意识和安全素质。一般而言，存在一个有趣的矛盾——人员导致社会工程学攻击，是这类攻击中最大的安全风险，但是，同时人员又是抵御社会工程学攻击的最佳武器。如何使人员成为抵御社会工程学攻击的有效武器呢？

首先，企业或组织必须要建立一个完整的安全目标和安全策略。而后对员工进行角色的分配。为员工制定符合他们角色和职责的策略和操作规程。一旦这类操作规程和策略建立完毕，员工应该切实地做到这些。这里的员工，不仅仅包括计算机系统的管理员或服务器的使用者，还应该包括所有的计算机用户甚至整个组织的所有人员。

在建立了机构的安全目标之后，应该对员工进行持续不断的安全意识(Security Awareness)的培养，使他们能够明确以下的问题：企业的安全目标是什么？为什么需要采取这样的机制来保障安全？这种保障的重要性是什么？我能够在这种机制中起到何种作用？我的职责所在？培养安全意识的最佳途径是进行安全教育(Security Education)和安全培训(Security Training)。安全教育应该自上而下地进行，最高级的管理层成员应当与普通的员工一样，一视同仁地接受安全教育。因为他们通常能够获得最多的信息和企业内部最高的访问权限，对高层管理人员的安全教育更应该得到重视。教育的第一步是企业员工的入职教育或上岗前培训，这同时也是最重要的一步。而且，基于教育学上的艾宾浩斯学习曲线理论，安全教育应该定时地进行重新训练，甚至应该与员工的升迁和职务变动相关联。安全教育的内容可以随着机构所处环境和威胁等级的不同而不同，也可以根据员工所处岗位而变化。一旦安全意识通过安全教育的方式建立，接下来还应该借助电子邮件、通知、电话等手段进行安全提示或安全警告。以上这些安全教育和安全意识培养的手段，都应该作为企业对员工进行日常管理的一个部分而增加到企业人力资源管理规划中。

对于员工个人来说，一般需要承担以下一些基本的安全职责：

• 适时地锁门，包括办公室和工作间。

• 不要把包含敏感信息的文件不加保护地带回家或放在交通工具上。

• 敏感信息须按照规定保存在安全的存储设备和安全的存储介质上。

• 不要把敏感信息泄漏给未经授权的人，例如其他员工，或者家人。尽量不要和家人谈论工作中的敏感信息。

• 保护便携式设备的安全，如手机、掌上电脑、笔记本式计算机等。最好能够对其中的信息进行加密处理(即使被盗，里面的信息也是安全的)。

• 执行公司规定的访问控制规则，警惕尾随、肩窥等情况。对进入办公室的陌生人员提高警惕。

• 注意安全规则的日常执行，对违反安全策略的行为及时报告。

• 建议员工采用强密码策略，并督促其实施。尽管密码规范相当复杂和麻烦，但是它是一项重要的安全措施和防线。

• 临时离开座位时，应设置并打开计算机的屏幕保护程序，或者锁定计算机。

• 切勿轻视日常的安全教育和安全意识培训，注意收取安全人员的安全提示。

最后值得注意的是，安全管理人员必须在办公室内建立一个可信的环境，并能够建立对安全的共识。实施安全必须依赖于全体工作人员的共同努力，员工的团队协作和合作意识也是安全中不可或缺的因素。只有这样，员工才能将“要我做”改变为“我要做”。

7.9.3 应对社会工程学入侵

社会工程学攻击主要采取的手法有以下几类，并分别有相应的应对方法。

1. 针对翻捡垃圾(Dumpest Diving)的行为

攻击者通常伪装成清洁工进入办公室内部或者守候在垃圾处理区，在垃圾桶内寻找并希望发现组织成员无意中扔掉的一些关键性的文件或信息，如电话号码本、组织成员名单、写有用户名和密码的便利贴、日程安排表、打印效果不佳而废弃的文件。而废旧的硬件设备和网络设备如未经过良好的处理也可能泄漏组织信息，如旧计算机的硬盘可能留存需要保密的信息。

应付这类行为首先需要保证办公室的物理屏障或门禁系统的正常工作，警卫人员可以根据需要对保洁公司或保洁人员进行辨识和身份认证。同时，作为组织成员需要养成良好的安全习惯。如利用碎纸机粉碎不需要的文件材料。整理办公桌时，对纸品单独归类，并进行检视。在报废旧计算机时对物理设备进行必要的销毁。针对磁盘可以多次采用低级格式化，或者将其拆解消磁。光盘和软盘可以使用锐器划破数据面。不过，物理设备最好能够交由专业的、可信的回收公司进行处理。

2. 针对尾随(Piggybacking)和肩窥(Shoulder Surfing)的行为

这一类攻击主要是物理上的，是攻击者借助门禁系统或员工的疏忽采取的具有针对性的攻击措施。应对尾随和肩窥，主要需要员工具有良好的安全意识和安全素质。

例如，针对尾随的可疑行为，应对闯入办公室的陌生人持有必要的警惕，除了安全人员和警卫以外，任何人都可以询问其身份和来意。很多时候就能够避免一次可能的入侵。而肩窥的可疑行为更是与员工的习惯和安全意识密切相关。例如，持有含敏感信息的文件时，尽量不要直接将纸质文件置于无人看管的办公桌上；查看电子文档时注意及时关闭文件，如果需要临时离开，应将计算机置于锁定状态，或设置带有锁定功能的屏幕保护程序。同样，持有敏感信息的文件时，如果周围有陌生人，应询问其身份和来意。

3. 针对在线攻击(Online Attack)类型的行为

在线攻击中，攻击者往往不直接面对组织成员，而是使用电话、电子邮件或即时通信工具与合法用户进行联系，并期望欺骗合法用户提供攻击者需要的信息或误导合法用户做攻击者希望进行的工作。例如，电话中攻击者伪装成为希望进行洽谈的商业客户，或者伪装成为软、硬件支持厂商的技术支持代表以套取公司机密或套取合法的用户名和密码；电子邮件中伪装成为安全人员劝说用户运行一个看似杀毒软件的木马程序；在 IM 中伪装成公司的雇员并向系统管理员申请修改被“遗忘”的密码等。

面对这类攻击，最有效的防范措施就是严格规范公司的管理安全，同时需要对公司成员进行安全教育以提高安全意识。一般公司对电子邮件、电话和即时通信工具的使用具有严格的规范，这些规范通常能够保证电子邮件、电话等不会被滥用。一般而言，这些通信工具都会有较为严格的身份检查和身份验证。例如企业内部电子邮件系统一般都具有身份验证的功能，电话系统是由程控交换机进行管理的，而即时通信系统中，有条件的企业会自行建立一个处于内部的即时通信系统，而不具备这一条件的可能将这一服务进行外包。如果不是必须，企业也可能选择禁止使用即时通信服务。因此，一旦发生不明来源的电子邮件，不明来源的电话呼叫或者不明来源的即时通信请求，一般应予以拒绝。对于某些可疑的行为，应及时上报至安全管理部门。

4. 针对伪装的防范

伪装是一个比较广泛的概念。攻击者可以借助能够想到的一切手段进行身份欺骗，如伪装成外卖人员骗过警卫进入大楼内，伪装成清洁工进入办公室，伪装成为技术人员进入服务器机房，甚至伪装成拾荒者翻捡垃圾。

伪装是对身份验证系统的欺骗，在部署有身份验证系统的地方就有可能发生这类行为。因为身份验证系统仅仅是自动化系统，不可避免地会存在一些缺陷，攻击者可以利用这些缺陷进行伪装。作为身份验证系统的管理者，主要的任务是避免身份验证系统中存在的缺陷对整个组织的安全策略带来影响。同时，身份验证系统的管理者应该熟知身份验证系统中可能存在的缺陷，以防止攻击者利用这些缺陷。

5. 收买

对公司不满的员工可能因为某些利益出卖公司的机密，也有缺乏安全意识的组织成员因为很便宜的圆珠笔赠品或马克杯赠品而自己说出系统的用户名和密码。此外，恶意的攻击者可以借助一个免费下载的小游戏对不擅长于技术的用户所使用的计算机植入木马程序。以上这些都可以算作收买的一种形式。

一般而言，收买都与某些经济利益相关。商业间谍通常会采用收买的方式获取公司机密，这一般需要员工具有较高的思想道德品质才能够抵御大笔金钱的诱惑。而网络攻击者借由赠品或免费小游戏这类低价品展开的收买活动，可以依赖于完善的企业安全管理制度进行抵御。例如，对公司员工开展的安全教育中推广相关的安全意识和安全知识。禁止用户下载和安装未经授权或来源不明的软件。用户的电子邮件和电话经过来源识别和过滤，对不明来源的电子邮件或者电话进行拦截等。

6. 钓鱼(Phishing)

钓鱼是一类利用社会工程学进行诈骗的攻击方法。钓鱼手段的实施过程中，用户使被攻击者误导而进行操作。钓鱼存在多种形式，就网络系统和计算机系统而言，主要的钓鱼攻击有：利用群发短信的技术手段欺骗用户，能够骗取用户的信用卡账号或误导用户向攻击者的账户转账；利用电子邮件发送钓鱼信息，骗取用户的同情或财物；也有技术水平较高的攻击者伪造一个与著名网站界面相仿的站点，并用它来记录粗心的用户输入的合法用户名与密码。这些都属于已经发现的钓鱼手法。除此之外仍有相当多的其他伎俩。

应对钓鱼攻击的方法还是需要加强用户的安全意识，并需要用户提高警惕性。而采用电话回拨、来源电话号码回显、电子邮件地址反向查询等技术也能有效阻止钓鱼攻击。

对于伪造的站点，目前比较流行的浏览器都已经内置了防止仿冒站点的反钓鱼功能，借助这些功能也能有效地阻止仿冒站点对合法用户的伤害。

总而言之，社会工程学攻击并不是想象中的神秘和高不可攀，而是一些“见光死”的手法。应对社会工程学攻击的措施中，排在第一位的永远是提高用户的安全意识和安全素质，同时需要加强安全教育，而组织和企业则需要强化和规范安全管理。技术手段只能作为补充和加固的手段。

本章小结

1. 网络信息安全是计算机网络的机密性、完整性和可用性的集合，在分布网络环境中，对信息载体(处理载体、存储载体、传输载体)和信息的处理、传输、存储、访问提供安全保护，以防止数据、信息内容或能力被非授权使用、篡改和拒绝服务。完整的信息安全保障体系应包括保护、检测、响应、恢复四个方面。

2. 密码学是以研究数据保密为目的，对存储或者传输的信息采取秘密的交换以防止第三者对信息的窃取的技术。在传统密码体制中加密和解密采用的是同一密钥，称为对称密钥密码系统。现代密码体制中加密和解密采用不同的密钥.称为非对称密钥密码系统。

3. 应当理解以下这些安全概念以及主要的加密方法或算法的特点。

(1)明文、密文和密钥的概念。

(2)对称加密和非对称加密的概念。

(3)块(分组)加密方式和密钥流加密方式的概念。

(4)主要的加密方法或算法的特点和分类。

对称加密算法：置换密码、替代密码、DES、3-DES、AES、RC、CAST、IDEA、Blowfish、一次性密码。

非对称加密算法：RSA、Diffie-Hellman、ElGamal、ECC。

其他一些加密系统的特点，一次性密码本。

4. 掌握数字签名的概念、理解对称密钥签名和非对称密钥签名的过程；理解 CA 的数字签名的作用。

5. 从安全角度来看各层能提供一定的安全手段，针对不同层次的安全措施是不同的。对网络的第二层保护一般可以达到点对点间较强的身份认证、保密性和连续的通道认证。应用在广域基础设施中的IP设备必须有安全功能，以促进环境的强健性和安全性。传输层网关在两个通信节点之间代为传递TCP连接并进行控制，这个层次一般称作传输层安全。最常见的传输层安全技术有SSI、SOCKS和安全RPC等。如果确实想要区分一个个具体文件的不同的安全性要求，就必须在应用层采用安全机制。

防火墙是建立在内外网络边界上的过滤封锁机制。防火墙的作用是防止不希望的、未经授权的通信进出被保护的内部网络，通过边界控制强化内部网络的安全政策。

VPN是将物理分布在不同地点的网络通过公用骨干网，尤其是Internet，连接而成的逻辑上的虚拟子网。为了保障信息的安全，VPN技术采用了鉴别、访问控制、保密性、完整性等措施，以防止信息被泄露、篡改和复制。

理解以下安全概念：

(1)网络硬件设施和通信基础。

网卡、集线器、网桥、交换机、路由器的概念。VLAN的概念，交换机与VLAN。

(2)防火墙的概念，防火墙的作用与意义、非军事区(DMZ)的概念、组成和作用。

(3)区分Internet、Intranet和Extranet。

(4)VPN的概念和结构，VPN在网络安全中的作用。VPN涉及的协议PPTP、L2TP、IPSec。IPSec协议的数据包格式和定义，不同传输模式的作用。

(5)无线网络的概念；无线网络连接的安全。

6. 了解电子邮件的定义和主要协议：SMTP、POP、POP3、IMAP；以及这些协议在Web电子邮件中的作用。邮件加密协议S/MIME与PGP都是IETF认定的标准，都能够借助数字证书实现电子邮件的安全。

7. 了解HTTP和Web服务的安全性，SSL/TLS协议的设计在某种程度上能够使客户端/服务器应用程序通信能够预防窃听、恶意干扰、消息伪造、重放攻击、会话劫持和中间人攻击。了解基于SSL安全连接的HTTP(HTTP over SSL/TLS，HTTPS)。

8. 社会工程学攻击的概念和特点、社会工程学攻击的主要分类：翻捡垃圾、在线攻击、尾随和肩窥、伪装、收买、钓鱼。如何防护社会工程学攻击。

习　题

一、填空题

1. 故意危害Internet安全的主要有________、________和________三种人。

2. 基于包过滤的防火墙与基于代理服务的防火墙结合在一起，可以形成复合型防火墙产品。这种结合通常是________和________两种方案。

3. 计算机网络通信过程中对数据加密有链路加密、________和________三种方式。

4. 使用节点加密方法，对传输数据的加密范围是________。

5. DES加密标准是在________位密钥控制下，将64位为单元的明文变成64位的密文。

6. RSA 是一种________加密算法。

7. 数字证书是网络通信中标志________的一系列数据，由________发行。

8. 数字签名采用________对消息进行加密，在利用计算机网络传输数据时采用数字签名，能够有效地保证发送信息的________、________、________。

9. 根据检测所用分析方法的不同，入侵检测可分为误用检测和________。

10. 计算机病毒的特征主要有传染性、________、________、________、________和衍生性。

11. 按病毒的破坏能力分类，计算机病毒可分为________和________。

12. 网络防病毒软件一般提供________、________和人工扫描三种扫描方式。

13. 在对称型密钥体系中，________和________采用同一密钥。

14. CA 的功能是________。

二、名词解释

1. 计算机病毒
2. 数据加密
3. 防火墙
4. 入侵检测系统
5. 非军事区(DMZ)
6. 隧道协议
7. 虚拟专用网
8. 无线接入点(AP)

三、简答题

1. 试述 Internet 安全问题现状。
2. 举例说明黑客有哪些攻击手段。
3. 网络攻击主要有哪几种类型？每一种攻击主要是破坏哪一种安全特性？
4. 什么是病毒、蠕虫、木马和漏洞？
5. 试述计算机系统病毒防治的未来对策。
6. 各种传输介质中，安全性分别如何？
7. 如果你是一家国内刚刚开张的小公司的 IT 职员，目前网络主要有几台个人计算机和少量服务器构成，公司内部网络马上就要连接到 Internet 了，如何保障信息安全？请简述反病毒软件的部署方案和采用的网络组件。
8. 对称加密和非对称加密有何不同？
9. 为什么要对公钥进行认证？如何对公钥进行认证？
10. 查阅资料，简述有关 PKI 的标准及其相关产品。
11. 对称加密算法的特点是什么？
12. 公开加密算法的特点是什么？
13. 简述基于公开加密算法的保密通信过程。
14. 简述数字签名的用途和基本流程。
15. 查阅相关资料，比较各种数字签名算法的优缺点。

16. 用于数字签名的散列函数必须满足哪几个条件？
17. 简述对报文摘要进行签名的工作过程。
18. 请简述一下 IPSec 的作用、目的是什么，以及 IPSec 如何建立隧道？
19. 防火墙和 IDS 的作用分别是什么？
20. 简述 IDS 的基本组成以及每部分的作用。
21. 比较报文过滤、应用级网关和状态检测防火墙的原理和特点。
22. 什么是入侵防御系统？
23. 什么是 DoS 和 DDoS 攻击，DDoS 攻击方式有哪两种？各有什么特点？

参考文献

[1] 谢希仁.计算机网络[M].8版.北京:电子工业出版社,2017.

[2] 王达.深入理解计算机网络[M].北京:中国水利水电出版社,2017.

[3] [美]特南鲍姆,[美] 韦瑟罗尔.计算机网络[M].5版.严伟,潘爱民译.北京:清华大学出版社.2012.

[4] [美] James,F. Kurose,Keith,W. Ross.计算机网络:自顶向下方法[M]. 7版.陈鸣译.北京:机械工业出版社,2018.

[5] 田果,刘丹宁,余建威.网络基础[M].北京:人民邮电出版社.2017.

[6] 冯博琴,等.计算机网络[M].3版.北京:高等教育出版社,2018.

[7] Andrew S. Tanenbaum,David J. Wetherall.计算机网络[M].严伟,等,译. 北京:清华大学出版社,2012.

[8] Peterson, L. L. and Davie, B. S. , Computer Networks, A Systems Approach, 5ed. [M]. Morgan Kaufmann, 2011.

[9] 褚建立.计算机网络技术实用教程[M].2版.北京:清华大学出版社,2009.

[10] 郭秋萍.计算机网络技术[M].北京:清华大学出版社,2001.

[11] 李明革.计算机网络技术及应用[M].北京:北京理工大学出版社,2007.

[12] 周舸.计算机网络技术基础[M].3版.北京:人民邮电出版社,2012.

[13] 雷震甲.计算机网络技术及应用[M].北京:清华大学出版社,2005.

[14] 赵阿群,陈少红,刘垚,等.计算机网络基础[M].北京:北京交通大学出版社,2006.

[15] 徐敬东,张建忠.计算机网络[M].北京:清华大学出版社,2002.

[16] 苏冬梅.网络技术基础[M].大连:东软电子出版社,2013.

[17] 张嗣萍.计算机网络技术[M].北京:中国铁道出版社,2009.

[18] 胡远萍.计算机网络技术及应用[M].2版.北京:高等教育出版社,2014.

[19] 华继钊.计算机网络基础与应用[M].北京:清华大学出版社,2010.

[20] 于凌云.计算机网络基础及应用[M].南京:东南大学出版社,2009.

[21] 易建勋,等.计算机网络设计[M].3版.北京:人民邮电出版社,2016.

[22] 尚风琴.计算机网络基础教程[M].北京:人民邮电出版社,2016.

[23] 王辉等.计算机网络原理及应用[M].北京:清华大学出版社,2019.

[24] 朱晓伟.计算机网络技术与应用[M].西安:西北大学出版社,2017.

[25] 吴功宜.计算机网络教师用书[M].4版.北京:清华大学出版社,2017.

[26] 胡道元.计算机网络[M]. 北京:清华大学出版社,2009.

[27] 沈淑娟.计算机网络应用教程[M].北京:机械工业出版社,2011.

[28] 曹雪峰.计算机网络原理:基于实验的协议分析方法[M]. 北京:清华大学出版社,2014.

[29] 王梦龙.网络信息安全原理与技术[M]. 北京:中国铁道出版社,2009.

[30] 王凤英.网络与信息安全[M].2版.北京:中国铁道出版社,2010.

[31] 蔡开裕,等.计算机网络[M].2版.北京:机械工业出版社,2009.

[32] 张基温.计算机网络技术与应用教程[M]. 北京:人民邮电出版社,2016.